Física

Física

Ciencia Fundamental

Guido Guayasamin

To order additional copies of this book, contact:
Xlibris Corporation
1-888-795-4274
www.Xlibris.com
Orders@Xlibris.com
75959

Contents

To my wife Debbie
To my children and grandchildren
Robin, T.C. and Mekena
David, Ryann and Olivia
Tammy, Alex, Sam, Max and Harry

For their inspiration and love.

Prólogo

Por Guido Guayasamin

Esta obra, "Fisica, Ciencia Fundamental", se basa en el programa de Física desarrollado para los colegios secundarios y aprobado por el Departamento de Educación del Estado de Nueva York. Esta obra enseña a resolver problemas científicos y hacer generalizaciones necesarias para entender y aplicar las leyes naturales.

El autor usa un lenguaje sencillo, facil de entender y aunque es siempre al alcance de los estudiantes, es, sin embargo, exacto desde el punto de vista científico.

Debemos mencionar la inserción de problemas ilustrativos con su solución correcta, los que si estudiados cuidadosamente darán la certeza de que se ha comprendido lo tratado. También al fin de cada capítulo se encuentran ejercicios y problemas que sirven de repaso del tema estudiado, además hay bastante preguntas del tipo selección múltiple.

Hay once temas o areas de estudio consideradas con acierto, dada la dificultad de exponer su contenido de modo elemental y a la vez riguroso. Estas areas son: Mecánica, Energía, Electricidad y Magnetismo, Ondas, Física Moderna, Movimiento en un Plano, Energía Interna, Aplicaciones Electromagnéticas, Óptica Geométrica, Física del Estado Sólido y la Energía Nuclear.

El estudio provechoso de esta obra exige solo que el alumno tenga un conocimiento fundamental de Algebra y Trigonometría para cubrir con el rigor necesario ciertos conceptos físicos básicos tales como la conservación de energía, la conservación del momento, la conservación de la carga, y campos eléctricos y magnéticos como conceptos unificados en vez de topicos aislados. Para que tales conceptos queden bien grabados en la mente del alumno se los aplica en el estudio a fondo de los principios físicos del estado sólido, la teoría cuántica y la Relatividad

Capitulo 1
Introducción

MECÁNICA

El estudio de la Física es el estudio de los principios básicos del universo. Este ciencia es básica para el estudio de otras ciencias tales como Química, Biología, Astronomía, etc.

En la física, el movimiento de la materia se estudia bajo el título de Mecánica. Esta se divide en tres partes, la <u>cinemática</u>, la <u>dinámica</u> y la <u>estática</u>. Cada una de estas categorias se puede subdividir en conceptos y principios que son les fundaciones de la física.

Cinemática
>
> Rapidéz
> Velocidad
> Acceleración
> Movimiento Circular

Dinámica

> Fuerzas
> Impulso
> Momento
> Energía cinética

Estática

> Equilibrio
> Fuerzas en equilibrio
> Composición de fuerzas
> Resolución de fuerzas

Cinemática. Esta parte considera solamente los métodos matemáticos usados cuando se describe el movimiento de un cuerpo sin preocuparse de las fuerzas que producieron ese movimiento.

Dinámica. Esta parte considera la relación entre las fuerzas motrices y el cambio que resulta en el movimiento del objeto.

Estática. Esta parte trata solamente del equilibrio de los cuerpos.

Cinemática

1. Movimiento. El concepto de movimiento físico es fácil de entender si consideramos que toda la moción es relativa a un cuerpo en la superficie terrestre. Una persona que camina cerca de una silla está en movimiento porque la silla no se mueve. Sin embargo, si se considera el movimiento de la tierra alrededor del sol, entonces todos los cuerpos en la tierra se mueven con una velocidad de cerca de 29.79 kilómetros por segundo.

2. Puntos de Referencia. Es muy importante considerar todo movimiento en relación a un punto de referencia o punto de vista del observante.

Consideremos las condiciones del movimiento cuando viajamos en un auto: digamos que el auto viaja a 100 km/hr: mirando hacia afuera de la ventanilla vemos que las casas y los árboles pasan por la ventana con gran velocidad, en cambio las personas dentro del auto están relativamente inmobiles. Ellos pueden comer, beber y moverse dentro del auto con facilidad. Pero, a una persona en la carretera que los mira pasar, el auto y los pasajeros la pasan con una velocidad de 100 km/hr.

En la vida común y corriente, el punto de referencia es siempre con relación a la tierra, pero en el estudio de la física el punto de referencia debe ser específico. Por ejemplo, si decimos que Roma esta a una distancia de 3000 kilómetros, debemos clarificar de que punto a Roma se miden esos 3000 kilómetros. Sin embargo, en casi todos los casos se sabe la dirección del movimiento, por ejemplo, si un jet viaje de Mexico a Londres, ya sabemos que el jet viaja del oriente al occidente.

3. Distancia y Desplazamiento. Aunque distancia y desplazamiento a menudo se usan como sinónimos, en la cinemática estos términos tienen significados diferentes.

Desplazamiento   Distancia A+B+C+D+E+F+G+H+I+J+K
A - K

Distancia. La distancia mide la longitud o largura del espacio entre dos puntos. Por ejemplo, un corredor cubre cualquier distancia sin preocuparse de su dirección.

Desplazamiento. El desplazamiento mide la longitud y la dirección en línea recta entre el origen y el fin del movimiento. Por ejemplo, si se viaja de México a Londres por Nueva York, el desplazamiento es la linea recta desde México a Londres.

Para mejor entender la diferencia entre distancia y desplazamiento considere que un corredor se preocupa solamente con la distancia que cubre. Un piloto, sin embargo, tiene en cuenta la distancia en línea recta entre los aereopuertos.

PROBLEMAS

1. Un estudiante camina 3 kilómetros al occidente y 3 kilometros al sur. ¿Qué distancia camino y cúal es el desplazamiento?

2. Un hombre camina 40 metros al norte y 70 metros al sur. ¿Cúal es la distancia total y el desplazamiento?

3. Un hombre maneja su auto 7 kilómetros al norte, 3 kilómetros al oriente, 4 kilómetros al sur, 5 kilómetros al, oriente, 1 kilómetro al sur, 6 kilómetros al occidente y 2 kilómetros al sur. ¿Qué distancia recorrió y cúal es el desplazamiento?

4. ¿Cúal es la distancia total y el desplazamiento total en cada uno de estos casos: 1) 35 m este y 50 m sur. 2) 60 km a 180°, 90 km a 285°, y 75 km

a 45°; 3) 110 m a 50°, 170 m a 150°, y 145 m a 20°; 4) 12 m a 195°, 16 m a 78°, 10 m a 45°, y 14 m a 10°.

* * *

4. Unidades Fundamentales. Talvez no es obvio, pero cuando medimos alguna cosa, la comparamos con un patrón de medida acceptado por todo el mundo. Por ejemplo, cuando se mide la altura de una habitación, podemos usar una regla o cinta métrica y los resultados son iguales no importa quien mide la pared. La altura del cuarto entonces es igual al número de veces que el patrón cabe dentro de esa longitud.

La Física es una ciencia basada en medidas precisas y exactas y, por consiguiente, es necesario que el estudiante aprenda a usar las medidas más comunes y sus unidades. Cada medida, sea esta distancia, peso o tiempo, nos dá dos tipos de información, (a) un <u>número o magnitud</u> de la medida y, (b) una <u>unidad</u>.

En general, hay dos sistemas de unidades acceptados por todo el mundo, <u>el Sistéma Británico o Inglés y el Sistéma Internacional. (SI)</u>, también conocido como el Sistema Métrico. El sistema SI usa cinco medidas fundamentales adoptadas mundialmente. Ellas son: Longitud, Masa, Tiempo, Corriente Eléctrica y Temperatura.

Aqui vamos a usar solo las <u>unidades fundamentales</u> de longitud, masa y tiempo. Por supuesto que hay otras unidades, tales como joules, voltios, newtons, etc. Pero estas unidades se expresan usando combinaciones de las fundamentales y se llaman <u>unidades derivadas</u>. La unidad de longitud es el metro, la unidad de masa es el kilogramo, la unidad de tiempo es el segundo, la unidad de corriente es el amperio y la unidad de temperatura es el grado Kelvin.

Medidas	Unidades	MKS	cgs
Longitud	Metro	(m)	(cm)
Masa	Kilogramo	(Kg)	(g)
Tiempo	Segundo	(seg)	(seg)
Electricidad	Amperio	(a)	(a)
Temperatura	Kelvin	(K)	(K)

El sistéma MKS se refiere a las medidas que usan el metro, el kilogramo y el segundo y el sistéma cgs usa el centímetro, el gramo y el segundo.

El metro. El metro (m) es la unidad fundamental de longitud. El metro fue definido como 1,650,763.73 longitudes de onda de luz roja emitida por el gas Kriptón 86, bajo ciertas condiciones. También se lo considera como la distancia que la luz viaja en 1/299,792,458 segundos o 1/ 3.0×10^8 m/s.

El Kilogramo. El kilogramo (kg) es la unidad fundamental de masa. El kilogramo es la masa de 1000 centímetros cúbicos de agua pura a una temperatura de 4°C. Ahora, el masa - patrón acceptado es la masa de un cilindro de Platino - Iridio. El kilogramo mide tanto cantidad de materia en una sustancia como la inercia de la sustancia.

El Segundo. El segundo es la unidad de tiempo. Fue definido como una parte de tiempo igual a 1/31,556,925.9747 de un año solar o igual a 1/86,400 de un dia solar. El dia solar es la longitud promedia de los dias solares en todo el año.

5. Unidades metricas. Cada unidad en el sistema métrico es 10 veces más grande o 10 veces más pequeña que la unidad siguiente. Para cambiar el tamaño de la unidad, se añade un prefijo. Este prefijo identifica a la unidad como un múltiplo o un submúltiplo.

Todos trabajos científicos usan el sistema métrico. En estas unidades, la longitud se mide en milimetros, centímetros, metros o kilómetros; la masa se mide en gramos o kilogramos; y el tiempo se mide en horas, minutos o segundos.

La tabla siguiente indica las relaciones entre las unidades métricas e indica los prefijos comunes:

PREFIJOS METRICOS

Deci	$1/10 = 10^{-1}$	decigramo
Centi -	$1/100 = 10^{-2}$	centímetro
Mili -	$1/1000 = 10^{-3}$	milisegundo
Micro -	$1/1000\ 000 = 10^{-6}$	microgramo
Nano -	$1/1000\ 000\ 000 = 10^{-9}$	nanosegundo
Pico -	$1/1000\ 000\ 000\ 000 = 10^{-12}$	picosegundo
Deca -	$10 = 10^{1}$	decámetro
Hecto -	$100 = 10^{2}$	hectogramo
Kilo -	$1000 = 10^{3}$	kilómetro
Mega -	$1000\ 000 = 10^{6}$	megawatt
Giga -	$1000\ 000\ 000 = 10^{9}$	gigavoltio
Tera -	$1000\ 000\ 000\ 000 = 10^{12}$	Teragramo

* * *

6. Conversion de Unidades. Cualquier unidad, sin contar las unidades fundamentales, es una unidad derivada, o sea una combinación de las

unidades fundamentales. Es necesario, muy a menudo, convertir una unidad a otra, por ejemplo, convertir kilómetros por hora a metros por segundo. Esta operación es fácil y muy útil.

Ejemplo 1. Convertir 10 km/hr. a m/seg.

(1) Se convierte los kilómetros a metros o las horas a segundos. Aqui convertimos kilómetros a metros:

$$10 \frac{\cancel{km}}{hr} \times \frac{1000 \ m}{1 \ \cancel{km}}$$

Cancele los kilómetros

(2) Se convierte las horas a segundos:

$$10 \times \frac{1000 \ m}{\cancel{hr}} \times \frac{1 \ \cancel{hr}}{3600 \ seg.}$$

Cancele las horas

(3) Multiplique las fracciones:

10 x 1000 m/ 3600 seg = 10 x .28 m/seg = 2.8 m/seg.

Ejemplo 2. Convertir 20 m/seg. a km/hr.

$$20 \frac{\cancel{m}}{\cancel{seg}} \times \frac{1 \ km}{1000 \ \cancel{m}} \times \frac{3600 \ \cancel{seg}.}{1 \ hr}$$

$$20 \frac{1 \ km.}{1000} \times \frac{3600}{1 \ hr.} = 72 \ km/hr.$$

Cancele los metros y los segundos.

o   20 x 3600 km/ 1000 hr = 20 x 3.6 km/hr = 72 km/hr

Recuerden que: para convertir m/seg a km/hr, la cantidad se multiplica por 3.6. Para convertir km/hr a m/seg, la cantidad se multiplica por 0.28.

Ejemplo 3. Convertir 35 km a centímetros.

1 m = 100 cm.1 km = 1000 m.

$$35 \text{ km} \times \frac{1000 \text{ m}}{1 \text{ km}} \times \frac{100 \text{ cm}}{1 \text{ m}} = 3\ 500\ 000 \text{ cm}.$$

^ ^ ^ ^ ^ ^ ^ ^ ^ ^ ^ ^

Ejemplo 4. Convertir 120 mm a Kilómetros.

$$1 \text{ km} = 1000 \text{ m}.1 \text{ m} = 1000 \text{ mm}.$$

$$120 \text{ mm} \times \frac{1 \text{ m}}{1000 \text{ mm}} \times \frac{1 \text{ km}}{1000 \text{ m}} = 1 \times 10^{-4}$$

^ ^ ^ ^ ^ ^ ^ ^ ^ ^ ^ ^

PROBLEMAS

1. Un auto mide 4.9 m. de largo. Expresar esta cantidad en centímetros y en kilómetros.

2. Convertir 12 minutos a segundos.

3. Convertir 7800 segundos a dias.

4. Convertir las velocidades siguientes:

   1) 25 m/s a km/hr.

   2) 56 mm/s a Dm/seg.

   3) 128 km/hr a m/min.

5. ¿Cuántos dias hay en 2300 hrs, 35 min y 18 segundos?

6. Convertir 17 km - 25 cm a metros.

7. Convertir 35 mm + 3 metros a decímetros.

8. Convertir 424.54 cm - 25.60 mm a Hectómetros.

9. Convertir 54 hr - 826 segundos a dias.

10. Convertir 15 minutos + 3 dias a semanas.

*   *   *

SELECCIÓN MÚLTIPLE

1. Una uña del dedo mide casi 1) un metro; 2) kilómetro; 3) centimetro; 4) milimetro; de ancha.

2. La longitud de una mesa es 2 metros y 16 centímetros. Esta longitud se puede escribir como 1) 2.16 m; 2) 2.16 cm; 3) 2.16 mm; 4) 2.16 km.

3. El area de un cuerpo se expresa en 1) cm; 2) cm²; 3) cm³; 4) cm⁴.

4. El diámetro de un lápiz es cerca de 1) un metro; 2) un milímetro; 3) un centímetro; 4) un kilómetro.

5. Un centímetro es igual a 1) un metro; 2) 0.10 metros; 3) 0.01 metros; 4) 0.0001 metros.

6. Un kilómetro es igual a 1) un metro; 2) 10 metros; 3) 100 metros; 4) 1000 metros.

7. La altura aproximada de una cerradura de puerta es 1) un centímetro; 2) un milímetro; 3) un metro; 4) un kilómetro.

8. La unidad fundamental de masa en el sistema MKS es 1) el gramo; 2) el decigramo; 3) el kilogramo; 4) el miligramo.

9. Una persona mide 1.75 de altura. Esto es equivalente a 1) 0.175 centímetros; 2) 17.5 centímetros; 3) 175 centímetros; 4) 1750 centímetros.

10. Una botella contiene 2000 cm³ de agua. El volúmen de la botella es igual a 1) 2 mililitros; 2) 2 centilitros; 3) 2 litros; 4) 200 litros.

Capitulo 2
Rapidéz y Velocidad

1. Rapidez y Velocidad. La rapidéz se defina como <u>la distancia que un objeto recorre en una unidad de tiempo, sin tener en cuenta la dirección</u>. Por ejemplo, un camino de paseo muchas veces cubre una gran distancia sin dirección definitiva. La disancia es la longitud del camino. Una cantidad solamente con magnitud se llama una <u>cantidad escalar</u> o escalar.

La velocidad se defina como <u>el desplazamiento de un objeto en una unidad de tiempo</u>. Desplazamiento es la linea recta entre el principio y el fin de una trayectoria. Se sabe todo el tiempo la magnitud y direccion del desplazamiento. Una <u>cantidad vectorial</u> A vector tiene magnitud y dirección.

Ya que la rapidéz y el desplazamiento cubren distancias en un perído de tiempo, se representan así:

$$\text{Rapidéz} = \frac{\text{Distancia}}{\text{Tiempo}} \qquad \text{Velocidad} = \frac{\text{Desplazamiento}}{\text{Tiempo}}$$

$$v = \frac{d}{t}$$

La distancia y el desplazamiento se mide en unidades de longitud; kilómetros, metros, centímetros, o milímetros, y el tiempo en horas, minutos o segundos.

El cuerpo en movimiento cambia de posición del punto A al punto B. Si los puntos A y B se miden desde un punto original O, las distancias se expresan directamente como s_i(inicial) y s_f(final). Cuando el cuerpo pasa por s_i, el tiempo se mide como t_1, asi como cuando pasa por s_f, el tiempo se mide como t_2.

La distancia recorrida y el tiempo que pasa se ilustran en el diagrama siguiente:

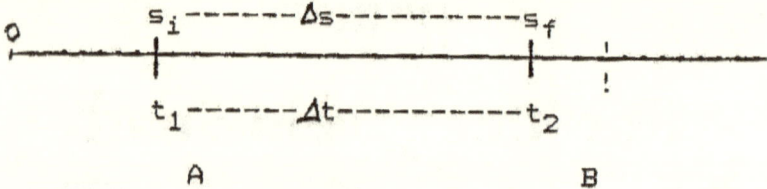

La distancia recorrida es igual a la diferencia:

$$\Delta d = d_f - d_i$$

y el tiempo pasado es igual a la diferencia:

$$\Delta t = t_2 - t_1$$

La ecuación en este caso es:

$$v = \frac{\Delta s}{\Delta t}$$

La letra griega delta (Δ) significa "el cambio de . . .", por ejemplo, Δs es el cambio de distancia.

Si la distancia y el tiempo iniciales se toman como cero, entonces la ecuación se escribe:

$$S_i = 0 \qquad t_1 = 0$$

o simplemente

$$v = \frac{d_f}{t_2} \qquad\qquad v = \frac{d}{t}$$

Usando esta ecuación básica, se deriva ecuaciones para distancia y tiempo:

$$v = \frac{s}{t} \qquad v \times t = \frac{s}{\cancel{t}} \times \cancel{t} \qquad s = vt$$

$$\frac{vt}{v} = \frac{s}{v} \qquad t = \frac{s}{v}$$

* * *

2. Resolución de problemas en la Física. El arte de resolver problemas envuelve la abilidad de cojer notas y datos, de analizar el problema y applicar toda la información hacia la solución del problema en una manera lógica y ordenada.

Se presume que cada problema nos presenta una pregunta, nos dá los datos necesarios y requiere una respuesta. El método presentado aquí es muh lógico y ordenado y se recomienda que los estudiantes lo aprendan. Este método disecta el problema entre tres partes fundamentales, (1) la información suministrada; (2) la pregunta y (3) la ecuación que facilita la solución. Pero, el estudiante debe tener en cuenta lo siguiente:

1. <u>Lea el problema cuidadosamente</u>. Este es el paso más importante en la resolución de problemas.

2. <u>Dibuje un bosquejo.</u> Es fácil dibujar un bosquejo para la mayoría de los problemas físicos. Recuerden que un retrato vale mil palabras.

3. <u>Anote la información bajo el nombre Datos</u> Escriba toda la información suministrada que es esencial para resolver el problema.

4. <u>Anote que cantidad se busca bajo el nombre Pregunta.</u> La mayoría de estudiantes encuentran dificultd en resolver problemas talvéz porque no prestan atención a la pregunta.

5. <u>Escriba la Ecuación básica</u> y otras ecuaciones importantes para resolver el problemas. La ecuación propia se encuentra facilmente si se estudia los datos y la pregunta en el problema.

∧ ∧ ∧ ∧ ∧ ∧ ∧ ∧ ∧ ∧ ∧ ∧

3. Calcular la velocidad.

Ejemplo 1. Un auto viaja una distancia de 150 km. en 2 hrs. ¿Cúal es la velocidad del auto?

<u>Datos</u>	<u>Pregunta</u>	Ecuación
$s = 150$ km.	$v =$	$v = s/t$
$t = 2$ hrs.		

Solución: Substituímos los valores de s y t en la ecuación, asi:

$$v = d/t \qquad v = 150 \text{ km.}/2 \text{ hr.} = 75 \text{ km./hr.}$$

∧ ∧ ∧ ∧ ∧ ∧ ∧ ∧ ∧ ∧ ∧

Calcular el recorrido.

Ejemplo 2. Un tren viaja con una velocidad de 60 km/hr. ¿Qué distancia viaja en 3 hrs?.

Datos	Pregunta	Ecuación
v = 60 km/hr	d =	v = d/t
t = 3 hr		

Solución: Arreglamos la ecuación básica v = s/t, y resolvemos por s:

$$d = vt$$

$$d = 60 \text{ km/hr.} \times 3 \text{ hrs.} = 180 \text{ km.}$$

∧ ∧ ∧ ∧ ∧ ∧ ∧ ∧ ∧ ∧ ∧ ∧ ∧

Calcular el tiempo.

Ejemplo 3. Un auto viaja con una velocidad de 25 m/seg. La distancia recorrida es 20 m. ¿Cúanto tiempo tomó el recorrer esa distancia?

Datos	Pregunta	Ecuación
v = 2.5 m/seg	t =	v = d / t
d = 20 m.		

Solución: Se deriva una ecuación para resolver por t, así:

$$t = d / v \qquad t = 20 \text{ m.} / 2.5 \text{ m/seg.} = 8 \text{ seg.}$$

∧ ∧ ∧ ∧ ∧ ∧ ∧ ∧ ∧ ∧ ∧ ∧

PROBLEMAS

1. Un avión cae de repente con una velocidad de 850 km/hr. Calculese la velocidad en m/seg.

2. Una persona camina por 3 hrs. alrededor d un parque que tiene un perímetro de 4 kilómetros. Calculese la velocidad en m/seg.

3. La velocidad de escape de la tierra es 11.18 km/seg. Si un barco de espacio pudiera mantener esta velocidad, que tiempo tomaría para llegar al planeta Marte a una distancia de 78 milliones de kilómetros?

4. Si se podría correr con una velocidad de 4 km./hr por 30 minutos. ¿Qué distancia se podría cubrir?

5. La distancia entre la Tierra y la Luna es 370,000 km. Un viaje de ida y venida a la Luna toma 5 dias. ¿A qué velocidad viaja un barco de espacio en km/hr m/seg.?

6. Un motorista toma 6 horas para viajar 600 kilómetros. ¿Cúal es su velocidad?

7. Un tren viaja con una velocidad constante de 150 km/hr. ¿Qué distancia cubrió en 4 horas?

8. Un ciclista viaja 10 km con una velocidad de 5 m/seg. ¿Cúanto tiempo le tomó para cubrir esa distancia?

$$\wedge \; \wedge \; \wedge \; \wedge \; \wedge \; \wedge \; \wedge \; \wedge \; \wedge \; \wedge \; \wedge \; \wedge$$

4. Cantidades Escalares. Ya vimos que una cantidad que tiene solo magnitud, sin referirse a la dirección que toma es una cantidad escalar. Por ejemplo: rapidéz, masa, longitud, energía, trabajo y tiempo son cantidades escalares o escalares. Cuando se dá la rapidéz de un cuerpo, solo se menciona lo rápido que el cuerpo se mueve. No se considera la dirección que el cuerpo toma.

5. Cantidades vectoriales. Una cantidad que tiene magnitud y direccion es una cantidad vectorial. Velocidad es rapidéz con dirección específica. Por ejemplo: velocidad, desplazamiento, peso, fuerza, aceleracion y momento son cantidades vectoriales o vectores.

Considere dos autos viajando hacia el norte a 20 km/hr. Ambos tienen la misma rapidéz (20 km/hr) y la misma velocidad (20 km/hr al Norte). Si uno de ellos viaja hacia el sur a 20 km/hr tiene la misma rapidéz (20 km/hr) pero una velocidad diferente (20 km/hr al Sur).

Si el movimiento ocurre en linea recta, la rapidéz y la velocidad son numericámente iguales. Por el contrario, la rapidéz es constante en un movimiento circular, pero la velocidad no es constante porque la dirección cambia instántaneamente. En este libro, hablaremos de velocidad cuando un cuerpo se mueve en linea recta porque solo hay dos direcciones de movimiento, la una es positiva y la otra es negativa. Sin embargo, cuando el cuerpo se mueve en círculos sin dirección específica, la llamaremos rapidéz. Se supone que si conocemos la dirección de la velocidad y en este estudio las trataremos igualmente.

$$\text{Velocidad} = v = d/t \qquad \text{Rapidéz} = v = d/t$$

En general, no encontramos mucha dificultad en usar cantidades escalares, por que se suman usando aritmética. Por ejemplo, la suma de 2 galones de agua y 3 galones de agua siempre nos dá 5 galones. La suma de cantidades vectoriales, por el contario, es más dificil. Por ejemplo, una persona que camina 1 kilómetro al Este y 1 kilómetro al Norte, ha caminado una distancia de 2 kilómetros, pero su desplazamiento no és 2 kilómetros. Este proceso especial de suma vectorial se lo estudiará más adelante.

Varios tipos de movimiento rectilíneo se describen en términos de gráficas usando el tiempo como la eje X y la variable dependiente como la eje Y. Los ejemplos siguientes nos dan una idea de las gráficas distancia - tiempo:

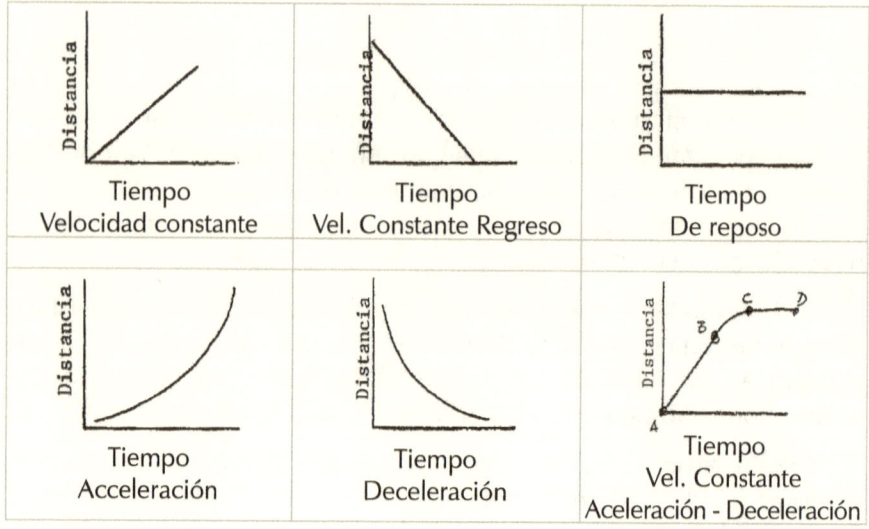

Tiempo Velocidad constante	Tiempo Vel. Constante Regreso	Tiempo De reposo
Tiempo Acceleración	Tiempo Deceleración	Tiempo Vel. Constante Aceleración - Deceleración

PROBLEMAS

1. ¿Por qué es la aceleración una cantidad vectorial?

2. ¿Por qué es la masa de un cuerpo una cantidad escalar?

3. Dé dos cambios que afectan la magnitud de un vector.

4. Un cuerpo se mueve con una rapidéz de 2 m/seg al fin del primer segundo, 4 m/seg al fin del segundo segundo, 6 m/seg al fin del tercer segundo. Calcule la distancia que cubrió durante 1) los tres segundos, y 2) el tercer segundo.

5. Un auto viaja en una carretera recta con una velocidad de 60 km/hr cuando el chofer lo frena. El auto requiere 6 segundos para parar completamente. ¿Qué distancia recorrió en este tiempo?

6. ¿Cúal es la distancia recorrida por un cuerpo que se mueve con una velocidad de 6 m/seg por 8 segundos?

*　*　*

6. Velocidad Constante y Velocidad Variable.

Velocidad constante es esa velocidad en que se cubre distancias iguales en intervalos iguales de tiempo. El movimiento no cambia ni en magnitud ni en dirección. Por ejemplo, un auto se mueve en una pista con una velocidad constante de 100 km/hr. Esto dice que en cada hora que pasa el auto cubre 100 kilómetros.

Vamos a construír una gráfica para interpretar datos obtenidos durante un experimento con un carrito que se mueve con velocidad constante en una pista. La pista se marca a ciertos intervalos para establecer distancias. Un cronómetro marca el tiempo que transcurre entre las marcas.

La tabla siguiente nos dá los datos necesarios:

Gráfica de distancia - tiempo d - t

d (m)	t (seg)
0	0
10	1
20	2
30	3
40	4
50	5

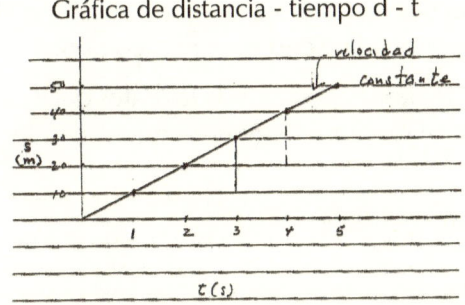

En la gráfica la distancia es la variable dependiente y el tiempo es la variable independiente. Vemos que la distancia varia directamente al tiempo o que la distancia es directamente proporcional al tiempo. La curva es una linea recta que pasa por el orígen, y muestra una relación constante y directa entre las dos cantidades, distancia y tiempo.

Una relación directa significa que por cada cambio en la distancia ocurre un cambio correspondiente en el tiempo. Cada punto en la línea recta indica la posición del carro a cualquier tiempo. Si la distancia es proporcional al tiempo, entonces la distancia es igual al tiempo multiplicado por una constante. Esta constante es la velocidad del carrito de acuerdo con la formula:

$$d = v\,t$$

En efecto: cuando t = 2 segundos, la distancia recorrida es 20 metros; cuando t = 4 segundos, la distancia es 40 metros.

Ahora, si juntamos los puntos t_1 = 2 seg y t_2 = 4 seg con una linea horizontal, y s_1 = 20 m. y s_2 = 40 m. con una linea vertical, el triángulo formado nos dá la velocidad a cualquier punto en la linea:

velocidad = y_2 - y_1 / x_2 - x_1

velocidad = 40m. - 20m. / 4 seg - 2 seg = 10 m/seg

velocidad = 30m - 10m / 3seg - 1seg = 10 m/seg

Se puede repetir esta operación muchas veces y el valor de la velocidad será constante en cualquier punto en la linea.

Este tipo de velocidad es casi imposible de mantener en práctica. El tráfico en la calle o en la carretera controla la velocidad de los autos, asi como el tipo de superficie controla la velocidad de un corredor.

Una velocidad que cambia constantemente es una <u>velocidad variable</u>, porque distancias desiguales se cubren, en intervalos iguales de tiempo. Este tipo de velocidad es el más común.

La tabla siguiente nos dá los datos del movimiento variable del carrito. La gráfica que resulta muestra qué:

s (m)	t (seg)
0	0
6	1
24	2
54	3
96	4

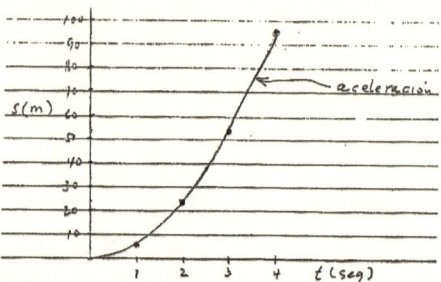

La línea que conecta los puntos es una parábola o curva ilimitada y demuestra que la distancia no es proporcional al tiempo. Esta gráfica es del tipo distancia - tiempo y <u>la curva indica un cambio en la velocidad, en otras palabras, indica la aceleración del carrito.</u>

Para calcular la velocidad del objeto a cualquier punto en la trayectoria, se traza una linea tangente al punto y se construye un triángulo para delinear los limites de distancia y tiempo. Por ejemplo: resuelva por la veloçidad cuando t = 2.5 segundos en el punto P.

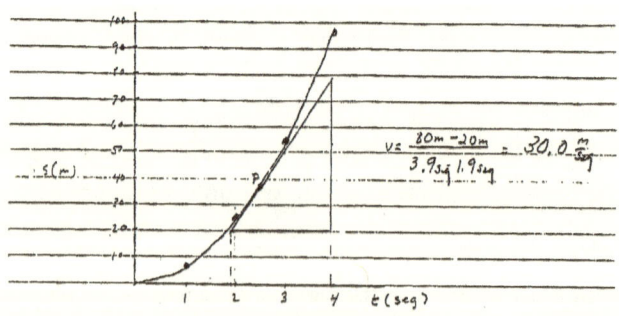

$$y_2 - y_1 80m - 20m = 60m$$

Velocidad =

$$x_2 - x_1 3.9 \text{ seg} - 1.9 \text{ seg} = 2 \text{ seg}$$

Velocidad al punto P = 60 m/ 2seg = 30 m/seg

Si ahora delineamos las distancias en la tabla contra el tiempo cuandrado, obtenemos una linea recta que pasa por el origen. Esto significa que la distancia es directamente proporcional a t^2.

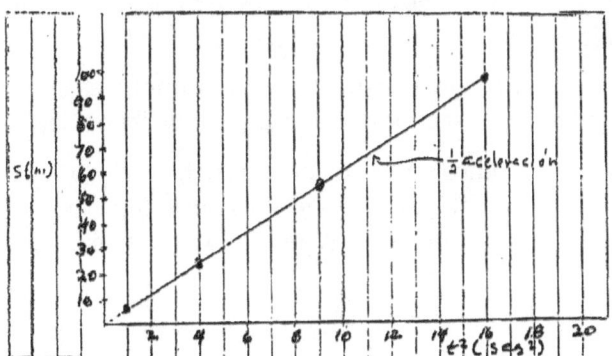

Velocidad instantánea. La velocidad instantánea es la velocidad de un cuerpo durante un instante de tiempo.

Por seguro que se puede medir la velocidad instantánea con un instrumento preciso, tal como el velocímetro. La velocidad registrada en este aparato en el instante en que lo miramos, es la velocidad instantánea.

PROBLEMAS

1. Su casa esta situada a 5 km. del colegio. El bus toma una media hora para cubrir esa distancia cada dia. ¿Cúal es la velocidad del bus?

2. Un avión viaja con una velocidad de 600 km/hr. Si viaja por 5 horas. ¿Qué distancia viajó?

3. Una pista circular tiene 1000 metros de circunferencia. Un auto pequeño hace 50 carreras en 45 minutos. Calcule la velocidad en m/seg.

4. Un tren viaja con una velocidad de 100 km./hr. Calcule la velocidad en m/seg.

5. Cuando viajando por el campo con una velocidad de 60 km./hr. Ud. Mira alrededor por solo un segundo. ¿Qué distancia cubrió en ese segundo?

6. ¿Cúal es la velocidad de un auto que viaja 7 metros en 0.40 segundos?

7. El estallo de una explosión se oyó 6 segundos después de que ocurrió. Si la explosión ocurrió a 2500 m. de distancia, calcule la velocidad del sonido. Se supone que la velocidad es constante.

8. El aviador Charles Lindbergh viajo por 33 hr. 30 min., desde Nueva York a Paris con una velocidad de 74 km./hr. ¿A qué distancia está Paris de Nueva York?

9. Una beisball tiene una velocidad de 50 m/seg. Cuanto tiempo le tomará para que esta pelota vaya una distancia de 21 m?.

10. La velocidad de la luz en el vacío es 3×10^8 m/seg. Calcule la distancia que viaja en un nanosegundo.

Considere las gráficas siguientes: la primera es una gráfica de distancia - tiempo y la segunda es una gráfica de velocidad - tiempo.

En la primera, vemos que en el intervalo AB la velocidad es constante a 10 m/s y el intervalo BC paralelo a las ejes del tiempo, porque el tiempo sigue avanzando, muestra que el objeto está de reposo.

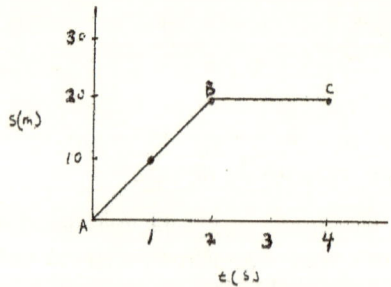

En la gráfica velocidad - tiempo, el segmento AB muestra la aceleración del objeto, pero el segmento BC paralelo a las ejes del tiempo indica una velocidad constante a 30 m/s. La area debajo de la linea representa la distancia recorrida.

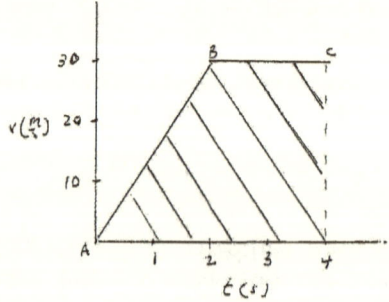

Gráfica distancia - tiempo de un viaje de ida y vuelta.

28

Esta gráfica muestra el recorrido de un objeto desde un punto de reposo hasta una distancia de 30 metros sin detenerse y la vuelta a su punto de partida.

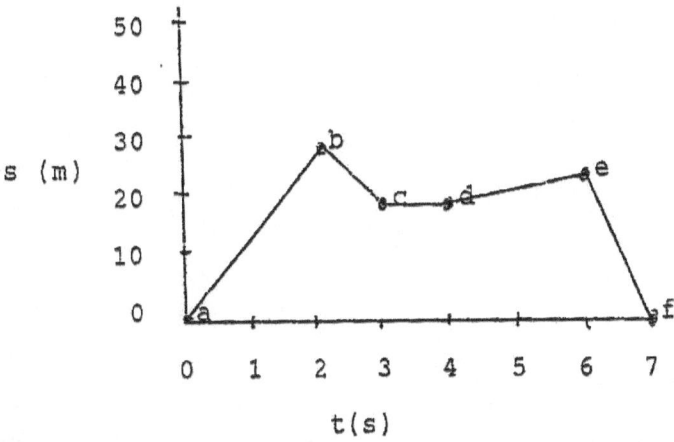

El segmento ab. La velocidad es:

$$v = y / xv = 30 \text{ m.} - 0 \text{ m.} / 2 \text{ seg} - 0 \text{ seg.}$$

$$v = 15 \text{ m/seg.}$$

El segmento bc. La velocidad en este punto es:

$$v = y2 - y1 / x2 - x1v = 20 \text{ m.} - 30 \text{ m./} 1 \text{ seg.}$$

$$v = -10 \text{ m/seg.}$$

(El valor negativo es la vuelta)

El segmento cd. La velocidad es:

$$v = 72 - y1/ x2 - x1v = 20 \text{ m/seg} - 20 \text{ m/seg} / 1 \text{ seg.}$$

$$v = 0 \text{ m/seg}$$

Aqui no hay cambio en la distancia recorrida. El objeto esta en reposo. En este punto, no hay ni velocidad ni aceleración.

El segmento de. La velocidad es:

$$v = v2 - v1/ x \, 2 - x1v = 25 \text{ m/seg} - 20 \text{ m/seg} / 1 \text{ seg.}$$

$$v = 5 \text{ m/seg.}$$

El segmento ef. La velocidad es:

$$v = v2 - v1 / x2 - x1v = 0 \text{ m/seg} - 25 \text{ m/seg} / 1 \text{ s.}$$

$$v = -25 \text{ m/seg}$$

La agudéz de la pendiente indica la magnitud de la velocidad en cada segmento. En la gráfica siguiente, la línea B representa una velocidad de 30 m/seg y la línea A, una velocidad de 10 m/seg.

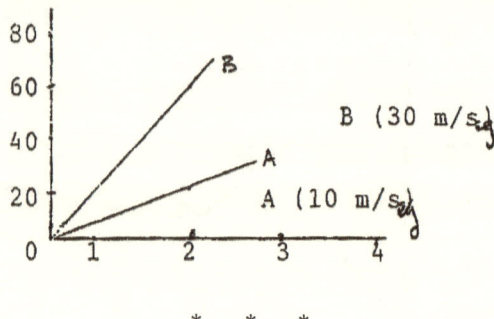

* * *

PROBLEMAS

1. Un objeto en reposo se cae libremente por 5 segundos. Determine en una tabla las distancias recorridas por el objeto al fin de cada segundo y construya la gráfica distancia - tiempo más apropiada.

2. Halle la velocidad del objeto en el problema anterior cuando t = 3 y t = 5 seg.

3. Usando los datos calculados en el primer problema, construya una gráfica distancia - tiempo cuadrado. Describa el tipo de curva y explique el significado de tal curva.

Selección múltiple

1. ¿Qué gráfica representa el movimiento de un objeto con velocidad constante?

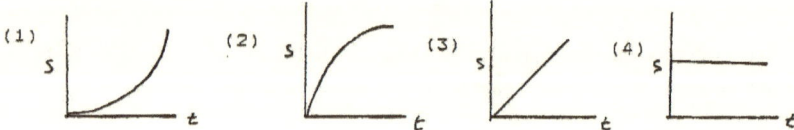

2. ¿Cúal es una cantidad vectorial? (1) rapidéz; (2) tiempo; (3) distancia; (4) velocidad.

3. Use la gráfica a la derecha para responder a las preguntas 3 a 7, que representa el movimiento de un auto viajando por 12 segundos en una carretera recta.

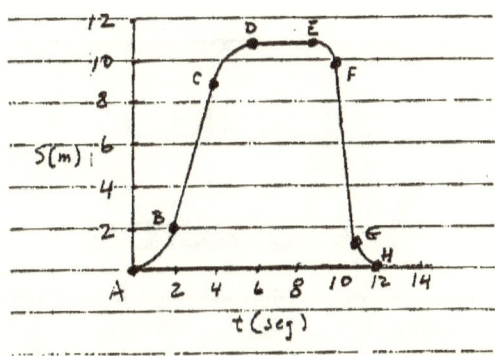

3. El auto está de reposo en el intervalo (1) AB; (2) BC; (3) DE; (4) GH.

4. El recorrido total del auto en los 12 segundos es (1) 6 m; (2) 11 m; (3) 12 m; (4) 22 m.

5. La velocidad promedia del auto en el intervalo CD fue (1) 1 m/seg; (2) 2 m/seg; (3) 10 m/seg; (4) 11 m/seg.

6. El intervalo que muestra una velocidad constante es (1) AB; (2) BC; (3) EF; (4) GH.

7. La parte del viaje que no muestra una velocidad constante es (1) AB; (2) BC; (3) DE; (4) FG.

8. La distancia es al desplazamiento como (1) fuerza es al peso; (2) rapidéz es a la velocidad; (3) velocidad es a la aceleración; (4) impulso es al momento.

Capitulo 3

Aceleración

1. Acceleracion. Aceleración uniforme es <u>el cambio en velocidad durante un cierto intervalo de tiempo</u>. Cada vez que un auto disminuye o aumenta su rapidéz, la velocidad cambia. Este cambio se llama aceleración. En otras palabras:

$$\text{Aceleración} = \frac{\text{Cambio de velocidad}}{\text{Intervalo de tiempo}}$$

Ya que la aceleración es una cantidad vectorial, la magnitud y la dirección del movimiento son conocidas. Por ejemplo, si un auto aumenta su rapidéz, la velocidad y la aceleración ocurren en la misma dirección. Esta es una aceleración positiva.

Velocidad ⟶
Aceleración ⟶

Por el contrario, si se frena el auto, la velocidad y la aceleración se dirigen en direcciones opuestas. La aceleración negativa.

Velocidad ⟶
Aceleracion ⟵

Un objeto en movimiento con la velocidad inicial v_i aumenta o disminuye su velocidad hasta la velocidad final v_f en un período de tiempo t. El cambio en la velocidad o la aceleración se indica con la ecuación:

$$a = \frac{v_f - v_i}{t_2 - t_1} \qquad o \qquad a = \frac{v}{t}$$

$$\Delta v = \text{cambio de velocidad}$$

Si la velocidad inicial del objeto es cero, la ecuación es:

$$v_i = 0 \quad t_i = 0 \quad a = v / t$$

^ ^ ^ ^ ^ ^ ^ ^ ^ ^ ^ ^

Ejemplo 1. Un auto acelera de reposo hasta una velocidad de 25 m/seg. en 5 segundos. Calcule la aceleración.

Datos	Pregunta	Ecuación
$v_i = 0$ m/seg.	$a =$	$a = \dfrac{v_f - v_i}{t}$
$v_f = 25$ m/seg.		
$t = 5$ seg.		

Solución. El auto parado tiene una velocidad inicial de 0 m/seg. Substituímos directamente en la ecuación:

$$a = \frac{25\,\text{m/seg} - 0\,\text{m/seg}}{5\,\text{seg.}} = 5\,\text{m/seg/seg}$$

Esta respuesta se lee: 5 metros por segundo por segundo y significa que por cada segundo que el auto está en movimiento, su velocidad cambia por 5 m/s. Ahora se usa la expresión metros por segundo cuadrado.

$$m / s^2$$

Para cambiar de una expresión a la otra usamos álgebra, así:

$$\frac{m/\text{seg}}{\text{seg.}} = \frac{m}{\text{seg.}} \times \frac{1}{\text{seg.}} = \frac{m}{\text{seg}^2}$$

Ejemplo 2. La velocidad de un auto es 15 m/seg. ¿Cúanto tiempo tomará el auto para acelerar a 3 m/seg^2.?

Datos	Pregunta	Ecuación
$v = 15$ m/seg.	$t =$	$a = v/t$
$a = 3$ m/s^2		

Solución: Arreglando la ecuación básica, tenemos:

$$t = \frac{v}{a} \qquad t = \frac{15\,\text{m/seg.}}{3\,\text{m/seg}^2} = 5\ \text{s}$$

^ ^ ^ ^ ^ ^ ^ ^ ^ ^ ^ ^

A partir de la ecuación básica, a = v/t, puede obtenerse dos relaciones, una para velocidad y otra para el tiempo. Empezamos con la ecuación:

$$a = \frac{v_f - v_i}{t}$$

1) $at = v_f - v_i$

  $v_f = at + v_i$

2) $t = \frac{v_f - v_i}{a}$

Si $v_i = 0$, las ecuaciones se escriben simplemente:

$$t = \frac{v}{a} \quad \text{and} \quad v = at$$

Ejemplo 3. ¿Cúal es la aceleración de un auto cuando su velocidad cambia de 15 m./seg a 35 m./seg en 10segundos?

Datos	Pregunta	Ecuación
v_i = 15 m./seg	a =	$a = \dfrac{v_f - v_i}{t}$
v_f = 35 m/seg		
t = 10 s.		

Solución: Substituyendo en la ecuación, tenemos:

$$a = \frac{35\,\text{m/seg} - 15\,\text{m/seg}}{10\text{seg}} = 2\,\text{m/seg}^2$$

^ ^ ^ ^ ^ ^ ^ ^ ^ ^ ^ ^

Ejemplo 4. ¿Cúal es la velocidad final de un auto que empezando con una velocidad de 10 m/seg obtiene una aceleración de 5 m/seg^2 por 10 segundos.?

Datos	Pregunta	Ecuación

$v_i = 10$ m./seg $v_f =$

$$a = \frac{v_f - v_i}{t}$$

$a = 5$ m/seg^2
$t = 10$ seg

Solución: Arreglando la ecuación, tenemos:

$v_f = at + v_i$

$v_f = 5$ m/seg^2 x 10 seg. + 10 m/seg = 60 m/seg

PROBLEMAS

1. Un objeto en reposo acelera a 3 m/seg^2 por 6 segundos. ¿Qué velocidad obtiene al fin de ese tiempo?

2. La aceleración de la gravedad es 9.8 m/seg^2 cerca de la superficie de la tierra. Se deja caer una piedra desde una colina de 65 metros de altura. ¿En cúanto tiempo cae al suelo?

3. Un objeto en reposo se cae desde cierta altura. ¿Cuánto tiempo tardará en descender y obtener una velocidad de 30 m/seg?

4. Un objeto en reposo es acelerado hasta una velocidad de 80 m/seg en 2 segundos. Calcule la aceleración del objeto.

5. Un auto va del reposo a cierta velocidad acelerado por 4m/sec^2. Calcule la velocidad al fin de 6 minutos?

6. Un cierto auto advierte que acelerará de 10 km/hr a 60 km/hr en 15 segundos. Calcule la aceleración.

7. Un niño patinando en la calle aumenta su velocidad de 4 m/seg a 10 m/seg en 3 segundos. Calcule la aceleración.

8. Un auto acelera uninformemente a 12 m/seg^2 por 12 segundos. Si la velocidad original del auto fué 8 m/seg. ¿Cúal es la velocidad final?

9. Un avión vuela a 95 m/seg y acelera por 0.50 m/seg^2 por 10 segundos. Calcule la velocidad final en km/hr y m/seg.

10. Un auto de pista con una velocidad de 45 m/seg disminuye la velocidad por - 1.5 m/seg^2 en 9.8 segundos. ¿Cúal es la velocidad final?

2. Velocidad Promedia. En la definición de aceleración no se menciona la distancia recorrida por un cuerpo en movimiento. Es importante que se calcule la relación entre la aceleración y la distancia.

Cuando se viaja en la carretera desde punto A a punto B, la velocidad del auto no es constante. La rapidéz cambia de acuerdo con el flujo del tráfico. Ya que la velocidad aumenta o disminuye en un intervalo de tiempo, se la puede expresar en términos de la velocidad promedia entre los puntos A y B.

En un movimiento de linea recta con aceleración constante, hay siempre una relación entre la velocidad inicial v_i, la velocidad final v_f y la velocidad promedia. La velocidad promedia se considera solo cuando la aceleracion es constante y se calcula con la ecuacion siguiente:

$$\bar{v} = \frac{v_i + v_f}{2} \qquad\qquad \bar{v} = \text{velocidad media}$$

```
A                                   B
!                                   !
vi--------------+------------vf
        v̄  =  velocidad media
```

La ecuación para velocidad promedia es la misma que para cualquier velocidad.

$$\bar{v} = \frac{s}{t}$$

^ ^ ^ ^ ^ ^ ^ ^ ^ ^ ^ ^

Ejemplo 1. Si un auto acelera desde 10 m./seg a 30 m./seg. Calcule la velocidad promedia.

Datos	Pregunta	Ecuación
v_i = 10 m./seg	v =	$\bar{v} = \dfrac{v_i + v_f}{2}$
v_f = 30 m./seg		

Solución: Substituyendo en la ecuación, tenemos:

$$\bar{v} = \frac{30\text{m.}/\text{seg} + 10\text{m.}/\text{seg}}{2} = 20\text{m.}/\text{seg}$$

^ ^ ^ ^ ^ ^ ^ ^ ^ ^ ^ ^

Usando las ecuaciones dadas atrás, se deriva las siguientes:

$$\frac{v_i + v_f}{2} = \frac{s}{t}$$

$$s = \frac{v_i + v_f}{2} \times t \quad \text{and} \quad t = \frac{2s}{v_i + v_f}$$

Ejemplo 2. Calcule la distancia cubierta por un cuerpo que acelera de 10 m/seg to 30 m/seg en 5 segundos.

<u>Datos</u>	<u>Pregunta</u>	<u>Ecuación</u>
v_i = 10 m/seg	s =	$s = \dfrac{v_i + v_f}{2} \times t$

v_f = 30 m/seg
t = 5 seg.

Solución: Una substitución directa, nos dá:

$$s = \frac{10\,m/seg + 30\,m/seg}{2} \times 5seg \quad s = 100m$$

∧ ∧ ∧ ∧ ∧ ∧ ∧ ∧ ∧ ∧ ∧ ∧

Ejemplo 3. Un objeto se mueve una distancia de 200 m. cuando acelera de 25 m/seg a 50 m/seg. ¿Cúanto tiempo toma para cubrir esa distancia?

<u>Datos</u>	<u>Pregunta</u>	<u>Ecuación</u>
v1 = 25 m/seg	t =	$t = \dfrac{2_s}{v_1 + v_2}$

v2 = 50 m/seg
d = 200 m

Solución: Una substitución directa nos dá:

$$t = \frac{2 \times 200m}{50\,m/seg + 25\,m/seg} = 5.33seg.$$

∧ ∧ ∧ ∧ ∧ ∧ ∧ ∧ ∧ ∧ ∧

3. Distancia y Velocidad en Aceleración

Ecuaciones.

Las ecuaciones básicas:

$$a = v/t \qquad v = at \qquad \bar{v} = d/t \qquad \bar{v} = v/2$$

se usan para derivar ecuaciones para desplazamiento y velocidad. Asi:

$$\bar{v} = d/t \qquad\qquad y \qquad\qquad \bar{v} = v/2$$

Ya que las velocidades medias son iguales, tenemos

$$v/2 = d/t \qquad\qquad ó \qquad\qquad v = 2d/t$$

$$v = at \qquad\qquad y \qquad\qquad v = 2d/t. \qquad \text{Las velocidades son iguales.}$$

$$v = v \qquad\qquad at = 2d/t \qquad at^2 = 2d$$
$$\text{despegue s:} \qquad d = 1/2\, at^2$$

En las ecuaciones para velocidad resolvemos por t:

$$v/2 = d/t \qquad\qquad a = v/t$$
$$t = 2d/v \qquad\qquad t = v/a$$
$$t = t$$
$$2d/v = v/a$$

La ecuación final es: $\qquad v^2 = 2ad$

Estas ecuaciones derivadas no suministran información nueva, solo sirven para establecer la conección entre cantidades ya usadas en el estudio del movimiento.

Las ecuaciones:

$$d = v_i t + 1/2\, at^2 \qquad\qquad y \qquad\qquad v_f^2 = v_i^2 + 2ad$$

suponen que hay una velocidad inicial v_i.

∧ ∧ ∧ ∧ ∧ ∧ ∧ ∧ ∧ ∧ ∧ ∧

Ejemplo 4. Un auto empieza de reposo y acelera a 6 m/seg.^{2} por 2 segundos. Calculese el (a) recorrido y (b) la velocidad al fin de los 2 segundos.

Datos	Pregunta	Ecuación
a = 6 m/seg^2	a) d =	d = 1/2 at^2
t = 2 seg	b) v =	v^2 = 2ad

38

Solución: Una substitución directa nos dá:

a) $s = 1/2 \; 6 \; m/seg^2 \; x \; (2 \; seg.)^2 = 12 \; m$

b) $v^2 = 2 \; (6 \; m/seg^2 \; x \; 12 \; m.) = 124 \; m/seg.$

$v = 12 \; m/seg$

^ ^ ^ ^ ^ ^ ^ ^ ^ ^ ^ ^

Ejemplo 5. Una piedra se cae desde un puente. Le tomó 3 segundos para caer al agua. (a) Calcule la altura del puente y (b) la velocidad con que llegó al agua. La aceleración de la gravedad es 9.8 m/seg²)

Datos	Pregunta	Ecuación
$a = 9.8 \; m/seg^2$	a) $d =$	$d = 1/2 \; at^2$
$t = 3 \; seg$	b) $v =$	$v^2 = 2ad$

Solución: Una substitución directa nos dá:

a) $d = 1/2 \; 9.8 \; m/seg^2 \; x \; (3 \; seg.)^2 = 44.1 \; m$

b) $v^2 = 2 \; (9.8 \; m/seg^2 \; x \; 44.1 \; m.) = 862.4 \; m/seg.$

$v = 29.4 \; m/seg$

^ ^ ^ ^ ^ ^ ^ ^ ^ ^ ^ ^

PROBLEMAS

1. ¿Cúal es la velocidad final de un cuerpo que accelera a 10 m/seg² por una distancia de 20 metros?

2. On objeto tiene una velocidad final de 35 m/seg cuando accelera a razón de 15 m/seg². ¿Qué distancia habia recorrido?

3. Un hombre manejando un auto ve a un niño unos 50 metros adelante. Si el auto se movía con una velocidad de 5 m/seg y si despues de frenar, el auto disminuye su velocidad por 1 m/seg². ¿Que distancia viajó el carro y evito golpear al niño?

4. Un auto en reposo se mueve y 5 segundos más tarde está acelerando a 7 m/seg/seg. Calcule el recorrido.

5. El tiempo de aceleración de un auto de 0 km/hr a 100 km/hr es 6.6 segundos. De la aceleracion en (a) km/hr² y m/seg² y (b) ¿Qué distancia cubrió en ese tiempo?

6. ¿Qué tiempo tomará a un cuerpo en caída libre para obtener velocidad de 224 m/seg y ¿de qué altura cayo?

7. Una pelota lanzada verticalmente con una velocidad inicial de 30 m/seg. Calcule la velocidad y la altura al fin de 1 minuto.

8. Si una pelota se cae de una ventana y acelera a razón de 12 cm/seg^2. ¿Qué distancia es posible cubrir en 9 segundos?

9. Un auto en reposo acelera por razón de 13 m/seg^2. ¿Qué distancia cubre en 3 segundos?

10. Un cuerpo se empieza a mover del resposo hasta obtener una aceleración de 1.2 m/seg^2. (a) ¿Cúanto tiempo le tomará para cubrir 120 metros? y (b) ¿cúal es la velocidad final?

11. Un tren se frena mientras viaja a 100 km/hr. Este tren recorrió unos 300 metros y paró. Calcule la aceleración negativa.

12. Una bala se dispara con una velocidad de 900 m/seg. solo unos 0.002 segundos despúes de apretar el gatillo. ¿Cúal es la aceleración de la bala?

Capitulo 4
Análisis gráfico de la velocidad

1. Gráfica de Velocidad - Tiempo para aceleración.

La tabla siguiente nos dá las velocidades de un objeto en caída libre.

v (m/seg)	t (seg)
0	0
10	1,
20	2
30	3
40	4
50	5

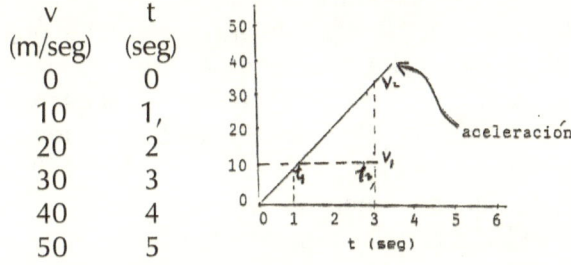

La linea recta obtenida en esta gráfica indica una aceleración constante. El valor de la aceleración se calcula dividiendo el cambio de velocidad por el cambio en el tiempo.

Ejemplo 1. Calculemos la aceleración entre puntos t= 1 seg y t= 3 seg.

Se delinea los limites de v y t y se traza el triángulo entre t=1 seg y t= 3seg

$$v = v_2 - v_1 \quad t = t_2 - t_1$$

$$v = 30 \text{ m/seg} - 10 \text{ m/seg} = 20 \text{ m/seg}$$

$$t = 3 \text{ seg} - 1\text{seg} = 2 \text{ seg.}$$

$$\text{Aceleración} = v/t = 20 \text{ m/seg} / 2 \text{ seg} = 10 \text{ m/seg}^2$$

* * *

41

PROBLEMAS

1. Calcule la velocidad y la distancia recorrida por un objeto en caída libre durante los primeros 5 segundos de caída. a) Construya una tabla y la gráfica de los valores obtenidos. b) Calcule la aceleración del objeto. c) ¿Qué significado tiene esta linea recta?

La grafica siguiente es una grafica de v - t representando el movimiento de un objeto.

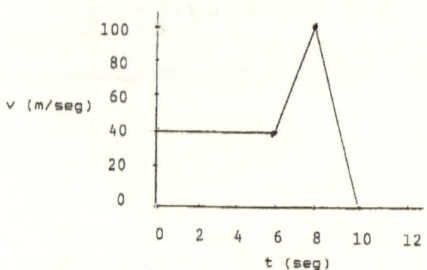

1)¿Cúal es la velocidad del objeto cuando t = 2 seg?; 2) ¿Cúal es la aceleración del objeto cuando t = 2 seg?; 3) ¿Cúal es la velocidad del objeto cuando t = 7 seg?; 4) ¿Qué distancia recorrió el objeto durante estos 5 segundos?; 5) ¿Cúal es la aceleración del objeto cuando t = 7 seg?; 6) ¿Qué distancia recorrió el objeto durante el intervalo t = 6 seg y t = 8 seg ?; 7) ¿Cúal es la velocidad del objeto cuando t = 9 seg ?; 8) ¿Cúal es la aceleración del objeto cuando t = 9 seg ?; 9) ¿Qué distancia recorrió el objeto durante el intervalo t = 8 seg and t = 10 seg ?; 10) ¿Cúal es la velocidad promedia durante este viaje?

$$* \quad * \quad *$$

2. Distancia en una grafica v - t.

Ya que sabemos que la linea en la gráfica v - t representa la aceleración, es muy fácil calcular la distancia recorrida.

Ejemplo 2. La gráfica siguiente nos da:

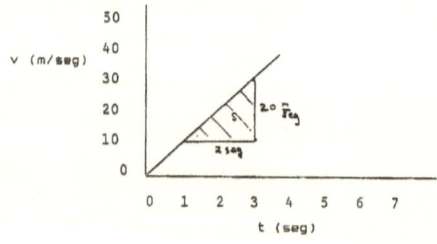

La linea, cuando t = 1 seg y t = 3 seg, produce un triángulo cuya area es una mitad del area del rectángulo obtenido cuando se multiplica la velocidad v por el tiempo t.

Area del triángulo = 1/2 area del rectángulo

Area = 1/2(vt)

La definición de velocidad dice qué:

v = d/t od = vt = area del rectángulo.

Pero, en el triángulo el area es solamente la mitad, así.

d = 1/2 vt

d = 1/2 (20 m/seg x 2 seg) = 20 m.

Hay otro método de calcular la distancia recorrida:

d = 1/2 vt   pero   v = at
entonces: d = 1/2 at x t   ó   d = 1/2 at^2

Usando esta ecuación, obtenemos:

d = 1/2 10 m/seg.^{2} x (2 seg)^2 = 20 m.

En todas las gráficas de v - t, el area bajo la linea es la distancia recorrida.

Ejemplo 3. Determinemos la distancia recorrida por un objeto con una velocidad constante de 10 m/seg por 2 segundos.

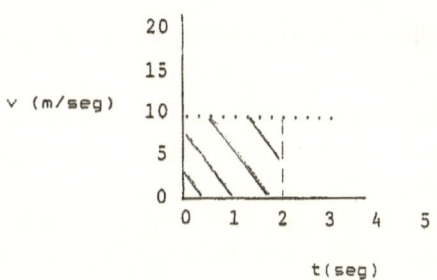

No hay una aceleración porqué la velocidad es constante. La curva obtenida es horizontal y paralela a la ejo del tiempo. La distancia recorrida cuando t = 2seg se calcula facilmente trazando el area bajo la linea.

En la gráfica, v = 10 m/seg y t = 2 seg. El producto de v y t nos da el area del rectángulo debajo de la linea:

A = v x t

$$A = d/t \times t \qquad\qquad A = d$$
$$A = 10 \ m/seg \times 2 \ seg = 20 \ m.$$
$$d = 20 \ m.$$

Recordemos que:

1. En una gráfica v - t que muestra la aceleración de un objeto, la distancia recorrida es el area del triángulo bajo la linea.

2. En una gráfica que muestra velocidad constante, la distancia recorrida es igual a el area del rectángulo bajo la linea.

   Velocidad en una gráfica a - t.

   La velocidad de un objeto que viaja con aceleración constante se calcula asi:

$a = m/seg2$	$t = seg$
10	1
20	2
30	3
40	4

Se obtiene una linea recta paralela a las ejes del tiempo.

Se calcula de velocidad asi:

$$a = v/t \qquad\qquad v = at$$
$$60 \ m/s = (20 \ m/s^2) \ (3 \ s)$$

El area bajo la linea en un gráfica a - t es la velocidad del objeto.

PROBLEMAS

1. Un auto viaja con una velocidad de 60 km/hr cuando se aplican los frenos. El auto toma 6 segundos para parar completamente. Calcule: 1) su aceleración; 2) la distancia recorrida en en los seis segundos; 3) Haga una gráfica de velocidad - tiempo que represente el movimiento en los seis segundos; 4) Haga una gráfica de distancia - tiempo que represente el movimiento en los seis segundos.

2. Usando la gráfica siguiente, averigue:

   (1) ¿Qué gráfica representa mejor el cambio de velocidad con el tiempo?

   (2) ¿Qué gráfica representa la aceleración más grande?

44

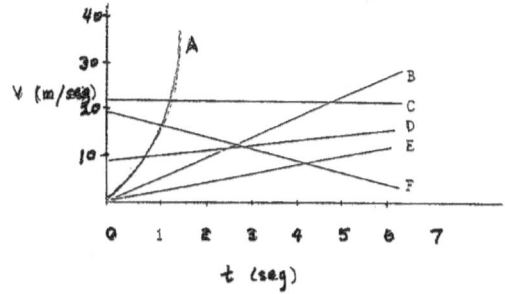

(3) ¿Qué gráfica representa la mayor velocidad cuando t =1s?

(4) ¿Qué gráfica representa una aceleración negativa?

(5) ¿Qué gráfica representa un objeto en caida libre?

3. La gráfica siguiente representa la relación entre distancia y tiempo cuando un cuerpo se mueve.

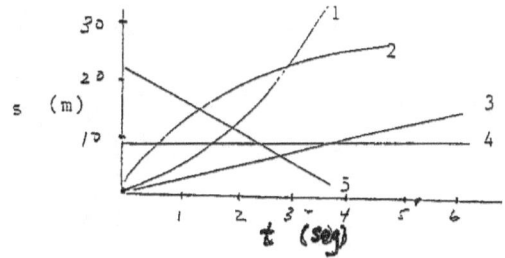

(1) ¿Qué intervalo representa una velocidad constante?

(2) ¿Qué intervalo representa una velocidad viariable?

(3) ¿Qué intervalo representa el objeto en reposo?

4. Estudie la gráfica siguiente que representa el movimiento de un objeto en linea recta y conteste:

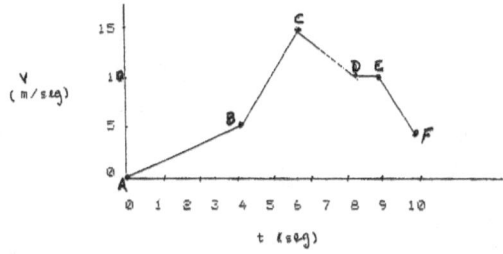

(1) ¿En qué intervalo de tiempo viajo el objeto la distancia mayor?

(2) ¿En qué intervalo de tiempo tuvo el objeto la aceleración positiva más grande?

(3) ¿Cúal es la aceleración del objeto durante el intervalo de tiempo entre B y C ?

(4) ¿Qué distancia recorrió el objeto durante el intervalo de tiempo entre E y F ?

GRÁFICAS MÁS COMUNES

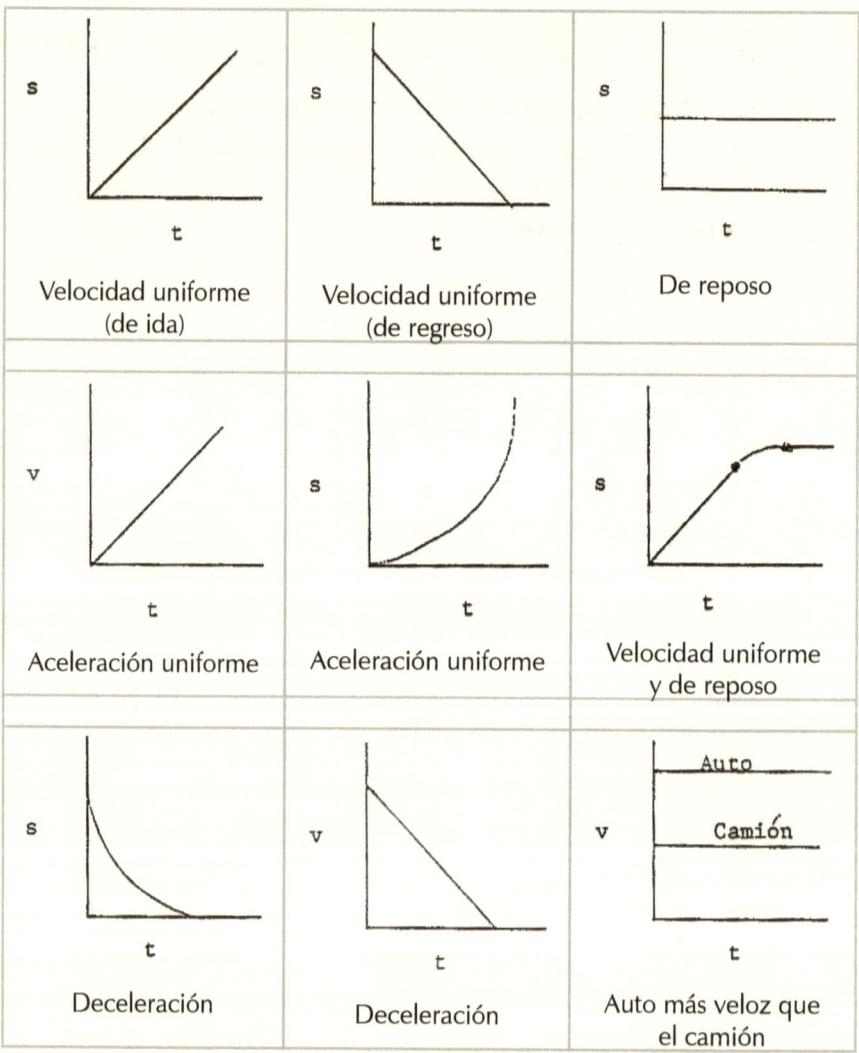

Velocidad uniforme (de ida)	Velocidad uniforme (de regreso)	De reposo
Aceleración uniforme	Aceleración uniforme	Velocidad uniforme y de reposo
Deceleración	Deceleración	Auto más veloz que el camión

Capitulo 5

Composición de velocidades

1. Composicion y Resolucion de Velocidades. Cantidades Escalares. Muchas cantidades se expresan mejor usando un cierto número de unidades. Por ejemplo, el volumen de un tanque de agua se expresa en términos de galones de agua; la temperatura en términos de grados; la rapidéz de un auto en kilómetros por hora. Estas cantidades se llaman cantidades escalares o simplemente escalares.

Un escalar expresa solamente el tamaño ó la magnitud de la cantidad. Estas cantidades se representan solo con números y, por consiguiente, se añaden o se sustraen con aritmética simple. Por ejemplo, si una persona camina 5 kilometros de ida y de regreso, ha caminado un total de 10 kilometros. Si un estudiante tiene $ 10.00 y gasta $ 5.00, le quedan solo $ 5.00.

Unos ejemplos de escalares son: tiempo, distancia, area, volúmen, rapidéz, energía y dinero.

Cantidades Vectoriales. Hay otras cantidades que se expresan con más definición. La magniud de la cantidad no es suficiente para expresar la cantidad. Por ejemplo: 60 km/hr describe la rapidéz de un auto, pero necesitamos más información para entender completamente el movimiento del carro. Se necesita especificar la dirección del auto.

Si aclaramos que el auto vá a 60 km/hr al norte, ciertamente el auto no vá en ninguna otra dirección sino al norte. Estas cantidades se llaman cantidades vectoriales o simplemente vectores.

Una cantidad vectorial es una cantidad con magnitud y dirección específicas. Un vector es un escalar con dirección:

Escalar + Dirección = Vector

Unos ejemplos de cantidades vectoriales son: fuerza, peso, desplazamiento, velocidad, aceleración y momento.

Cualquier cantidad vectorial se representa con una flecha, el tamaño de la flecha indica la magnitud del vector y la cabeza indica la dirección. La unidad usada para indicar la magnitud es arbitraria. En el diagrama, un centímetro representa 5 m/seg:

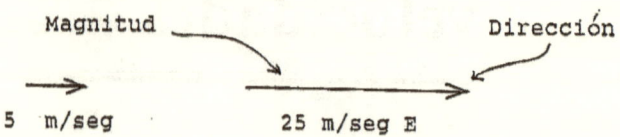

El vector representa una velocidad de 25 m/seg hacia el Este. El vector AB representa la cantidad vectorial AB = 30 m/seg. E El vector AC representa la cantidad vectorial AC = 40 m/seg.W.

Cada vector, entonces, es compuesto de segments. Cada segmento representa 10 m/seg.

La dirección del vector se expresa en ángulos medidos desde la eje X.

2. Composicion de Velocidades. La Resultante. Una resultante de cualquier grupo de vectores, es ese vector que reemplaza los otros vectores y produce el mismo efecto. La resultante se calcula con el método de sumas vectoriales, usando diagramas matemáticos. Considere los problemas siguientes:

Angulo de 0°. Ejemplo. Un pasajero camina a 4 m/seg en la cubierta de un barco. El barco se mueve con una velocidad de 20 m/seg al Este. Queremos saber la velocidad del pasajero, a cualquier tiempo, con respecto al agua. Si el pasajero camina en la dirección del barco, la dirección es positiva y su velocidad de 4 m/seg se añade a la velocidad del barco, dando una resultante de 24 m/seg, asi:

$$20 \text{ m/seg E} + (+4 \text{ m/seg}) E = 24 \text{ m/seg E}.$$

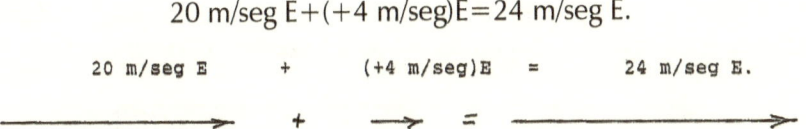

La resultante es igual a la suma de los vectores y en la dirección del vector más grande.

En este ejemplo, los vectores son paralelos y en la misma dirección y se añaden. El ángulo entre ellos es 0°.

Angulo de 180°. Ejemplo. El pasajero en el problema anterior camina hacia el atrás del barco con la misma velocidad. La dirección y la velocidad son negativas. La velocidad de 4 m/seg se añade a la velocidad del barco, dando una resultante de 16 m/seg, asi:

$$20 \text{ m/seg E} + (-4 \text{ m/seg}) O = 16 \text{ m/seg E}.$$

La resultante es igual a la suma de los vectores y en la dirección del vector más grande.

En este ejemplo, los vectores aungue paralelos son opuestos en dirección. El ángulo entre ellos es de 180°.

Recuerdese que: Si los vectores apuntan en la misma dirección a un ángulo de 0°, o en direcciones opuestas a un ángulo de 180°, el vector resultante es igual a la suma y apunta siempre en la dirección del vector más grande.

Ángulos entre 0° y 180°.

Que pasa si el hombre camina en una dirección perpendicular a la dirección del barco a un ángulo de 90°? La velocidad resultante se encuentra de dos maneras; la Gráfica y la Matemática. En el método gráfico; se dibuja un paralelogramo o un triángulo y se mide los ángulos y los vectores. En el metodo matemático; se usa funciones trigonométricas y el teorema de Pitágoras.

3. Metodo de Paralelogramos. La velocidad del hombre en el problema anterior es 4 m/seg y la velocidad del barco es 20 m/seg. La flecha AB, representa la velocidad del barco, 20 m/seg, y apunta en la dirección que sigue el barco. El vector AC, se dibuja desde la cola de AB hacia arriba a un ángulo de 90° con el vector AB. En general, se dibujan los vectores

de tal manera que las colas de las flechas se juntan en el mismo punto, es decir, estos vectores son concurrentes. Estudiese el diagrama:

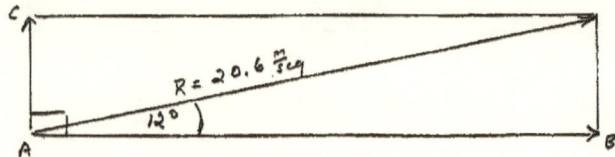

Se trazan lineas paralelas a AB y AC; el diagrama que resulta es un paralelogramo. La resultante, R, se traza como una diagonal desde el punto de origin hasta la esquina opuesta. Midiendo esta linea y convirtiendo a las unidades escojidas, vemos que tiene una magnitud de 21 m/seg. E ángulo se mide con un transportador y mide 12°.

Método de Triángulos.

En este método, la cabeza del vector AB se junta a la cola del vector BC. El triángulo se completa; la resultante, R, es la diagonal entre la cola del vector AB y la cabeza del vector BC. Midiendo la longitud y el ángulo, vemos en el diagrama qué:

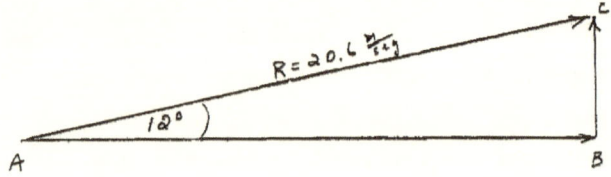

La resultante R = 20.6 m/seg a un ángulo de 12°.

Método Matemático. Este problema se puede resolver usando el teorema de Pitágoras. Como se vé, el diagrama es un triángulo recto. Applicando el teorema:

$$AC^2 = AB^2 + BC^2$$

$$AC^2 = (20 \text{ m/seg})^2 + (4 \text{ m/seg})^2$$

$$AC = 20.39 \text{ m/seg.}$$

El ángulo se calcula usando trigonometría:

$$\text{Tan } \theta = BC/AB = 4 \text{ m/seg}/20 \text{ m/seg} = 0.20$$

$$\theta = 11.30°$$

Estudie los diagramas que muestran los dos métodos ya explicados. Se notará que no importa cual método se usa, la resultante es siempre igual a la hypotenusa de un triángulo recto.

En este libro se aplicarán soluciones matemáticas a problemas que envuelven ángulos rectos. El método gráfico se usará cuando se resuelve problemas con ángulos diferentes de 90°. Los ejemplos siguientes muestran vectores concurrentes a ángulos diferentes.

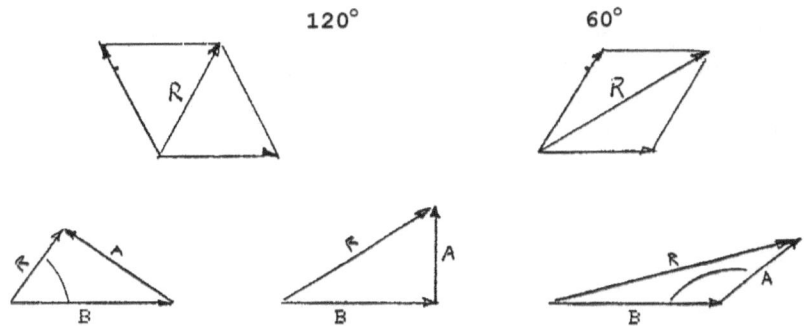

La magnitud de la resultante cambia cada vez que el ángulo entre los vectores cambia. En un paralelogram, si el ángulo aumenta desde 0° a 180°, el valor de la resultante disminuye. En un triángulo, si el ángulo aumenta, el valor de la resultante aumenta.

PROBLEMAS

1. Un auto viaja hacia el norte a 16 m/seg. Un niño bota una pelota de la ventanilla con una velocidad de 12 m/seg hacia el este. Construya un diagrama vectorial mostrando los vectores y calcule la magnitud y la dirección de la resultante con el diagrama y con el teorema de Pitágoras.

2. Ya que la velocidad es un vector, explique que cambios se pueden hacerse para cambiar el vector.

3. Un avión vuela hacia el este una distancia de 500 kilometros en 1.20 horas. Represente esta velocidad con un diagrama vectorial.

4. Un tren viaja al norte con una velocidad de 100 km/hr mientras un pasajero camina de un lado del tren al otro a una velocidad de 3 km/hr. (a) Dibuje el diagrama apropiado y calcule la resultante velocidad. (b) Dibuje el diagrama y calcule la velocidad cuando el pasajero camina directamente para atrás del tren.

5. Un pescador en una canoa se mueve a travéz de un rio con una velocidad de 3 m/seg. Si el rio tiene 400 m de ancho y el agua una velocidad de 1.4 m/seg, calcule donde en la otra orilla va el pescador a parar.

6. Un barco viaja directamente al Este con una velocidad de 30 km/hr. Un pasajero camina en linea perpendicular a la dirección del barco con una velocidad de 5 km/hr. Dibuje un diagrama de las velocidades y calcule la velocidad del pasajero con respecto al agua.

7. Un piloto quiere volar, de ida y regreso, a 300 km/hr unos 200 kilometros a otro aereopuerto en el norte. Hay un viento del sur a 75 km/hr. (a) Cuanto tiempo le tomará volar esa distancia al norte? (b) Volar al sur? (c) Calcule el tiempo total.

Capitulo 6

Resolución de velocidades

1. Resolucion de Velocidades. En la parte anterior vimos que dos velocidades se añaden para producir una resultante. Estudiemos ahora el proceso contrario, la <u>resolución de vectores</u>, en la cual la resultante se descompone para calcular los vectores componentes.

Componentes de velocidades. A menudo los problemas en mecánica se resuelven prontamente si aplicamos el método de <u>resolución de vectores</u>. Por ejemplo: Un barco sale del puerto con una dirección de 30° norte del este con una velocidad de 35 km/hr. La velocidad del barco se puede representar con un diagrama vectorial, asi:

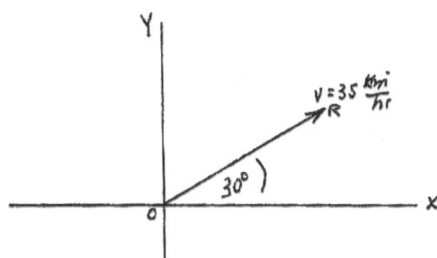

Vemos en el diagrama que hay solo un velocidad, la resultante, OR. Procedimos ahora a resolver esta velocidad en sus componentes velocidades. Esto se hace trazando lineas perpendiculares desde la cabeza de la resultante OR a la ejes Y y X. Los puntos donde estas lineas cortan las ejes son los límites de los vectores OB y OA. El ángulo entre ellos es 90°.

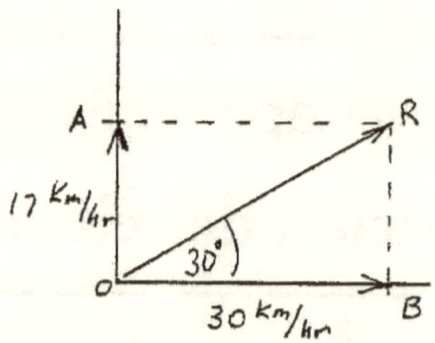

Si un centímetro es equivalente a 3.5 km/hr, el vector OA mide 17 km/hr y representa la velocidad del barco hacia el norte, mientras que el vector OB mide 30 km/hr y representa la velocidad del barco hacia el este. Vemos que, en realidad, el barco tiene dos velocidades simultáneas, una de 17 km/hr al norte y la otra de 30 km/hr al este.

La suma de los vectores OB y OA produce la resultante OR. En otras palabras la <u>composición de velocidades</u> es la combinación de dos velocidades para formar una resultante, mientras que la <u>resolución de velocidades</u>, hace lo contrario, descompone una resultante en componentes.

Usando trigonometría, obtenemos:

$$Sin\ 30° = OA/OR \qquad Cos\ 30° = OB/OR$$

$$OA = 35\ km/hr \times sin\ 30° \qquad OB = 35\ km/hr \times cos\ 30°$$

$$OA = 35\ km/hr \times 0.5 = 17.5\ km/hr$$

$$OB = 35\ km/hr \times 0.86 = 30.3\ km/hr$$

Ejemplo 1. Un objeto se mueve con una velocidad de 50 m/seg en una dirección de 40° con la horizontal. Resuelva esta velocidad en sus dos componentes, la V_x y la V_y.

Datos	Pregunta	Ecuación
$V_R = 50$ m/seg	$V_x =$	$V_x = V \times sin\ \theta$
$\theta = 40°$ $V_y = V_y = V \times cos\ \theta$		

Solución: Vamos a resolver este problema usando trigonometría y diagramas vectoriales.

1. Dibujamos las ejes X y Y y localizamos la velocidad a 40° de las ejes X. El vector velocidad, V, se traza usando una unidad conveniente.

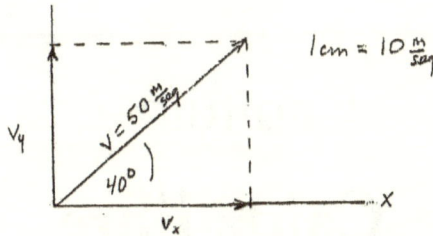

Trazamos lineas perpendiculares a las ejes para determinar el límite de los vectores V_x y V_y. Al medir estas lineas, vemos que el vector V_x mide 38 m/seg y el vector V_y mide 32 m/seg:

$$V_x = 38 \text{ m/seg} \quad V_y = 32 \text{ m/seg}$$

Estas velocidades son las componentes de $V = 50$ m/seg.

2. Usando funciones trigonométricas:

$$V_x = V \sin \theta \quad V_x = 50 \text{ m/seg} \times \sin 40°$$
$$v_x = 50 \text{ m/seg} \times 0.64 = 32.13 \text{ m/seg}$$
$$V_y = V \cos \theta \quad V_y = 50 \text{ m/seg} \times \cos 40°$$
$$V_y = 50 \text{ m/seg} \times 0.76 = 38.30 \text{ m/seg}$$

PROBLEMAS

1. Resuelva con trigonometría y con un diagrama una velocidad de 75 cm/seg a un ángulo de 70° con la eje horizontal.

2. Se lanza una flecha con una velocidad inicial de 60 m/seg a un ángulo de 55°con la tierra. Resuelva con trigonometría y con un diagrama las velocidades componentes.

3. Un barco sale de puerto con una velocidad de 30 km/hr en una dirección 30° norte del este. Calcule la velocidad hacia el norte y la velocidad hacia el este.

4. Un cohete tiene una velocidad de 30000 km/hr en una dirección 42° este del sur. Calcule su velocidad hacia el sur y su velocidad hacia el este.

5. Una canoa cruza un rio a un ángulo de 53° con la orilla. Si la canoa tiene una velocidad de 10 km/hr, ¿cúal es la velocidad de la corriente?

6. Una pistola dispara una bala con una velocidad de 500 m/seg en una dirección de 35° con el suelo. Calcule con que velocidad la bala sube a una altura máxima y al velocidad horizontal.

Capitulo 7
Caida libre

1. Caida Libre de los Cuerpos. Un ejemplo especial en el estudio de la aceleración es el de un cuerpo en caída libre. Hace muchos siglos, el gran filósofo Aristóteles enseño que cuerpos pesados caen proporcionadamente más aprisa que los livianos. Pero en el año 1590, el sabio italiano Galileo Galilei demostró que, descontando la resistencia del aire, todos los cuerpos, independientemente de su tamaño ó peso, cáen con <u>la misma aceleración</u> en un mismo lugar de la superficie terrestre.

Aunque existe talvéz una duda de que Galileo dejó caer dos cuerpos diferentes desde la Torre de Pisa, fue él quién formuló los principios que construyeron las fundaciones de la mecánica y de las leyes de proyectiles y cuerpos en caída libre.

Gravedad. En uno de sus experimentos, Galileo rodó unas esferas pequeñas en un plano inclinado. La inclinación del plano se hizo más y más aguda con el resultado de que las esferas rodaron con más velocidad. El sabio concluyó que un cuerpo en caída libre se comporta de misma manera que la esfera en el plano inclinado.

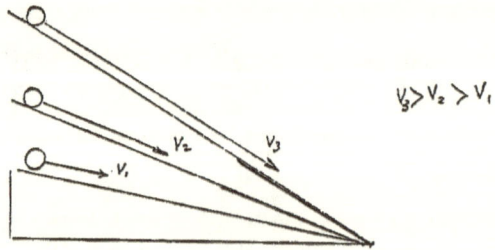

$V_3 > V_2 > V_1$

Hay varias maneras de demostrar el principio de que todos los cuerpos caen con la misma aceleración. Una de ellas se ilustra en el diagrama.

El aparato consiste de una barra de unos 10 metros que sostiene una placa en el tope. En esta placa hay dos esferas de acero, pero de tamaños diferentes. Cuando se las deja caer desde esa altura, las esferas llegan suelo al mismo tiempo. Si la altura de la barra es 5 metros, el tiempo de caída es 1 segundo.

En el diagrama se vé la posición de las esferas en cada cuarto de un segundo. Si estas esferas se reemplazan con otras hechas de materiales diferentes, los resultados son iguales, aunque la densidad de la esferas es diferente.

Un experimento simple se puede ejecutar en la clase. Deje caer una pelota y una hoja de papel. La pelota cae al suelo primero, mientras el papel flota lentamente en el aire. Sin embargo, si se arruja el papel como una bola, reduciendo la superficie en contacto con el aire, ambos cuerpos caen el suelo al mismo tiempo.

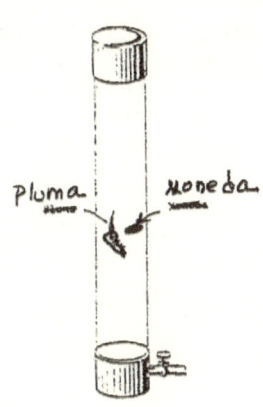

Se asume entonces, que si se elimina el aire, todos los cuerpos, pesados y livianos caerán con la misma aceleración en intervalos iguales de tiempo. El diagrama muestra un aparato que se puede vaciar de aire. En este vacío, una pluma cáe con la aceleración de una cuerpo sólido. En el diagrama vemos que, una pluma y una moneda ambos cayendo desde la misma altura, llegan al fondo del cilindro al mismo tiempo. Los astronautas americanos, usando un martillo y una pluma repitieron ese experimento en la Luna.

Caída Libre.

Los experimentos de Galileo y otros sabios demostraron que las velocidades y las distancias cubiertas cuando un cuerpo se cae aumentan en proporción al tiempo que el cuerpo está en el aire. Un cuerpo en caída libre es, por definición, un cuerpo que cae hacia la Tierra, cuya aceleración es constante.

2. Acceleracion de la Gravedad. La aceleración de un cuerpo en caída libre se llama aceleración de la gravedad y se representa con la letra g. Se ha comprobado que la aceleración de gravedad no es igual en todas partes de la tierra. Aunque estas variaciones son pequeñas y se desprecian, ellas, sin embargo, existen. En general, los valores de la aceleración de gravedad

caen entre 9.7804 m/seg^2 y 9.8321 m/seg^2. El Comité Internacional de Medidas adoptó el valor constante de 9.80665 m/seg^2.

Tengamos en cuenta que la cantidad g es la aceleración de la gravedad, aunque a veces, se la llama gravedad o fuerza de gravedad. Estos nombres son incorrectos. La gravedad es un fenómeno físico y la fuerza de gravedad es una fuerza atractiva entre el cuerpo y la Tierra, conocida tambien como el peso del cuerpo. La letra g representa la aceleración producida por la fuerza de gravedad.

Recordemos que: <u>si la única fuerza que mueve un cuerpo en caída libre es la fuerza de la gravedad, la aceleración resultante es la aceleración de gravedad, representada por la letra g</u>.

$$g = 9.8 \text{ m/s}^2.$$

Tengamos en cuenta también que la aceleración de gravedad g no és tampoco la constante de Gravitación Universal G. <u>La fuerza de gravedad mide el peso del cuerpo en caída libre con una aceleración de 9.8 m/seg^2</u>. La aceleración de gravedad es una cantidad vectorial con la dirección siempre hacia el centro de la Tierra, y solo en un plano vertical.

Si un objeto se lanza verticalmente, la aceleración es hacia abajo siempre opuesta a la velocidad vertical positiva. Por esto se le da el valor negativo de - 9.8 m/s^2.

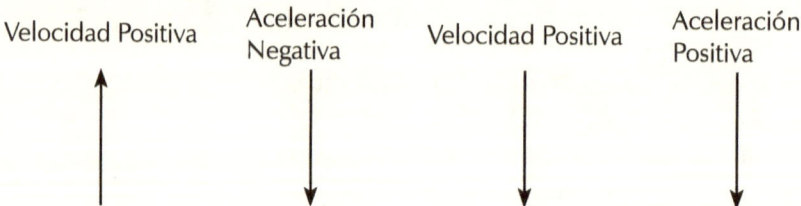

Es más fácil entender la aceleración de gravedad si solo estudiamos cuerpos que caen del reposo y tienen una aceleración positiva de + 9.8 m/s^2.

Debido a que g es aceleración, todas las ecuaciones de aceleración estudiadas se pueden modificar para usarlas con la aceleración de gravedad. La ecuaciones siguientes se usarán solo con problemas de cuerpos en caída libre.

$a = v/t$ sera $g = v/t$

$d = 1/2\ at^2$ sera $d = 1/2 gt^2$

$v^2 = 2as$ sera $v^2 = 2gd$

l cuadro siguiente muestra los cambios en la velocidad y el recorrido de un cuerpo en caída libre durante los primeros cinco segundos de caída.

Tiempo (seg)	1 seg	2 seg	3 seg	4 seg	5 seg
Velocidad (m/seg)	9.8	19.6	29.4	39 2	49.0
Distancia (m)	4.9	19.6	44.1	78.4	123.0

Ejemplo 1. ¿Cúal es la velocidad de un objecto despues de 2 segundos en caída libre?

Datos   Pregunta   Ecuación
$g = 9.8$ m/s^2 $v =$ $g = v/t$
$t = 2$ s

Solución: Arreglando la ecuación básica, tenemos:

$$v = gtv = 9.8 \text{ m/seg}^2 \times 2 \text{ s} = 19.6 \text{ m/seg}$$

Ejemplo 2. ¿Cúanto tiempo tomará para que un objecto en caída libre tenga una velocidad de 42 m/seg?

Datos   Pregunta   Ecuación
$g = 9.8$ m/seg^2 $t =$ $g = v/t$
$v = 42$ m/seg

Solución: Arreglando la ecuación básica, tenemos:

$$t = v/gt = 42 \text{ m/seg} / 9.8 \text{ m/seg}^2 = 4.28 \text{ seg.}$$

Velocidad en la caída libre.

Un cuerpo en caída libre tiene una aceleración constante de 9.8 m/s^2 pero la velocidad y el recorrido aumentan en proporción al tiempo que el cuerpo está en el aire.

Ejemplo 3. Calcule la velocidad y el recorrido de un cuerpo en caída libre en un período de 3 segundos de caída.

Datos   Pregunta   Ecuación
$g = 9.8$ m/seg^2 $v =$ $g = v/t$
$t = 3$ seg $d =$ $d = 1/2 \, gt^2$

Solución: Arreglando la ecuación obtenemos:

a) $v = gtv = 9.8$ m/seg^2 x 3 seg

    $v = 29.4$ m/seg.

b)   Substituímos en la ecuación $d = 1/2 \, gt^2$

$d = 1/2 \; 9.8 \text{ m/seg}^2 \times (3 \text{ seg})^2 \; d = 44.1 \text{ m}.$

El recorrido también se calcula usando la velocidad media, asi:

$v_i + v_f /2 = d/t \; d = (v_i + v_f)t / 2$

$d = (0 \text{ m/seg} + 29.4 \text{ m/seg}) \times 3 \text{ seg}/ 2 = 44.1 \text{ m}$

Recordemos que un cuerpo en caída libre:

1. Aumenta su velocidad y recorrido en proporción al tiempo que permanece en el aire.

2. Tiene una aceleración constante de 9.8 m/seg^2.

3. Si el cuerpo se lanza verticalmente arriba con una velocidad inicial de v_i, la velocidad disminuye hasta que el cuerpo se para y cae al suelo. Esta aceleración negativa es el efecto de la gravedad.

4. El tiempo usado para llegar a una altura máxima es igual al tiempo usado para volver al punto inicial.

5. La velocidad inicial vertical es igual a la velocidad final con la que el cuerpo vuelve al suelo.

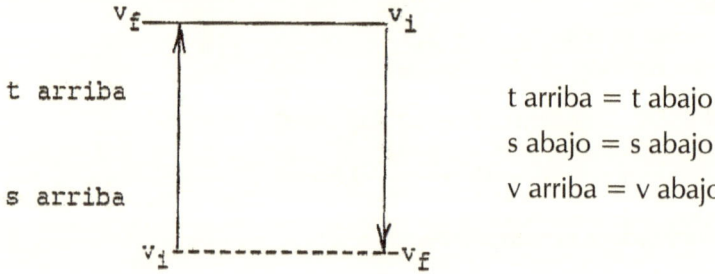

Ya que la velocidad inicial es igual a la velocidad final, es muy conveniente trabajar con la velocidad del cuerpo como si este estuviera en caída libre. De esta manera la aceleración no tiene un valor negativo.

Ejemplo 4. Una bola se lanza verticalmente arriba con una velocidad de 25 m/seg. Calcule a) la altura máxima y b) el tiempo que pasa para llegar a esa altura.

Datos	Pregunta	Ecuación
$v_f = 0$ m/seg a)	d =	$v^2 = 2gd$
$v_i = 25$ m/seg b)	t =	$g = v/t$
$g = 9.8 \text{ m/seg}^2$		

Solución. Consideremos que la bola es en caída libre. Asi, la velocidad inicial será la velocidad final.

Arreglando y substituyendo, obtenemos:

a) $d = v^2 / 2g$ d= $(25 \text{ m/seg})^2 / 2 \times 9.8 \text{ m/seg}^2$

   d= 31.88 m.

b) Arreglando la ecuación básica, tenemos:

   $t = 25 \text{ m/seg} / 9.8 \text{ m/seg}^2$ t = 2.55 seg.

La solución de este problema tambien se encuentra calculando primeramente el tiempo y substituyendo este valor en la ecuación.

$$d = 1/2 \text{ } gt^2.$$

PROBLEMAS

1. Una piedra cae desde un puente alto. Le toma 6 segundos para llegar al suelo. Sin considerar la resistencia del aire, calcule a) la altura del puente y b) la velocidad final cuando llega a la tierra.

2. Una caja se cae de un avión y llega a la tierra con una velocidad de 130 km/hr. a) ¿Cúal es la altura del avión? b) ¿Qué tiempo paso antes de que la caja llego al suelo?

3. Una bola se lanza verticalmente arriba con una velocidad de 55 m/seg. a) ¿Cúanto tiempo pasó para llegar a la máxima altura? b) ¿Cúanto tiempo pasará hasta que regrese al punto inicial? c) ¿Cúal es la velocidad máxima? d) ¿Qué velocidad tiene al fin de 4 segundos?

4. ¿Qué velocidad tiene un cuerpo al caer 120 metros?

5. Un auto con frenos buenos se puede parar en una distancia igual a su longitud cuando viaja con una velocidad de 17 km/hr. Calcule la distancia necesaria para pararlo cuando viaja a 50 km/hr.?

6. Un tren que viaja con una velocidad de 100 km/hr. puede parar en una distancia de 300 metros. Calcule la aceleración negativa.

7. Si una bola cae desde un balón aéreo a una altura de 2000 m. ¿Con qué velocidad llega a la tierra?

8. Calcule la velocidad de una gota de agua cae desde una nube que pasa por la tierra a una altura de 30 m. La velocidad más precisa puede ser casi 17 m/seg. Explique el desacuerdo entre las respuestas.

Selección multiple

1. ¿Qué distancia cae un objeto del reposo en 2.4 segundos? 1) 6.0 m; 2) 12 m; 3) 23 m; 4) 28 m.

2. Un objeto acelera de cero a 8 m/seg en 2 segundos. La aceleración del objeto es 1) 0.25 m/seg^2; 2) 10 m/seg^2; 3) 16 m/seg^2; 4) 4 m/seg^2.

3. El cambio de velocidad en un intervalo de tiempo es 1) aceleración; 2) distancia; 3) velocidad; 4) rapidéz.

4. Un cuerpo en caída libre cae por 2 segundos. El recorrido es 1) 2.3 m; 2) 7.1 m; 3) 12 m; 4) 20 m.

5. Para cambiar la velocidad de un cuerpo debe haber 1) un aumento de rapidéz; 2) una disminución en la rapidéz; 3) un cambio en la rapidéz o en la dirección; 4) un cambio en ambas la rapidéz y la dirección.

6. Un objeto en caida libre cerca de la tierra obtiene una velocidad de 98 metros por segundo. ¿Cúanto tiempo toma para alcanzar esa velocidad? 1) 0.1 segundo; 2) 10 segundos; 3) 98 segundos; 4) 960 segundos.

7. ¿Qué gráfica representa el movimiento de un objeto en un plano inclinado?

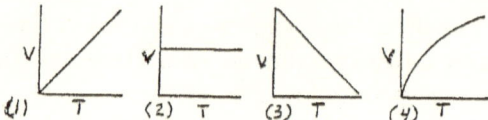

Las preguntas 8 y 9 se basan en la siguiente información.

Un objeto con una masa de 10 kilogramos se rezbala en un plano inclinado con una aceleración constante de 2 m/seg^2 por 4 segundos.

8. ¿Cúal es la velocidad de este cuerpo al fin de los 4 segundos? 1) 16 m/seg; 2) 2 m/seg; 3) 8 m/seg; 4) 4 m/seg.

9. ¿Qué distancia cubre en esos 4segundos? 1) 32 m; 2) 16 m; 3) 8 m; 4) 4 m.

10 .¿Qué gráfica representa la relación entre la aceleración y el tiempo en este problema?

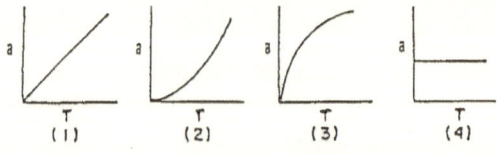

Un revolver se dispara hacia arriba. La bala tiene una velocidad de 29 m/seg y llega a su altura máxima en 3 segundos.

11. La altura máxima es 1) 23 metros; 2) 44 metros; 3) 87 metros; 4) 260 metros.

12. ¿Con qué velocidad cae la bala a la tierra? 1) 0 m/s; 2) - 9.8 m/s; 3) - 29 m/s; 4) +29 m/s.

13. ¿Cúal es el desplazamiento total de la bala? 1) 0 metros; 2) 9.8 metros; 3) 44 metros; 4) 88 metros.

14. Una masa de 2 kilogramos esta en caída libre por 1 segundo. La distancia que cae es 1) 4.90 m; 2) 2 m; 3) 9.8 m; 4) 19.6 m.?

15. Cuando el tiempo necesario para acelerar un objeto de cero hasta una velocidad de 4 m/seg disminuye, la aceleración del objeto 1) disminuye; 2) aumenta; 3) no cambia.

16. Cuando un objeto esta en caída libre cerca de la superficie terrestre, su aceleración 1) disminuye; 2) aumenta; 3) no cambia.

17. Un cuerpo en movimiento con una velocidad de 20 m/seg al sur disminuye su velocidad por 6 m/seg^2 y se mueve 25 metros. La velocidad resultante es 1) 26 m/seg norte; 2) 26 m/seg sur; 3) 10 m/seg norte; 4) 10 m/seg sur.

18. Un auto viaja con velocidad constante por 5 minutos. La aceleración del auto durante este tiempo es 1) 0 m/seg^2; 2) 10 m/seg2; 3) 3 m/seg^2; 4) 300 m/seg^2.

19. Una bola rueda en un plano inclinado de 10 metros de longitud por 2 segundos. La aceleración de la bola es 1) 5 m/seg; 2) 5 m/seg^2; 3) 10 m/seg; 4) 10 m/seg^2.

20. Cuando un cuerpo es en caída libre cerca de la tierra, su aceleración 1) disminuye; 2) aumenta; 3) no cambia.

21. Un atronáuta deja caer una piedra en la Luna. ¿Qué gráfica representa el movimiento de la piedra?

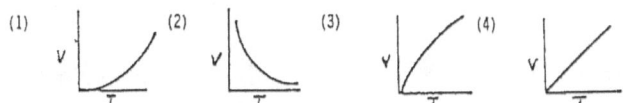

22. Se lanza una piedra con una velocidad de 12 m/seg en una dirección horizontal desde el tope de una colina. Aproximadamente ¿cúanto tiempo tomara para caer verticalmente unos 45 metros? 1) 1 segundo; 2) 5 segundos; 3) 3 segundos; 4) 8 segundos.

23. Un objeto se cae de reposo hacia el suelo. ¿Qué gráfica representa este movimiento?

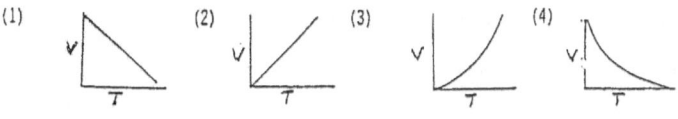

Capitulo 8

Fuerzas - Leyes de Newton

1. Fuerzaas. Leyes de Newton. La Dinámica es la rama de la física que estudia el movimiento de los cuerpos y de las fuerzas que provocan el movimiento. Cuando deseamos mover un objeto en reposo, aplicamos una fuerza y el objeto se mueve en la dirección en la que lo empujamos o tiramos. Si por el contrario queremos detener o parar a un objeto en movimiento aplicamos una fueza en la dirección opuesta al movimiento del objeto.

El movimiento de un cuerpo ocurre solamente en dos maneras específicas, en línea recta o movimiento de translación y en círculos o movimiento de rotación. En cada caso, lo que causa el movimiento del cuerpo es la aplicación de una fúerza.

Para mejor entender lo que es una fuerza, consideremos qué:

1. Una fuerza mueve un cuerpo o detiene su movimiento;
2. Una fuerza puede ser una tracción o un empujón. <u>El resultado es el movimiento de la materia;</u>
3. Una fuerza deforma al cuerpo sobre el que se ejerce la fuerza;
4. Una fuerza es el orígen de otra fuerza, igual en magnitud pero con dirección opuesta.
5. No es posible tener fuerzas únicas o aisladas.

La magnitud de la fuerza ejercida sobre un cuerpo nos dá una idea de la masa del cuerpo.

La dinámica se basa en tres leyes naturales enunciandas por el sabio inglés Sir Isaac Newton, quien las publicó en 1686. Estas leyes explican toda clase de movimiento en el universo.

La primera ley de Newton

En otros capítulos se describió el movimiento de un cuerpo en términos de rapidéz, velocidad y aceleración. Las definiciones de esos términos y las leyes que las gobiernan se estudian en la cinemática. Ahora se introduce la causa del movimiento con el estudio de fuerzas y masa.

La Primera Ley de Newton dice que: Un cuerpo continúa en un estado de reposo, o de movimiento uniforme y rectilíneo, a menos que una fuerza exterior cambia dicho estado.

Sabemos por experiencia que un objeto en reposo permanece en reposo y no comenzará a moverse por si mismo, sino que es necesario que otro cuerpo ejerza sobre el una fuerza, un empuje o tracción. Es también familiar el hecho de que para retardar el movimiento de un cuerpo o para detenerlo es necesario una fuerza.

Se puede separar la primera ley entre dos partes; (a) Un cuerpo continúa en un estado de reposo si no hay una fuerza exterior sobre él. Por ejemplo: En una mesa, coloquemos un vaso de agua sobre una hoja de papel, si tiramos el papel lentamente, se mueve también el vaso; sin embargo, si tiramos el papel de repente y violentamente, el vaso no se mueve y permanece en la mesa. Otro ejemplo, un pasajero en un auto que arranca bruscamente, siente que su cuerpo se aprieta contra el asiento.

En ambos ejemplos, el vaso de agua y el pasajero estaran de reposo. Ellos permenecen de reposo porque el movimiento inesperado del papel y del auto no ejerce ninguna fuerza en ellos, si descontamos la pequeñas fuerzas de friccion. La tendencia de un cuerpo para permanecer en reposo es la propiedad de la Inercia. Inercia se puede definir como la propiedad de un cuerpo para resistir un cambio en su estado de reposo o movimiento. La masa de un cuerpo es la medida cuantitativa de la inercia.

Lo más grande la inercia, lo más grande la masa del cuerpo. Cuando es necesario una gran fuerza para mover a un objeto decimos que el objeto tiene una gran inercia. Si por el contrario, la fuerza necesaria para moverlo es pequeña, el cuerpo tiene una inercia pequeña.

(b) el cuerpo continúa en movimiento uniforme y rectilíneo si no hay una fuerza exterior que lo detiene. Por ejemplo: si el conductor de un auto frena bruscamente, el pasajero se proyecta hacia adelante y puede pegar el parabrisas con la cabeza. Si interpretamos este acontecimiento de términos de la primera ley, vemos que, en realidad, el pasajero no fué lanzado hacia el parabrisas, sino que una fuerza de freno se aplicó al auto pero no al pasajero y, por consiguiente, el siguió avanzado en línea recta. Otro ejemplo: si en vez de frenar bruscamente, el auto voltea de repente hacia la izquierda, el pasajero rezbala contra la puerta derecha. En este caso, el carro volteó, pero el parajero continuó en línea recta y se pegó contra la puerta que volteaba con el resto del auto. Esta relación entre la inercia y el movimiento fué demostrada muy efectivamente cuando el astronaúta americano, Kathryn Thornton, lanzó al espacio le célula solar del telescopio Hubble. En la ausencia de aire, esa célula se moverá en línea recta indefinitivamente.

La segunda ley de Newton.

La segunda ley de Newton. La primerá ley de Newton se refiere a los cuerpos que están de reposo o en movimeinto con velocidad constante y supone que no hay fuerzas exteriores sobre ellos. La segunda ley supone la existencia de tales fuerzas y describe el cambio de movimiento en el cuerpo.

Sabemos por experiencia que si empujamos un objeto con una fuerza no equilibrada, el objeto se acelerá. Cuanto mayor es la fuerza, más grande es la aceleración. Si ahora se empuja dos objetos, un pequeño y un grande, con la misma fuerza, se descubre que el objeto pequeño adquiere más aceleración que el grande.

De esta manera, cuando se mide la magnitud de una fuerza debe considerarse dos factores, la masa y la aceleración. Pero, para producir una aceleración, la fuerza debe ser una fuerza no equilibrada o fuerza neta. En el diagrama siguiente se considera un objeto en movimiento con velocidad constante (a), y con una aceleración (b). En (a) la fuerza, F, empuja al cuerpo M con una fuerza F que es igual pero contraria a la fuerza de friccion, f. El objeto es en equilibrio porqué su velocidad es constante. Si el objeto es en reposo, todas las fuerzas sobre él son iguales y el objeto está en equilibrio. En otras palabras, un estado de equilibrio se obtiene cuando el cuerpo está de reposo o se mueve con una velocidad constante.

En (b), solo la fuerza neta es capáz de producir una aceleración; la fuerza de 50 unidades empuja al objeto de masa M, a la fuerza de friccion es igual a 20 unidades: la fuerza neta es entonces:

$$F + (-f) = F_{neta}$$

$$50 \text{ unidades} + (-20 \text{ unidades}) = 30 \text{ unidades}$$

Ya que el cuerpo M está en movimiento la fuerza neta aumentará su velocidad. Así el cuerpo será acelerado. Además se ve que la aceleración se aumenta si se aumenta la fuerza o si se disminuye la masa del cuerpo.

La segunda ley se expresa en dos reglas: (i) la aceleración es proporcional a la magnitud de la fuerza neta. La aceleración es mayor cuando la fuerza es mayor y viceversa.

a proporcional a F

(2) la aceleración es inversamente proporcional a la masa del objeto. La aceleración es mayor cuando la masa es menor M viceversa.

a proporcional a 1/m

En en diagrama vemos que si la masa se dobla, la aceleración es la mitad de la original si la fuerza es constante.

Estas dos relaciones se pueden combinar en una ecuación matemática:

$$a@F / ma = kF/mk = \text{constante} = 1$$

$$a = F_{neta}/m$$

$$F_{neta} = m a$$

Fuerza neta = masa x aceleración

2. Unidades de fuerza.

Ejemplo 1. Descontando la fuerza de friccion, ¿qué fuerza constante dará a una masa de 50 kg, una aceleración de 5 m/seg²?

Datos	Pregunta	Ecuación
m = 50 kg	F =	F = ma
a = 5 m/seg²		

Solución. Una substitución directa nos dá:

$$F = maF = 50 \text{ kg} \times 5 \text{ m/seg}^2 = 250 \text{ kg m/seg}^2$$

La respuesta es una fuerza de 250 kg m/seg². Entonces, el concepto de fuerza no es tan simple como parece, sino que es una combinación de las medidas de masa, longitud y tiempo.

En el sistema MKS, la unidad de masa es el kilogramo (kg) y la aceleración se expresa en metros por segundo cuadrado (m/seg^2). En el sistema CGS, la unidad de masa es el gramo (gr) y la aceleración se dá en centímetros por segundo cuadrado, (cm/seg^2). Asi:

$$F = m\,a$$

MKS $\quad F = Kg\ m/seg^2 = Newton = N$

CGS $\quad F = Gr\ cm/seg^2 = Dina = Di$

$$1\ N = 100\ 000\ dinas$$

Aplicando estas unidades a la definición de una fuerza, vemos qué: <u>una fuerza de 1N es algo que dá a una masa de 1 kg una aceleración de 1 m/seg^2</u>

Ejemplo 2. ¿Qué aceleración se obtiene cuando una fuerza de 98 N se aplica a un cuerpo de 10 kg?

Datos	Pregunta	Ecuación
F = 98	Na =	F = ma
m = 10 kg		

Solución: Arreglando la ecuación y substituyendo, obtenemos:

$$F = ma \qquad\qquad\qquad a = F/m$$
$$a = 98\ N/10\ kg = 9.8\ m/seg^2$$

Ejemplo 3: ¿Qué aceleración adquiere una masa de 10 kg cuando es empujada por una fuerza de 50 N, si la fuerza de friccion entre el objeto y el suelo es de 10 N?

Datos	Pregunta	Ecuación
m = 10 kg	a =	F = ma
F = 50 N		F - f = F$_{neta}$
f = 10 N		

Solución: Calculemos la fuerza neta:

$$F_{neta} = F - f$$
$$F_{neta} = 50\ N - 10\ N = 40\ N$$

Arreglando la fórmula básica, se obtiene:

$$a = F_{neta}/m \qquad\qquad a = 40\ N/10\ kg = 4\ m/seg^2$$

Ejemplo 4. Un objeto con masa de 10 kg. va de reposo a una velocidad de 20 m/seg por 5 metros. Calcule la fuerza necesaria.

Datos	Pregunta	Ecuación
m = 10 kg	F =	$v^2 = 2ad$
v_i = 0 m/seg		
v_f = 20 m/seg		
s = 5 m		

Solución. Arreglamos la ecuación para calcular la aceleración:

$v^2 = 2ad$ $a = v^2/2d$

$a = (20 \text{ m/seg})^2/ 2 \times 5 \text{ m} = 40 \text{ m/seg}^2$

$F = maF = 10 \text{ kg} \times 40 \text{ m/seg}^2 = 400 \text{ N}$

Ejemplo 5. Durante un experimento, un estudiante obtuvo los datos siguientes cuando aplicó una fuerza neta variada a un objeto de masa constante.

F (N)	a (m/seg^2)
4.0	2.1
8.0	4.0
12.0	6.0
16.0	7.9
20.0	10.0

La gráfica muestra la fuerza neta contra la aceleración y la línea recta muestra la masa constante.

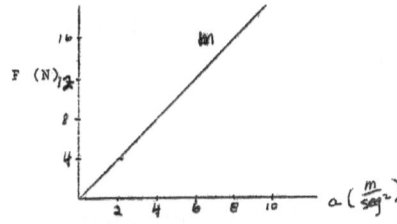

Una fuerza se defina entonces en téminos de aceleración, así: una fuerza es algo que dá a una masa (m) una aceleración (a) en la dirección de la fuerza.

Es importante que recordemos qué:

1. Una fuerza neta dá una aceleración a cualquier objeto porque es una fuerza no equilibrada.

2. Si las fuerzas son equilibradas, iquales pero opuestas, el objeto esta en equilibrio; se mueve con velocidad constante o está de reposo. En realidad esta situación se describe en la primera ley, porque la segunda ley no se aplica a un objeto en equilibrio.

PROBLEMAS

1. ¿Cuánta fuerza se necesita para acelerar un carro de 3000 kg de reposo a una velocidad de 15 m/seg en una distancia de 75 metros?

2. Una caja de 5 kg. se rezbala en un plano inclinado por 16 segundos hasta alcanzar una velocidad de 600 cm/seq. ¿Cúal es su aceleración y la distancia que recorre?

3. Un avión de 100 kg está listo a volar. ¿Qué fuerza se necesita para alcanzar la velocidad de vuelo de 40 m/seg en 100 segundos?

4. Un baúl de 20 kg se empuja en el suelo con una fuerza de 12 N. Si la fuerza de rozamiento entre el piso y el baúl es 3 N. ¿Cúal es la aceleración?

5. Una fuerza de 98 N mueve un objeto de 100 kg por 10 segundos. Si la aceleración obtenida es 0.80 m/seg^2, calcule la fuerza de friccion.

Selecciones múltiples

1. Si la fuerza neta ejercida en una masa en la dirección del movimiento se dobla, la aceleración del cuerpo (1) es la mitad; (2) no cambia; (3) se dobla; (4) se cuartea.

2. Si una fuerza de 50 N acelera un objeto a 20 m/seg^2, la masa del objeto es (1) 0.4 kg; (2) 2.5 kg; (3) 70 kg; (4) 1000 kg.

3. La fuerza necesaria para acelerar una masa de 2 kg a 4 m/seg^2 es (1) 6N; (2) 2 N; (3) 8 N; (4) 16 N.

4. Un niño de 30 kg de masa ejerce una fuerza de 100 N en un cuerpo de 50 kg. La fuerza del cuerpo en el niño es (1) 0 N; (2) 100 N; (3) 980 N; (4) 1500 N.

5. Un auto de 2000 kg es acelerado uniformemente en línea recta de reposo a una velocidad de 15 m/seg en 10 segundos. La fuerza que produce la aceleración es (1) 2000 N; (2) 3000 N; (3) 20 000 N; (4) 30 000 N.

6. ¿Qué fuerza se necesita para dar a una masa de 2 kg una aceleración de 5 m/seg^2? (1) 0.4 N; (2) 2.5 N; (3) 10 N; (4) 20 N.

7. Una cierta fuerza hace que una masa de 10 kg acelere a 20 m/seg^2. La misma fuerza hará que una masa de 5 kg acelere a (1) 9.8 m/seg^2; (2) 10 m/seg^2; (3) 25 m/seg^2; (4) 40 m/seg^2.

8. Un auto viaja con una velocidad de 15 m/seg. La fuerza de los frenos es 3000 N y para el carro en 10 segundos. La masa del carro es (1) 1500 Kg; (2) 2000 Kg; (3) 2500 Kg; (4) 3000 Kg.

Capitulo 9

Masa y Peso

1. Masa y Peso. Ya sabemos que la inercia mide la masa de un objeto y que una fuerza neta lo acelera en la dirección de la fuerza. Consideremos ahora lo que pasa a un objeto que cae libremente.

Cuando un cuerpo cae libremente, la única fuerza que actúa sobre él es su peso (W), y su aceleración es la aceleración de gravedad (g). 9.8 m/seg^2. La masa es siempre constante.

$$a = g$$
$$F = maF = mg$$

Si se reconoce que el peso de un objeto es igual a la fuerza de gravedad, tenemos:

$$W = pesoF = pesoW = mg$$

El peso de un cuerpo es una fuerza y como tal se mide en newtons or dinas. El peso es proporcional a la masa del objeto. Cuando más masa hay, más pesado es el cuerpo. En la gráfica, peso vs masa, vemos que la curva es una línea recta que indica la aceleración constante de la gravedad.

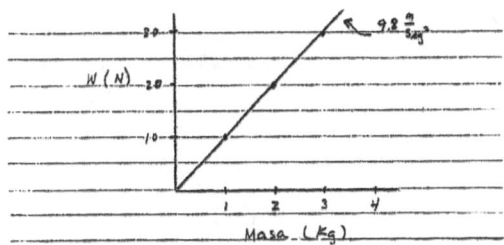

Los términos peso y masa no son sinónimos. El peso es la fuerza atractiva entre el cuerpo y el centro de la Tierra y la masa simplemente determina la cantidad de materia. Lo mas lejos del centro terrestre un cuerpo esta, lo menos pesa. Pero la masa permanece intacta.

Por ejemplo, un astronauta pesa 802 N en la superficie terrestre, una distancia de 6,400 kilometros del centro de la Tierra. Si alcanza una orbita de 16,400 kilometros del centro, su peso será igual a 122 N.

El peso de un cuerpo es evidente solamente en un plano vertical, porque la fuerza de gravedad es siempre perpendicular a la superficie terrestre. Cando levantamos un cuerpo con una velocidad constante la fuerza ejercida en el es igual a su peso. Si la fuerza es menor que el peso del objeto, no lo podemos levantar; si la fuerza es mayor lo lanzamos al aire.

Ejemplo 6. Calcule el peso en newtons de un hombre cuya masa as 80 kilogramos.

Datos	Pregunta	Ecuación
m = 80 kg	W =	W = mg
g = 9.8 m/seg^2		

Solución. Una substitutión directa nos dá:

$$W = mg \qquad W = 80 \text{ kg.} \times 9.8 \text{ m/seg}^2 = 784 \text{ N.}$$

Ejemplo 7. ¿Cúal es la masa de un hombre que pesa 1500 N?

Datos	Pregunta	Ecuación
W = 1500 N	M =	W= mg
g = 9.8 m/seg^2		

Solución: En la ecuación básica aislamos m, así:

$$m = W/gm = 1500 \text{ N/ } 9.8 \text{ m/seg}^2 = 153 \text{ kg.}$$

*   *   *

PROBLEMAS

1. Un hombre que pesa 850 N lleva en su espalda una carga de 150 N. Calcula (a) la fuerza total de sus pies en la suelo; (b) la fuerza de la carga en su espalda; (c) la fuerza del suelo en sus pies.

2. La gravedad de la Luna es 1/6 la de la Tierra. Un astronaúta que pesa 750 N en la Tierra vá a la Luna. Calcule su peso y su masa allá.

3. ¿Cúanta fuerza se necesita para levantar un bloque de 25 kg unos 10 metros?

4. Calcule su peso en newtons y en dinas.

Consideremos ahora el caso de un objeto lanzado verticalmente con una fuerza F. La aceleración del objeto indica la presencia de una fuerza neta. El objeto se mueve contra la gravedad, y por lo tanto, la fuerza debe ser mayor que el peso del objeto. Estudie el díagrama:

El peso del objeto es igual y opuesto a la fuerza (f):

$$f = mg$$

La fuerza (F) menos la fuera (f) o mg nos dá la fuerza neta:

$$F - f = F_{neta}$$

La fuerza neta es igual a ma.

$$F_{neta} = ma$$

Reemplazando los valores en la ecuación

$$F - mg = ma$$

Se calcula la aceleración de un objeto lanzado hacia arriba.

$$a = F - mg/m$$

Ejemplo 8. Una pelota con una masa de 5 kg se lanza hacia arriba y obtiene una aceleración de 10 m/seg². Calcule (a) la fuerza hacia arriba y (b) la fuerza neta.

Datos	Pregunta	Ecuación
m = 5 kg	(a)F =	W = mg
a = 10 m/seg²	(b) f_{neta}	F = ma + mg
f_{net} = ma		

Solución. Se calcula el peso de la pelota, asi:

$$w = mgw = 5 \text{ kg} \times 9.8 \text{ m/seg}^2 = 49 \text{ N}$$

(a) La fuerza hacia arriba es:

$$F - mg = maF = mg + ma$$

$$F = (5 \text{ kg} \times 10 \text{ m/seg}^2) + 49 \text{ N} = 99 \text{ N}$$

(b) La fuerza neta es:f_{neta} = F - mg

73

$$f_{neta} = 99\,N - 49\,N = 50\,N$$

La Tercera Ley de Newton. De las tres leyes de Newton, la tercera ley es la más difícil de comprender. Esta anomalía se debe a que la ley se la usa raramente para resolver problemas y si se la usa, se la aplica incorrectamente.

La tercera ley dice qué: <u>Por cada fuerza de acción hay una fuerza de reacción.</u>

El principio de acción - reacción se ilustra bien cuando consideramos, por ejemplo, un libro en la superficie de la mesa. Considere el diagrama abajo. La fuerza del libro en la mesa es su peso, mg, perpendicular a la superficie. Pero la mesa empuja al libro con una fuerza, L, igual pero opuesta. Estas dos fuerzas están equilibradas y, por consiguiente, el libro no se mueve.

$$mg = Lmg - L = 0$$

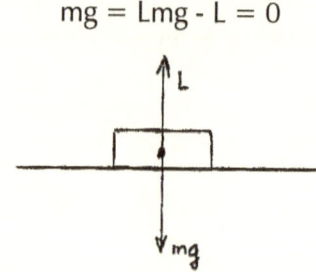

El ejemplo anterior supone que las fuerzas son equilibradas, pero este no es cierto en otros casos, por ejemplo: Cuando un bate golpéa a un beisbol, el bate golpea a la pelota con la fuerza, F, pero la pelota dá también al bate un empujón de fuerza B. Estas dos fuerzas son de la misma magnitud y de la misma dirección, pero de sentidos opuestos. La pelota es acelerada hacia la derecha y adquiere una gran velocidad, pero el bate es acelerado hacia la izquierda con una velocidad menor.

Si el bate ejerce una fuerza de 60 N en la bola, al bate recibe al mismo tiempo una fuerza de 60 N. de la bola, pero en una dirección opuesta. Recordemos que cada miembro de un par de fuerzas actúa en un cuerpo diferente; una fuerza actúa en la pelota y otra fuerza actúa en el bate. Si este es un sistema aislado, sin fuerzas exteriores, los cuerpos serán acelerados en direcciones opuestas. Es posible empujar a una pared con cualquier fuerza y sentir que la pared nos empuja de regreso con una fuerza igual. Si la pared no nos empujará, no pudieramos empujar a la pared.

La dificultad en entender esta ley se debe a que se trata de aplicar las fuerzas de acción y reacción solamente a un cuerpo, cuando en realidad hay dos cuerpos y cada cuerpo ejerce su propia fuerza. Si la fuerza de acción es <u>la fuerza que A ejerce en B</u>, entonces la fuerza de reacción es <u>la fuerza que B ejerce en A</u>.

PROBLEMS.

1. Una fuerza de 40 dinas se aplica a una masa de 5 gramos. Calcule (a) la aceleración y (b) la distancia recorrida desde reposo.

2. Un libro de 500 gramos se rezbala en un piso con una velocidad de 100 cm/seg y para 5 segundos más tarde. Calcule (a) la aceleración y (b) la fuerza que lo paro.

3. ¿Cúal es la masa de una persona que pesa 950 newtons?

4. ¿Qué fuerza dirigida hacia arriba cará una aceleración de 15 m/seg a una masa de 30 kg?

5. ¿Qué fuerza es necesaria para acelerar una masa de 3 kg a 5 m/seg²?

6. Calcule la masa de un cuerpo que fue acelerado 10 m/seg² por una fuerza de 25 N.

7. Una fuerza de 6.5×10^3 dinas se aplica a un cuerpo con una masa de 130 gramos. ¿Cúal es la aceleración?

8. ¿Cúanto pesa una piedra de 25 kilogramos?

9. ¿Qué fuerza se necesita para acelerar un proyectil de 500 N a 3000 m/seg²?

10. Un auto pesa 15000 N. ¿Qué fuerza lo acelera a 4 m/seg²?

Ejercicios

1. ¿Qué gráfica representa el movimiento de un objeto con una fuerza neta de cero?

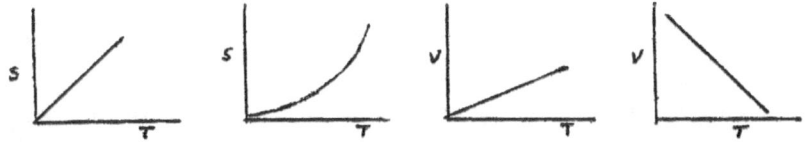

2. ¿Cúal es la fuerza neta en el bloque del diagrama. (1) 0 N; (2) 9.8 N; (3) 10 N; (4) 20 N.

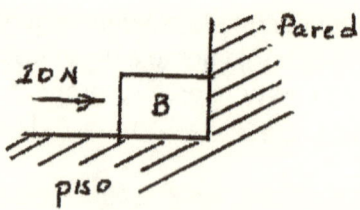

3. La gráfica siguiente muestra la aceleración de un objeto y la fuerza en él. La masa del objeto es (1) 1 kg; (2) kg; (3) 0.5 kg; (4) 8 kg.

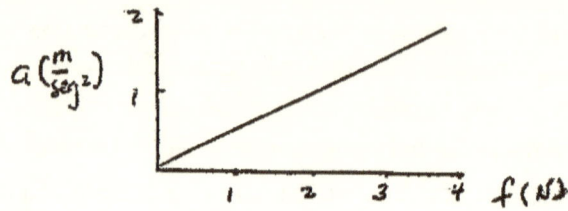

4. Cuando una fuerza neta empuja a un objeto en la dirección del movimiento, la velocidad del objeto (1) disminuye; (2) aumenta; (3) no cambia.

5. Cuando la suma vectorial de todas las fuerzas en un objeto disminuye, la aceleración del objeto (1) disminuye; (2) aumenta; (3) no cambia.

Usando el diagrama siguiente, conteste las preguntas 6 - 10. Una masa de 2 kg se mueve hacia la derecha en linea recta.

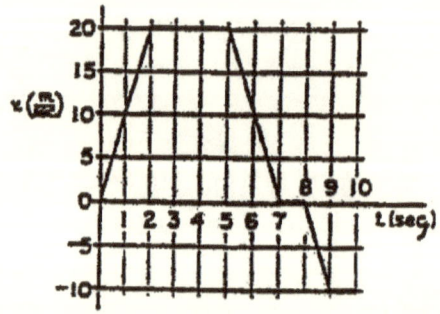

6. La masa tiene una aceleración de +10 m/seg² durante el intervalo (1) t = 0 seg a t = 2 seg; (2) t = 2 seg a t = 5 seg; (3) t = 5 seg a t = 7 seg; (4) t = 8 seg a t = 9 seg.

7. En el intervalo t = 0 seg a t = 2 seg, ¿Qué distancia viajó la masa? (1) 10 m; (2) 20 m; (3) 30 m; (4) 40 m.

8. La fuerza neta es 0 N en el intervalo (1) t = 0 seg a t = 1 seg; (2) t = 2 seg a t = 5 seg; (3) t = 5 seg a t = 7 seg; (4) t = 8 seg a t = 9 seg.

9. La masa está de reposo en el intervalo (1) t = 0 seg a t = 1 seg; (2) t = 2 seg a t = 5 seg; (3) t = 7 seg a t = 8 seg; (4) t = 8 seg a t = 10 seg.

10. Hay una fuerza neta hacia la izquierda en el intervalo (1) t = 0 seg a t = 2 seg; (2) t = 2 seg a t = 5 seg; (3) t = 5 seg a t = 7 seg; (4) t = 9 seg a t = 10 seg.

11. Una masa de 100 kg en reposo es acelerada por una fuerza de 200 N. La aceleración de la masa es (1) 0.25 m/seg^2; (2) 2 m/seg^2; (3) 0.5 m/seg^2; (4) m/seg^2.

12. Una masa de 1 kg tiene un peso de (1) 1 N; (2) 10 N; (3) 100 N; (4) 1000 N.

13. Un estudiante empuja una masa de 200 kg con una fuerza de 10 N, pero la masa no se mueve. ¿Qué fuerza ejerce la masa en el estudiante? (1) 0 N; (2) 10 N; (3) 20 N; (4) 200 N.

14. Un auto que no tiene una fuerza acelerante (1) debe estar en reposo; (2) puede estar en movimiento; (3) esta acelerando; (4) esta lento.

15. La gráfica siguiente muestra la relacion entre la aceleracion y la fuerza. La línea recta representa (1) la masa; (2) el momento; (3) la energía cinética; (4) el desplazamiento.

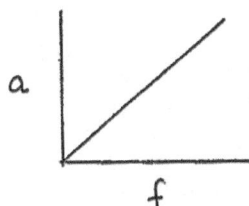

Capitulo 10

Composición de fuerzas

1. Composicion de Fuerzas. Suma de Vectores. Se ha visto que las fuerzas tienen magnitud y dirección porque son vectores y, por consiguiente, se las puede sumar usando el método de sumas vectoriales. El resultado de esta suma se llama el <u>vector resultante</u>. Este vector <u>reemplaza los otros vectores y produce el mismo movimiento</u>. Recordemos que si dos vectores son paralelos en la misma dirección, a un ángulo de 0°, la suma es igual a una suma común.

$$F_1 + (+F_2) = R$$

$$7\,N + (+5\,N) = 12\,N$$

Si por el contrario, los vectores son paralelos, pero en direcciones opuestas, a un ángulo de 180°, la suma es igual a la diferencia común.

$$F_1 + (-F_2) = R$$

$$7\,N + (-5\,N) = 2\,N$$

Si acceptamos que un signo positivo indica la derecha, entonces un signo negativo señala hacia la izquierda.

Consideremos el diagrama siguiente:

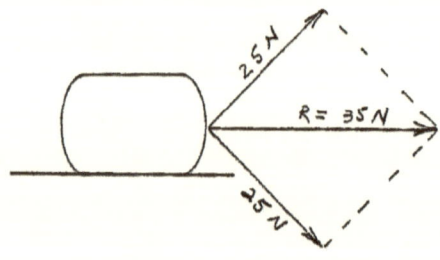

Vemos que un bloque se arrastra en el suelo con dos lazos en la dirección indicada. Cada lazo ejerce una fuerza de 25 N en el bloque que se mueve en la dirección de la flecha F.

Usando el método de sumas vectoriales, encontramos una fuerza resultante que reemplaza a las dos fuerzas y produce el mismo movimiento. Se determina que el valor de esta fuerza es 35 N a un ángulo de 45° con cada lazo.

En otros capítulos vimos que hay dos métodos de sumar vectores, el método paralelogramo y el método triángulo. Estos métodos se pueden usar graficaménte o con trigonometría. Consideremos los siguientes diagramas para repasar el método de sumas. El primer diagrama ilustra el metodo paralelogramo. Dos fuerzas concurrentes, F_1 de 6 N y F_2 de 4 N. tienen un ángulo de 90° entre ellas.

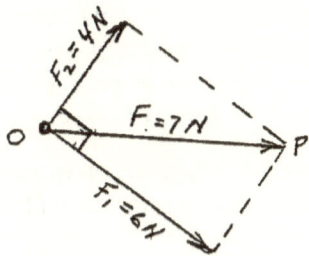

Desde la cabeza del vector F_1 se traza una línea paralela a F_2 y desde la cabeza de F_2 se traza una linea paralela a F_1.

Se traza otra linea desde el origen O hasta el punto P en la esquina opuesta. Esta linea representa la resultante F. Usando la clave que 1 cm = 2 N, se mide directamente la longitud de la resultante y es igual a 7 N.

En el segundo diagrama, las fuerzas se trazan al mismo ángulo, pero la cola de F_2 se junta con la cabeza de F_1. La resultante se traza desde el orígen hasta el punto P. La resultante es igual a 7 N.

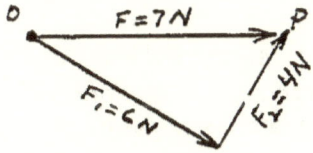

Como se vé, los resultados son iguales. El método triángulo es más conveniente, pero el método paralelogramo es más claro. En este caso no se usa la trigonometría para calcular la resultante porque el ángulo entre las fuerzas es 90°.

La resultante se calcula usando el Teorema de Pitágoras:

$$F_1^2 + F_2^2 = F^2$$

$$(6 \text{ N})^2 + (4 \text{ N})^2 = F^2$$

$$F = 7.21 \text{ N}$$

Esta resultante mueve el cuerpo en la dirección indicada; si queremos establecer un equilibrio, es decir, que el cuerpo esté de reposo o se mueva con velocidad constante, es necesario añadir una fuerza igual pero opuesta a la resultante. Esta fuerza se llama la <u>fuerza equilibrante.</u>

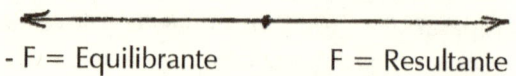

- F = Equilibrante   F = Resultante

2. Condiciones para Equilibrio. Cuando aplicamos una o más fuerzas a un cuerpo y la suma vectorial no es igual a cero, el cuerpo se mueve. En estas circunstancias, hay una fuerza neta que es la causa de la aceleración. Si por el contrario, la suma vectorial es cero, el cuerpo está en equilibrio y en reposo o se mueve con velocidad constante.

Cuando un cuerpo esta de reposo o en movimiento, la condición de ese cuerpo depende de la fuerzas ejercidas en él y no en las fuerzas que él ejerce en otros cuerpos. Se puede decir qué: <u>Cualquier objeto en reposo está en equilibrio, y la resultante de todas las fuerzas en él es cero.</u>

Si solo dos fuerzas actúan en un cuerpo en equilibrio, es fácil demostrar que ellas son iguales pero opuestas en dirección. Un libro en la superficie de una mesa o una lámpara suspendida del cielo son buenos ejemplos de dos fuerzas en equilibrio. Estudie los diagramas.

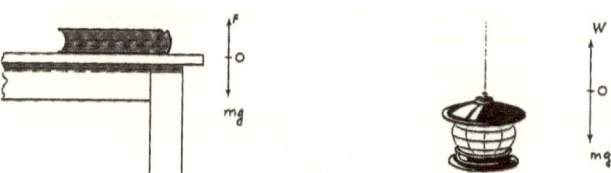

Ya hemos visto que en el caso del libro, una de las fuerzas es el peso del libro, mg, y la otra fuerza, F, es el empuje de la mesa en el libro. Lo mismo ocurre en la lámpara, la fuerza hacia abajo, mg, es equilibrada por la fuerza de la cadena:

$$mg + (- F) = 0 \qquad mg + (- W) = 0$$

Tres fuerzas en equilibrio. Consideremos ahora tres fuerzas concurrentes y coplanares que actúan en un cuerpo. Es necesario que cuando bozquejamos unos diagramas vectoriales, que estos diagramas se dibujen en escala. La figura muestra tres fuerzas en equilibrio, la suma vectorial, como se vé en el diagrama (b) forma un tringulo cerrado con una resultante de cero.

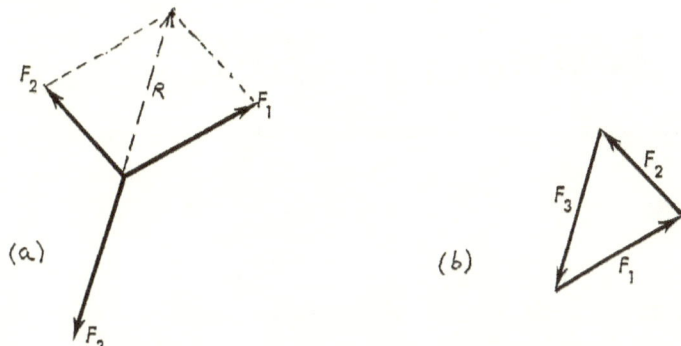

Veamos al diagrama (a). Aplicamos el método paralelogramo a las fuerzas F_1 y F_2 y trazamos la resultante. Como lo vemos esta fuerza es igual pero opuesta en direccion a la fuerza F_3. Esto es evidente porque la fuerza R es equivalente a las fuerzas F_1 y F_2 y las puede reemplazar.

Si las fuerzas R y F_3 se ejercen solas en el cuerpo, son iguales y opuestas y producen equilibrio. R es la resultante y F_3 es la equilibrante.

PROBLEMAS

1. Hágase un diagrama vectorial que muestre la suma de dos fuerzas de 3 N y 4 N an ángulo de 90°. Calcule la resultante usando el método gráfico y el el matemático.

2. Dos fuerzas, una de 70 N y otra de 90 N mueven a una piedra. Dibuje bosquejos de estas fuerzas cuando el ángulo entre ellas es (a) 0°; (b) 90°; (c) 180°. Calcule la resultante en cada caso.

3. Hay dos fuerzas de 50 N cada una y con un ángulo de 50° entre ellas. Usando el método gráfico calcule la resultante y la equilibrante.

4. Usando el método gráfico, calcule la resultante de dos fuerzas de 5 N y 7 N respectivamente, si el ángulo entre ellas es 120°.

5. Tres fuerzas concurrentes a un punto vienen desde el norte, el este y el sur. Si cada una tiene una magnitud de 50 N, calcule la magnitud y la dirección de la resultante.

Capitulo 11
Resolución de fuerzas

1. Resolucion de Fuerzas. Componentes de una fuerza. Ya vimos como vectores concurrentes se suman para producir una resultante. Ahora vamos a ver como una sola fuerza se descompone o se resuelve en sus componentes.

Consideremos una fuerza F a un ángulo de 0° con las ejes X. Si trazamos lineas perpendiculares a las ejes Y y X, trazamos los límites de la fuerzas F_x y F_y. Estas fuerzas son equivalentes a la fuerza original F, porque cuando se las suma vectorialmente producen la resultante F.

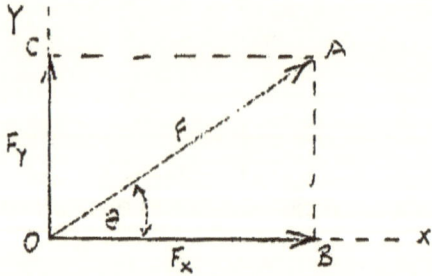

Las fuerzas F_x y F_y son perpendiculares entre sí, y forman los triángulos OAB y AOC, entonces:

$$F_x = F \cos \theta \qquad\qquad F_y = F \operatorname{sen} \theta$$

Ejemplo 1. Una fuerza de 750 N a un ángulo de 30° con el suelo, arrastra a un camión de 2000 kg. Calcule la fuerza efectiva horizontal y la fuerza vertical total en el suelo.

Datos	Pregunta	Ecuación
F = 750 N	F_x =	$F_x = F \cos \theta$
0 = 30°	F_y =	$F_y = F \sin \theta$
m = 2000 kg		

Solución: Es una buena idea hacer un bosquejo del problema, así:

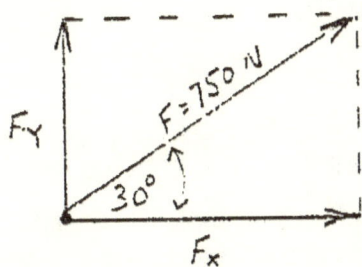

Una substitución directa en la ecuaciones, nos dá:

$F_x = 750$ N x cos 30° $F_x = 750$ N x 0.866 = 649 N
$F_y = 750$ N x sen 30° $F_y = 750$ N x 0.500 = 375 N

La fuerza F_x es paralela al suelo y es la fuerza efectiva que empuja al camión hacia adelante. La fuerza F_y es hacia arriba y en efecto levanta al camión. El peso del camión es:

W = mg   W = 2000 kg x 9.8 m/seg² = 19 600 N.

La fuerza total en el suelo es igual a la diferencia entre el peso y la fuerza F_y:

Fuerza total = 19 600 N - 375   N = 19 225 N

Ejemplo 2. Un baúl que pesa 150 N se empuja con una barra a un ángulo de 40° con el suelo. Si la fuerza ejercida en la barra es 50 N, calcule (a) las fuerzas componentes y (b) la fuerza total en el piso.

Datos	Pregunta	Ecuación
W = 150 N	(a) F_x	$F_x = F \cos \theta$
F = 50 N	(b) F_y	$F_y = F \sin \theta$

Solución. El problemas se bozqueja asi:

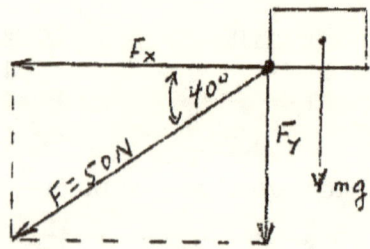

(a) Substituyendo directamento en la ecuación:

$F_x = F \cos 40°$ $F_x = 50 \text{ N} \times 0.766 = 38.3 \text{ N}$
$F_y = F \text{ sen } 40°$ $F_y = 50 \text{ N} \times 0.643 = 32.1 \text{ N}$

(b) El peso del baúl es perpendicular al suelo, la fuerza F_y es hacia abajo y paralela al peso. Esta fuerza se añade al peso y la fuerza resultante es la fuerza total ejercida en el piso:

Fuerza total = 150 N + 32.1 N = 182.1 N

Ejemplo 3. Un chico empuja su pequeño vagón hacia arriba en una colina de 26°. El vagón pesa 40 N. Con que fuerza debe el niño empujar a su vagón para subir la colina?

Datos Pregunta Ecuación
$\theta = 26°$ $F_x =$ $F_x = F \cos \theta$
$W = 40 \text{ N}$

Solución: La fuerza resultante es el peso del vagón, 40 N, y se resuelve en sus componentes. En el bozquejo vemos que las ejes X son paralelas al plano inclinado. La linea perpendicular desde la cabeza del vector peso hasta las ejes X nos dá el límite de F_x.

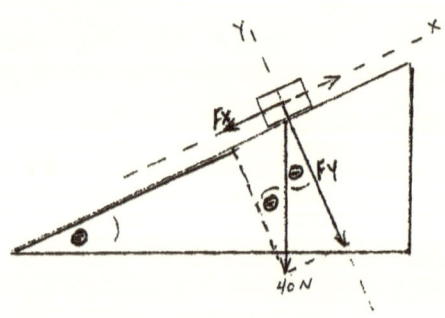

Vemos que el vector peso es perpendicular a la base del triángulo. Desde la cabeza se traza lineas perpendiculares a las ejes X y Y y se delinea los vectores F_x y F_y. El angulo entre el peso y F_y es igual a 26°, entonces;

$$F_y = F \cos 26 \qquad F_y = 40 \text{ N} \times 0.894 = 35.8 \text{ N}$$
$$F_x = F \sin 26 \qquad F_x = 40 \text{ N} \times 0.447 = 17.9 \text{ N}$$

La fuerza F_y es perpendicular a la colina y representa la fuerza de la ruedas en la colina y no impede el movimiento del vagón. Para empujar el vagón hasta el tope de la colina el niño debe ejercer una fuerza igual o más grande que F_x, 17.9 N.

Estudiando los ejemplos 1 y 2 se concluye que es más fácil arrastrar que empujar a un cuerpo. El proceso de arrastrar a un objeto requiere una fuerza menor que el proceso de empujar dicho objeto y es, por consiguiente, más fácil de hacerlo.

PROBLEMAS

1. Calcule la magnitud de las fuerzas componentes de una fuerza de 24 N a un ángulo de 28° con la horizontal.

2. Un automobil en una inclinación de 30° pesa 15 000 N. ¿Qué fuerza se necesita para moverlo hacia abajo o hacia arriba, con una velocidad constante?

3. Un baúl que pesa 1500 N se mueve en un colina de 40°. ¿Qué fuerza lo mueve?

4. Dos hombres tratan de levantar un bloque de cemento. El hombre A ejerce una fuerza de 80 N a un ángulo de 60° con el suelo. El hombre B ejerce una fuerza de 90 N a un ángulo de 50° con el suelo. Si el bloque casi se levanta, ¿cuanto pesa?

5. Una fuerza de 30 N se resuelve en dos componentes a 90° entre si. Si una fuerza es tres veces más grande que la otra, icuales son sus magnitudes?

6. Un lazo, a un ángulo de 30° con la horizontal, esta atado a un árbol. (a) Si la fuerza en el lazo es 100 N, ¿cuales son las componentes paralelas y perpendiculares al suelo? (b) ¿Cúal de estas fuerzas trata de doblar al árbol?

7. Una fuerza de 50 N empuja a un cortador de hierba que pesa 400 N. Si la barra hace un angulo de 30° con la horizontal, ¿cúal es el peso total en el prado?

8. Un elefante arrastra un piedra. Si el lazo hace un ángulo de 55° con la tierra y mantiene una fuerza de 480 N, ¿qué fuerza mueve la piedra?

Seleccion multiple

1. Un cuerpo se mueve 3 metros al oeste y 4 metros al sur. ¿Cúal vector representa el desplazamiento del cuerpo?

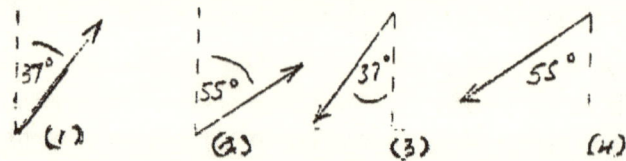

2. Cuatro fuerzas concurrentes en un punto como se las vé en el diagrama. La resultante de las cuatro fuerzas es (1) 0.0 N; (2) 5.0 N; (3) 14 N; (4) 20 N.

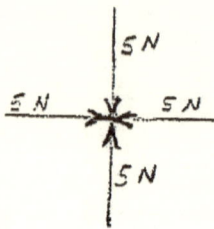

3. En el diagrama, el peso de una caja se representa con la letra W. El ángulo de inclinación es 30°. ¿Cúal es la fuerza que actúa paralela al plano inclinado?

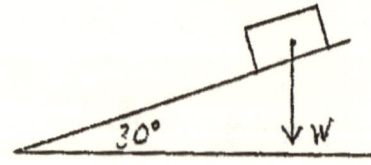

(1) W; (2) 0.50W; (3) 0.87W; (4) 1.5W.

4. El diagrama representa una fuerza en el punto P. Indique que par de fuerzas producen equilibrio cuando se las añade a la fuerza en el punto P.

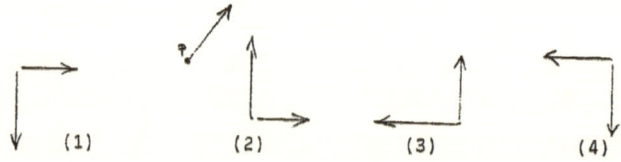

5. Dos fuerzas concurrentes tienen una resultante máxima de 45 N y una mínima de 5 N. ¿Cúal es la magnitud de cada fuerza? (1) 0.0 N y 45 N; (2) 5 N y 9 N; (3) 20 N y 25 N; (4) 0.0 N y 50 N.

6. El diagrama representa un auto en una colina. ¿Cúal vector representa el peso del auto?

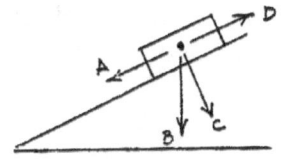

(1) A; (2) B; (3) C; (4) D.

7. En el diagrama, la caja M reposa en una superficie sin friccion. Se aplican las fuerzas F_1 y F_2.

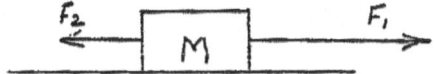

Si la fuerza F_1 es mayor que la fuerza F_2, la caja (1) se moverá con velocidad constante en la dirección de F_1; (2) se moverá con velocidad constante en la dirección de F_2; (3) acelerará en la dirección de F_1; (4) acelerará en la dirección de F_2.

8. ¿Qué característica es esencial para que un objeto esté en equilibrio? (1) cero velocidad; (2) cero aceleración; (3) cero energía potencial; (4) cero energía cinética.

9. En el diagrama vemos dos fuerzas aplicadas al mismo punto.

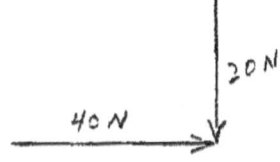

La magnitud de la resultante es (1) 20 N; (2) 40 N; (3) 45 N; (4) 60 N.

10. Cuatro fuerzas actúan en el mismo punto como se vé en el diagrama.

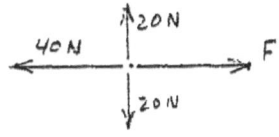

Si el objeto se mueve con una velocidad constante, la magnitud de la fuerza F es (1) 0 N; (2) 20 N; (3) 100 N; (4) 40 N.

11. Una fuerza de 100 N se aplica a un objeto a un ángulo de 30° con la horizontal. La componente vertical es (1) 0 N; (2) 50 N; (3) 86.7 N; (4) 100 N.

12. En el diagrama, la caja se mueve en la dirección de V. ¿Cúal número representa la fuerza de friccion?

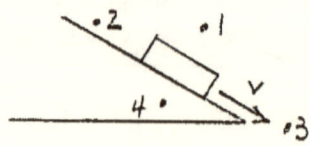

(1) 1; (2) 2; (3) 3; (4) 4.

13. Dos fuerzas son concurrentes a un ángulo de 90°. Si una de ellas es de 40 N y la resultante es de 50 N. ¿Cúal es la magnitud de la segunda fuerza? (1) 10 N; (2) 20 N; (3) 30 N; (4) 40 N.

14. Si dos fuerzas de 10 N cada una tienen una resultante de 0 N, el ángulo entre ellas debe ser de (1) 0°; (2) 45°; (3) 90°; (4) 180°.

15. Un cuerpo de 600 N de peso se mueve hacia arriba en un plano inclinado. Si el angulo de inclinacion es 30°, la fuerza paralela a las ejes X es (1) 200 N; (2) 300 N; (3) 520 N; (4) 600 N.

Capitulo 12
Equilibrio

1. Equilibrio. Ya vimos que un cuerpo está en equilibrio si la suma vectorial de las fuerzas ejercidas en él, es cero. Se ha visto también que una fuerza se puede resolver en sus componentes en las ejes X y Y. Un movimiento es de traslación si ocurre en línea recta o es rotacional si ocurre en círculos. Hay solo dos tipos de movimiento, rectilíneo y circular y, por lo tanto, hay solo dos condiciones de equilibrio. La primera condición de equilibrio asegura que el cuerpo está en equilibrio de traslación, la segunda, que esta en equilibrio de rotación.

Equilibrio de traslación. El diagrama siguiente muestra a tres fuerzas, F_1, F_2 y F_3, concurrentes en un punto.

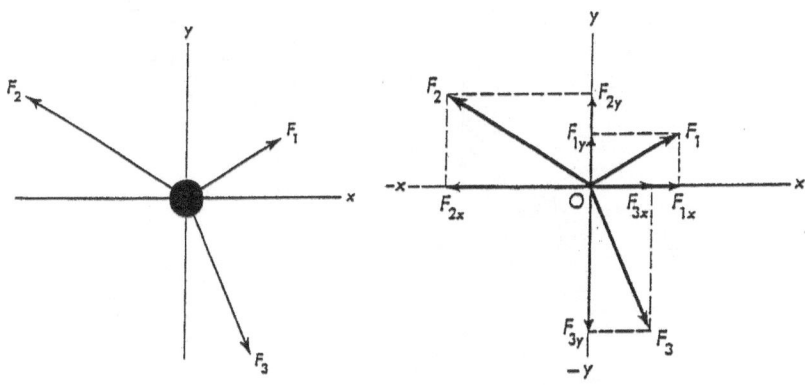

Si el cuerpo está en equilibrio, la suma de los vectores será igual a cero:

$$F_1 + F_2 + F_3 = 0$$

en general, la suma total se escribe como:

$$F = 0$$

89

la letra griega significa "suma" y la expresión se leé "la suma de vectores" en líneas rectas. Esta es la <u>primera condición de equilibrio</u>.

En el diagrama, las fuerzas se han resuelto en sus componentes en las ejes X y Y. Las componentes X son horizontales y las componentes Y son verticales. Se establece que los componentes X a la derecha de las ejes Y son positivos, y esos a la izquierda son negativos, así:

$$F_{1x} + F_{3x} = F_{2x}$$

$$F_{1x} + F_{3x} - F_{2x} = 0 \ F_x = 0$$

Se dice lo mismo para los componentes Y. Las fuerzas arriba de las ejes X son positivas y las fuerzas debajo son negativas, asi:

$$F_{1y} + F_{2y} = F_{3y}$$

$$F_{1y} + F_{2y} - F_{3y} = 0 \ F_y = 0$$

Ejemplo. Un estudiante trabajando en el laboratorio coloca un cuerpo en equilibrio con tres fuerzas:

$$F_1 = 7.1 \text{ N a } 68° \text{ con la horizontal.}$$

$$F_2 = 5.9 \text{ N a } 15° \text{ con la horizontal.}$$

$$F_3 = 8.8 \text{ N a } 67° \text{ con la horizontal.}$$

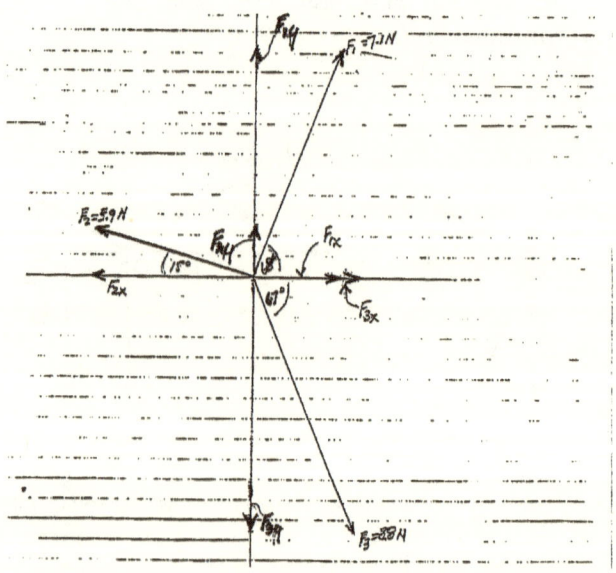

Usando la trigonometria, es facli calcular las fuerzas componentes, así:

Fuerzas horizontales

$F_x = 0$
$F_{1x} + F_{3x} = F_{2x}$
7.1 N cos 68° + 8.8 cos 67° = 5.9 N cos 15°
2.659 N + 3.438 N = 5.698 N   6.09 N 5.69 N

Fuerzas verticales

$F_y = 0$
$F_{1y} + F_{2y} = F_{3y}$
7.1 N sen 68° + 5.9 N sen 15° = 8.8 N sen 67°
6.583 N + 1.527 N = 8.100N   8.110 N 8.100 N

El experimento demonstró que la suma de las fuerzas es igual a cero y, por consiguiente, el cuerpo está en equilibrio.

Momento de fuerza. Torque. Cuando una fuerza ejercida sobre un cuerpo solamente produce rotación, se dice que la fuerza ejerce un momento o un torque. Un objeto en movimiento circular delinéa un círculo cuyo centro es el eje de rotación o pivote. La línea que conecta el punto de aplicación de la fuerza es el brazo de la fuerza y es la distancia perpendicular desde el pivote a la fuerza. El momento o el torque de una fuerza es el producto de la fuerza y el brazo.

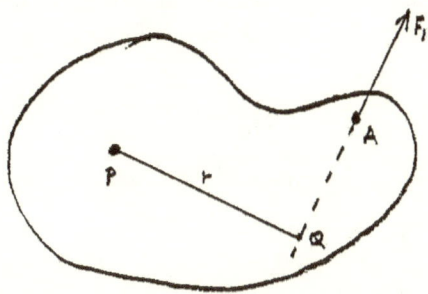

En la figura vemos un cuerpo irregular puesto en rotación por una fuerza. La fuerza F_1 se aplica en el punto A y el pivote es el punto P. Vemos en la figura que la fuerza F_1 se extiende hasta que intercepta la linea PQ. La distancia PQ es la línea perpendicular r o el brazo de la fuerza F_1.

Momento = Furza x brazo $L = F_1 \times r$

Si F_1 = 15 N, y r = 12 m, el momento de la fuerza es:

$L = 15 N \times 12 m = 180 N.m$

2. Equilibrio de Rotacion. Consideremos la figura que muestra un cuerpo circular con el pivote en el punto P. Hay cuatro fuerzas ejercidas en este cuerpo, $F_1 = 11.2$ N; $F_2 = 9$ N: F3 $= 6$ N y $F_4 = 8.5$N. Los brazos son de 5, 2, 5 y 8 metros, respectivamente. Los momentos de las fuerzas son L_1, L_2, L_3 y L_4.

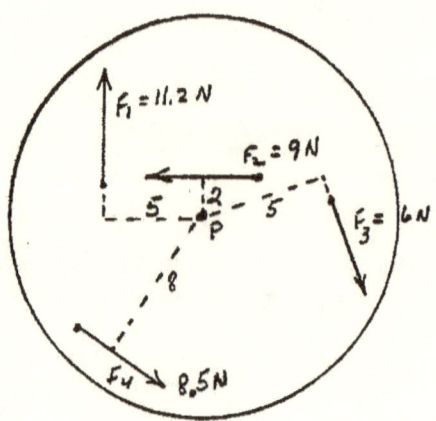

Si este cuerpo esta en equilibrio de translación, la suma de la fuerzas X y fuerzas Y sera igual a cero. En otras palabras, la primera condición de equilbrio debe ser satisfecha.

Si el cuerpo está en equilibrio rotacional, la suma de los torques debe ser también cero. Esta condición se llama la segunda condición de equilibrio y se expresa:

$$F_d \times r_d = F_i \times r_i$$

$$L_{derecha} = L_{izquierda}$$

$$L_d + (- L_i) = 0$$

$$L = 0$$

Aplicando ahora la segunda condición de equilibrio a la figura:

$$L_1 = 11.2 \text{ N} \times 5 \text{ m} = 56 \text{ N.m}$$

$$L_2 = 9 \text{ N} \times 2 \text{ m} = -18 \text{ N.m}$$

$$L3 = 6 \text{ N} \times 5 \text{ m} = 30 \text{ N.m}$$

$$L_4 = 8.5 \text{ N} \times 8 \text{ m} = -68 \text{ N.m}$$

$$(56 \text{ N.m} + 30 \text{ N.m}) + (-18 \text{ N.m} - 68 \text{ N.m}) = 0 \text{ N.m}$$

El pivote P sirve dos objetivos: Primero, es el punto de referencia para calcular los momentos. Si la suma de los momentos alrededor de este punto es cero, cerá lo mismo alrededor de cualquier otro punto. Segundo, el pivote no permite que el cuerpo se mueva si la primera condición de equilibrio no es satisfecha. Si se remueve el pivote, el cuerpo se mueve en línea recta pero no rotéa.

Fuerzas paralelas. En efecto, fuerzas paralelas cuando aplicadas a un cuerpo rígido, tal como una barra, causan rotación. Ellas actúan en la misma dirección o en direcciones opuestas. Por ejemplo, en la figura (a) vemos que una barra recibe dos fuerzas en direcciones opuestas, fuerza A vá hacia la derecha y fuerza B vá hacia la izquierda; en la figura (b) se ve dos fuerzas en la misma dirección, las fuerzas A y B ambas ván hacia la derecha.

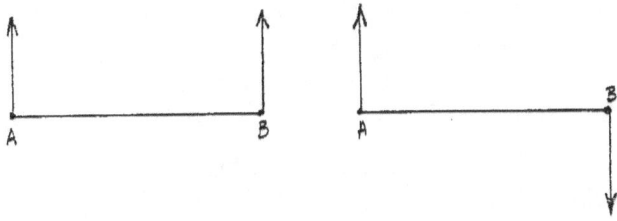

La resultante de fuerzas paralelas tiene una magnitud igual a la suma de las fuerzas y siempre se dirige en la dirección de la fuerza neta. La fuerza equilibrante es igual y opuesta a la resultante.

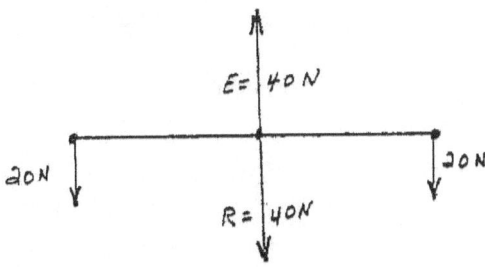

Si, fuerzas paralelas causan rotación, se aplica la segunda condición de equilibrio para establecer la magnitud de los torques. Por ejemplo, veamos como se distribuye un peso entre fuerzas paralelas: Considere la figura siguiente, ella nos muestra una barra de 6 metros. En el punto A hay una fuerza de 40 N y en el punto B hay una fuerza de 20 N. El peso de la barra en este ejemplo se desprecia. El pivote se coloca en el punto C.

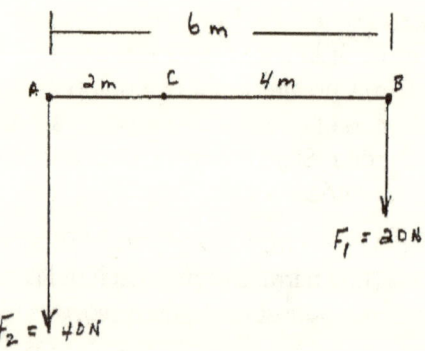

La fuerza F_1 empuja la barra hacia la derecha y la fuerza F_2 la empuja hacia la izquierda. De nuevo, la magnitud de rotación depende en el momento de la fuerza o el producto de la fuerza por el brazo. El brazo, ya lo sabemos, es la distancia perpendicular entre la fuerza y el pivote. El pivote actúa como el centro de momentos o sea el punto desde que se mide todas las brazos. El pivote puede ser real o imaginario.

En la figura la fuerza F_1 actua por un brazo de 4 metros y produce una torque de 80 N.m.

$$L_A = F_A \times r_A L_A = 40\,N \times 2\,m = 80\,N.m$$

La fuerza F_2 actua por un brazo de 2 metros y produce tambien un torque de 80 N.m

$$L_B = F_B \times r_B L_B = 20\,N \times 4\,m = 80\,N.m$$

En ambos casos, las fuerzas son perpendiculares a la barra, colocando el pivote real en el punto C.

Si la fuerza F_1 no es perpendicular a la barra, pero se aplica como es indicado en la figura siguiente, el brazo se mide desde el pivote hasta la linea de dirección de la fuerza. En este caso el brazo mide 3.5 m y el torque es 70 N.m.

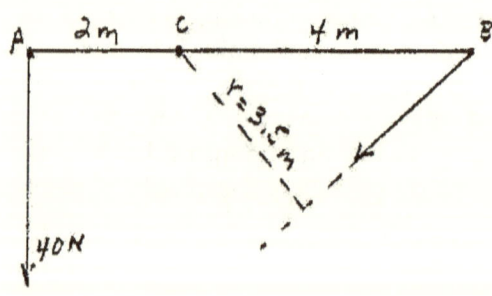

Lo más grande el torque, lo más fácil es causar la rotación en un cuerpo. Por ejemplo, es muy fácil abrir una puerta si la fuerza es perpendicular a la puerta como se ilustra en (a). En los casos (b) y (c), la magnitud de los torques es más pequeña que en (a) y, por consiguiente, es más difícil abrir la puerta.

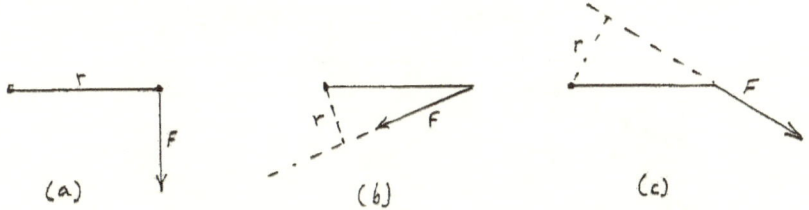

(a)   (b)   (c)

3. Equilibrio de Fuerzas paralelas. Consideremos una situación en que dos muchachos llevan una carga de 160 N suspendida en una barra. La carga esta a 3 metros del muchacho A y a 5 metros del muchacho B. Despreciando el peso de la barra, la carga ejerce una fuerza hacia abajo de 160 N y los muchachos deben ejercer una fuerza combinada igual pero opuesta en dirección. Esta fuerza equilibrante no permite movimiento linear.

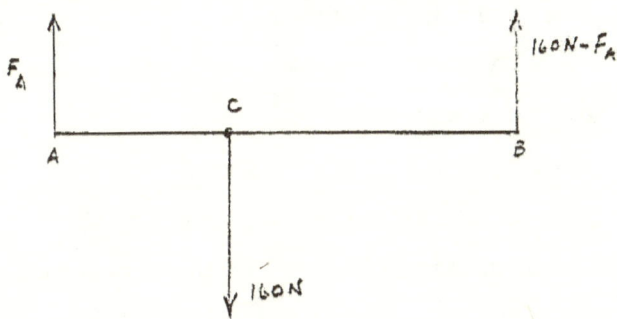

Se dijo que los niños deben ejercer una fuerza igual al peso de la carga, aplicando la segunda condición vemos que si muchacho A ejerce una fuerza F_A, muchacho B ejercera una fuerza de 160 N - F_A, entonces:

$$L_d = L_i (160N - F_A) \times 5\ m = F_A \times 3\ m.$$

$$800 - 5F_A = 3F_A \quad 800 = SF_A$$

$$F_A = 100\ N$$

entonces, el muchacho A aguanta a 100 N y el muchacho B aguanta a 60 N - 100 N = 60 N.

Consideremos otro ejemplo. Una barra de 2 metros soporta dos pesos, uno en el punto A de 80 N y otro de 120 N en el punto B.

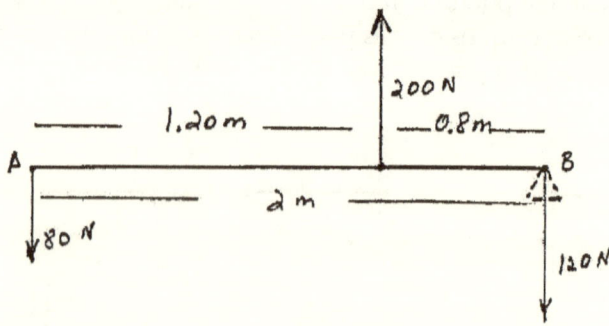

¿En qué punto de la barra colocaremos una fuerza de 200 N hacia arriba para establecer equilibrio? Para resolver este problema, seleccionamos el punto B como el pivote imaginario. El brazo A es la longitud de la barra y el torque A es:

$$L_A = F_A \times r_A$$

$$80 \text{ N} \times 2 \text{ m} = 160 \text{ N.m}$$

El brazo B es igual a X, y el torque es:

$$L = F \times X$$

$$200 \text{ N} \times X \text{ m} = 200X$$

$$L_i = L_d$$

$$160 \text{ N.m} = 200Xx = 160 \text{ N.m}/200N = 0.80 \text{ m}$$

La fuerza hacia arriba se coloca a 0.80 m del punto B o a 1.20 m del punto A.

PROBLEMAS

1. Una fuerza de 12 N se aplica a un lazo atado a una rueda con un diámetro de 1 metro. Calcule el torque de la fuerza si la rueda se mueve facilmente en su eje.

2. Una barra de 3 metros rotea libremente en su centro. Si se coloca un peso de 5 N en el extremo derecho y un peso de 3 N en el extremo izquierdo, (a) ¿cúal es el momento resultante? (b) ¿existe equilibrio de rotación?

3. Dos, fuerzas de 10 N. cada una se aplican a una rueda. Esta situación resulta en equilibrio de translación pero tambien en un momento de

3 N.m en el centro. Dibuje un diagrama de los momentos en esta rueda indicando el radio de la rueda.

4. Dos muchachos de 200 N y 400 N respectivamente, se sientan en los extremos de una barra. Si los niños quieren balancear en la barra, ¿donde deben colocar el pivote?

5. Un muchacho de 500 N se sienta al fin de una barra de 4 metros con el pivote en su centro. ¿A qué distancia del pivote debe sentarse su amigo que pesa 350 N para establecer equilibrio?

6. Un hombre de 900 N en una vija de 3 metros cuyos extremos reposan en ladrillos. Si se ha parado a 1 metro de un ladrillo, ¿qué fuerza ejerce cada ladrillo?

7. Una barra de 7 metros tiene un peso de 50 N en un extremo y un peso de 80 N en el otro. Determine la magnitud, la dirección y el punto de aplicación de la fuerza equilibrante.

8. Una barra de 10 metros tiene un pivote a 3 metros del extremo A. Un peso de 250 N se cuelga de este punto. En el otro extremo cuelga un peso de 75 N. En punto en la barra podemos añadir un peso de 100 n para producir equilibrio.

Capitulo 13

Gravedad Universal

1. Ley de Gravedad Universal. Durante nuestro estudio de la segunda ley se estableció que la fuerza de atracción entre un cuerpo y la Tierra es el peso del cuerpo. La <u>ley de gravedad universal</u> fué descubierta por Newton y publicada en el año 1686.

La ley dice qué: <u>Toda partícula de materia en el universo atrée a cualquier otra partícula con una fuerza que es directamente proporcional al producto de las masas de ambas patrículas</u> e <u>inversamente proporcional al cuadrado de las distancias que las separa.</u>

Podemos separar esta ley en dos partes: (a) la fuerza es proporcional al producto de las masas, así:

$$F \text{ proporcional a } m_1 \times m_2$$

(b) la fuerza es inversamente proporcional a la distancia cuadrada entre ellas, así:

$$F \text{ proporcional a } 1/D^2$$

La proporciones anteriores se juntan:

$$F \propto \frac{m_1 \times m_2}{D^2}$$

Como vemos en el diagrama, la fuerza F es la fuerza de atracción, m_1 y m_2, son las dos masas y R es la distancia entre ellas.

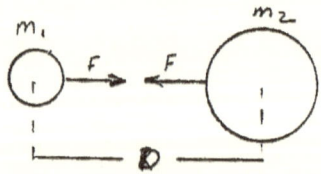

La masa m_1 atráe a la masa m_2 con la fuerza F, hacia la izquierda, y la masa m_2 atrae a la masa m_1 con la fuerza F, hacia la derecha.

Para convertir estos símbolos en ecuación se multiplican por una constante G llamada <u>constante de Gravedad Universal.</u>

$$F = G \frac{m_1 m_2}{D^2}$$

Aislando G en esta ecuación y teniendo en cuenta que las masas se miden en kilogramos, la distancia en metros y la fuerza en newtons, la unidades de gravedad universal son:

$$G = FD2 / m_1 m_2$$

$$G = \frac{Newton.metros^2}{Kilogramos^2}$$

Repetidos experimentos han confirmado que:

$$G = 6.7 \times 10 - 11 N.m2/kg2$$

La fuerza de atracción depende de dos factores: (1) la masa relativa de los cuerpos y (2) la distancia relativa entre los centros de masa de los cuerpos

Veamos a dos libros en una mesa. Cada uno ejerce una fuerza atractiva en el otro y en la Tierra. Mientras tanto, la Tierra los atrae a su centro.

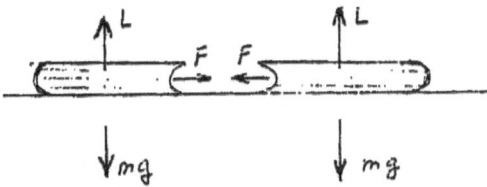

Ahora consideremos solamente los libros. Uno ejerce una fuerza atractiva en el otro, pero las masas, tanto como las distancias, son extremadamente pequeñas y producen una fuerza de atracción minúscula que por común se desprecia.

La fuerza atractiva entre los libros y la Tierra es algo diferente. La masa de la Tierra se ha calculado a cerca de 6×10^{24}kg. Un libro ordinario tiene una masa de 1 kg. La distancia entre el libro y el centro de la Tierra es 6.4×10^6 metros. Estas figuras nos dán una fuerza muy grande, igual al peso del libro.

Lo que es interesante aquí es que la Tierra atrae al libro con una fuerza igual al peso, pero el libro atrae a la tierra con una fuerza igual pero opuesta.

^ ^ ^ ^ ^ ^ ^ ^ ^ ^ ^ ^

Ejemplo 1. Un cuerpo de 3 kilogramos se encuentra a 1×10^4 m del centro de otro cuerpo de 2×10^9 kg. Calcule la fuerza entre ellos.

Datos   Pregunta   Ecuación
m = 3 kg   F =
m = 2×10^9kg
D = 1×10^4m

Solución: Una substitución directa nos dá:

$$F = \frac{6.7 \times 10^{-11}(3kg)(2 \times 10^9 kg)}{(1 \times 10^4 m)^2}$$

Ejemplo 2. Calcule el peso de un libro cuya masa es 1 kg. El radio de la Tierra es 6.4 x 106m.

Datos   Pregunta   Ecuación

m_2 = 1 kg   W = $F = G\dfrac{m_1 m_2}{D^2}$

m_2 = 6×10^{24}kg
D_e = 6.4×10^6m
G = 6.6×10^{71}Nm^2/kg^2

Una substitutión directa nos dá:

$$F = \frac{(6.6 \times 10^{-11} \, Nm^2 \big/ kg^2}{(6.4 \times 10^4 m)^2}(1kg)(6 \times 10^{24} kg)$$

Calculando el peso del libro usando la ecuación W = mg obtenemos:

$$W = mgW = 1 \text{ kg} \times 9.8 \text{ m/seg2}$$

$$W = 9.8 \text{ N}$$

Estas respuestas iguales muestran que en la ecuación de gravedad universal:

$[G \, m_e / (r_e)^2] = 9.8$ m/seg^2

Ejemplo 3. Dos autos de masas iguales se encuentran a una distancia de 9 metros. La fuerza entre ellos es 7.4×10^{-2} N. ¿Cúal es la masa de cada auto?

Datos	Pregunta	Ecuación
$D = 9$ m	$m =$	$F = G \dfrac{m_1 m_2}{R^2}$
$F = 7.4 \times 10 - 2N$		

Solución: Las masas son iguales:

$$m_1 \times m_2 = m_2$$

Aislando m^2:

$$m^2 = F D^2 / G$$

$$m^2 = \frac{(7.4 \times 10^{-2}\,N)(9m)^2}{6.6 \times 10^{-11}\,Nm^2/kg^2}$$

^ ^ ^ ^ ^ ^ ^ ^ ^ ^ ^ ^

PROBLEMAS

1. Un cuerpo de 4.5 kg pesa 20 N un lugar debajo de la Tierra. Calcule la distancia donde se encuentra este cuerpo.

2. Un cuerpo tiene una masa de 400 kg en la superficie terrestre. Calcule su peso a una distancia de 12 800 km de la superficie.

3. Un cuerpo tiene una masa de 20 kg en el ecuador donde $g = 978.1$ cm/seg^2. Calcule el peso en el Polo de Norte donde $g = 983.11$ cm/seg^2.

4. Una persona pesa 900 N en la base de una montaña. Su peso se reduce unos 50 N en el tope de la montaña. Calcule la altura de la montaña.

^ ^ ^ ^ ^ ^ ^ ^ ^ ^ ^ ^

Debemos recordar que en la ley de gravedad universal, si la distancia R es constante, la fuerza es proporcional al producto de las masas, es decir que, cuando una de las masas se dobla, la fuerza se dobla. Si una de las masas se dobla y la otra se triplica, la fuerza aumenta seis veces. Ademas, la fuerza es inversamente proporcional al cuadrado de la distancia, es decir que, <u>si la distancia entre las masas se dobla, la fuerza se cuartea. Si la distancia se triplica, la fuerza se reduce a un noveno.</u>

Una nueva teoría de gravedad dice qué existe alrededor de cada cuerpo un campo de gravitación compuesto de <u>fuerzas gravitatorias</u> que ejercen una atracción en otros cuerpos. La interacción de estas fuerzas resulta en la atracción mútua de los cuerpos.

El campo gravitatorio que existe alrededor de la Tierra se lo puede bosquear si consideramos un punto masa en el espacio.

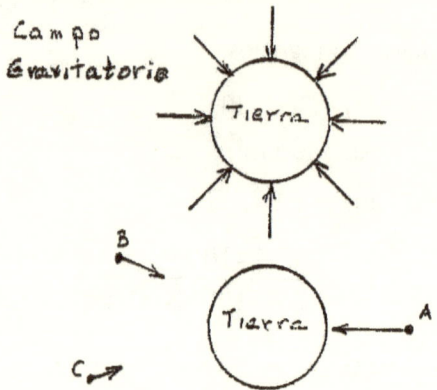

En el diagrama, el punto masa localizado a varios puntos en el espacio, es atraído a la Tierra con fuerzas diferentes dependientes en la distancia. En el punto A, la fuerza es mayor que en los puntos B y C.

Se asume que el campo gravitatorio se compone de líneas de fuerza. La concentración de estas líneas nos dá la intensidad del campo gravitatorio. Lo más cercano a la Tierra, lo más fuerte es este campo. La dirección del campo es simepre hacia el centro de la tierra. La magnitud del campo en cualquier punto es igual a:

$$g = F / m$$

la fuerza F se dá en Newtons, la masa m en kilogramos y g se dá en newton por kilogramo.

Convirtiendo newtons por kilogramo vemos que las unidades de g son actualmente unidades de aceleración. Por esta razón, la intensidad gravitatoria se llama también la aceleración de la gravedad:

$$g = 9.8 \ m/seg^2$$

∧ ∧ ∧ ∧ ∧ ∧ ∧ ∧ ∧ ∧ ∧ ∧

PROBLEMAS

1. Dos esferas metálicas, cada una con una masa de 3 millones de kg, están a una distancia de 4 metros. Calcule la fuerza entre ellas.

2. La Luna tiene una masa de 7.3×10^{22} kg y la Tierra tiene una masa de 6×10^{24} kg. Si los centros de masa están a 3.9×10^{8} m aparte, ¿cúal es la fuerza de atracción entre estos cuerpos?

3. Un hombre pesa 800 N. Si él se para en una escala de peso, ¿qué fuerza y en qué dirección ¿ejerce el hombre?

4. Si el radio de la Luna es 1.7×10^{6} m. Calcule la aceleración de gravedad g en la Luna usando los datos dados en el problema 2.

5. Un meteorito tiene una masa de 8 kg y pesa 19.6 N. ¿A qué altura de la Tierra se encuentra tal meteorito?

Selecciones múltiples

1. Si la distancia entre dos masas se triplica, la fuerza de gravitación entre ellas será (1) 1/9 del original; (2) 1/3 del original; (3) 3 veces el de gravedad entre ellas será (1) 1/9 del original; (2) 1/3 del original; (3) 3 veces el original; (4) 9 veces el original.

2. Un cohete pesa 10 000 N en la superficie terrestre. Si se lo lanza a una altura igual al radio de la Tierra, su peso será (1) 2500 N; (2) 5000 N; (3) 10 000 N; (4) 40 000 N.

3. Si la distancia entre dos masas se dobla, la fuerza de atracción entre ellas (1) es 1/4F (2) es 1/2F; (3) es 2F; (4) es 4F.

4. Un cuerpo pesa 20 N en la Tierra. Se lo mueve a una distancia donde pesa 10 N. La aceleración de gravedad en esa local es (1) 2.4 m/seg2; (2) 4.9 m/seg2; (3) 9.8 m/seg2; (4) 19.6 m/seg2.

5. Si la masa de un objeto se dobla, el peso será (1) 1/2M; (2) 2M; (3) 4M; (4) no cambia.

6. Si el peso de un objeto de masa M es mg, entonces el peso de un objeto de masa 3M será (1) mg/3; (2) mg; (3) 3 mg; (4) 9 mg.

7. Un bloque de 2 kg está en una mesa. La fuerza que la mesa ejerce en el bloque es (1) 0.00 N; (2) 2.0 N; (3) 9.8 N; (4) 19.6 N.

8. Un bloque de 2 kg está en una mesa. La componente horizontal de su peso es (1) 0.00 N; (2) 2.0 N; (3) 9.8 N; (4) 19.6 N.

9. Una bola de 10 kg y otra de 5 kg adquieren la misma aceleración cuando caen de la misma altura porque (1) la acción es igual a la reacción; (2) ambas tienen la misma forma; (3) el radio de fuerza a masa es igual en ambas; (4) la fuerza gravitatoria es igual en ambas.

Capitulo 14
Centro de Gravedad

Centro de Masa

1. Centro de Masa. En el estudio de la propiedades cinéticas del movimiento, muy a menudo despreciamos el tamaño y la forma de los objetos y hablamos de ellos como si fueran solo un punto en el espacio. Bajo ciertas condiciones, es conveniente considerar los detalles estructurales del objeto y todavia aplicar las leyes de Newton. Es por eso que estudiaremos el centro de masa y el centro de gravedad.

Centro de masa. El centro de masa de cualquier cuerpo o de un sistema de cuerpos es el punto que divide igualmente los momentos de masa del cuerpo. Si se pasa un plano vertical por el punto, los momentos de masa en un lado del plano son iguales a los momentos en el otro lado.

Considere la figura siguiente. En ella vemos dos esferas, A y B, con masas m_1 y m_2. El centro de masa cáe en la línea que conecta los centros de las dos esferas.

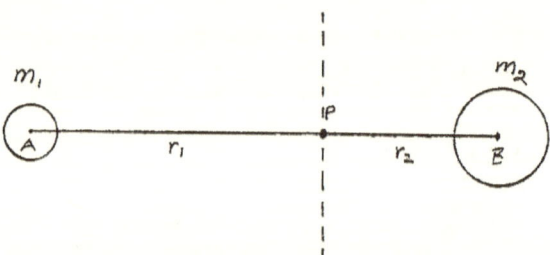

Imaginemos que un plano vertical pasa por el punto P separando los momentos izquierdos de los momentos drechos a cada lado del punto, entonces:

Masa $m_1 m_1 \times r_1$

Masa $m_2 m_2 \times r_2$

El momento de cada esfera se encuentra multiplicando la masa de cada esfera por la distancia perpendicular al plano imaginario.

Ejemplo 1. Encuentre el centro de masa de dos cuerpos de 5 gramos y 15 gramos respectivamente, separados por 14 centímetros.

Datos	Pregunta	Ecuación
$m_1 = 5$ grc de	$m =$	$m_1 r_1 = m_2 r_2$
$m_2 = 15$ gr		

Solución: Ya que la distancia total es 14 cm, entonces:

$$r_1 + r_2 = 14 \text{ cm} r_2 = 14 \text{ cm} = r_1$$

Arreglando la ecuación y aislando r_1 nos da:

$$r1 = m2r2 / m1$$

$$r1 = 15g (14 \text{ cm} - r1 / 5g) = 10.5 \text{ cm}$$

$$r_2 = 14 \text{ cm} - 10.5 \text{ cm} = 4.5 \text{ cm}$$

Si queremos encontrar el centro de masa de tres cuerpos, simplemente se encuentra el centro de masa de dos cuerpos y, usando este punto, se calcula en centro de masa entre este último punto y el otro cuerpo. Véase la figura.

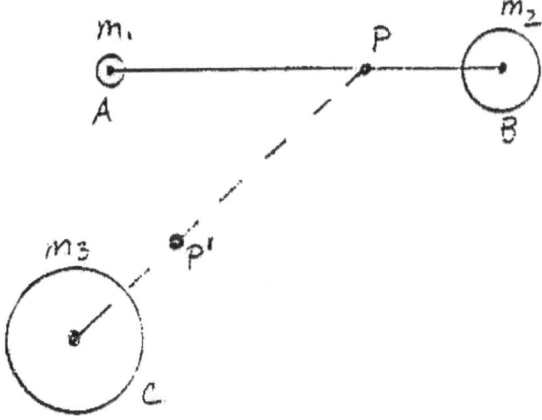

En general, el centro de masa de cuerpos regulares, tales como esféras, cubos, rectángulos, cuadrados es el centro geométrico de tal cuerpo.

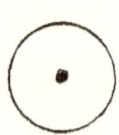 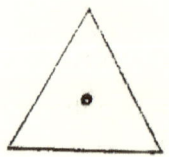 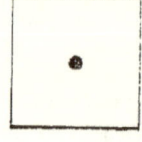 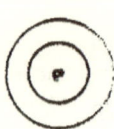

Rotación por el centro de masa. Cuando dos masas desiguales rotean por una eje localizada en el centro de masa, su rotación delínea un círculo perfecto. Si se lanza al aire tal sistema, las masas describen círculos perfectos y el sistema se comporta como un proyectil y su movimiento es parabólico. Sin embargo, si el eje de rotación no coincide con el centro de masa, la rotación es irregular y hace eses en el aire.

La Luna y la Tierra tienen un centro de masa común que se encuentra aproximadamente a unos 1600 kilometros de la superficie terrestre y unos 4800 kilometros del centro.

2. Centro de Gravedad. Ya sabemos que la fuerza de gravedad es el peso del cuerpo y, como el nombre lo indica, el centro de gravedad de un cuerpo es el punto en el que parece que se concentra todo el peso del cuerpo. Otra manera de explicarlo es decir que si el cuerpo se pone en rotación, el centro de gravedad es el punto que sirve como la eje y establece equilibrio.

En la figura vemos que, en un cuerpo regular, para establecer equilibrio, el peso total del cuerpo (mg) se balancea con momentos a la izquierda y a la derecha. La suma de los torques, en este caso, es igual al peso del cuerpo.

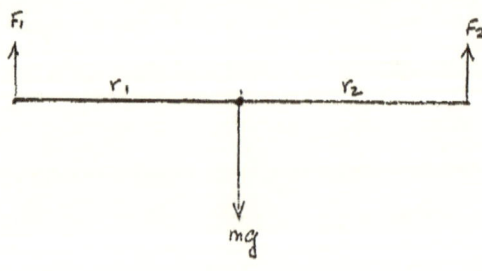

$$F_1 r_1 + F_2 r_2 = mg$$

Entonces una fuerza equilibrante opuesta a mg y ejercida en el centro balanceara a dos pesos iguales colocadas en los extremos, asi:

$$F_e = mg$$

$$F_1 + F_2 = F_e$$

106

$$mg_1 + mg_2 = mg$$

y la suma de los torques es igual a F_e

$$mg_1 \times r_1 = mg_2 \times r_2$$

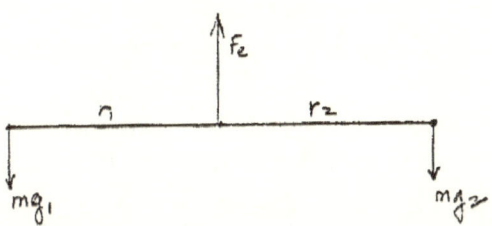

Vemos que la constante g es común a ambos lados, haciendo que el centro de gravedad sea sinónimo con el centro de masa.

Para localizar el centro de gravedad de un <u>cuerpo irregular</u> como indica la figura, se cuelga el cuerpo de un clavo P_1 y se traza una línea perpendicular al suelo, se cambia de lugar el clavo y se traza otra línea. Repitiendo este tarea unas tres ó cuatro veces, se vé que hay un punto donde las lineas se cruzan. Este punto es el centro de gravedad del cuerpo irregular.

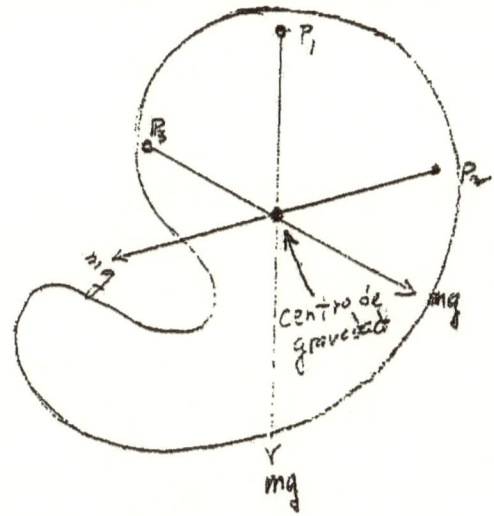

El centro de masa utiliza el principio de inercia mientras que el centro de gravedad utiliza la gravedad universal. La igualdad de las propiedades de inercia y las propiedades de gravedad de un cuerpo se llama el principio de equivalencia.

PROBLEMAS

1. Dos meteoritos en el espacio tienen masas de 5 kg y 9 kg, respectivamente. ¿En qué punto está su centro de masa si la distancia entre ellos es 8 metros?

2. Dos cuerpos de 25 N y 42 N respectivamente están separados por 3 metros. ¿Dondé está el centro de gravedad?

3. Un barra uniforme de 8 metros tiene una masa de 4 kg. ¿Donde está el centro de masa si se cuelga un masa de 10 kg. en un extremo?

4. Dos esferas de 2 kg y 4 kg se amarran con 60 cm de alhambre y se las lanzan en el aire. ¿A qué punto en el alhambre se encontrara el centro de rotación?

Capitulo 15

Equilibrio de Cuerpos Rígidos

1. Equilibrio de Cuerpos Rígidos.

Cada cuerpo rígido en equilibrio obedece las dos condiciones de equilibrio y su peso parece concentrarse en el centro de gravedad. Para mejor entender como ocurre esta condición consideremos el siguiente problema: Hay un barra que soporta un aviso; en el diagrama, la barra es un cuerpo regular que tiene 1.5 m de largo y un peso de 250 N; un extremo descansa en la pared y el otro esta suspendido por el cable T. El aviso suspendido en el extremo derecho pesa 300 N. El cable T hace un ángulo de 50° con la horizontal.

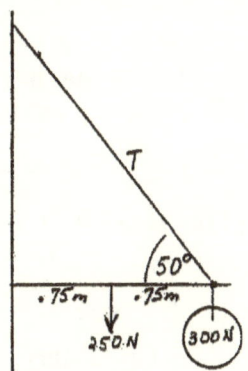

Lo que queremos saber en este problema es la magnitud y la dirección de todas las fuerzas ejercidas en la barra. Primeramente se traza un diagrama de la barra tal como aparece mostrando todas las fuerzas en ella; en realidad no sabemos ni la magnitud ni la dirección de estas fuerzas.

Porque la barra es regular se asume que el centro de gravedad es localizado en la mitad de la barra a 0.75 m de cada extremo; las otras cantidades mostradas son: la dirección de T, el peso de 300 N perpendicular al suelo y el tamaño del puntal, 1.5m.

Las cantidades desconocidas son; (a) la magnitud de T ó la fuerza del cable; (b) la magnitud de P y (c) la dirección φ que la fuerza P hace con la horizontal. La fuerza P es la fuerza que la pared ejerce en el puntal.

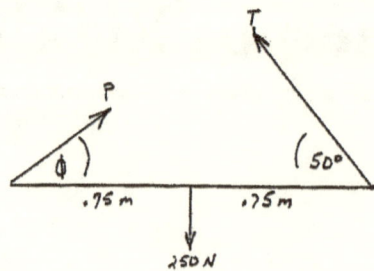

Aplicando la primera condición de equilibrio, resolvemos las fuerzas T y P en sus componentes en la ejez X y Y. Estas fuerzas son P_x, P_y componentes de P, y T_x, T_y componentes de T.

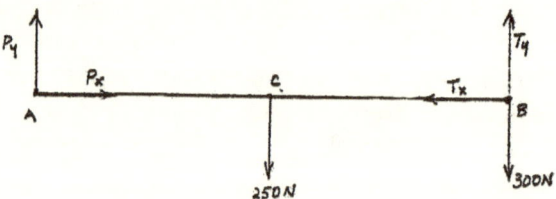

Para establecer equilibrio, vemos que hay dos fuerzas en las ejes X, P_x va a la derecha y T_x va a la izquierda, entonces:

$$P_x - T_x = 0 \qquad\qquad P_x = T_x$$

Hay cuatro fuerzas en las ejes y ; P_y, T_y van hacia arriba y 250 N y 300 N van hacia abajo, entonces:

$$P_y + T_y - 250\,N - 300\,N = 0$$

$$P_y + T_y = 550\,N$$

La barra está en equilibrio y cualquier extremo sirve como pivote para calcular los torques de acuerdo con la segunda condicion de equilibrio. En este caso escojemos el punto A. Las fuerzas P_y, P_x y T_x pasan por el punto A, no tienen brazos y no producen un torque. Estudie el diagrama para ver los momentos producidos por las otras fuerzas.

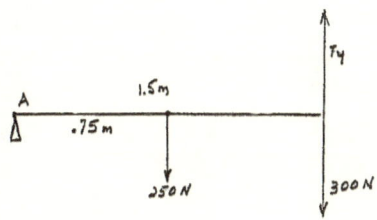

$T_y \times 1.5 \text{ m} = (250 \text{ N} \times .75 \text{ m}) + (300 \text{ N} \times 1.5 \text{ m})$

$1.5\text{m } T_y = 637.5 \text{ Nm}$

$T_y = 637.5 \text{ Nm}/1.5\text{m}$

$T_y = 425 \text{ N}$

De la misma manera escojemos el punto B como el nuevo pivote; las fuerzas T_x, T_y y 300 N pasan por este punto y no producen torques. Estudie el diagrama para que se dé cuenta de los torques formadas por las otras fuerzas:

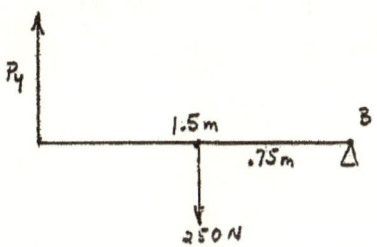

$P_y \times 1.5 \text{ m} = 250 \text{ m} \times .75 \text{ m}$
$1.5\text{m } P_y = 185.5 \text{ NM}$
$P_y = 185.5 \text{ NM}/1.5 \text{ m}$ $\qquad\qquad P_y = 125 \text{ N}$

Sabemos que el valor de T_y es 425 N, y es fácil calcular el valor de T_x usando la trigonometría;

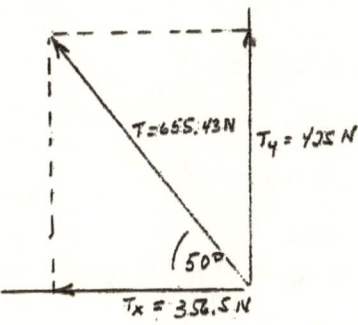

En la figura vemos que el lado T_x es el lado adjunto al ángulo de 50°; usando la fórmula para la tangente:

$$\text{Tan } 50° = T_y/T_x$$
$$T_x = T_y/\tan 50°$$
$$T_x = 425 \text{ N}/1.192 \qquad T_x = 356.5 \text{ N}$$

Si $P_x = T_x$ entonces $P_x = 356.5$ N

Ya sabemos que $P_x = 356.5$ N; $P_y = 125$ N; $T_x = 356.5$ N

$$T_y = 425 \text{ N}.$$

Porque la barra es regular, la fuerza P_y es la mitad del peso, 125 N; la fuerza T_y es la otra mitad, 125 N. En el punto B, la fuerza total es:

$$125 \text{ N} + 300 \text{ N} = 425 \text{ N}$$

En el punto A, la fuerza es 125 N. La fuerza total en la barra

$$425 \text{ N} + 125 \text{ N} = 550 \text{ N}.$$

Ahora se calcula el valor de T, usando el teoréma de Pitágora:

$$T^2 = T_y{}^2 + T_x{}^2$$
$$T^2 = (550 \text{ N})^2 + (356.5 \text{ N})^2$$
$$T = 655.43 \text{ N}$$

El valor de P se calcula así:

$$P^2 = P_x{}^2 + P_y{}^2$$
$$P^2 = (356.5 \text{N})^2 + (125 \text{ N})^2$$
$$P = 377.77 \text{ N}$$

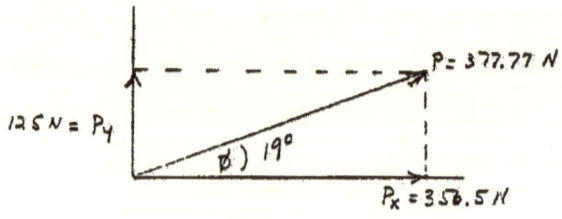

El ángulo entre P y la horizontal es:

$$\text{Tan } \varphi = P_y / P_x$$
$$\text{Tan } \varphi = 125 \text{ N}/356 \text{ N} = 0.351$$
$$\varphi = 19°$$

Se han calculado todos los valores desconocidos y se estableció que el cuerpo rígido está en equilibrio.

PROBLEMAS

1. Una barra uniforme de 2 metros y 15 kg. de masa se cuelga de un lazo. Un peso de 5 kg cuelga de 0.2 m de un extremo. Si queremos establecer equilibrio, ¿a donde se colocará el lazo?

2. Una barra de 1.6 metros de largo con un peso de 40 N descansa en un pivote. Dos cargas de 35 N y 45 N, respectivamente, cuelgan de sus extremos. ¿Donde se pone el pivote para establecer equilibrio?

3. Una escalera uniforme de 8 metros de largo, con un peso de 500 N es soportada por dos hombres. Uno tiene su hombro a 2 metros de un extremo y el otro esta a 4 metros del otro extremo. ¿Cuánto peso lleva cada hombre?

4. La barra uniforme de una grúa mide 10 metros y pesa 500 N. El cable de suspensión hace un ángulo de 60° con la horizontal. Hay una carga de 100 N en un extremo del puntal. Calcule todas las fuerzas ejercidas en la barra.

5. Una escalera uniforme de 8 metros y 600 N de peso se inclina en una pared haciendo un ángulo de 60° con la horizontal. Calcule todas las fuerzas en la escalera. Suponga que la fuerza de la pared en la escalera es horizontal.

Capitulo 16
Fricción

1. Friccion. El concepto de fricción nos ayudará a aclarar los otros conceptos de equilibrio y fuerzas netas.

La friccion es una fuerza que se opone al movimiento de la materia. Es en verdad una resistencia que trabaja contra el rezbalo o el ruedo de un cuerpo sobre otro. Siempre que un cuerpo desliza sobre otro, como un libro sobre una mesa, cada cuerpo ejerce sobre el otro una fuerza de friccion paralela a la superficie de ambos. La dirección de la fuerza es contraria al movimiento de un objeto sobre el otro. Si el libro desliza hacia la derecha, la fuerza de friccion vá hacia la izquierda.

Fuerzas de friccion existen en todo los casos en que hay contacto entre dos superficies. No importa la naturaleza ni el estado de la materia, tan pronto como las superficies establecen contacto habrá una fuerza de friccion.

La causa de la fuerza de friccion es evidente si consideramos que superficies que aparecen muy pulidas, en realidad no lo son. Miradas por medio de un microscopio, vemos que tienen muchos puntos salientes o irregularidades.

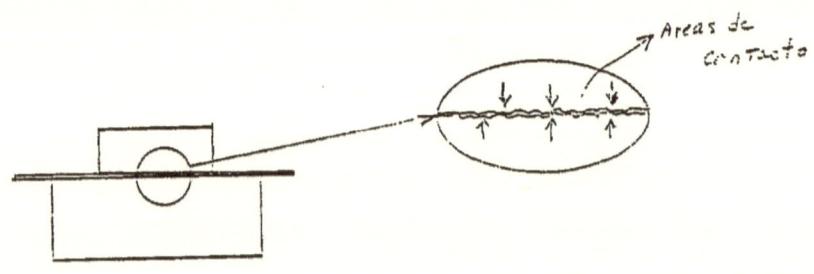

En estos puntos las <u>moléculas en las superficies de los objetos se</u> <u>mueven entre ellas y establecen fuerzas atractivas. Esto resulta en un</u> <u>tipo de soldadura momentánea entre los puntos salientes en contacto. La</u> <u>fuerza requerida para romper estas soldaduras microscópicas y empezar</u> <u>el movimiento es la</u> fuerza de friccion. Es por esta razón que es difícil empezar el movimiento de un objeto.

Hay también fuerzas de friccion sobre un cuerpo que se muede a travéz un fluído, tal como agua o aceite. La resistencia que el fluído presenta al cuerpo se llama la viscosidad del fluído.

2. Control de la friccion. Las fuerzas de friccion son fuerzas absolutamente necesarias en la vida común, pero a menudo es necesario controlarlas. Esto se hace facilmente porque las fuerzas dependen de la naturaleza de las superficies y del tipo de movimiento. En el caso de un automóvil, los frenos deben ser hechos de un material escojido por su mucha friccion y su resistencia al desgaste. Los frenos se mantienen secos para incrementar la friccion.

En el otro extremo, cuando se necesita reducir la friccion, se lo hace por medio de la lubricación. Cuando lubricamos superfices en contacto, cubrimos las superfices con una película de aceite, grasa o grafito. Aunque esta película es muy fina, muchas veces solo de unas pocas moléculas de espesor, es suficiente para cubrir los puntos salientes en la superficie y evitar que una superficie toque a la otra directamente. Otra manera de reducir la friccion es con el uso de cojinetes de rodillo o de bolas. El uso de estos cambia la friccion de deslizamiento a friccion de rodadura. Por supuesto, que los cojinetes también deben ser lubricados para reducir más la friccion.

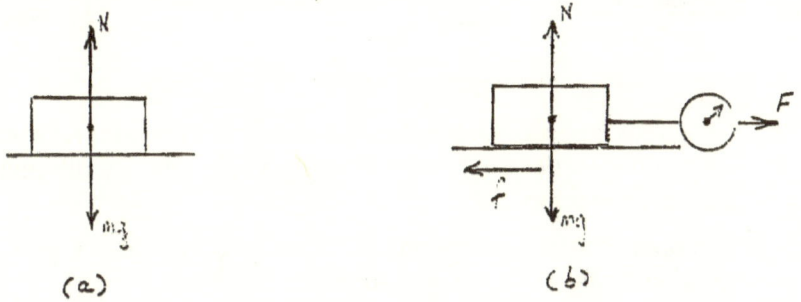

(a)   (b)

En el diagrama (a), un bloque descansa en una mesa. Se asume que el bloque esta en equilibrio porque esta de reposo y su peso es igual y opuesto a la fuerza ejercida sobre el por la mesa. Por medio de una cuerda atamos una balanza de resorte al bloque y aumentamos gradualmente la tensión en la cuerda. Si la tensión no es suficiente el bloque permanece en reposo. La fuerza que se opone al movimiento del bloque es la fuerza de friccion y se dirige en una dirección opuesta. Como se vé en el diagrama (b) hay cuatro fuerzas ejercidads en el bloque, el peso, mg, hacia abajo, la fuerza, N, ejercida por la mesa e igual al peso, la fuerza, F, hacia adelante y la fuerza de friccion, f, hacia atrás.

Cuando se incrementa la tensión F, se llega a un límite en el qué las soldaduras microscópicas se quiebran y el bloque se mueve con velocidad constante. En otras palabras la fuerra de friccion, f, tiene un límite máximo. De acuerdo con la balanza, el valor de la fuerza antes del movimiento del bloque es mayor que la fuerza despues que el bloque empezó a moverse. En otras palabras la fuerza de friccion estática es mayor que la fuerza de friccion cinética.

Tipos de friccion. Hay dos tipos de friccion, (1) Friccion de arranque o estática y (2)Friccion de deslizamiento o cinética.

Friccion estática. La fuerza de friccion estática es la fuerza mínima necesaria para empezar a mover el cuerpo. Experimentos han demonstrado que la fuerza de friccion estática depende de los siguientes factores:

(1) Es directamente proporcional a la fuerza que comprime las superficies entre ellas. Esta fuerza es la fuerza normal, N, igual al peso del objeto cuando las superficies son horizontales.

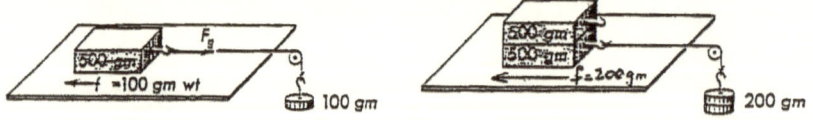

f es proporcional a N

(2) La naturaleza de los materiales. Materiales diferentes como goma, concreto y madera tienen características diferentes y diferentes grados de friccion.

(3) La condición de las superficies. Superficies muy lisas y pulidas requieren menos fuerza que superficies ásperas.

La fuerza de friccion es independiente del área de las superficies en contacto, si un ladrillo se desliza por su cara mayor, media o menor, la fuerza es la misma.

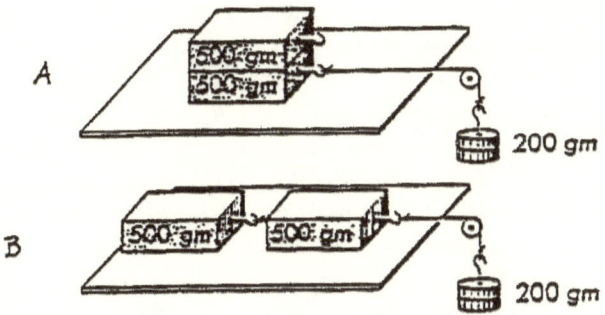

El diagrama muestra tambien dos masas de 500 kg cada una. En diagrama A las masas se mueven juntas y en diagrama B se mueven una detrás de otra. En ambos casos la fuerza es idéntica. En diagrama A la superficie en movimiento es relativamente pequeña pero en diagrama B el area se dobla, sin embargo la fuerza es igual.

3. Coeficiente de friccion. Es obvio que es más fácil mover un objeto liviano que un pesado. Ya vimos que hay una relación directa entre el peso del objeto y la fuerza necesaria para moverlo.

El diagrama muestra un bloque en una superficie horizontal moviendose con una velocidad constante. La fuerza hacia adelante F es igual y opuesta a la fuerza de friccion f.

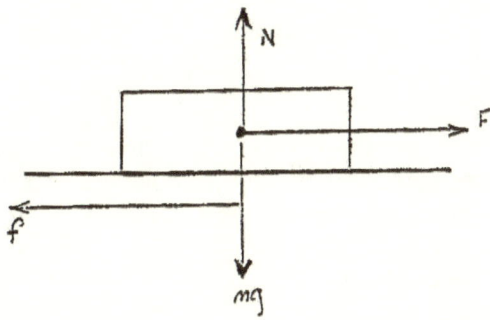

Las superficies son horizontales, el peso mg del objeto oprime las superficies, y actúa como un soldador creando la fricción. El peso mg es igual a la fuerza normal N.

$$mg = N$$

La fuerza de friccion y la fuerza normal son proporcionales

$$f \propto N$$

Para establecer una igualdad entre estos factores multiplicamos la fuerza N por una constante de proporcionalidad u.

$$f = u\,N$$

Esta constante se llama el coeficiente de friccion estático. Este coeficiente no tiene unidades y es siempre más pequeño que la unidad, siendo diferente para diferentes materiales y se calcula siempre para dos superficies. Tan pronto como el deslizamiento comienza, la fuerza de friccion disminuye. De esta manera, el coefíciente de friccion cinético es siempre menor que el coeficiente estático.

La tabla siguiente nos dá los valores de los coeficientes de friccion entre superficies comúnes:

Madera - madera	0.25
Metal - madera húmeda	0.50
Metal - madera seca	0.30
Piedra - madera	0.40
Madera - concreto	0.55
Metal - metal (grasa)	0.05
Hierro - concreto	0.30

Ejemplo 1. ¿Qué fuerza es necesaria para arrastrar una caja de hierro de 100 N en un piso de concreto, con una velocidad constante?

Datos	Pregunta	Ecuación
mg=N 100 N	F =	f = uN
u = 0.30		

Solución: Ya qué la caja se mueve con una velocidad constante, la fuerza de friccion es igual a la fuerza hacia adelante y porque las superficies son horizontales, la fuerza normal es igual al peso mg. Una substitución directa nos dá.

$$f = uN \qquad f = 0.30 \times 100\ N = 30\ N$$

^ ^ ^ ^ ^ ^ ^ ^ ^ ^ ^ ^

Ejemplo 2. Una fuerza de 45 N rezbala una caja de 300 N en un piso, con una velocidad constante. ¿Cúal es el coeficiente de friccion?

Datos	Pregunta	Ecuación
W = 300 N	u =	f = uN
f = 45 N		

Solución: Si la velocidad es constante:

$$mg = Nyf = F$$

Arreglando la ecuación y substituyendo, tenemos:

$$u = f/Nu = 45 \text{ N}/ 300 \text{ N} = 0.15$$

4. Friccion en un plano inclinado. Ahora consideremos las condiciones que existen cuando un cuerpo reposa en un plano inclinado. El cuerpo está en reposo porque la fuerza de rozamiento lo mantiene en su lugar. Si el angulo de inclinación aumenta, la fuerza de friccion disminuye y el cuerpo se rezbala hacia abajo. Estudiemos el diagrama:

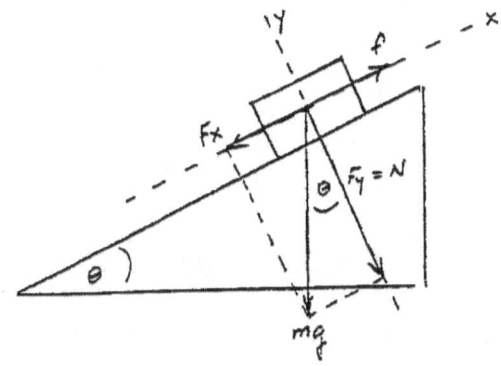

En el diagrama, una caja reposa en el plano inclinado que tiene el angulo θ con la horizontal. El peso mg de la caja se resuelve entre dos componentes, la fuerza F_x, paralela al plano y la fuerza F_y perpendicular al plano. La fuerza F_y oprime las superficies:

$$F_y = N$$

La fuerza F_x empuja la caja hacia abajo con una velocidad constante:

$$F_x = f$$

Estudiando el diagrama, deducimos que los valores de estas fuerzas son:

$$f = mg \text{ sen } \theta$$

$$N = mg \cos \theta$$

Reemplazando estos valores en la ecuacióon, $u = f/ K$, obtenemes:

$$u = mg \text{ sen } \theta/ mg \cos \theta$$

La cantidad mg se cancela en ambos lados:

$$u = sen\ \theta\ /\ cos\ \theta tan\ \theta = sen\ \theta\ /\ cos\ \theta$$

$$u = tan\ \theta$$

El coeficiente de friccion es igual a la tangente del ángulo de inclinación.

∧ ∧ ∧ ∧ ∧ ∧ ∧ ∧ ∧ ∧ ∧ ∧

Ejemplo 1. Una caja de madera en un plano inclinado se rezbala hacia abajo con velocidad constante. El coeficiente de friccion es 0.25. ¿Cúal es el ángulo máximo de esta inclinación?

Datos	Pregunta	Ecuación
u = 0.25	θ =	u = tan θ

Solución: Ya que la caja baja con velocidad constante, la caja está en equilibrio. La suma de las fuerzas es cero. Una substitución directa nos dá:

$$Tan\ .25 = 40°$$

Ejemplo 2. El coeficiente de friccion entre dos superficies es 0.35. Si se coloca un bloque de 10 N en un plano inclinado con una inclinación de 30%, ¿cúal es la fuerza de friccion?

Datos	Pregunta	Ecuación
mg = 20 N	f =	u = f / N
u = 0.35		

Solución: Dibujemos un diagrama:

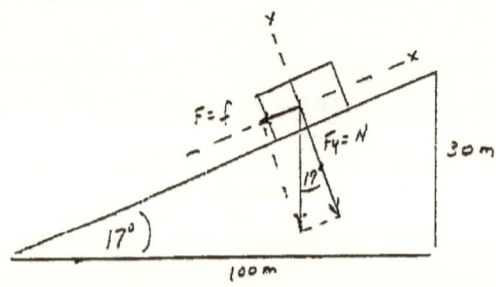

Si la inclinación es de 30%, quiere decir que por cada 100 metros de longitud, la inclinación sube 30 metros:

Tan θ = 30 m/ 100 m = 0.3   θ = 17°

$F_y = N$ $F_y = mg \cos 17°$

$F_y = 10 \text{ N} \times 0.956 = 9.56 \text{ N}$

$N = 9.56 \text{ N}$

En la ecuación, resolvemos por f y obtenemos:

$$f = uN \quad f = 0.35 \times 9.56 \text{ N} = 3.34 \text{ N}$$

La fuerza hacia abajo es 3.34 N, pero no toda este fuerza es el resultado de friccion. Si despreciamos la friccion la fuerza F_x as igual a:

$$F_x = mg \text{ sen } 17° \quad F_x = 10 \text{ N} \times .29 = 2.9 \text{ N}$$

La diferencia 3.34 N - 2.90 N = 0.44 N debe atribuírse a la fuerza de friccion.

5. Fuerzas Netas. Yá vimos que cuando en cuerpo se mueve con velocidad constante, la fuerza hacia adelante es igual y opuesta a la fuerza de friccion. ¿Qué pasa si la fuerza F is mayor que la fuerza f? In este caso, de acuerdo con la segunda ley de Newton, el cuerpo acelera en la dirección de la fuerza neta.

$$F - f = f_{neta} \qquad f_{neta} = ma \qquad F - f = ma$$

Ejemplo 3. Un cuerpo de 10 kg de masa rezbala en una superficie horizontal arrastrado por una fuerza de 35 N. Si el coeficiente de friccion es 0.30, ¿cúal es la aceleración dada al cuerpo?

Datos	Pregunta	Ecuación
m = 10 kg	a =	F - f = ma
F = 35 N		W = mg
u = .30		u = f / N

Solución: El peso del cuerpo es:

$$W = mg \qquad W = 10 \text{ kg} \times 9.8 \text{ m/seg}^2 = 98 \text{ N}$$
$$mg = N \quad N = 98 \text{ N}$$

La fuerza de friccion es:

$$f = uN \quad f = 0.30 \times 98 \text{ N} = 29.4 \text{ N}$$

Arreglando la ecuación F - F = ma, tenemos:

$$a = F - f/ ma = (35 \text{ N} - 29.4 \text{ N})/ 10 \text{ kg} = .56 \text{ m/seg}^2$$

^ ^ ^ ^ ^ ^ ^ ^ ^ ^ ^ ^

6. Friccion de rodadura. Una manera muy corriente de disminuír la friccion es substituír la friccion de deslizamiento por el <u>friccion de rodadura.</u> Cojinetes o rodamientos de rodillos y de bolitas se utilizan en las ejes de las ruedas de automóviles, bicicletas y patines de ruedas. Sirven para suministrar friccion de rodadura entre el eje fijo y la rueda que gira. Estos cojinetes están generalmente encerrados en un suporte, que sirve para mantener cada rodillo o bolita en su posición propia.

 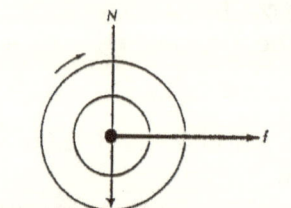

Como se ve en el diagrama, la manga de bolitas está en contacto con la eje de la rueda. Cada bolita presenta solamente un pequeño punto de contacto, las áreas de contacto entre las superficies se reduce grandemente. En actualidad, hay tantos puntos de contacto como hay bolitas en el cojinete.

La friccion entre la llanta y la carretera resulta porque el peso del auto deforma la llanta causando deformaciones en las superficies y creando una friccion. El coeficiente de friccion de rodadura se calcula en la misma manera que el de deslizamiento pero, por supuesto, tiene un valor mas pequeño.

7. Viscosidad. La friccion de un flúido resulta cuando un cuerpo se desliza dentro de otro tanto como un cuerpo sólido pasando por el agua o el aire. Lo mismo ocurre cuando en flúido se desliza sobre un sólido.

La friccion es directamente proporcional a la viscosidad del flúido. Se presume que la causa de la viscosidad es la friccion interna de un flúido. Tanto los líquidos como los gases exhiben viscosidad, pero los líquidos son más viscosos que los gases. Esta viscosidad resulta de la fuerzas internas cohesivas moleculares de la substancia. La pesadéz de un fluido es el resultado de estas fuerzas cohesivas, por ejemplo: un jarabe se mueve más lentamente que el agua y ésta es más lenta que el alcohol.

La viscosidad del flúido debe considerarse cuando se calcula el flujo de un líquido dentro de un tubo. La friccion dentro del tubo depende no solamente de la viscosidad del líquido sino también del diámetro y la longitud del tubo. La friccion flúida es más fuerte contra las paredes del cilindro, en cambio el líquido fluye más rapidamente en el centro de la corriente. La friccion se reduce si se lubrica las paredes del tubo con

122

materiales lubricantes como el Teflón. La friccion flúida es inversamente proporcional a la velocidad con el líquido fluye en el tubo. El líquido que pasa despacio tiene menos friccion que el que pasa de prisa.

PROBLEMAS

1. Si se requiere una fuerza de 10 N para empujar un trineo de hielo de 150 N de peso (a) ¿cúal es el coeficiente de friccion? y (b) Si ahora se sienta en el un niño de 50 kg. ¿qué fuerza es necesaria?

2. Una piedra con masa de 300 kg descansa en una superficie. El coeficiente de friccion entre la piedra y la superficie es 0.4. ¿Qué fuerza se debe ejercer para mover la piedra con una velocidad constante?

3. Si el coeficiente de friccion es 0.06 y se necesita una fuerza de 45 N. para mover un pedazo de hielo, ¿cúanto pesa el hielo?

4. Un bloque de madera se rezbala hacia abajo en un plano inclinado de 123 cm de largo. Si un extremo esta a una altura de 25 cm. calcule el coeficiente de friccion.

5. Un plano inclinado de 1 metro de altura y 4 metros de largo sostiene a un estudiante que pesa 700 N. Calcule la fuerza y el coeficiente de friccion.

6. Un bloque que pesa 400 N se rezbala en el piso con velocidad constante. La fuerza de friccion es 60 N. Calcule (a) la masa del bloque; (b) la fuerza normal; (c) la fuerza hacia adelante; (d) el coeficiente de friccion y (e) la aceleración del bloque.

7. Una caja de mesa de 10 kg. es acelerada por una fuerza de 200 N. Si el coeficiente de friccion es 0.4, calcule (a) el peso de la caja; (b) la fuerza de friccion y (c) la aceleración de la caja.

8. Un baúl pesa 300 N y se necesita una fuerza de 100 N. para moverlo con una velocidad de 10 m/seg por 5 segundos. Si la fuerza de friccion es 25 N, calcule (a) la masa del baúl; (b) la aceleración de baúl y (c) el coeficiente de friccion.

Capitulo 17

Impulso
Cantidad de movimiento

Impulso y Cantidad de Movimiento.

1. Impulso. Sabemos que fuerzas producen movimiento. De acuerdo con la tercera ley de Newton, cuando un cuerpo ejerce una fuerza sobre otro, el segundo cuerpo ejerce una fuerza igual y opuesta sobre el primero. Por ejemplo cuando el bate golpea una pelota, este ejerce una fuerza en la pelota. Al mismo tiempo la pelota ejerce una fuerza igual pero en sentido opuesto en el bate. La fuerza del bate es a menudo una fuerza neta que acelera a la pelota. El jugador, por su parte, trata de extender el tiempo de contacto entre la pelota y el bate. Él sabe bien que este contacto extra causa que la pelota viaje con más velocidad, extendiendo la trayectoria.

Si la fuerza neta es constante, la velocidad es proporcional a la fuerza multiplicada por el tiempo en la que la fuerza actúa. El producto de la fuerza multiplicada por el tiempo es el impulso, J.

$$\text{Impulso.} = \text{Fuerza x tiempo}$$

$$J = Ft \qquad F = \text{Newtons} \qquad t\text{ - segundos}$$

$$\text{Impulso} = \text{Newtons.segundos} = kg\ m/seg^2 \times seg = kg\ m/seg$$

$$N.seg = kg\ m/seg$$

Las unidades de impulso son es Newton.segundo o N.seg Puesto que el impulso tiene direccion, se la considera una cantidad vectorial.

Ejemplo 1. Una fuerza de 25 N se aplica a una masa de 5 kg. ¿Cúal es el impulso si la fuerza se ejerce por (a) 3 seg y (b) por 10 seg?

Datos	Pregunta	Ecuación
f = 25 N	(a) J (3 seg)	J = f t
m = 5 kg	(b) J (10 seg.)	

Solución: Substituyendo directamente en la ecuación básica nos dá:

(a) J = 25 N x 3 seg = 75 N.seg

(b) J = 25 N x 10 seg = 250 N.seg

Asi vemos que si se prolonga el tiempo de contacto, el impulso aumenta proporcionalmente. Sin embargo, la fuerza no es siempre constante. Al principio, cuando el bate golpea la pelota, la fuerza es pequeña, aumenta tanto con el tiempo de contacto y disminuye cuando la pelota sale por si sola. Por esta razón, la fuera se considera como una fuerza promedia.

2. Cantidad de Movimiento. Momento. De acuerdo con la segunda ley de Newton, una fuerza no equilibrada ejercida sobre una masa, acelera la masa en la dirección de la fuerza. Si la misma fuerza se ejerce en dos masas diferentes, se espera que la masa más grande recibe una aceleracion pequeña.

La aceleración obtenida es el resultado del cambio en la velocidad del cuerpo en movimiento, se dice que el cuerpo pesado acelera menos que un cuerpo liviano. El producto de la velocidad multiplicada por la masa del cuerpo es la cantidad de movimiento o el momento.

Cantidad de movimiento = masa x velocidad

$$p = mv$$

Cantidad de movimiento = kg x m/seg

La cantidad de movimiento, como el impulso, es una cantidad vectorial.

Ejemplo 2. Un objeto en caída libre llega al suelo con una velocidad de 19.6 m/seg. Si la masa del objeto es 4 kg. ¿Cúal es el momento?

Datos	Pregunta	Ecuación
m = 4 kg	p =	p = m v
v = 19.6 m/seg		

Solución: Una substitución directa en la ecuación básica, nos dá:

$$P = 4 \text{ kg} \times 19.6 \text{ m/seg} = 78.4 \text{ Kg.m/seg.}$$

La definición del momento es muy clara en qué:

1. el momento es proporcional a la masa

$$p \text{ proporcional} \propto m$$

Lo más grande la masa, lo más grande es el momento. Un camión de 10,000 kg y un automóvil de 2,000 kg viajan con velocidades iguales de 10 m/seg: el momento de cada uno es:

$$P_c = m_c v_c P_a = m_a v_a$$

momento del camión = 10,000 kg x 10 m/seg = 100,000 kg m/seg
momento del auto = 2,000 kg x 10 m/seg = 20,000 kg m/seg

Puesto que el camión tiene una masa más grande, su momento es más grande que el del auto.

2. el momento es proporcional a la velocidad.

$$p \text{ proporcional} \propto v$$

Lo más alta la velocidad, lo más alto es el momento. Dos automoviles tienen masas idénticas de 2,000 kg. El primer auto tiene una velocidad de 10 m/seg y el otro tiene una velocidad de 25 m/seg.

$$P_{a1} = m_{a1} \times v_{a1} P_{a2} = m_{a2} v_{a2}$$

El momento del primer auto = 2,000 kg x 10 m/seg = 10,000 kg m/seg.

El momento del segundo auto = 2,000 kg x 25 m/seg = 50,000 kgm/seg.

Puesto que el segundo auto tiene una velocidad más alta, tiene un momento más alto.

Cambio de Momento.

Usando la segunda ley de Newton, tenemos qué:

$$F = ma \qquad \text{pero} \qquad a = v / t$$

Una substitución directa nos dá:

$$F = mv/t$$

Multiplicamos ambos lados por t:

$$Ft = m v \qquad \text{pero} \qquad Ft = J$$

$$\text{Impulso (J)} = \text{Momento (p)}$$

Esta ecuación nos dice qué: cuando una fuerza neta actúa en un cuerpo, por un período de tiempo, ocurre un cambio en el momento. Es el momento, mv, que es la medida práctica de la energía. La segunda ley se puede expresar en una forma que junta el cambio en el momento con la fuerza ejercida, en otras palabras: el cambio del momento de un cuerpo es igual a la fuerza ejercida en ese cuerpo.

$$F = mv/t \qquad p = mv \qquad F = p/t$$

Ejemplo 3. Una fuerza de 50 N. se aplica a un objeto de 20 Kg. por 20 segundos. ¿Cúal es (a) el momento; (b) el impulso ; y (c) la velocidad del objeto?

Datos	Pregunta	Ecuación
F = 50 N	(a) p = F	t = mv
m = 20 kg.	(b) J =	
t = 20 seg	(c) v =	

Solución: Una substitución directa, nos dá:

(a) p = Ftp = 50 N x 20 seg = 1000 kg.m/seg

(b) pero Ft =J entonces J = 1000 kg.m/seg.

(c) Arreglando la ecuación básica y substituyendo:

v = F t / m   v = 1000 kg.m/seg/   20 kg. = 50 m/seg.

Ejemplo 4. Un automóvil de 6000 N. es acelerado de reposo a una velocidad de 20 m/seg por una fuerza de 1500 N. Calcule (a) la masa del auto; (b) la velocidad; y (c) el tiempo total que la fuerza empuja al auto.

Datos	Pregunta	Ecuación
wt = 6000 N	a) m =Ft = mv	
v = 20 m/seg.	b) p =wt = mg	
F = 1500 N	c) t =	

Solución:

(a) Resolviendo por m en la ecuación de peso, obtenemos:

m = wt/g   wt = 6000 N / 9.8 m/seg^2 = 612.24 kg.

b) Substituyendo directamente:

p = mv   p = 612.24 kg. x 20 m/seg.
p = 12244.89 kg.m/seg.

c) Resolviendo por t en la ecuación de impulso

t = mv/F   t = 12244.89 kg.m/seg./   1500 N. = 8.16 seg.

Conservación de la cantidad de movimiento.

3. Choques. Notamos el momento de un cuerpo en movimiento cuando este choca con otro cuerpo. Un choque es un contacto violento entre los cuerpos. Cada cuerpo, por la naturaleza de su condición, tiene un momento antes del choque y despúes del choque. La cantidad de movimiento total de un sistema no modificado por fuerzas exteriores permanece constante. Hay cambias en el momento de cada cuerpo que choca, pero el momento total no cambia. Este hecho se llama el principio de conservación de la cantidad de movimiento y es una de las leyes más importantes de la mecánica.

Hay dos tipos de choque, elásticos e inelásticos. Un choque elástico es el choque en el qué la energía ciñética y el momento del cuerpo se conservan, por ejemplo los choques moleculares. Un choque inelástico es el choque en el qué solo el momento se conserva y hay una perdida neta de energía cinética, por ejemplo, una pelota rebotando de una pared, o un choque entre dos autos.

Imagine que la bola A con una masa m_1 moviendose con una velocidad v_1 choca con la bola B que tiene una masa de m_2 y se mueve con una velocidad $- u_1$, la dirección opuesta. Naturalmente, si las bolas se mueven en direcciones opuestas, dacimos que la bola A tiene un momento positivo y la bola B tiene un momento negativo.

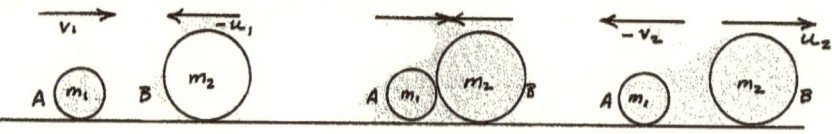

Antes del choque   Durante el choque   Despúes del choque

Bola Ap_1 (antes del choque) $= m_1 v_1$
Bola B - p_2 (antes del choque) $= m_2 (- u_1)$

Despúes de chocar, las bolas rebotan con velocidades modificadas y opuestas en dirección. La bola A tiene ahora una velocidad negativa (- v_2) y un momento negativo (- p). La bola B tiene una velocidad positiva (u_2) y un momento positivo, (p).

Bola A - p_1 (despús del choque) $= m_1 (- v_2)$
Bola B - p_2 (despúes del choque) $= m_2 u_2$

Como ya lo vimos la ley de conservación de la cantidad de movimiento dice que si no hay fuerzas externas ejercidas en el sistema, el momento total antes del choque es igual al momento total después del choque. El momento total del sistema se conserva no importa el tipo de fuerzas internas en el sistema.

La cantidad de movimiento de las bolas es:

$$(m_1 v_1) + (m_2 - u_1) = (m_1 - v_2) + (m_2 u_2)$$

momento antes del choque = momento despues del choque

$$P_{ac} = P_{dc}$$

$$P_{ac} - P_{dc} = 0$$

El momento inicial es igual al momento final.

$$p_i = p_f$$

El cambio en el momento es igual al momento final menos el momento inicial:

$$\Delta p = p_f - p_i$$

Esta ley se aplica a todos los cambios en la cantidad de movimiento sin considerar su magnitud.

Ejemplo 5. Una pelota de 2 kg se mueve con una velocidad de 2 m/seg. Choca con otra pelota de 5 kg. que vá en la dirección opuesta con una velocidad de - 1 m/seg. Despues del choque, la primera pelota cambia de dirección con una velocidad de - 1.5 m/seg. ¿Cúal es la velocidad de la segunda pelota?

Examine la figura siguiente:

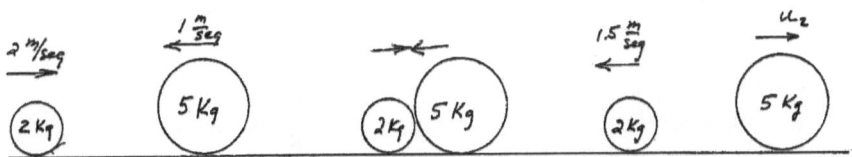

Antes del choque	Durante	Despúes del choque

Datos
$m_1 = 2$ kg.

Pregunta
$u_2 =$

Ecuación
$m_1 v_1 + (- m_2 u_1) =$
$(- m_1 v_2) + m_2 u_2$

$m_2 = 5$ kg.
$v_1 = 2$ m/seg.
$u_1 = - 1$ m/seg.
$v_2 = - 1.5$ m/seg

Solución. Una substitución directa nos dá:

(2 kg. x 2 m/seg) + (5 kg. x - 1 m/seg) = (2 kg. x - 2.5 m/seg) + (5 kg. u_2)

4 kg.m/seg+(- 5 kg.m/seg) = - 5 kg.m/seg + 5kg. u_2

$(4 \text{ kg.m/seg})/ 5 \text{ kg.} = u_2$

$u_2 = 0.8 \text{ m/seg.}$

Como lo vemos hubo un cambio de velocidades y, por lo tanto, la cantidad de movimiento total se conservó.

Ejemplo 6. Una pelota de 1 kg se lanza contra una pared con una velocidad de 3 m/seg. La pelota rebota con una velocidad de - 2 m/seg. Calcule en cambio de momento.

Datos	Pregunta	Ecuación
$m = 1 \text{ kg}$	$p =$	$p = p_f - p_i$
$v_1 = 3 \text{ m/seg}$		
$u_1 = - 2 \text{ m/seg}$		

Solución. Momento antes del choque:

$$mv_1 = 1 \text{ kg} \times 3 \text{ m/seg} = 3 \text{ Kg m/seg}$$

Momento despúes del choque:

$$mu_2 = 1 \text{ kg} \times - 2 \text{ m/seg} = - 2 \text{ kg m/seg}$$

Cambio en el momento = momento final - momento inicial

$$p = p_f - p_i$$
$$p = - 2 \text{ kg m/s} - (3 \text{ kg m/s}) = - 5 \text{ kg m/s}$$

^ ^ ^ ^ ^ ^ ^ ^ ^ ^ ^ ^

Ejemplo 7. Una pelota de barro de 1 kg se lanza contra una pared con una velocidad de 5 m/seg y la pelota se pega en la pared. Calcule el cambio de momento en la pelota.

Datos	Pregunta	Ecuación
$m_1 = 1 \text{ kg}$	$p =$	$p = mv$
$v_1 = 5 \text{ m/seg}$		

Solución. El momento de la pelota es:

$$p = mv$$
$$p = 1 \text{ kg} \times 5 \text{ m/seg} = 5 \text{ kg m/seg}$$

Este es el momento de la pelota cuando choca con la pared, es tambien el cambio del momento de la pelota puesto que cuando chocó con la pared se pegó y se paró. El momento es cero.

Ejemplo 8. Un auto en reposo tiene una masa de 2000 kg. Otro auto de masa de 800 kg viajando con una velocidad de 25 m/seg. le golpéa de atrás. Los autos se unen y viajan juntos con una velocidad en la misma dirección. ¿Cúal es la velocidad de los autos?

Datos	Pregunta	Ecuación
m_1 = 2000 kg	v_t	$P_{bc} = P_{ac}$
v_1 = 0 m/seg		
m_2 = 800 kg		
u_1 = 25 m/seg		

Solución. Puesto que los autos se unieron despúes del choque, la masa total del sistema es igual a la suma de las masas de los autos.

$$M_t = m_1 + m_2 \quad M_t = 2000 \text{ kg} + 800 \text{ kg} = 2800 \text{ kg}$$

Antes del choque=Despúes del choque

$$m_1 v_1 + m_2 u_1 = m_t v_t$$

$$v_t = \frac{(2000 \text{kg} \times 0 \text{ m/seg}) + (800 \text{kg} \times 25 \text{ m/seg})}{2800 \text{kg}} = 7.14 \text{ m/seg}$$

Ejemplo 9. Una bola de masilla de masa de 200 gr se lanza con una velocidad de 5 m/seg y choca con otra bola idéntica con una masa de 450 gr moviendose con una velocidad de - 3 m/seg. Se pegan y se mueven en la misma dirección. ¿Cúal es la velocidad y dirección de las bolas?

Datos	Pregunta	Ecuación
m_1 = 0.2 kg	v_t =	$m_1 v_1 + m_2 u_2 = m_t v_t$
v_1 = 5 m/seg		
m_2 = .45 kg		
u_1 = - 3 m/seg		
m_t = .65 kg		

Solución:

u = (.2kg x 5 m/seg) + (.45 kg x - 3 m/seg) / .65 kg = - 53 m/seg

Las bolas se mueven en la dirección de la más grande.

Ejemplo 10. Una de bala de 50 gr se dispara contra un bloque de madera de 2 kg suspendido por una cuerda. La bala penetra una distancia en el bloque y queda incrustada. El sistema bloque - bala se mueve con una velocidad de 1.8 m/seg. Calcule la velocidad de la bala.

Datos	Pregunta	Ecuación
$m_b = .05$ kg	$v_b = m_b v_b + m_m$	$v_m = m_{b+m} + v_{b+m}$
$m_m = 2$ kg		
$m_t = 2.05$ kg		
$v_t = 1.8$ m/seg		

Solución:

$$v \doteq \frac{(2.05\ \text{kg} \times 1.8\,\text{m/seg}) \div (2\ \text{kg} \times 0\,\text{m/seg})}{.05\ \text{kg}} \doteq 73.8\,\text{m/seg}$$

Ejemplo 11. Un rifle de 5 kg. dispara una bala de 100 gr con una velocidad de 2000 m/seg. Si el rifle se retrocede, ¿cúal es a velocidad de retroceso?

Datos	Pregunta	Ecuación
$m_r = 5$ kg.	v_r	$p_r = p_b$
$m_b = 0.1$ kg	$m_r v_r = m_b v_b$	
$v_b = 2000$ m/seg		

Solución: Resolviendo por v_r:

$$v_r = m_b v_b / m_r$$

$$v_r = 0.1\ \text{kg} \times 2000\ \text{m/seg} / 5\ \text{kg.} = 40\ \text{m/seg}$$

^ ^ ^ ^ ^ ^ ^ ^ ^ ^ ^ ^

PROBLEMAS

1. Una fuerza horizontal de 25 N. golpea a una bola de peso de 10 N por 1/5 de un segundo. ¿Cúal es la velocidad de la bola?

2. Un hombre pesa 800 N y salta de una canoa de 300 N. Si la canoa recibe una impulsión en direccion opuesta al salto y se mueve con una velocidad de 80 cm/seg. Calcule: a) el momento de la canoa; b) el momento del hombre; c) la velocidad del hombre cuando salta de la canoa.

3. Dos cuerpos de 200 gr and 600 gr. respectivamente, se deslizan uno hacia el otro en el hielo con una velocidad de 20 cm/seg. a) Calcular la cantidad de movimiento total antes del choque; b) Si los dos permanecen juntos despues del choque, ¿cúal es la velocidad común? C) Calcule el impulso

4. Calcule la cantidad de movimiento en cada uno de estos casos: a) Un protón con una masa de 1.67×10^{-27} kg moviéndose con 1/6 de

la velocidad de la luz; b) Una bala de 50 gr moviédose a 500 m/seg; c) Un corredor de 750 N corriendo con una velocidad de 7 m/seg.

5. Dos patinadores, un muchacho de 800 N y una chica de 60 kg parados en reposo, se empujan. La chica se mueve con una velocidad de 6 m/seg ¿Cúal es la velocidad y la dirección del muchacho?

6. Una bala de 65 gr se dispara con una velocidad de 400 m/seg a una caja que tiene 4 kg de arena. La bala se incrusta en la arena y el sistema caja - bala se mueven. ¿Cúal es su velocidad?

^ ^ ^ ^ ^ ^ ^ ^ ^ ^ ^ ^

4. Conservacion de energía y momento. Puesto que un objeto en movimiento tiene energía potencial, podemos calcular la energía cinética de un cuerpo entes y despúes del choque. La ley de conservación de energía dice qué la energía total de un sistema permanece intacta y, por supuesto, las energias cinéticas de los cuerpos en un choque permanecerán intactas. Pero esto no sucede. Considere el ejemplo siguiente.

Ejemplo. Una bola de 2 kg se mueve con una velocidad de 2 m/seg y choca con otra bola de 5 kg viajando con 1 m/seg en la dirección opuesta. Despúes del choque, la bola primera rebota con una velocidad de 1.5 m/seg. a) ¿Cual es la velocidad de la segunda bola? b) Calcule las energías cinéticas de las bolas.

Datos	Pregunta	Ecuación
$m_{b1} = 2$ kg	$v_{b2} =$	$P_{ac} = P_{dc}$
$v_{b1} = 2$ m/seg	$E_t C_t =$	$EC_{ac} = EC_{dc}$
$m_{b2} = 5$ kg		
$v_{b2} = 1$ m/seg		
$v_{b1} = 1.5$ m/seg		

Solución: El momento antes del choque es igual al momento despues del choque:

$$P_{ac} = P_{dc}$$

$$(m_1 v_1) + (m_2 - u_1) = (m_1 - v2) + (m_2 u_2)$$

$$(2 \text{ kg} \times 2\text{m/seg}) + (5 \text{ kg} \times 1 \text{ m/seg}) = (2 \text{ kg} \times 1.5 \text{ m/seg}) + (5 \text{ kg } v_2)$$

$$v_2 = \frac{9\text{kg m/seg}}{5\text{kg}} = 1.2\text{m/seg}$$

Ya que un objeto en movimiento tiene energía cinética, es facil calcular la energía cinética antes y despúes del choque:

Energia cinetica antes del choque

$$(1/2 \ m \ v^2) + (1/2 \ m \ v^2)$$

$$(1/2 \ 2 \ kg) \ (2 \ m/s)^2 + (1/2 \ 5 \ kg) \ (1 \ m/s)^2 = 4 \ J + 2.5 \ J$$

$$K.E._{ac} = 6.5 \ J$$

Energia cinetica despúes del choque

$$(1/2 \ m \ v^2) + (1/2 \ m \ v^2)$$

$$(1/2 \ 2 \ kg) \ (1.5 \ m/s)^2 + (1/2 \ 5 \ kg) \ (1.2 \ m/s)^2 = 2.25 \ J + 3.6 \ J$$

$$K.E. = 5.85 \ J$$

La diferencia en la energía cinética antes y despúes del choque es:

$$6.5 \ J = 5.85 \ J = 0.65 \ J$$

esta energía se convirtió en energía de sonido y calor. La magnitud de la fuerza con que las bolas chocaron aumentó la energía interna de la bolas y, por consiguiente, el calor interno de ellas.

PROBLEMAS

1. Una fuerza horizontal de 50 N se ejerce por 1/2 de un segundo para lanzar una piedra de 11 N. a) ¿Cúal es el impulso? B) ¿Cúal es el momento de la piedra?; c) ¿Cúal es la velocidad de la piedra?

2. Un camión de 10,000 kg se mueve con una velocidad de 20 m/seg. ¿Qué fuerza se necesita para parar a este camión en un tiempo de 0.25 seg.?

3. Un objeto de 2 kg se lanza verticalmente hacia arriba con una velocidad de 30 m/seg. Calcule la cantidad de movimiento a la altura máxima.

4. Un rifle que pesa 50 N dispara una bala de 50 gr con una velocidad de 650 m/seg. ¿Con qué velocidad retrocedió el rifle?

5. Un automóvil de 1000 kg en reposo es golpeado por otro auto idéntico por atrás con una velocidad de 7 m/seg. Si los autos permenecen unidos despúes del choque, ¿cúal es la velocidad de este sistema?

6. Una pelota de 3 kg se mueve con una velocidad de 6 m/seg y choca con otra pelota en reposo. Si las pelotas se nueven juntas en la misma dirección con un cuarto de la velocidad original, ¿cúal es la masa de la segunda pelota?

^ ^ ^ ^ ^ ^ ^ ^ ^ ^ ^ ^ ^

Selección Múltiple

1. Un impulso de 30 N.seg se aplica a una masa de 5 kg. Si el objeto tiene una velocidad de 100 m/seg antes del impulso, su velocidad despúes del impulso será (1) 250 m/seg; (2) 106 m/seg; (3) 6 m/seg; (4) 0 m/seg.

2. Si una masa de 3 kg se mueve 10 metros en 2 segundos, el momento será (1) 60 kg m/seg; (2) 30 kg m/seg; (3) 15 kg m/seg; (4) 10 kg m/seg.

3. Dos carritos, uno con una masa de 4 kg y el otro con una masa de 2 kg, están unidos por un resorte comprimido. Cuando se suelta el resorte el carrito de 2 kg adquiere una velocidad de 2 m/seg hacia la derecha. La velocidad del carrito de 4 kg is (1) 1 m/seg; (2) 2 m/seg; (3) 8 m/seg; 4) 4 m/seg.

4. Dos carritos, A y B, están unidos por un resorte comprimido. La masa del carrito A is doble la masa del carrito B. Si el resorte se suelta, el momento del carro B comparado con el momento del carro A es (1) menor; (2) mayor; (3) igual.

5. El radio del peso de un cuerpo a su masa es igual a (1) el momento; (2) la inercia; (3) la fuerza gravitatoria; (4) la aceleración de la gravedad; del cuerpo.

6. ¿Qué cantidades tienen las mismas unidades? (1) velocidad y aceleración; (2) peso y fuerza; (3) masa y peso; (4) fuerza y momentum.

7. Una fuerza neta de 12 N hacia el norte actúa en un objeto por 4 segundos y produce un impulso de (1) 48 kg m/seg N; (2) 48 kg m/seg N; (3) 3 kg m/seg N; (4) 3 kg m/seg S.

8. La dirección de la cantidad de movimiento de un cuerpo es idéntica a la dirección de (1) la inercia; (2) la energía potencial; (3) la velocidad; (4) el peso; del cuerpo.

9. Dos autos idénticos, A y B, atados por una cadena viajan hacia la derecha con la velocidad V. Si se suelta la cadena, la velocidad del auto A es (1) 0; (2) 2V; (3) v; (4) V/2.

10. Una cuerpo de 5 kg con una velocidad de 4 m/seg se para en 2 segundos. La magnitud de la fuerza que lo para es (1) 20 N; (2) 2 N; (3) 10 N; (4) 4 N.

11. Un impulso de 30 N.seg se ejerce a una masa de 5 kg. Si la masa tuvo una velocidad de 100 m/seg antes del impulso, la velocidad despúes del impulso será (1) 250 m/seg; (2) 106 m/seg; (3) 6 m/seg; (4) 0 m/seg.

12. Un objeto llega al resposo bajo la influencia de una fuerza constante. ¿Qué factor, además de la masa y velocidad del objeto, se debe

conocer para calcular la fuerza necesaria para pararlo? (1) ¿el tiempo que la fuerza actua en el objeto?; (2) ¿la energía potencial gravitatoria?; (3) ¿la densidad del objeto?; (4) ¿el peso de objeto?

13. La cantidad de movimiento se expresa en (1) joules; (2) watts; (3) kg m/seg^2; (4) N.seg.

14. Un bate golpea una bola con 500 N por 0.20 segundos. La fuerza ejercida por la bola en el bate es (1) 100 N; (2) 200 N; (3) 500 N; (4) 1 000 N.

15. Cuando un objeto es en caída libre hacia la Tierra, la cantidad de movimiento (1) disminuye, (2) aumenta; (3) no cambia.

16. ¿Cúal es el cambio de momento cuando una fuerza de 5 N se ejerce en una masa de 10 kg por 3 segundos.? (1) 1.5 kg m/seg; (2) 5 kg m/seg; (3) 10 kg m/seg; (4) 15 kg m/seg.

17. Una fuerza de 5 N dá un impulso de 15 N.seg a un objeto. el tiempo en que la fuerza se ejerció es (1) 0.33 seg; (2) 20 seg; (3) 3 seg; (4) 75 seg.

18. Si una masa de 3 kg se mueve 10 metros en 2 segundos, su momento es (1) 60 kg m/seg; (2) 30 Kg m/seg; (3) 15 kg m/seg; (4) 10 kg m/seg.

Capitulo 18
Trabajo y Energia

TRABAJO Y ENERGÍA

La forma más común de la energía es el movimiento, un tipo de energía mécánica. Cuando un cuerpo se mueve, se realiza un trabajo. Los conceptos de energía y trabajo son intímamente relacionados. Los físicos dicen que se realiza un trabajo cuando una fuerza actúa a lo largo de una distancia. La energía es la abilidad de realizar un trabajo, sin energía no es posible trabajar.

1. Trabajo. Para comprender el concepto de trabajo lo consideraremos en su forma más simple, la forma mecánica. De seguro que la palabra trabajo significa muchas cosas a mucha gente, tiene un sentido técnico y tambien común. Trabajo significa una cosa a una secretaria y una cosa diferente a un albañil.

Trabajo es el producto del desplazamiento por la fuerza que mueve el objeto en la dirección del desplazamiento.

Trabajo = Fuerza x Desplazamiento

$$W = f \times d$$

Se realiza trabajo siempre que hay movimiento. No hay trabajo si no hay movimiento, puesto que el trabajo transmite energía de un lugar a otro.

Consideremos los siguientes ejemplos: supongamos que un hombre quiere levantar una caja del suelo a una mesa, a un metro de altura. La fuerza ejercida debe ser igual a la fuerza de gravedad. Si la caja pesa 100 N, el hombre debe aplicar una fuerza de 100 N. Una fuerza menor no la levantará. Le fuerza es hacia arriba en la dirección del movimiento y, contra la atracción de la gravedad. El desplazamiento es la altura que la caja sube. Asi, mientras la caja está en movimiento se realiza trabajo.

Por otra parte, aunque se considera muy agotador el sostener la misma caja con los brazos extendidos, no se a efectuado ningún trabajo, puesto que no hubo movimiento. Ahora considere que el hombre sostiene la caja en sus brazos y la transporta de una parte del cuarto a la otra, aquí tampoco se había realizado trabajo porque la fuerza vertical está en equilibrio con el peso del objeto y la fuerza no vá en la dirección del desplazamiento.

En las figuras siguientes vemos que un bloque se levanta verticalmente (a), la fuerza F mueve el bloque verticalmente en la dirección del desplazamiento. En la figura (b), el mismo bloque se mueve en una superficie horizontal empujado por la fuerza F. <u>En ambos casos se realiza trabajo</u>. Sin embargo, si la fuerza en el ejemplo (b) deja de empujar al bloque y este continúa en movimiento, no se realiza trabajo puesto que no hay fuerza.

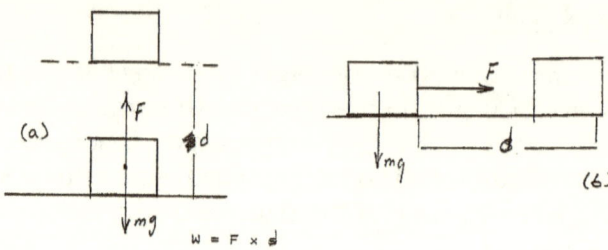

Si ahora atamos una cuerda al bloque y lo arrastramos en el piso con una fuerza F a un ángulo θ con la horizontal, la fuerza efectiva para producir trabajo es la fuerza componente de F en las ejes X. Véase el diagrama.

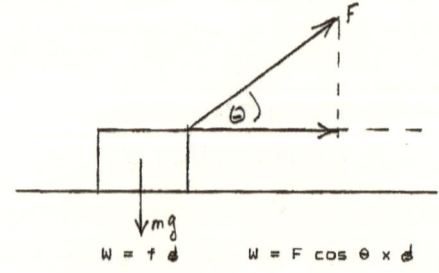

$$W = f \, dW = F \cos \theta \times d$$

Unidades del trabajo. Fuerzas se miden en newtons y desplazamiento se mide en metros, entonces:

$$W = FdW = Newton.metro$$

$$W = Kg.m/seg^2 \times m = Nm$$

El newton.metro es un Julio (Joule)

$$1 \text{ Newton.metro} = \text{Joule}$$

Usando dinas; $W = \text{Dina.centímetro}$

$$W = \text{gr.cm/seg}^2 \times \text{cm}$$

La dina.cm se llama un ergio (erg)

$$1 \text{ Joule} = 1 \times 10^7 \text{ ergios}$$

Ejemplo 1. Una masa de 25 kg. se alza unos 20 cm. Calcule el trabajo en joules y en ergs.

Datos	Pregunta	Ecuación
$m = 25$ kg. $= 25\ 000$ g	$W =$	$W = mgh$
$d = 20$ cm $= 0.2$ m		

Solución: La fuerza necesaria para levantar la masa es igual al peso:

$$\text{Peso} = mgdW = 25 \text{ kg.} \times 9.8 \text{ m/seg}^2 \times 0.2 \text{ m} = 49 \text{ J}$$

Una substitución directa nos dá:

$$W = F\ dW = 245 \text{ N} \times 0.2 \text{ m} = 49 \text{ J}$$

b) $wt = m\ gwt = 25000 \text{ g} \times 980 \text{ cm/seg}^2 = 24\ 500\ 000$ dinas

$$W = F\ d$$

$$W = 2.4 \times 10^7 \text{ dinas} \times 20 \text{ cm} = 4.9 \times 10^8 \text{ ergs.}$$

Ejemplo 2. Una cuerda a un ángulo de 40° arrastra a un baúl de 100 N de peso por una distancia de 3 m. La tensión en la cuerda es 50 N. Calcule el trabajo realizado.

Datos	Pregunta	Ecuación
$wt = 100$ N	$W =$	$W = Fd$
$F = 50$ N		
$O = 40°$		
$d = 3$ m		

Solución: Estudie el siguiente diagrama:

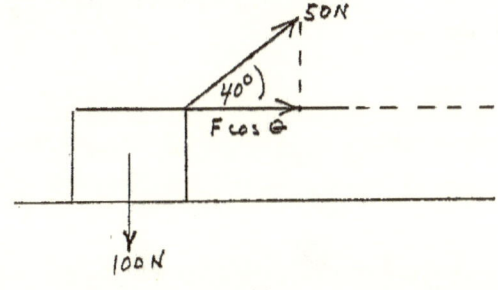

La fuerza de 50 N no vá en la dirección del desplazamiento y no ejecuta trabajo. La fuerza horizontal F_x es la fuerza efectiva.

$$F_x = F \times \cos 40°$$

$$F_x = 50 \text{ N.} \times .766 = 38 \text{ M/}$$

El trabajo realizado es:

$$W = F_x \, dW = 38 \text{ N.} \times 3 \text{ m} = 144 \text{ J.}$$

^ ^ ^ ^ ^ ^ ^ ^ ^ ^ ^ ^

Consideremos ahora dos ejemplos de problemas típicos en el estudio del trabajo:

Ejemplo 3. Un hombre que pesa 800 N lleva en paquete de 200 N en su espalda, camina unas 15 gradas desde el primer piso al segundo piso de una casa, una distancia vertical de 10 m. ¿Qué trabajo realizó?

Datos	Pregunta	Ecuación
Peso = 800 N	W =	W = F d
Peso = 200 N		
d = 10 m		

Solución. La distancia considerada aquí es la distancia vertical pero no el número de gradas que el hombre caminó.

Peso total = Peso del hombre + peso del paquete

Peso = 800 N + 200 N = 1000 N

W = F d

$W = 1000 \text{ N} \times 10 \text{ m} = 1 \times 10^4 \text{ J.}$

^ ^ ^ ^ ^ ^ ^ ^ ^ ^ ^ ^

Ejemplo 4. Un barril que pesa 500 N. se lo rueda hacia arriba en un plano inclinado. El plano tiene una longitud de 10 metros y hace un ángulo de 30° con la horizontal. Despreciando la fuerza de friccion, calcule el trabajo realizado en empujar el barril hasta el tope del plano inclinado. Estudie la figura siguiente.

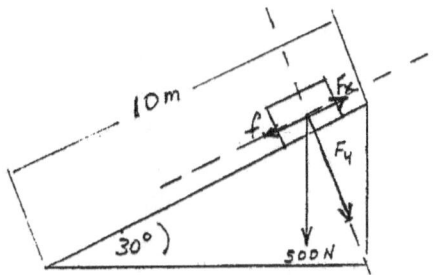

Datos	Pregunta	Ecuación
$\theta = 30°$	W =	W = Fd
Peso = 500 N		
d = 10 m.		

Solución: Vemos en la figura que la fuerza efectiva en realizar el trabajo es F_x paralela al desplazamiento. Esta fuerza es igual y opuesta a la fuerza de friccion.

1) $F_x = W \times sen\ \theta$

$F_x = 500\ N \times sen\ 30° = 500\ N \times 0.5 = 250\ N.$

La fuerza efectiva es 250 N.

$W = F_x dW = 250\ N \times 10\ m = 2500\ J.$

Ejemplo 5. Usando los datos del problema anterior, calculemos el trabajo realizado en levantar el barril verticalmente al tope de la rampa.

Solución: Calculemos la altura de la rampa.

sen 30° =Lado op/hip.Lado op. = hyp. x sen 30°

Lado opp. = 10 m x .5 = 5 m.

Una substitución directa nos dá:

F = 500 N

W = 500 N x 5 m = 2500 J.

En ambos casos, si despreciamos la fuerza de friccion, el mismo trabajo se realiza. Por supuesto que, como se vé en el segundo ejemplo, se usa una fuerza mayor para obtener los mismos resultados.

Recordemos qué:

1. Se realiza trabajo cuando una fuerza mueve a un objeto en la dirección del desplazamiento.

2. Trabajo no es cantidad vectorial porque no tiene una dirección particular. Tiene solo magnitud y es una cantidad escalar.

PROBLEMAS

1. A fuerza constante de 250 N se necesita para mover un baul de 2000 N unos 2 m en el piso. Calcule el trabajo.

2. Una grulla alza un camión de 25,000 N de peso unos 1.5 m sobre el suelo. ¿Qué trabajo se realizo?

3. Una fuerza de 6 N empuja a una masa de 12 kg una distanmcia de 10 m en una superficie horizontal con una velocidad uniforme. ¿Qué trabajo se hizo en la masa?

4. Una caja metálica se arrastra con una fuerza por el piso. Si se necesita 560 J de trabajo para cubrir una distancia de 3.75 m en el piso. ¿Cúanto pesa la caja?

5. ¿Cúanto trabajo realiza una fuerza de 175 N cuando mueve un objeto unos 13.5 m en un piso horizontal?

6. 480 J de trabajo son requeridos para mover una caja de 40 N a cierta altura con una velocidad constante. ¿Cúal es la altura?

7. Un carrito con una masa de 75 Kg. se lo empuja una distancia de 0.35 km con una fuerza de 150 N a un ángulo de 35° con el suelo. Calcule la fuerza efectiva y el trabajo realizado.

8. Una rampa tiene 10 m de longitud y una altura de 5 m en un extremo. Una caja de 100 N reposa en el tope de la rampa. Despreciando el friccion, calcule (a) el trabajo hecho para llevar la caja a ese punto y (b) la masa de la caja.

9. Un bloque de hielo se rezbala hacia abajo en una rampa de 10 metros que hace un ángulo de 25° con el suelo. Si la masa del hielo es 30 Kg, ¿cúanta energia se perdió?

10. Una masa de 10 kg se levanta 3 metros en 2 segundos. (a) ¿Qué trabajo se realizó? (b) ¿Cúal es la energía potencial

Seleccion Multiple

1. El trabajo realizado por una fuerza de 20 N aplicada por un desplazamiento de 2 metros es (1) 0.1 J; (2) 10 J; (3) 22 J; (4) 40 J.

2. Un objeto pesa 12 N y se levanta a una altura de 3 metros. El trabajo realizado es (1) 12 J; (2) 36 J; (3) 3 J; (4) 4 J.

3. Una fuerza de 80 N empuja a una caja de 50 kg unos 8 metros de distancia sobre un piso horizontal. El trabajo es igual a (1) 10 J; (2) 400 J; (3) 640 J; (4) 3920 J.

4. Una fuerza constante de 20 N se aplica a una caja moviéndola con una velocidad constante de 4 m/seg. ¿Cúanto trabajo se realiza en 6 segundos? (1) 480 J; (2) 240 J; (3) 120 J; (4) 80 J.

5. Un objeto con una masa de 8 kg es umpujado 3 metros al este y despúes 4 metros al norte por una fuerza de 2 N. El trabajo total realizado es (1) 10 J; (2) 14 J; (3) 28 J; (4) 56 J.

6. Una fuerza de 100 N se usa para empujar a un bloque de madera al tope de una rampa de 3 metros de largo. De alli, se usa una fuerza de 50 N. Para empujar el bloque en una plataforma horizontal por 10 metros. ¿Cúal es el trabajo total realizado? (1) 8 x 10^2 J; (2) 5 x 10^2 J; (3) 3 x 10^2 J; (4) 9 x 10^2 J.

7. En el diagrama siguiente, se usan 55 J de trabajo para levantar un peso de 10 N unos 5 metros con una velocidad constante. El trabajo total es (1) 5 J; (2) 5.5 J; (3) 11 J; (4) 50 J.

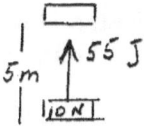

8. Un Joule es equivalente a un (1) N/m³; (2) Kg.m³; (3) watt².N; (4) kg.m²/seg²

8. Un Joule es equivalente a un (1) N/m^3; (2) $Kg.m^3$; (3) $watt^2.N$; (4) $kg.m^2/seg^2$

9. Una masa de 2.2 kg es arrastrada por una fuerza de 30 N por una distancia de 5 metros hacia el este. El trabajo realizado es (1) 11 J; (2) 66 J; (3) 150 J; (4) 330 J.

10. En una gráfica de fuerza - desplazamiento, el area debajo de la curva representa (1) la distancia; (2) la dirección; (3) el trabajo; (4) la friccion.

Capitulo 19
Energía y Potencia

ENERGÍA Y POTENCIA

1. Potencia. En el estudio del trabajo, no se prestó atención al tiempo, pero se sabe que para realizar trabajo se necesita tiempo. La rapidéz con que un cuerpo realiza un trabajo es la potencia del cuerpo.

Considere un camión cargado con 2000 N de ladrillos que los lleva una distancia de 100 metros. Si un obrero lleva la misma carga la misma distancia, el trabajo realizado es el mismo, pero la diferencia aquí es en el tiempo empleado. Mientras que el camión toma unos 5 segundos el albañil tomará una hora.

Potencia es el trabajo realizado en una unidad de tiempo:

$$\text{Potencia} = \frac{\text{Trabajo}}{\text{Tiempo}} \qquad P = \frac{Fd}{t}$$

$$P = \frac{\text{Joule}}{\text{Segundo}} = \text{watts}$$

El watt es la unidad de potencia y es igual a:

$$1 \text{ watt} = 1 \text{ J/seg}$$

Puesto que esta unidad es muy pequeña, a menudo usamos el kilowatt:

$$\text{Kilowatt} = 1000 \text{ watts} \quad 1 \text{ Kw} = 1000 \text{ w}$$

Potencia es inversamente proporcional al tiempo. Cúanta más potencia, menos tiempo es necesario para realizar trabajo. Es decir, el trabajo se realizará con más rapidéz si hay más potencia:

$$P = W/t \, y \qquad W = F \, d \qquad \text{si } W = W \qquad \text{entonces:}$$

$$P = F\,d\,/\,t \quad \text{pero} \quad d\,/\,t = v$$

Reemplazando en la ecuación, se obtiene: $P = F\,v$

La <u>Potencia es proporcional a la rapidéz.</u> La fuerza F se ejerce a un cuerpo y este se mueve con la velocidad, v.

Ejemplo 1. Un motor pequeño levanta una carga de 100 kg. a una altura de 30 m. en 5 segundos. Calcule la potencia en watts y en kilowatts.

Datos	Pregunta	Ecuación
m = 100 kg.	P =	P = W/t
d = 30 m.		
t = 5 seg		

Solución: La fuerza necesaria para elevar los 100 kg. es igual al peso de la carga:

Peso = m g   Peso = 100 kg. x 9.8 m/seg² = 980 N.

Substituyendo directamente, obtenemos:

$$P = Fd\,/\,t$$

a) P = 980 N. x 30 m. / 5 seg. = 5880 watts.

b) P = 5880 w. / 1000 w/Kw = 5.88 Kw.

La unidad común y corriente para expresar la potencia de un cuerpo es el caballo de potencia, (HP):

$$1\ HP = 746\ watts.$$

PROBLEMAS

1. Una máquina ejecuta 10 J de trabajo en 2 segundos. ¿Qué potencia desarrolla la máquina?

2. Si 500 J de trabajo se completan en 10 segundos. ¿Qué potencia se desarrolla?

3. Una máquina con 500 HP de potencia trabaja por 10 minutos. ¿Cúanto trabajo se realiza?

4. a) ¿Cúanto trabajo se realiza cuando se levanta 100 kg a una altura de 3 metros? B) ¿Qué potencia se requiere para realizar este trabajo en 8 segundos?

5. Un avión pesa 12 000 N y vuela verticalmente hacia arriba con una velocidad de 300 m/seg. ¿Qué potencia en kilowatts desarrolla la máquina?

^ ^ ^ ^ ^ ^ ^ ^ ^ ^ ^ ^

2. Energía es la abilidad de realizar trabajo. Se realiza trabajo solamente cuando se transfiere energía de un cuerpo o sistema a otro. Puesto que energía produce trabajo, ambos se miden con mismas unidades, el joule o el ergio.

Recordemos que cuando se realiza trabajo, se ejerce una fuerza y se pone un cuerpo en movimiento en la dirección del desplazamiento. Por ejemplo, un carro pequeño moviendose en la mesa choca con un lápiz, el lápiz se mueve cierta distancia. El carrito trabajó en el lápiz; transferío energía al lápiz.

En la ecuación de potencia reemplazamos:

$$P = W / t \qquad W = P\,t$$

1 joule $=$ 1 watt x 1 segundo

Energía $=$ Watt.segundo

Energía potencial. La energía mecánica se divide en dos categorías, la energía potencial y la energía cinética. Se dice que un cuerpo tiene energía potencial si, por medio de su posición o estado, puede realizar un trabajo.

El agua al tope de una catarata y la cuerda de un reloj son ejemplos de cuerpos que tienen energía potencial. La cuerda mueve el mecanismo del reloj y el agua mueve una rueda acuática por un período de tiempo. La energía potencial se mide por la cantidad de trabajo que está almacenado. Por supuesto, las unidades de energía son el ergio y el joule.

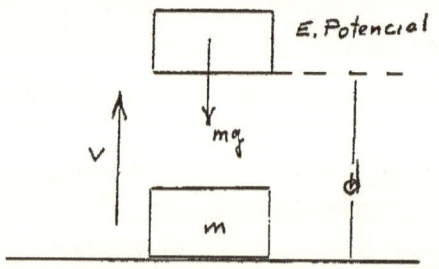

Una masa, m, que se levante a cierta altura, d, como se vé en la figura, posée energía potencial debido a que su posición es más alta que el punto de donde se la levantó. El trabajo necesario para levantarla a esa altura está ahora almacenado en el objeto como energía potencial. Esta energía se la reclama si se deja que el objeto caiga al suelo y asi podrá realizar un trabajo. Ya que esta energía usa una fuerza igual pero opuesta al peso, se le dá el nombre de <u>energía potencial gravitatoria.</u>

3. Energia Potencial Gravitatoria. Si la energía potencial es el resultado de la atracción gravitatoria de la Tierra, se llama Energía Potencial Gravitatoria. y <u>se debe a la posición de un cuerpo con respecto a un plano de referencia terrestre.</u> El plano de referencia es arbitrario. En general se escoje el plano más bajo posible que un cuerpo en reposo puede alcanzar, por ejemplo, la superficie de una mesa, el suelo, etc. De esta manera se evita trabajar con energías negativas.

Para aumentar la energía potencial gravitatoria de un cuerpo, debemos realizar trabajo en el cuerpo pero solo en el plano vertical, opuesto a la atracción gravitatoria. Si el trabajo ocurre en el plano horizontal, la energía potencial gravitatoria no aumenta puesto que no hay cambio de altura. Un objeto en la superficie de la mesa no tiene ninguna energía potencial con respecto a cualquier otro objeto en la misma superficie.

$$\text{Energía potencial} = F\, d \quad \text{pero} \quad F\ mg\ y \quad d = d$$
$$\text{Energía potencial E.P. - mgd}$$

^ ^ ^ ^ ^ ^ ^ ^ ^ ^ ^ ^

Ejemplo 1. Una masa de 5 kg se levanta a una altura de 2.5 m sobre el piso. ¿Cúal es la energía potencial?

<u>Datos</u>	<u>Pregunta</u>	<u>Ecuación</u>
m = 5 kg	E.P. =	E.P. = mgd
d = 2.5 m		

Solución. Una substitución directa nos dá:

$$\text{E.P.} = mgd \quad \text{E.P.} = 5\ kg\ 9.8\ m/seg^2 \times 2.5\ m$$
$$\text{E.P.} = 122.5\ J.$$

Si un cuerpo se levanta verticalmente, se lo lleva sobre gradas o se lo empuja sobre un plano inclinado, la energía potencial es siempre <u>igual al peso multiplicado por la distancia vertical.</u>

El significado de los terminos positiva, cero, o negativa energía potencial se ilustra en la figura. El plano de referencia desde donde se mide la energía potencial representa un punto cero de energia potencial. <u>Cada punto encima de esta línea imaginaria representa una energía</u>

potencial positiva. Cada punto debajo de ésta línea es una energía potencial negativa.

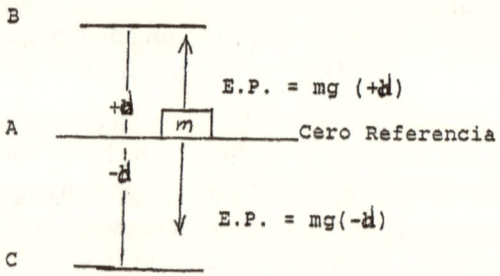

Si levantamos la masa del punto A al punto B, se ejecuta trabajo en la masa y ella adquiere una energía potencial igual a mgd. Cuando la masa cáe de B a A, la masa cede energía potencial realizando trabajo igual a mgd. Ahora si la masa vá de A a C, la masa pierde energía y tendrá en el punto C una energía menor que en el punto A. Para subir de C a A, la masa debe recibir una cantidad de energía igual a mgd lo que es equivalente al trabajo hecho para moverla de C a A.

Entonces, trabajo se realiza cuando se levanta el cuerpo desde una posición inicial a una posición final.

Cambio en E.P. = E.P. inicial - E.P. final

Cambio en E.P. = W

Se dice que el cambio en la energía potencial de un cuerpo es igual a la diferencia entre la energía potencial inicial y la energía potencial final de tal cuerpo.

PROBLEMAS

1. Un chico levanta una caja de 50 N a una altura de 2 metros. ¿Cúal es la energía potencial de la caja?

2. Un bloque de piedra de 250 kg está suspendido por una cuerda metálica 5 m sobre una plataforma de concreto. La plataforma está a 3 m sobre el suelo. (a) ¿Cúal es la energía potencial sobre el suelo y (b) sobre la plataforma?

3. Un baúl de 525 kg se alza a una altura de 18 m del suelo. ¿Qué energía potencial adquirió a esa altura?

4. Un obrero lleva ladrillos a una altura de 6 m. Si el trabajo realizado para llevar un ladrillo es 5 J. ¿Cúanto pesa cada ladrillo?

5. Un automóvil sube al tope de una colina de 150 m de altura. Si usa energía igual a 2.5 x 10^5 J, ¿cúal es la masa del auto?

6. Un muchacho levanta 5 kg de azúcar desde el suelo a una mesa de 1.5 metros de altura, desliza la carga 60 centímetros en la mesa y la levanta 75 centimetros más. Calcule la energía potencial del azúcar.

7. Un niño de 75 kg sube al segundo piso de us casa por una serie de 25 gradas. ¿Cúanta fuerza usó para llegar a esa altura?

Energía Potencial Elástica. La Ley de Hooke.

4. Ley de Hooke. Energia Potencial Elastica. Un resorte adquiere energía potencial cuando se lo comprime o se lo estira. Estirando o comprimiendo una banda de caucho o un resorte de acero cambia su longitud. La banda de caucho, o el resorte vuelven, generalmente, a su forma común, cuando quitamos la fuerza exterior. La tendecia de un cuerpo a recuperar su forma original, cuando se quita la fuerza exterior, se llama <u>elasticidad</u> y se debe a las fuerzas intermoleculares. Las moléculas y los átomos en la sustancia ejercen fuerzas atractivas en los otros para formar enlaces químicos. La fuerza de los enlaces es responsable por la existencia de la elasticidad en la materia.

Hay un límite natural de la elasticidad. Este <u>límite elástico</u> es la máxima deformación que una sustancia aguanta antes de que las fuerzas intermoleculares sean permanentemente afectadas y los cuerpos elásticos no regresan a la forma original. Pensamos que el caucho es una sustancia muy elástica, pero no es verdad, el acero es más elástico que el caucho. Si se deja caer una pelota de acero y otra de caucho sobre una placa de acero, vemos que la pelota de caucho se rebota menos que la pelota de acero.

Examinemos el cambio en la longitud cuando se comprime o se estira un resorte. El cambio de longitud, X, del resorte es proporcional a la fuerza, F, ejercida en el resorte. Esta es la Ley de Hooke.

$$F \text{ proporcional} \propto X$$

Un experimento muy sencillo para comprobar esta ley se hace con el resorte de una puerta. El portapesos se coloca en el resorte que cuelgue verticalmente, sirviendo el borde inferior como índice. Cuando se pone un peso de 1 kg en la balanza, el resorte se estira una unidad de longitud; al agregar otro peso, el resorte se alarga otra unidad igual.

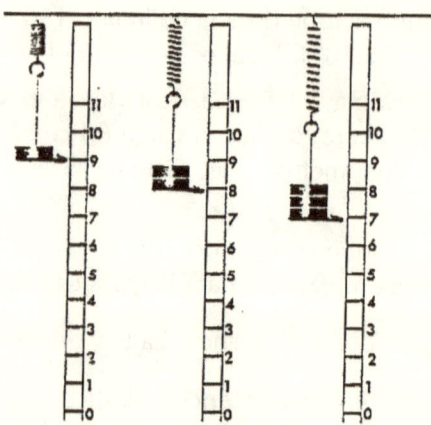

Esto continúa con exactitud, hasta que se alcanza el límite elástico. La tabla siguiente con los datos obtenidos demuestra que <u>el cambio de longitud es directamente proporcional a la fuerza que lo origina</u>.

Trazando una gráfica con los datos de la tabla:

20 cm	50 g
23.1	100
26.2	150
29.5	200
32.4	250
35.4	300
39	350

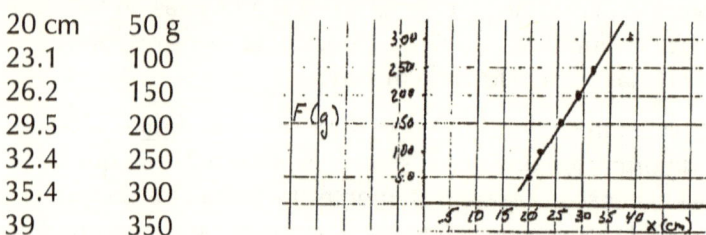

La curva recta es la <u>constante del resorte</u> y el area bajo la curva es la energía potencial.

Para establecer una igualdad entre la fuerza y el cambio de longitud del resorte, multiplicamos el cambio de longitud por una constante k, asi:

$$F = k \, X \qquad k = \text{constante del resorte}$$

$$k = F / X$$

Por supuesto que la constante k no es la misma para todos los resortes, el valor cambia con el material y el espesor del resorte. En la ecuación para la constante del resorte, la fuerza se mide en newtons y el cambio de longitud se mide en metros. Las unidades de la constante son:

$$k = N/m$$

Es fácil ver que lo más grande la fuerza, lo más grande es el cambio de longitud del resorte.

Ya que la energía potencial es igual al trabajo realizado, se calcula facilmente la energía potencial almacenada en el resorte. En la ecuación de energía potencial:

$$E.P. = F\,d \qquad \text{pero} \qquad d = X$$

Puesto que la fuerza F varia desde un mínimo de cero a un máximo de kX, es necesario tomar el promedio de la fuerza,

$$F = kX\,/\,2$$

En la ecuación de energía potencial reemplazamos el valor de F:

$$E.P. = kX\,/\,2 \times X \qquad E.P. = KX^2\,/\,2$$
$$E.P. = 1/2\,kX^2$$

Ejemplo 1. Un resorte tiene una constante de 30 N/m. ¿Qué fuerza es necesaria para comprimirlo 40 centímetros?

Datos	Pregunta	Ecuación
k = 30 N/m	F =	F = kX
X = .40 m		

Solución: Substituyendo directamente en la ecuación, nos dá:

$$F = 30\ N/m \times 0.40\ m = 12\ N.$$

Ejemplo 2. ¿Cúal es la energía potencial dentro de un resorte con una constante de 25 N/m si se la comprime con una fuerza de 5 N.?

Datos	Pregunta	Ecuación
k = 25 N/m	E.P. =	F = kX
F = 5 N.		E.P. = 1/2 kX^2

Solución: Calculemos la compresión del resorte:

$$F = kX \qquad X = F/X$$
$$X = 5N.\,/\,25\ N/m. = 0.2\ m.$$

Substituyendo directamento en la ecuación, nos dá:

$$E.P. = 1/2\,kX^2 \qquad P.E. = (1/2\ 25\ N/m.)\ (0.04\ m^2)$$
$$E.P. = 0.5\ J.$$

^ ^ ^ ^ ^ ^ ^ ^ ^ ^ ^ ^

Seleccion Multiple

1. La base de un jugete es un resorte de acero. El resorte se comprime 0.020 m con una fuerza de 0.30 N. Calcule (a) La constante del resorte k; (b) El trabajo realizado cuando se comprimió el resorte; (c) La energía potencial almacenada en el resorte.

2. Una masa de 2 kg se cuelga de un resorte y este cambia de longitud 0.1 m. ¿Cúal es la constante del resorte?

3. Un resorte tiene una constante de 400 N/m. ¿Cúanto trabajo se realiza si estiramos el resorte una distancia de 0.20 m de su punto de reposo?

4. Una fuerza aplicada a un resorte causa que este se estire. Si se dobla la fuerza ejercida, la energía potencial será (a) la mitad; b) el doble; c) un cuarto; d) cuatro veces mayor.

5. Un resorte con una constante fija se corta en dos partes. Cada uno de los dos resortes nuevos tendra una constante igual a a) k/2; b) 2 k; c) k; d) 4

6. Una fuerza aplicada a una resorte causa que éste se estire una longitud X. Si la fuerza se reduce por la mitad, la longitud estiradá será (1) la mitad; (2) el doble; (3) un carto; (4) cuatro veces mayor.

7. Si la longitud de un resorte estirado se dobla sin alcanzar el límite, la energía potencial almacenada en el resorte será (1) la mitad; (2) el doble; (3) un cuarto; (4) cuatro veces mayor.

8. Un resorte tiene una constante de 400 N/m. ¿Cúanto trabajo se realiza en estirarla 0.020 m de su punto de reposo? (1) 8 J; (2) 8×10^{-1}; (3) 8×10^{-2}J; (4) 8×10^{-3}J.

9. Un resorte con una constante de 400 N/m. se estira 0.020 metros de su punto de reposo. ¿Cúanto más trabajo se necesita para estirarlo otros 0.020 metros? (1) 0.080 J; (2) 0.16 J; (3) 0.24 J; (4) 0.32 J.

10. Se estira un resorte hasta que pasa el límite elástico. La constante del resorte en este punto (1) disminuye; (2) aumenta; (3) no cambia.

Capitulo 20

Energía Cinetica

1. Energia Cinetica. La energía que poseé un cuerpo debido a su movimiento se llama energía cinética. Cuando el movimiento resulta en trabajo, el objeto en movimiento tiene energía. Le energía cinética de un cuerpo es igual al trabajo realizado para acelerarlo desde el punto de reposo. Por ejemplo, levantemos un ladrillo de 50 N a una altura de 2 m sobre el piso, la energía potencial es:

$$E.P. = 50\ N \times 2\ m = 100\ Joules$$

Si ahora dejamos que el ladrillo caiga al piso, aumenta su velocidad al descender y también su energía de movimiento o energía cinética. La energía cinética es igual al trabajo realizado por el ladrillo en el piso. Para calcular esta energía se necesita conocer el peso del ladrillo y la distancia recorrida. La fuerza, en la dirección de movimiento, es igual al peso del ladrillo.

Por lo tanto, la energía cinética del ladrillo es igual al trabajo realizado en levantarlo:

$$E.C. = 100\ J = E.P.$$

Supongamos que el ladrillo cayó 0.50 m y la energía cinética es:

$$E.C. = 50\ N \times .5\ m = 25\ J$$

Examinemos la figura siguiente.

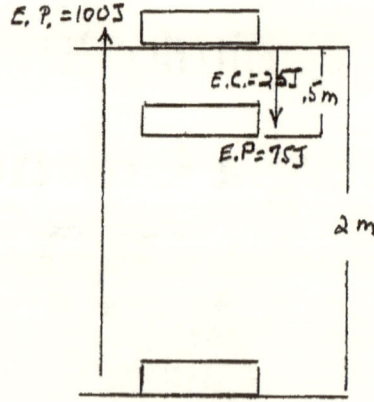

Mientras tanto ¿qué pasó con la energía potencial del ladrillo? Despúes de haber caído 0.5 m la piedra está a 1.5 m del piso, y la energía potencial es:

P.E. = 50 N x 1.5 m = 75 J.

En este punto el ladrillo tiene una energía cinética de 25 J y una energía potencial de 75 J con un total de 100 J. Notamos que esta es la energía potencial del ladrillo a su altura máxima de 2 m. Parte de la energía potencial original se convirtió a energía cinética.

Energía Total = Energía Potencial + Energía Cinética

Considere la figúra siguiente:

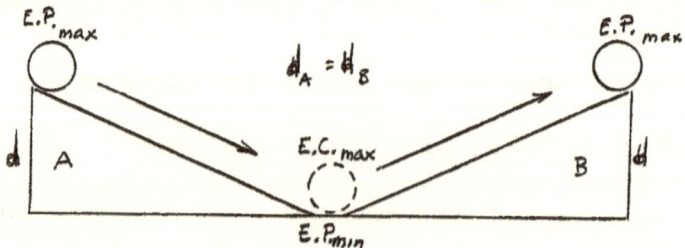

Una bola rodando hacia abajo en el plano inclinado A llega al suelo y rueda hacia arriba en el plano inclinado B hasta que alcanza la misma altura que tuvo al principio. Cuanto más rápido se mueve un cuerpo tanto mayor es su energía cinética. Trabajo se realizó para alzar la pelota al tope de la colina A. En este punto, la bola tiene una energía potencial igual al trabajo realizado. Para decirlo de nuevo:

Trabajo = energía potencial = energía cinética

De acuerdo con la segunda ley de Newton, una fuerza F actúa en un cuerpo de masa m y le dá una aceleración a en la dirección del movimiento:

$$F = ma$$

El trabajo realizado por esta fuerza en el objeto es

$$W = Fd \qquad F = ma$$

Substituyendo F por su valor ma, en la ecuación nos dá:

$$W = mad$$

La velocidad final del objeto que empieza de reposo es:

$$v^2 = 2\ ad \qquad d = v^2/2a$$

Substituyendo en la ecuación de trabajo:

$$W = mav^2/2 \qquad a = 1/2\ mv^2$$

Entonces el trabajo realizado en un cuerpo para acelerarlo una distancia es igual a la mitad del producto de su masa y el cuadrado de la velocidad final.

$$Fd = 1/2\ mv^2$$

Esta ecuación es la ecuación de trabajo. Se asume que no hay friccion y que el cuerpo se mueve de un punto de reposo. Puesto que en una supeficie sin friccion toda la energía se conserva intacta y se transforma de un tipo a otro, decimos qué:

Trabajo = energia potencial gravitatoria = energia cinética

$$Fd = mg \qquad d = 1/2\ mv^2$$

Entonces cualquier objeto que se mueve con una velocidad constante v, tiene una energía cinética igual a:

$$E.C. = 1/2\ mv^2$$

Un hecho importante aquí es que la aceleración no figura en la ecuación. <u>La energía de un cuerpo en movimiento depende de su masa y de su velocidad.</u>

Ejemplo 1. Un objeto de 40 Kg.se mueve en el piso con una velocidad de 10 m/seg. Calcule la energía cinética.

<u>Datos</u>   <u>Pregunta</u>   <u>Ecuación</u>
m = 40 kg.   E.C. = $E.C. = 1/2\ mv^2$
v = 10 m/seg

Solución: Substituyendo directamente en la ecuación, nos dá:

$$E.C. = 1/2 \ 40 \text{ kg.} \times (10 \text{ m/seg})^2$$

$$E.C. = 2000 \text{ J.}$$

Ejemplo 2. Una fuerza horizontal constante de 10 N. se una para mover una caja de 20 kg. a travéz del piso por 5 m. Despreciando la friccion, calcule (a) el trabajo realizado y (b) la velocidad de la caja.

Datos	Pregunta	Ecuación
F = 10 N	a) W =	W = Fd
m = 20 kg.	b) v =	$E.C. = 1/2mv^2$
d = 5 m.		

Solución: Por substitución directa:

$$a) \ W = 10 \text{ N} \times 5 \text{ m} = 50 \text{ J}$$

$$W = E.C. = 50 \text{ J.}$$

b) Para calcular la velocidad, se arregla la ecuación y se resuelve por v^2.

$$v^2 = 2 \ E.C./m$$

$$v^2 = 2 \times 50 \text{ J./ 20 kg.} = 5 \text{ m}^2/\text{seg}^2$$

$$v = 2.24 \text{ m/seg}$$

^ ^ ^ ^ ^ ^ ^ ^ ^ ^ ^ ^

Ejemplo. Una piedra de 15 kg. se cae de una colina de 50 m. de altura. Calcule (a) la energía cinética de la piedra cuando llega al suelo y (b) la velocidad final.

Datos	Pregunta	Ecuación
m = 15 kg.	E.P. =	E.P. = mgd
d = 50 m	v =	$E.C. = 1/2 \ mv^2$

Solución: Calculemos la energía potencial de la piedra en el tope de la colina:

a) $E.P. = 15 \text{ kg.} \times 9.8 \text{ m/seg}^2 \times 50 \text{ m} = 7350 \text{ J.}$

Since $E.P. = E.C. E.C. = 7350 \text{ J.}$

b) $E.C. = 1/2 \ mv^2 v^2 = 2E.C. \ / \ m$

$$v^2 = 2 \ (7350 \text{ J.}) \ / \ 15 \text{ kg.} = 980 \text{ m}^2/\text{seg}^2$$

$$v = 31.30 \text{ m/seg}$$

PROBLEMAS

1. Un automóvil pesa 15 000 N y se mueve con una velocidad de 30 m/seg. ¿Cúal es la energía cinética del auto?

2. Un carrito con una masa de 100 kg se mueve con una velocidad de 4 m/seg. Calcule la energía cinética.

3. Si la energía cinética de un cuerpo en movimiento es 45 J y la velocidad es 3 m/seg. ¿Cúanto pesa el cuerpo?

4. Un objeto que pesa 35 N se levanta a una altura de 15 m y se daja caer. (a) ¿Cúal es la energía cinética cuando llega al suelo? y (b) ¿Cúal es la velocidad final de este cuerpo?

5. Una bola recibe un patazo de 60 N.m. Si la masa de la bola es 2.5 kg. Calcule (a) la velocidad d la bola y (b) la energía cinética.

6. Un pedazo de vidrio de 5 N de peso se cae desde una altura de 270 m. ¿Cúal es su velocidad cuando llega al suelo?

7. Una bala se mueve con una velocidad de 415 m/seg. Si tiene una masa de 12 g, calcule la energía cinética.

8. Un camión pesa 3000 N y viaja con una velocidad de 90 km/hr. Calcule la velocidad en m/seg y la energía cinética que poseé.

Selección Múltiple

1. Dos objetos de masas diferentes que caén desde la misma altura, sienten la misma (1) aceleración; (2) disminución en la energía potencial; (3) aumento en la energía cinética; (4) aumento en el momento.

2. Un objeto de 2 kg. se lanza verticalmente hacia arriba con una energía cinética inicial de 400 J. La máxima altura que el objeto alcanza es (1) 10 m; (2) 20 m; (3) 400 m; (4) 800 m.

3. Una cantidad escalar es (1) aceleración; (2) momento (3) fuerza; (4) energía.

4. ¿Cúal es una unidad de potencia? (1) Joule; (2) Joule/segundo; (3) kg - m/seg; (4) N.m^2/seg.

5. A una altura de 10 metros, la energía potencial de una cuerpo de 2 kg es 196 joules. Si el cuerpo cae 5 metros del reposo, la energía cinética es (1) 200 J; (2) 150 J; (3) 100 J; (4) 50 J.

6. Si la energía cinética de un cuerpo es 16 J cuando la velocidad es 4 m/seg, la masa del cuerpo es (1) 0.50 kg; (2) 2 kg; (3) 8 kg; (4) 4 kg.

7. Una masa de 10 kg reposa en una mesa. ¿Qué energía se necesita para acelerar esta masa desde el reposo a una velocidad de 5 m/seg? (1) 25 J; (2) 125 J; (3) 3125 J; (4) 6250 J.

8. Una cantidad vectorial es (1) velocidad; (2) rapidéz; (3) tiempo; (4) trabajo.

9. Una fuerza neta de 9 N empuja a un objeto una distancia horizontal de 3 metros. El trabajo realizado es (1) 27 J; (2) 81 J; (3) 98 J; (4) 120 J.

10. Cuando una pelota cae desde una altura hasta el suelo, su energía cinética (1) disminuye; (2) aumenta; (3) no cambia.

Capitulo 21
Conservación de energía

1. Relación entre trabajo y energía. Sabemos que cuando se levanta un cuerpo, el trabajo realizado se convierte a una cantidad equivalente de energía potencial. El cambio de energía potencial gravitatoria depende solamente del cambio en altura y es independiente del camino que se toma para llegar a tal altura. La figura muestra una pelota que cae de cierta altura a un punto en la mitad de la trayectoria. En este punto la pelota se mueve hacia la izquierda y se cae de nuevo.

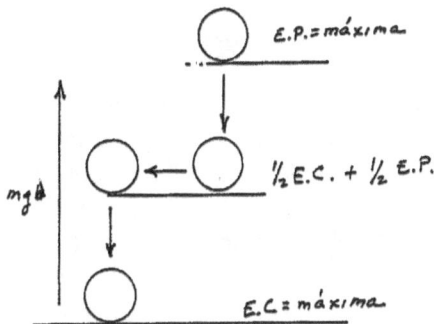

Como la figura indica vemos que a máxima altura, la pelota tiene energía potencial, máxima. Pero en la mitad de la trayectoria, parte de la energía potencial se convirtió a energía cinética:

Energía máxima = 1/2 Energía cinética + 1/2 Energía potencial

La energía total del cuerpo en cualquier punto de la trayectoria es:

Energía total = Energía cinética + Energía potencial

∧ ∧ ∧ ∧ ∧ ∧ ∧ ∧ ∧ ∧ ∧ ∧

Ejemplo 1. ¿Qué energía potencial se gana cuando se levanta una caja de 10 kg. desde el suelo a una mesa de 1.5 m de altura?

Datos   Pregunta   Ecuación
m = 10 kg   W =   peso - mg
d = 1.5 m   W = F d

Solución: Calculemos el peso de la caja:

$$peso = mgpeso = 10 \text{ kg} \times 9.8 \text{ m/seg}^2 = 98 \text{ N}$$

El trabajo realizado es igual a la energía potencial gravitatoria.

$$W = E.P. \qquad Fh = mgd$$

$$E.P. = mgd \qquad E.P. = 10 \text{ kg.} \times 9.8 \text{ m/seg}^2 \times 1.5 \text{ m} = 147 \text{ J.}$$

En el diagrama siguiente se ven dos rampas con idéntica altura y longitud.

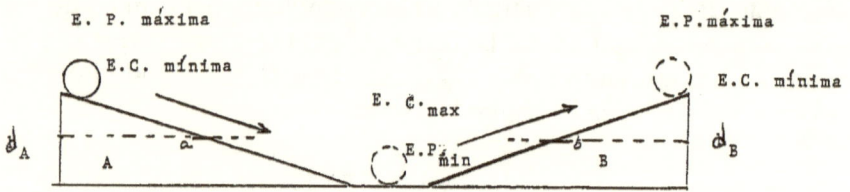

Por consiguienta la pelota tiene una energía potencial idéntica al tope de cada rampa. Si la pelota rueda hacia abajo, adquiere una energía cinética de valor máximo al fondo de la rampa. En el punto a, en la mitad de la colina, el 50% de la energía potencial se ha convertido en energía cinética. La pelota no descansa en el fondo sino que sube hacia la otra colina hasta que alcanza la altura inicial. En el punto b, en la mitad de la trayectoria, la mitad de la energía cinética se convertió en energía potencial.

Hay una conversión de energía potencial máxima a energía cinética máxima en el fondo la la colina. Esta energía cinética, se cambia a energía potencial cuando la pelota llega al tope. Energía cinética cambia a energía potencial y viceversa.

Fuerzas conservativas. Si se levanta un cuerpo verticalmente, desde un punto bajo a otro más alto, o si se lo empuja arriba hasta el tope de una rampa, ambos casos a velocidad constante, es necesario que se use una fuerza en la dirección del desplazamiento, este trabajo es igual al aumento en energía potencial gravitatoria.

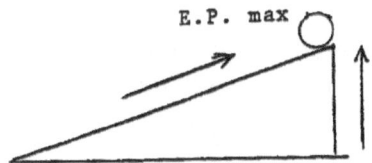

E.P. max

Si ahora el cuerpo cae verticalmente, lo hace bajo la influencia de la fuerza de gravedad, cuya magnitud y sentido no cambian. Es posible entonces, que este cuerpo al caer realice trabajo en otro cuerpo de igual peso atado a él por una polea. Las circustancias son idénticas; la misma fuerza y la misma altura realizan un trabajo igual al trabajo inicial. En otras palabras, hemos recuperado el trabajo inicial.

Trabajo inicial = Trabajo final

Puesto que fue posible recuperar el trabajo, se dice que hubo un incremento en energía potencial gravitatoria. Este incremento se basa solamente en la altura pero nunca en el camino tomado para llegar a dicha altura. Si damos cuerda a un reloj, almacenamos energía potencial en el resorte y, en turno, esta energía se convierte en trabajo que mantiene el reloj funcionando. Las fuerzas tales como las gravitatorias o la fuerza ejercida por un resorte en las cuales el trabajo es recuperable, se llaman fuerzas conservativas.

2. Fuerzas disipativas. Si colocamos el cuerpo en una superficie horizontal áspera y tratamos de deslizarlo, tenemos que ejercer una fuerza en la dirección del desplazamiento. El movimiento no resulta en un aumento de energía potencial, puesto que el cuerpo no cambia de altura. La fuerza necesaria para mover el cuerpo a velocidad constante es igual a la fuerza de friccion. Sabemos que esta fuerza actúa en sentido opuesto a la dirección del movimiento.

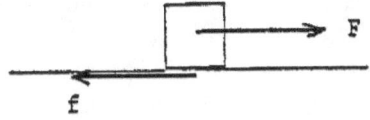

En ambos casos se realiza trabajo, pero solo en el primer caso se aumenta la energía potencial. La diferencia resulta del proceso de vuelta del cuerpo hasta su posición inicial. En el primer caso se recupera el trabajo; en el segundo, asi como el cuerpo se ampuja a su lugar inicial, la fuerza de friccion cambia de sentido, y en lugar de recuperar el trabajo gastado en el primer desplazamiento tenemos que realizar un nuevo trabajo en la vuelta. El trabajo inicial no es recuperable. La fuerza de friccion siempre opone el movimiento de un cuerpo y aumenta el trabajo realizado en el cuerpo puesto que incrementa el trabajo negativo.

La figura siguiente demuestra esta condición. La rampa A tiene un ángulo de elevación menor y es más larga que la rampa B. Un objeto que sube en la rampa A recorre una trayectoria mayor para llegar al tope. Puesto que ambas rampas tienen la misma altura, el trabajo realizado para levantar el cuerpo a esa altura es igual en ambos casos.

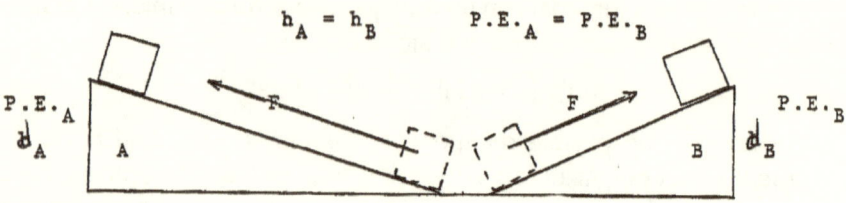

Sin embargo, se necesita más trabajo para empujar el cuerpo en la rampa A ya que ésta es más larga y exhibe una fuerza de friccion mayor. El trabajo total realizado en este caso es igual a la suma de la energía potencial, la energía cinética y el trabajo contra la friccion. Pero este trabajo se convierte en calor y es disipado en el aire.

Trabajo total = Energía potencial + Energía cinética + Calor

Esta diferencia entre las fuerzas gravitatorias y las fuerzas de friccion determina si se produce o no un aumento de energía potencial cuando se realiza el trabajo. <u>Si el trabajo puede recuperarse, hay un aumento de energía potencial</u>; en el caso segundo, el trabajo realizado se convierte en calor y es disipado en el aire. Las fuerzas tales como la de friccion se llaman no conservativas o disipativas. Unicamente cuando todas las fuerzas son conservativas se conserva la energía mecánica de un sistema y solamente cuando se realiza trabajo contra fuerzas conservativas se produce un incremento de energía potencial.

PROBLEMAS

1. Una pelota de un 1 kg, se cae de una altura de 10 m y se hunde 0.05 m en el lodo. (a) ¿Cúanta energía cinética se desarrolla en la caída? (b) ¿Cúanto trabajo se realizó cuando la pelota se hundió? (c) ¿Qué fuerza paró a la pelota?

2. Una pelota de 200 g se lanza verticalmente con una energía cinética de 75 J. ¿Cúal es la altura máxima a la que llega la pelota?

3. Un muchacho con una masa de 50 kg. se desliza con un trineo en una colina y llega al fondo con una velocidad de 1.5 m/seg. Si la colina tiene 10 m de largo y una altura de 2.5 m; calcule que cantidad de energía que se transformó a calor?

4. El niño en el problema anterior tira a el trineo de 3.5 kg hacia arriba de la colina que tiene una inclinación de 30°. Calcule la distancia que caminó si ganó 75 J de energía potencial.

5. Un cuerpo de 1 kg de masa se cae desde una altura de 50 m. Compruebe que la energía cinética cuando cae es igual a la energía potencial antes de caer.

6. Un automóvil de 2000 kg acelera de 5 m/seg a 15 m/seg viajando 450 m en una carretera horizontal. ¿Cúal es la energía cinética del auto?

7. Dos pelotas A y B rodan hacia abajo en una colina. La pelota A tiene una masa de 5 kg y una velocidad de 10 m/seg al fondo de la colina. La pelota B tiene una masa de 10 kg y una velocidad de 5 m/seg al fondo de la colina. Si despreciamos la friccion, calcule (a) las energias cinéticas de las pelotas al fondo de la colina; (b) la fuerza de gravedad de la pelota A en el tope de la colina; (c) la energía potencial de la pelota B en el tope de la colina.

∧ ∧ ∧ ∧ ∧ ∧ ∧ ∧ ∧ ∧ ∧

Selección Multiple

Un bloque de hielo se desliza en una superficie sin friccion y choca con un resorte como se vé en la figura. El resorte se comprimió una longitud X.

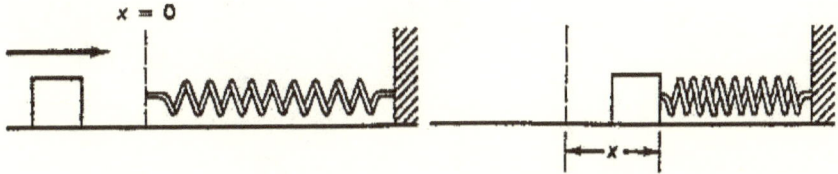

1. Durante el intervalo del choque, la velocidad del bloque (1) disminuyó; (2) aumentó; (3) no cambió.

2. Durante el intervalo del choque, la energía potencial del resorte (1) disminuyó; (2) aumentó; (3) no cambió.

3. Cuando el bloque comprime el rsorte, la constante del resorte (1) disminuye; (2) aumenta; (3) no cambia.

4. Cuando el bloque comprime el resorte, la energía mecánica total del sistema (1) disminuye; (2) aumenta; (3) no cambia.

5. Si la velocidad inicial del bloque seria mayor, el resorte sería comprimido (1) más; (2) menos; (3) lo mismo.

6. Una masa de 5 kg. se levanta unos 2 m a una mesa. La energía potencial e la masa con respecto a la mesa es (1) 0 J; (2) 10 J; (3) 98 J; (4) 120 J.

7. Una masa de 2 kg se cae desde una altura de 10 m y choca con el suelo con una energía cinética de (1) 100 J; (2) 20 J; (3) 10 J; (4) 200 J.

8. Si se lanza una bola verticalmente, hay un aumento en (1) el peso; (2) la energía cinética; (3) la energía potencial; (4) la energía total de la bola.

9. Una caja de madera se arrastra en una superficie horizontal hacia el Este. La dirección de la fuerza de friccion es hacia (1) arriba; (2) abajo; (3) el Este; (4) el Oeste.

10. Una caja de 2 kg. se empuja horizontalmente una distancia de 3 metros con una fuerza de 10 N. El aumento en la energía potencial de la caja es (1) 1 J; (2) 2 J; (3) 30 J; (4) 0 J.

Capitulo 22
Movimiento en un plano

Movimiento en un Plano. <u>Proyectíles.</u> Independencia de movimiento. Si un cuerpo cae libremente del reposo al mismo tiempo que otro es lanzado en linea recta hoizontal desde la misma altura, los cuerpos caen al suelo simultáneamente.

La prueba experimental de esta observación se puede verificar usando el aparato en el diagrama; un pistón está dentro de un resorte en hélice comprimido, el pistón está armado con dos bolas, una detrás (M) y otra adelante (N). Disparando el pistón, la bola N es lanzada velozmente como un proyectil, pero la bola M cae hacia el suelo en caída libre. Ambas, la bola M cayendo verticalmente, atraída por la fuerza de gravedad, mientras la bola N siguiendo la via ABCDE cane al suelo al mismo tiempo. Si se repite el experimento usando el pistón menos comprímido o alturas diferentes, las dos bolas caén al suelo al mismo tiempo.

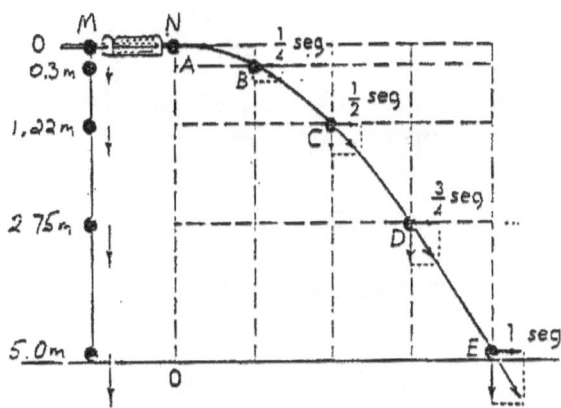

La única conclusión que podemos hacer de este experimento es que la aceleración hacia abajo del proyectíl es igual a la aceleración de un cuerpo en caída libre. Lo que es más importante es que midiendo las distancias y tiempos en este experimento, comprobamos que la velocidad horizontal del proyectíl no cambia y es independiente del movimiento vertical. En otras palabras, un proyectíl tiene dos movimientos independientes, la velocidad horizontal, v_x, y la aceleración vertical, g.

Ejemplo 1. Un objeto cae de un avión que viaja con una velocidad de 20 m/seg a una altura de 80 metros. En una gráfica, la velocidad del objeto es una parábola que se puede resolver entre dos componentes independientes, v_x y v_y. En otras palabras el objeto se mueve en el plano horizontal y en el plano vertical simultáneamente.

La velocidad vertical inicial v_y = 0 m/d, pero la velocidad horizontal v_x es constante, si despreciamos la fricción de aire.

$$v_x = 20 \text{ m/seg.}$$

Problemas de este tipo se resuelven facilmente si se separa el movimiento en dos movimientos componentes, el horizontal y el vertical.

1. La velocidad horizontal es igual a la velocidad del avión. El paquete sale del avión con una velocidad constante de 20 m/seg.

Este movimiento es paralelo a las ejes X, por consiguiente, la distancia recorrida se calcula así:

$$v_x = \frac{d_x}{t}$$

$$d_x = v_x t$$

2. El movimiento vertical resulta porque la gravedad acelera el paquete a 9.8 m/seg². Este movimiento es paralelo a las ejes Y. La distancia s_y y la velocidad v_y se calculan asi:

$$d_y = 1/2 \, gt^2 \qquad\qquad v_y = gt$$

Recordemos que la velocidad horizontal es independiente de la velocidad vertical.

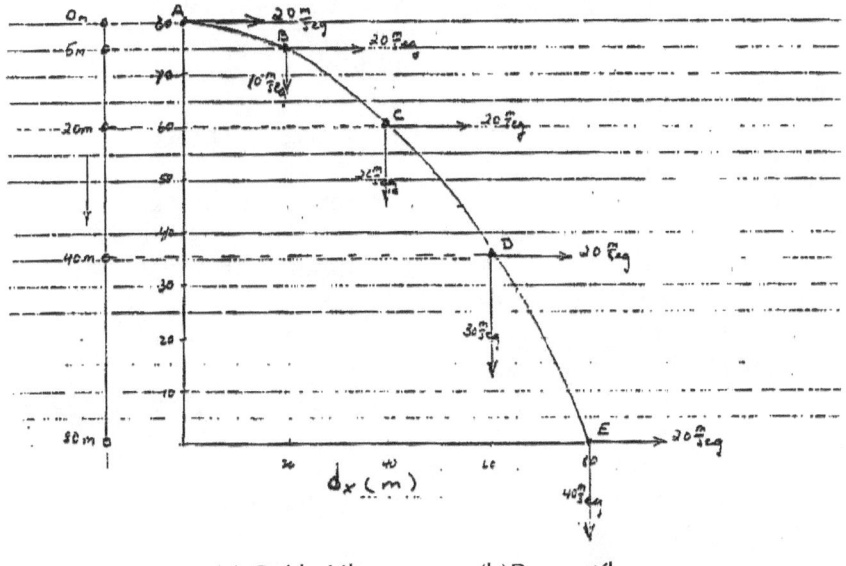

(a) Caída Libre   (b)Proyectíl

Usando la ecuación $d_y = 1/2 \, gt^2$, calculamos el tiempo total para la caída y las distancias que el objeto cubre en cada segundo de caída.

En el diagrama (a), el objeto cae de 80 m de altura y toma solo 4 segundos para llegar al suelo.

$$d_y = 1/2 gt^2$$

$$t^2 = 2d_y/g \quad t^2 = 2 \times 80 \text{ m}/9.8 \text{ m/seg}^2 = 16 \text{ seg}^2$$

$$t = 4 \text{ seg.}$$

Usando la ecuación $d_y = 1/2 \, gt^2$, las distancias recorridas n cada segundo son:

1d	d_1 = 4.9 metros
2d	d_2 = 19.8 metros
3d	d_3 = 44.1 metros
4d	d_4 = 78.4 metros

Usando la ecuación $v_y = gt$, las velocidades en cada segundo de caída son:

1d	v_1 = 9.8 m/seg
2d	v_2 = 19.8 m/seg
3d	v_3 = 29.4 m/seg
4d	v_4 = 39.2 m/seg

167

El diagrama (b) representa la trayectoria del proyectíl:

Altura	v_y	v_x	d_x
En el punto A:			
80 metros	0 m/seg	20 m/seg.	0 m.
En el punto B a 1 segundo:			
4.9 metros	10 m/seg	20 m/seg.	20 m
En el punto C a 2 segundos:			
20 metros.	19.8 m/seg	20 m/seg.	40 m.
En el punto D a 3 segundos:			
44.1 metros	30 m/seg	20 m/seg.	60 m.
En el punto E a 4 segundos:			
78.4 metros	40 m/seg	20 m/seg.	80 m.

Recordemos que:

1. Despreciando la resistencia del aire, la componente horizontal es siempre constante.

2. La componente vertical depende solo de la aceleración gravitatoria.

3. Cuando el objeto cae verticalmente está en caída libre.

4. Cada movimiento de proyectil es el resultado de dos movimientos independientes.

2. Proyectil lanzado a un angulo. Un proyectíl lanzado a un ángulo puede ser una pelota, una bala o cualquier otro objeto. El diagrama siguiente muestra un proyectíl disparado a un ángulo de 30° con el suelo y con una velocidad de 20 m/seg. Vemos que la velocidad inicial, v_i, del proyectil se resuelve en dos componentes, una en la ejes X y la otra en las eyes Y.

$V_y = V$ sen θ

Movimiento vertical

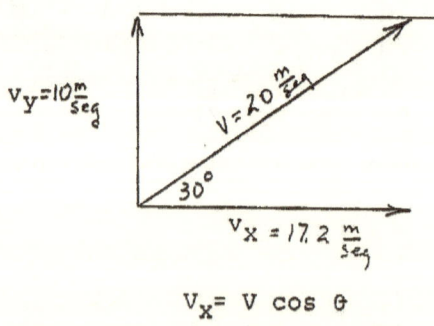

$V_x = V \cos \theta$

Movimiento horizontal

Movimiento Vertical.

1. Usando trigonometría, calculamos la velocidad paralela a las ejes Y.

$$v_y = v \text{ sen } 0 \qquad v_y = v \text{ sen } 30°$$
$$v_y = (20 \text{ m/seg}) (.50) = 10 \text{ m/seg.}$$

2. La solución de este problema es más fácil si se considera que el proyectíl está en caída libre. El intervalo de tiempo necesario para alcanzar la altura máxima es igual al tiempo de caída. Entonces:

$$t = \frac{v_y}{g} \qquad t = \frac{10\,\text{m/seg}}{9.8\,\text{m/seg}^2} = 1.02 \text{ segundos}$$

Tiempo total, de ida y vuelta = 1.02 seg x 2 = 2.04 seg.

3. La altura máxima del proyectíl es:

$$d_y = 1/2 \, gt^2 \qquad d_y = 1/2 \; 9.8 \text{ m/seg}^2 \text{ x } (1.02 \text{ seg})^2$$
$$d_y = 5.09 \text{ m}$$

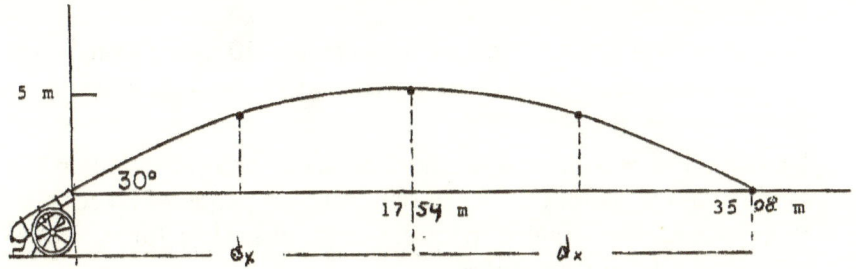

Trayectoria del proyectíl a 30°

Movimiento horizontal

1. Calculamos la velocidad paralela a las ejes X.

$$v_x = v \cos 0 \qquad v_x = v \cos 30°$$
$$v_x = (20 \text{ m/seg}) (.86) = 17.2 \text{ m/seg}$$

2. La distancia horizontal se calcula hasta el punto en el que el proyectíl alcanzó la altitud máxima.

$$d_x = v_x \, t \qquad d_x = 17.2 \text{ m/seg x } 1.02 \qquad \text{seg} = 17.54 \text{ m}$$

3. El alcance del proyectil es la suma de la distancia hasta la altura máxima y la distancia durante la caída.

Alcanze = 2 d_x Alcanze = 17.54 m x 2 = 35.08 m

Recordemos qué:

1. El tiempo necesario para alcanzar la máxima altitud es igual al tiempo necesario para regresar al punto de origen.

$$t_{total} = t_{subida} + t_{bajada}$$

2. La distancia hacia arriba es igual a la distancia para abajo.

$$d_{total} = d_{subida} + d_{bajada}$$

3. Es más fácil resolver el problema si se considera que el objeto está en caída libre.

PROBLEMAS

1. Un proyectíl se dispara con una velocidad de 25 m/seg. Calcúlese el recorrido del proyectíl cuando el ángulo con la tierra es (a) 30°; (b) 45°; (c) 60°.

2. Una pelota se lanza con una velocidad de 5 m/seg a un ángulo de elevación de 45°. Calcule (a) el alcanze; (b) la altura máxima; (c) el tiempo total de trayectoria.

3. Una flecha sae dispara con una velocidad de 20 m/seg a un ángulo de elevación de 60°. Calcule (a) el alcanze; (b) la altura máxima; (c) el tiempo total de trayectoria.

4. Un avión volando en un plano horizontal con una velocidad de 150 km/hr y a una altura de 500 m deja caer un paquete. (a) ¿Cúanto tiempo toma para que el paquete caíga al suelo?; (b) ¿Con qué velocidad cayó el paquete?

5. Un proyectíl se dispara a un ángulo de elevación de 30° y con una velocidad de 120 m/seg. Calcule (a) el tiempo total que el proyectíl voló; (b) el alcanze; (c) la altura máxima; (d) la velocidad vertical y (e) la velocidad horizontal.

6. Una pelota se patea a un ángulo de 35° con el suelo. La velocidad inicial de esta pelota es 25 m/seg. ¿A qué distancia del jugador caerá la pelota?

7. Una esfera rueda de una mesa al suelo, una altura de 1.25 m con una velocidad de 5 m/seg. Calcule (a) la distancia donde la esfera cae al suelo; (b) el tiempo que la esfera permaneció en el aire; (c) la velocidad de la esfera cuando cayó el suelo.

8. Una pelota se queda en el aire por 6 segundos. Si la pelota se pateo a un angulo de 40°, ¿Cúal fué la velocidad inicial de la pelota?

9. Un objeto se lanza desde un edificio alto a un ángulo de 25° con la horizontal con una velocidad de 20 m/seg. Si este objeto permanece en el aire por 4 segundos. Calcule la altura del edificio.

10. Una pelota cae al suelo en 3 segundos. Otra pelota se patéa a un ángulo de 30° con el suelo. Calcule la velocidad de la segunda pelota si alcanza la altura de la primera pelota.

Selecciones Multiples

1. Una pelota se lanza horizontalmente con una velocidad de 20 m/seg. desde el tope de una colina. Cuanto tiempo toma la bola para caer una distancia de 19.6 metros? (1) 1 seg.; (2) 2 seg; (3) 9.8 seg; (4) 4 seg.

2. Un libro se rezbala desde una tabla al suelo con una velocidad de 5 m/seg. ¿Cúal era la velocidad inicial del libro? (1) 0 m/seg; (2) 2.5 m/seg; (3) 5 m/seg; (4) 10 m/seg.

3. Una pelota se lanza con un ángulo θ con el suelo. ¿Qué ángulo resulta en una trayectoria más larga? (1) 25°; (2) 45°; (3) 60°; (4) 90°.

4. Un objeto es lanzado desde una colina con una velocidad de 5 m/seg. El objeto llega al suelo en 3 segundos. ¿Con qué velocidad llega al suelo? (1) 130 m/seg; (2) 29 m/seg; (3) 15 m/seg; (4) 5 m/seg.

5. ¿A qué distancia de la base de la colina llegará el objeto en el problema anterior? (1) 2.9 m; (2) 9.8 m; (3) 15 m; (4) 44 m.

6. ¿Qué velocidad horizontal obtiene este cuerpo un segundo despues de ser lanzado.? (1) 5 m/seg; (2) 10 m/seg; (3) 15 m/seg; (4) 30 m/seg.

El diagrama siguiente indica la trayectoria de una pelota. Las preguntas 7 y 8 se basan en este diagrama.

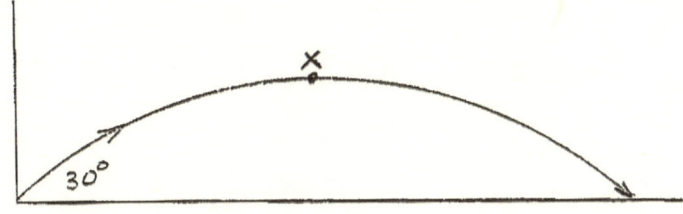

7. Cual es la dirección de la pelota en el punto X? (1) abajo; (2) arriba; (3) este; (4) oeste.

8. Si la pelota usa t segundos para alcanzar el punto x, cuanto tiempo tomará para llegar al suelo? (1) 1/2 t; (2) 2t; (3) 3t; (4) no lo se.

9. Una flecha A se dispara con una velocidad de 50 m/seg. Al mismo tiempo otra flecha B se cae al suelo desde la misma altura. Comparando el tiempo que toma la flecha A para caer al suelo, el tiempo que toma flecha B para caer al suelo es (1) menor; (2) mayor; (3) igual.

10. Un jugador de fútbol patea una pelota a un ángulo de 30° con una velocidad de 5 m/seg. ¿Cúal es la velocidad horizontal de esta pelota? (1) 2.5 m/seg; (2) 4.3 m/seg; (3) 5 m/seg; (4) 8.7 m/seg.

11. Cuando la pelota sube en el aire, la velocidad vertical (1) disminuye; (2) aumenta; (3) no cambia.

12. Si el ángulo disminuye de 30° a 20°, la distancia horizontal cubierta por la pelota (1) disminuye; (2) aumenta; (3) no cambia.

13. Un proyectíl se lanza a un ángulo de 60°. Comparando la componente vertical de la velocidad inicial, la velocidad vertical del proyectíl a la altura máxima sera (1) menor; (2) mayor; (3) igual.

Capitulo 23
Rotación

1. Rotacion. Velocidad angular. La velocidad con la que un cuerpo gira alrededor de un eje fijo es la <u>velocidad angular o velocidad de rotación.</u> El nombre se refiere al número de revoluciones que el cuerpo hace en un período de tiempo. Se llama también la frecuencia de rotación.

Frecuencia = número de revoluciones por segundo

$$f = \frac{revoluciones}{tiempo}$$

Un cuerpo en rotación, por ejemplo, un peso atado a una cuerda puede girar unas 20 veces en un segundo, la frecuencia o velocidad angular es:

$$f = \frac{20r}{4seg} = 5\,r/seg$$

La velocidad de un cuerpo en rotación depende de la velocidad angular y de la longitud del radio del círculo. Cúanto más pequeño el círcúlo, mayor es la velocidad y la frecuencia de rotación. Recordemos que una revolución es igual a la circumferencia del círculo.

Distancia = Circumferencia = $2\pi r$

La velocidad del cuerpo que gira será:

$$v = \frac{d}{t} \quad o \quad v = \frac{2\pi r\,Rev}{t} \quad o \quad v = 2\pi rf$$

2. Movimiento circular uniforme.

Un movimiento circular uniforme es <u>el movimiento de un cuerpo que gira a velocidad constante alrededor de una eje fija.</u> Para entender la dinámica de un objeto en este tipo de movimiento, consideremos una bola atada a una cuerda y girando sobre la cabeza de un estudiante con velocidad constante.

3. Aceleración centrípeta.

La bola girando sobre la cabeza del estudiante tiene velocidad constante, pero cambia de dirección constantemente. Recordemos que una cantidad vectorial cambia si la magnitud o la dirección cambian; la dirección de una bola en gira cambia y, por consiguiente, cambia la velocidad. Si hay un cambio de velocidad, hay aceleración.

$$a = v / t$$

La velocidad es siempre en una linea tangente a la dirección de rotacion.

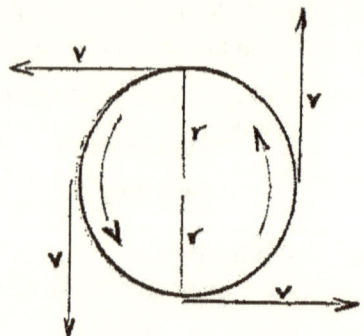

Esta aceleración se dirige hacia el centro de rotación y se llama aceleración centrípeta. Para entender este concepto más a fondo considere el diagrama siguiente:

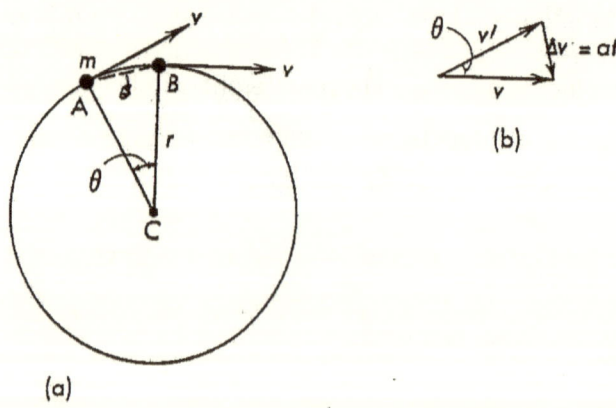

(a)

(b)

174

Los puntos A y B en la trayectoria circular de la bola indican la velocidad instantánea. El triángulo ABC, en la figura (a) está formado por los lados r y d. Puesto que las distancias aquí son demasiado pequeñas, se considera que el segment d es una linea recta que mide la distancia recorrida entre los puntos A y B. En cada punto la velocidad de la bola es tangente a la dirección.

Estos vectores - velocidad se bosquejan en el diagrama (b). La resultante de la suma vectorial es v. La bola está acelerando, y el vector resultante es:

$$a = v / t \qquad v = at$$

En el triángulo ABC, la distancia recorrida es:

$$v = d / t \qquad d = vt$$

El triángulo de velocidades y el triángulo ABC son similares puesto que el ángulo θ tiene la misma magnitud en ambos triángulo. Los lados correspondientes son proporcionales, asi:

$$d / r = v / v$$

Esta es aceleración centrípeta dirigida hacia el centro del círculo. La magnitud de la aceleración centripeta es:

1. directamente proporcional al cuadrado de la velocidad, pero

2. inversamente proporcional al radio de la trayectoria circular.

Recuerden qué:

1. La aceleración centrípeta es una cantidad vectorial que resulta del cambio de dirección de la velocidad, pero no del cambio en la velocidad misma.

2. Esta aceleración es siempre perpendicular a la velocidad si la velocidad es constante.

∧ ∧ ∧ ∧ ∧ ∧ ∧ ∧ ∧ ∧ ∧ ∧

Ejemplo 1. Un carrito viaja con una velocidad de 15 m/seg en una pista circular de un radio de 25 m. Calcule la aceleración centrípeta.

Datos	Pregunta	Ecuación
$r = 25$ m	$a_c =$	$a_c = \dfrac{v^2}{r}$
$v = 15$ m/seg		

Solución: Substituyendo directamente en la ecuación, tenemos:

$$a_c = \frac{225 m^2/\mathrm{seg}^2}{25m} = 9 m/\mathrm{seg}^2$$

4. Fuerza Centrípeta.

La causa de la aceleración centrípeta es la fuerza centrípeta. Esta fuerza es un vector dirigido hacia el centro de la gira. Usemos el ejemplo de la bola girando sobre la cabeza del estudiante con velocidad constante, pero con una aceleración hacia el centro. De acuerdo con la primera ley de Newton, la inercia de la bola trata de empujarla en una dirección rectílinea, pero la cuerda ejerce una fuerza en la bola y la mantiene en la trayectoria circular. Esta es la única fuerza ejercida en la bola y se dirige hacia el centro. Puesto que no hay una fuerza equilibrante, es entonces una fuerza neta. La segunda ley de Newton dice que la fuerza es proporcional a la aceleración y se dirige en la dirección de la aceleración.

$$f = ma \qquad a_c = \frac{v^2}{r}$$

Combinando estas ecuaciones, obtenemos:

$$fc = \frac{mv^2}{r}$$

La fuerza y la aceleración son centrípetas, es decir, se dirigen siempre hacia el centro de la trayectoria circular:

La fuerza centrípeta es una fuerza constante que se ejerce continuamente en dirección perpendicular al centro de rotación y, es por esto, que el objeto gira alrededor de una eje.

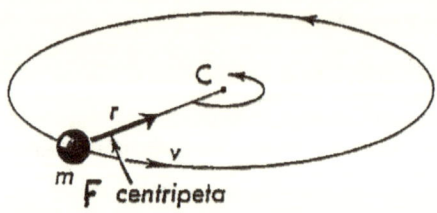

Aunque el objeto es acelerado hacia el centro, nunca lo toca. Si se suelta la cuerda, dijamos en el punto A, la bola se lanza hacia arriba, como indica la figura (a),

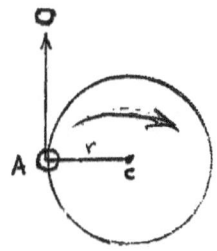
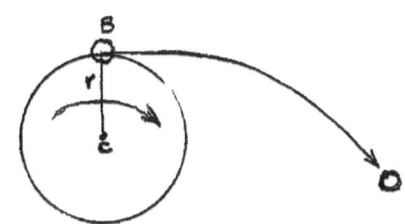

Si se suelta la cuerda en el punto B, la bola sigue una trayectoria parabólica, como lo indica el diagrama (b). En ningun caso, la bola se mueve en dirección opuesta a la fuerza centrípeta.

Ejemplo 2. Un auto de carrera de 700 kg completa una vuelta de la pista en 10 segundos. La pista tiene un radio de 40 m. Calcule (a) la velocidad; (b) la aceleración centrípeta y (c) la fuerza centrípeta.

Datos	Pregunta	Ecuación
m = 700 kg	v =	v = 2 rf
r = 40 m	a_c =	$a_c = v^2/r$
t = 10 s	f_c =	$f_c = a_c/r$

Solución: (a) La velocidad angular o la frecuencia se calcula facilmente si recordamos que la distancia recorrida en una vuelta es igual a la circumferencia del circulo:

$$v = 2\pi \; rf \qquad f = Rev/time$$
$$f = 40 \; m/ \; 10 \; seg = 4 \; r/seg$$
$$v = 2 \times 3.14 \times 4r/seg = 25.12 \; m/seg$$

(b) Substituyendo directamente en la ecuación, nos dá:

$$a_c = (25.12 \; m/seg)^2 / 40 \; m = 15.77 \; m/seg^2$$

(c) De nuevo, una substitución directa, nos dá:

$$f_c = 700 \; kg \times 15.77 \; m/seg^2 = 11039 \; N$$

∧ ∧ ∧ ∧ ∧ ∧ ∧ ∧ ∧ ∧ ∧ ∧

Recordemos que: la fuerza centrípeta es la fuerza neta ejercida en un objeto y es aplicada por otro objeto o por una persona. El cuerpo en rotación mantiene una velocidad constante porque no existen fuerzas tangentes. La fuerza centrípeta debe ser ejercida constantemente para cambiar la dirección de la velocidad del objeto.

5. Fuerza Centrífuga.

La existencia de la fuerza centrípeta contradice la opinión popular que mantiene que cada objeto en gira alrededor de una eje fija siente una fuerza hacia afuera del centro. PUesto que esta fuerza se aleja del centro recibe el nombre de <u>fuerza centrífuga</u>.

Examinemos lo que sucede cuando un objeto gira alrededor de la cabeza del estudiante. Él siente una fuerza tirando la cuerda en la mano. Este tirón se interpreta como el tirón de la bola. Lo que pasa es esto: el estudiante tira la cuerda hacia el centro para mantener la bola a velocidad constante, la bola entonces tira en la cuerda y el muchacho la siente en la mano de acuerdo con la tercera ley de Newton. La fuerza de la bola en la cuerda es igual y opuesta a la fuerza de la cuerda en la bola. La fuerza centrífuga desaparece cuando se suelta la cuerda, la bola no sigue el tirón de la fuerza centrífuga y se aleja del centro. En vez, la bola se mueve en una dirección tangente a la fuerza centrípeta.

Cuando an automóvil toma una curva, la carretera debe ejercer sobre él una fuerza centrípeta hacia el centro de la curva. Esta fuerza hace girar al vehículo. La carretera puede ejercer esta fuerza ya sea por la friccion que hay entre las llantas y el camino o porque el camino esta peraltado a un ángulo propio. Bajo condiciones desfavorables, tales como hielo o lluvia en el camino, la fuerza de friccion no es bastante fuerte y la fuerza centrípeta es muy pequeña para mantener el coche en el camino y el auto patina.

Las pistas para carreras de autos y las carreteras tienen peraltes suficientes para mantener una fuerza centrípeta adecuada. La fuerza normal que la carretera ejerce en el vehículo tiene una componente dirigida hacia el centro de la curva que ayuda a la fuerza de friccion a mantener el coche en la carretera. Todas las carreteras tienen avisos con las velocidades recomendades para las curvas. Esta velocidad es la <u>velocidad de diseño</u> propia para esa curva. Aqui el ángulo del peralte es tal que no hay necesidad de la fuerza de friccion.

Ejemplo 3. Si el coeficiente de friccion de las llantas y el camino es 0.7, ¿cúal será el máximo radio de la curva en un camino horizontal para que un automóvil viaje a 30 km/hr con seguridad?

Datos	Pregunta	Ecuación
$\mu = 0.7$	$r =$	$f = uN$
$v = 30$ km/hr		$f = mv^2/r$

Solución. Convertimos kilometros/hora a metros/segundo:

$$30 \text{ km/hr} \times 0.28 = 8.4 \text{ m/seg}$$

La fuerza normal de automóvil es su peso. La ecuación para el coeficiente de friccion se cambia asi:

$$f = uN \qquad\qquad N = mg \qquad\qquad f = u\, mg$$

Substituyendo f en la ecuación para la fuerza centrípeta, nos dá:

$$u\, mg = mv^2/r$$

Se cancela las masas:

$$ug = v^2/r \qquad r = v^2/ug$$
$$r = (8.4 \text{ m/seg})^2 / 0.7 \times 9.8 \text{ m/seg}^2 = 10.28 \text{ m}$$

∧ ∧ ∧ ∧ ∧ ∧ ∧ ∧ ∧ ∧ ∧ ∧

Ejemplo 4. Una pelota atada a una cuerda gira verticalmente con velocidad constante. El círculo tiene un radio de 1.1 metros. (vease la figura siguiente). Si la velocidad de la pelota es 3.75 m/seg y su masa es 0.355 kg, calcule la fuerza en la cuerda cuando la bola esta en el punto A y en el punto B.

Datos	Pregunta	Ecuación
r = 1.1 m	$f_A =$	$f = mv^2/r$
v = 3.75 m/seg	$f_B =$	wt = mg
m = 0.355 kg		

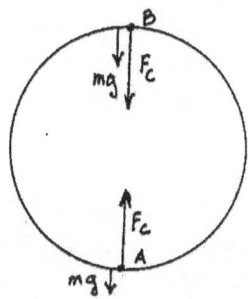

Solución: Calculemos el peso de la pelota:

$$wt = mg \qquad wt = 0.355 \text{ kg} \times 9.8 \text{ m/seg}^2 = 3.47 \text{ N}$$

En el punto A, la pelota siente dos fuerzas, la fuerza centrípeta y su peso. La fuerza opuesta al peso es contraria a la fuerza centrípeta y debemos sustraerla. En el punto B, la fuerza es en el mismo sentido que el peso y la sumamos:

(A) $f_c = mv^2/r$ $\qquad$ $f_c = .355$ kg x $(3.75$ m/seg$)^2/1.1$ m

$\qquad\qquad\qquad\qquad$ $f_c = 4.53$ N

$\qquad\qquad\qquad\qquad$ $f_A = 4.53$ N - 3.47 N = 1.06 N

(B) $f_B = 4.53$ N + 3.47 N = 8.0 N

PROBLEMAS

1. Una rueda de caballitos tiene un díametro de 24 m. Un niño de 25 kg se monta en la rueda y se mueve con la velocidad de 2 m/seg. Calcule (a) la aceleración y (b) la fuerza centrípeta ejercida en el niño.

2. Un chico de 85 kg se sienta en un columpio de 4 metros de largo. Si la fuerza que el niño ejerce es 1500 N ¿cúal es la velocidad obtenida en le punto más bajo de la trayectoria?

3. Una pelota atada a una cuerda de 1.5 metros de largo, gira alrededor de un eje en un plano vertical. Si la velocidad es 4 m/seg y la masa es 250 g. Calcule (a) la fuerza en la cuerda al punto más alto y (b) en el punto más bajo.

4. Si el coeficiente de friccion entre las llantas de un auto y el camino es 0.50, ¿cúal será el radio mínimo de una curva en un camino horizontal para que un auto viaje con seguridad a una velocidad de (a) 30 km/hr y (b) 60 k/hr.

5. Un automóvil de 1600 kg toma una curva con un radio de 75 metros en un camino horizontal. Si el coeficiente de friccion es 0.50, cual es la velocidad máxima seguar para este auto?

Seleccion Multiple

Conteste las preguntas 1 - 7 basándolas en la información siguiente: Un carrito de 2 kg viaja en una pista plana de 3 metros de radio, con una velocidad constante de 6 m/seg.

1. La aceleración centrípeta del carrito es (1) 0.0 m/seg^2; (2) 2 m/seg^2; (3) 12 m/seg^2; (4) 24 m/seg^2.

2. La fuerza centrípeta es (1) 1 N; (2) 12 N; (3) 24 N; (4) 36 N.

3. Si la masa del carrito se doblará, la fuerza centrípeta sería (1) la mitad; (2) el doble; (3) un cuarto; (4) cuatro veces mayor.

4. Si el radio de la pista se dobla, la aceleración centrípeta sería (a) la mitad; (2) el doble; (3) un cuarto; (4) cuatro veces mayor.

5. Si la velocidad del carrito se dobla, la fuerza centrípeta sería (1) la mitad; (2) el doble; (3) un cuarto; (4) cuatro veces mayor.

6. Si la masa del carrito es la mitad, la aceleración centrípeta (1) disminuye; (2) aumenta; (3) no cambia.

7. La fuerza centrípeta ejercida en el carrito se dirige hacia (1) la circumferencia; (2) abajo; (3) el centro; (4) arriba.

   Conteste las preguntas 8 - 12 basándolas en la información siguiente: Una pista plana tiene un radio de 250 metros. Un auto de carrera se mueve en esta pista con una velocidad de 40 m/seg. La masa del auto es 2 000 kg.

8. En cualquier punto en la pista, la dirección de la aceleración centrípeta es hacia (1) el centro de la Tierra; (2) el centro del círculo; (3) afuera del círculo; (4) es imposible definirla.

9. La aceleración del auto es (1) 0.025 m/seg^2; (2) 1.60 m/seg^2; (3) 6.40 m/seg^2; (4) 12.8 m/seg^2.

10. La fuerza centrípeta necesaria para mantener el auto en su trayectoria circular es suministrada por (1) el motor; (2) los frenos; (3) el rozamiento; (4) la estabilidad del auto.

11. La energía cinética del auto es (1) 2.5 x 10^{5}J; (2) 1.6 x 10^{6}J; (3) 6.4 x 10^{6}J; (4) 1.3 x 10^{7}J.

12. Si la velocidad del auto sería 50 m/seg, la fuerza centrípeta sería (1) 400 N; (2) 10 N; (3) 20 000 N; (4) 40 000 N.

Capitulo 24

Leyes de Kepler

Las Leyes de Kepler

Sabemos muy bien que la luna revuelve alrededor de la Tierra y que los planetas revuelven alrededor del Sol. Las calculaciones de las órbitas planetarias fueron hechas por el matemático polones Johannes Kepler, sus observaciones y pruebas metemáticas se contienen un tres leyes conocidas como las Leyes de Kepler de Movimientos Planetarios.

1. La Primera Ley. La primera ley dice qué: <u>el recorrido de cada planeta alrededor del Sol es una elipse con el Sol en uno de los focos</u>. La <u>elipse</u> es una curva cerrada en la que la suma de las distancias desde el punto P en la curva a dos puntos fijos, llamados los focos, F_1 y F_2, es siempre constante.

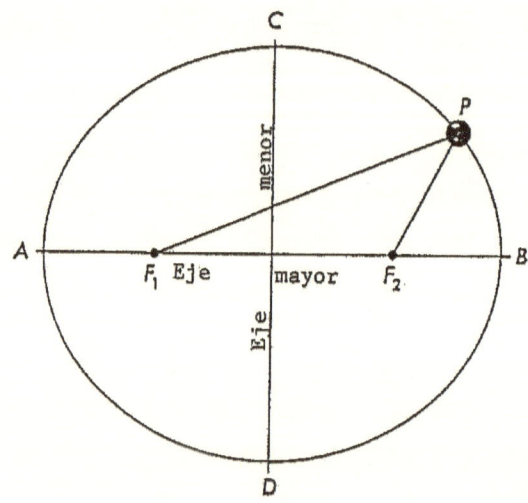

La elipse se construye muy facilmente atando los extremos de una cuerda a dos clavos, F_1 y F_2. Con un lápiz en el punto P, la curva se dibuja tal como si trazamos un círculo con un compás. De todas maneras, un círculo es una elipse en la que, los dos focos se encuentran en el mismo lugar, en el centro del círculo.

Si la longitud de la cuerda no cambia y los puntos focales se juntan poco a poco, la ejes mayores AB y CD llegan a ser casi iguales. El punto donde los puntos focales coinciden, las ejes son iguales y la elipse es ahora un círculo.

La excentricidad, e, de una elipse se defina como el radio de la distancia SQ y BQ.

$$e = \frac{SQ}{BQ}$$

BQ es la distancia a y SQ es la distancia ea. Cuando el Sol se encuentra en el punto A, la distancia se llama el <u>perihelio</u>. El <u>perihelio</u> es el punto en que un planeta se halla más inmediato al sol. En el punto B, el planeta se encuentra lo más distante del sol. Este punto se llama el <u>afelio</u>.

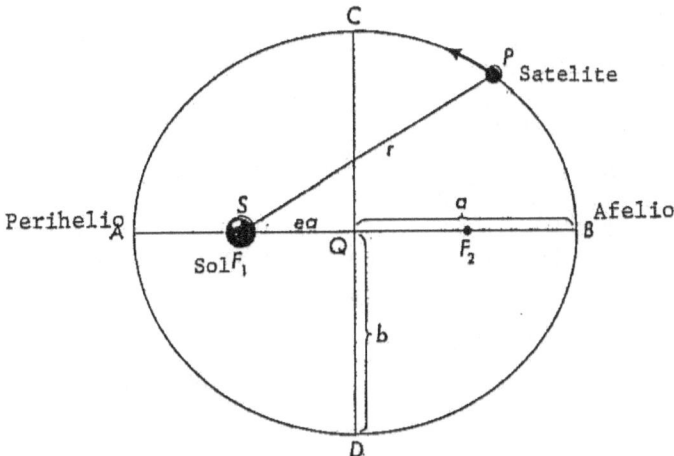

De todos los planetas, Pluto tiene la órbitas más elíptica. Venus y Neptuno tienen órbitas mas circulares.

2. La segunda Ley de Kepler. Esta ley dice que: <u>cada planeta se mueve un su orbita de tal manera que si se traza una línea imaginaria desde el sol al planeta, esta línea cubre areas iguales en períodos iguales de tiempo.</u>

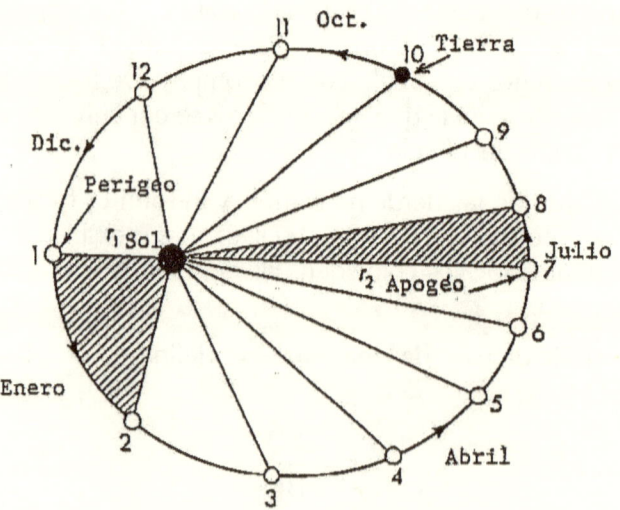

En el diagrama, las áreas oscuras son iguales. La línea recta es el vector radio que cambia desde un mínimo en el punto 1, el más cercano, ó el perigéo, hasta un punto 7, más lejano, ó el apogéo. El diagrama también muestra la posición de la tierra en cada mes del año.

Cuando un planeta en su órbita está cerca del sol, la energía potencial del planeta disminuye, pero su energía cinética aumenta, lo que resulta en un cambio de velocidad para cubrir estas distancias desiguales. Entre los numeros 1 - 2, el planeta tiene una velocidad más alta que entre los números 7 - 8. La velocidad es máxima en el perigéo y es mínima en el apogéo, unos seis meses más tarde.

3. La tercera Ley. La tercera ley dice qué: el radio promedio de la de la órbita elevado a la tercera potencia al período orbital cuadrado es igual en todos los planetas.

K es una constante igual al cubo de R dividido por el cuadrado de T.

K es la constante para este radio, pero no es una constante universal. Sirve solo para satélites de un cuerpo particular, por ejemplo, el sol, un planeta, etc. K depende de la masa del cuerpo en el centro de la órbita, pero no en la masa del satélite.

Para los objetos que están en órbita alrededor de la tierra,

$$K = 1.02 \times 10^{13} m^3/s^2;$$

Para los objetos que están en órbita alrededor del sol,

$$K = 3.35 \times 10^{18} m^3/s^2$$

Si la masa del cuerpo en el centro de la órbita disminuye, la constante K tambien disminuye. La ley de Gravitación Universal de Newton y las leyes de movimiento circular resultan en la Ley Tercera de Kepler, asumiendo que la orbita del planeta es circular. Para un planeta en órbita circular, el radio es igual al radio promedio actual del planeta.

4. Movimiento de un satélite. <u>Un satélite es un cuerpo pequeño que revuelve alrededor uno más grande</u>. Los planetas son satélites del sol y la luna es un satélite de la tierra. Encontramos ahora satélites de comunicación en órbita alrededor de la tierra.

Cuando un cohete, con un satélite, se despeja de la tierra para alcanzar una orbita, su velocidad inicial es vertical hacia arriba. Tan pronto como aumenta la altitud, la máquina está programada para cambiar de dirección y alcanzar la velocidad propia de órbita.

Para entender como este satélite permenece en una órbita estudie el diagrama. Imagine una torre muy alta desde donde se dispara proyectíles. Con una velocidad inicial pequeña, el proyectíl cáe a la tierra, como se lo vé en el punto A. Con una velocidad más alta, la trayectoria será hasta B. Con una velocidad aún más alta, el proyectíl cae hacia la tierra siguiente la trayectoria <u>C</u>, con un radio <u>r</u>. La velocidad necesaria para obtener esta trayectoria se llama la <u>velocidad orbital</u>.

Si la velocidad es mayor que la velocidad orbital, el satélite no cae sino que sigue viajando hacia el espacio. Esta velocidad se llama la <u>velocidad de escape.</u>

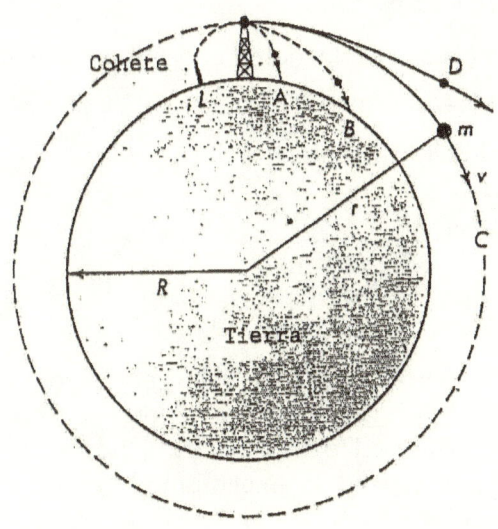

Las órbitas de los satélites alrededor de la Tierra son frecuentemente circulares. El diagrama asume que la masa m es un satélite. La fuerza centrípeta y la fuerza de gravedad ejercidas en el satélite son la misma fuerza.

Fuerza centrípetaFuerza de gravedad

G = Constante de Gravitación   M = masa de la Tierra

m = masa del satélite.

$$F = \frac{mv^2}{r} \qquad F = \frac{GMm}{r^2}$$

$$\frac{mv^2}{r} = \frac{GMm}{r^2}$$

$$v^2 = \frac{GM}{r}$$

Ejemplo. Si la masa de la Tierra es 6×10^{24} kg, y el radio es igual a 6.4 $\times 10^6$ m. ¿Qué velocidad debe tener un satélite para alcanzar una orbita circular a unos 800 km sobre la superficie terrestre?

Datos   Pregunta   Ecuación
M = 6×10^{24} kg
r = 6.4×10^6 m   v = $v^2 = GM/r$
r = 8×10^5 m
G = 6.6 x 10 - 11 N.m²/kg²

Solución: La distancia total desde el centro de la tierra es:

$$6.4 \times 10^6 m + 8 \times 10^5 m = 7.2 \times 10^6 \text{ m}$$

Substituyendo directamente, nos dá:

$$v^2 = \frac{(6.7 \times 10^{-11})(6 \times 10^{24} kg)}{7.2 \times 10^6 m} = 5.58 \times 10^7 \, m^2/seg^2$$

$$v = 7.46 \times 10^3 \text{ m/seg}$$

5. Órbitas Geosyncrónicas. Una órbita geosyncrónica es la órbita en la cúal el período del satélite es igual al período de rotación de la Tierra en sus ejes. Cuando un satélite se encuentra en una orbita geosyncrónica, permenece siempre suspendido en el mismo lugar sobre un punto en la superficie de la Tierra.

Se puede calcular el radio de la orbita de un satélite si se considera la Tercera Ley de Kepler, considerando la constante orbital R^3/T^2 para la Luna y R^3/T^2 para el satelite.

$$R^3/T^2(\text{Luna}) = R^3/T^2 \text{ (satélite)}$$

Para determinar el radio orbital de un satelite en una órbita geosyncrónica, R_s, debemos convertir a segundos el período de 24 horas que toma el satélite para completar una órbita.

$$T_s = 24 \text{ horas} = 8.64 \times 10^4 \text{ segundos}$$

El período de la órbita de la Luna es $= 2.36 \times 10^6$ segundos.

El radio de órbita de la Luna es $= 3.84 \times 10^8$ m

Se substituye directamente en la ecuación y se obtiene el radio del satelite:

$$(3.84 \times 10^8 m)^3 / (2.36 \times 10^6 seg)^2 =$$

$$R_s^3 / (8.64 \times 10^4 seg)^2$$

$$R_s^3 = 7.59 \times 10^{22} m^3$$

$$R_s = 4.23 \times 10^7 \text{ m}$$

El radio asi obtenido se mide desde el centro de la Tierra, aproximadamente igual a seis veces el radio terrestre normal. Para determinar la distancia del satélite de la superficie terrestre, se sustrae el radio de la Tierra, $6.38 \times 10^6 m$.

Selección Múltiple.

1. En los diagramas siguientes, P representa un planeta y S representa el Sol. ¿Qué diagrama representa la trayectoria del planetá alrededor del sol?

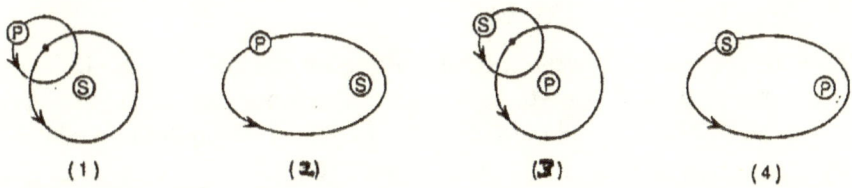

(1)   (2)   (3)   (4)

2. La, Tierra se encuentra más cerca del sol en el mes de Enero y mas alejada durante el mes de Julio. ¿En qué mes es la energía potencial

gravitatoria de la Tierra más alta con respecto al Sol? 1) Enero; 2) Marzpl 3) Julio; 4) Septiembre.

3. Si la distancia de un satélite con respecto a la superficie de la Tierra aumenta, el tiempo que necesita el satélite para completar una revolución, 1) disminuye; 2) aumenta; 3) no cambia.

4. La forma de la órbita terrestre alrededor del Sol es 1) un círculo con el Sol en el centro; 2) una elipse con el Sol en uno de los focos; 3) una elipse con la Luna en uno de los focos; 4) una elipse con nada en los focos.

5. El aumento en la velocidad de un planeta cuando se acerca al Sol se leé en la Segunda Ley de Kepler, ¿Cúal es la mejor explicación de esta ley? 1) Ya que la energía cinética depende de la temperatura, el planeta debe moverse más cinética depende de la temperatura, el planeta debe moverse más de prisa cerca del Sol; 2) Un viento solar, consistiendo de iones, empuja al planeta; 3) los dias son más cortos en el invierno y esto causa que el planeta se mueva más rápido; 4) una parte de la energía potencial gravitatoria se convirtió en energía cinética de movimiento.

6. Dos satélites, A y B, revuelven alrededor de la Tierra en orbitas circulares. El radio de la órbita A es mayor que el radio de la órbita B. Comparando el período de la órbita A, el período de la órbita B es 1) menor; 2) mayor; 3) igual.

7. La trayectoria de un satélite en órbita se puede describir como 1) linear; 2) hyperbólica; 3) parabólica; 4) elíptica.

8. ¿Qué condición es necesaria para que un satelite permanezca en una orbita geosyncrónica? 1) el período de la revolución del satélite debe ser igual al período de rotación de la Tierra; 2) la altura del satelite debe ser igual al radio de la Tierra; 3) la velocidad orbital del satélite debe ser igual a la velocidad de la Tierra alrededor del Sol; 4) la distancia diaria cubierta por el satélite debe ser igual a la circumferencia de la Tierra.

9. Para cualquier planeta en orbita alrededor del Sol, el radio R^3/T^2 es 1) mayor para el planeta más masivo; 2) menor para el planeta con menos masa; 3) igual para todos los planetas; 4) ninguna de ellas.

10. Un satélite está en orbita alrededor de la Tierra. ¿Qué frase explica porque el satélite no se acerca más al centro de la Tierra? 1) El campo gravitatorio de la Tierra no alcanza a la órbita del satelite; 2) La fuerza de gravedad de la Tierra hace que el planeta se mueva con velocidad

constante; 3) el satélite siempre se mueve perpendicular a la fuerza de gravedad; 4) el satélite no pesa nada.

11. El diagrama siguiente muestra el movimiento de un planeta alrededor del Sol. El area 1 es igual al area 2.

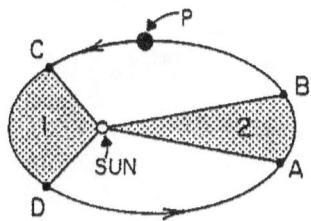

Comparando el tiempo que planeta usa para ir de C a D, el tiempo que toma para ir de A a B es 1) menor; 2) mayor; 3) el mismo.

12. El período orbital de un satélite en orbita geosyncrónica es 1) una hora; 2) un day; 3) un mes; 4) un año.

13. El diagrama siguiente representa el movimiento de un planeta alrededor del Sol. El tiempo que toma al planeta para ir del punto 1 al 2 es idéntico al tiempo que toma para ir del punto 3 al 4. ¿Cúal frase es la verdad? 1) las dos regiones oscuras tienen la misma area.; 2) la aceleración centrípeta del planeta es constante; 3) el planeta se mueve con una velocidad constante; 4) el planeta se mueve más rápido cuando se encuentra lejos del Sol.

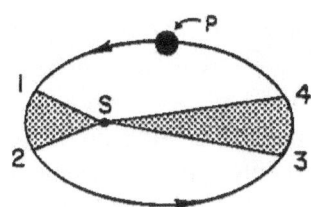

Capitulo 25
Calor y Temperatura

1. Energia Interna. Calor y Temperatura

A menudo nos preguntamos como es posible que algo caliente se enfrie o como algo muy frio se caliente. La leyes termodinamicas y los conceptos de temperatura y calor nos explican estos fenomenos.

Hay muchas preguntas que se contestan facilmente si pensamos logicamente en ellas. For ejemplo, un objeto frio se calienta, aumenta su volumen y puede derritirse si anadimos bastante calor. El calor es la principal forma de energía, todas las demas formas de energia pueden intercambiarse con él. Para entender el calor mas a fondo, se le debe tratar dentro del concepto de la energia internal.

2. Temperatura. La temperatura es una indicación de lo frio o caliente que es un objeto. Es también otra manera de identificar el flujo del calor. Consideremos dos objetos ambos a temperaturas diferentes pero en contacto, por ejmplo un pedazo de hielo en un vaso de agua tibia. Energía calorífica pasa del agua caliente al hielo y el hielo se derrite. Se comprende que si el calor pasa entre objetos, ellos deben estar en contacto. Este flujo de energia continúa hasta tal punto cuando los objetos adquieren un punto de equilibrio termal, as decir, hasta cuando ellos obtienen la misma temperatura y no hay más intercambio de energía.

Entonces, se dice que el flujo de calor ocurre siempre desde el punto más alto de temperatura hacia el punto más bajo. Este flujo ocurre naturalmente y no depende del tamaño, el peso, ni la materia del objeto caliente. Por ejemplo, una bombilla de luz produce mucha luz y es muy caliente, pero no sirve para calentar un cuarto; en cambio, un calentador eléctrico no produce luz, pero si calienta al cuarto. La transferencia de calor del calentador al cuarto es mas elevada que la de la bombilla.

Para entender este fenómeno, se debe considerar la estructura molecular de la materia. La materia está hecha de moléculas en movimiento constante, este mocion resulta en choques moleculares. Si las moleculas adquieren mas energía cinética, el movimiento es más veloz y el número de choques aumenta. Se dice que la energía cinética de las moléculas determinan la temperatura y el calor en la materia. Esta energía recibe el nombre de energía interna.

La temperatura es una propiedad de la materia que determina la dirección del cambio de energía interna entre dos objectos. El que tiene una temperatura más baja siempre recibe energía interna. El que tiene una temperatura más alta cede energía interna. Otra definición de temperatura puede ser que es el promedio de la energía cinética que tienen las moléculas del objeto. Es importante que entendamos que la temperatura no es una forma de energia sino una indicación del flujo del calor. En cambio, la definición de calor dice que el calor es the cantidad total de energía cinética que tienen las moléculas del objeto.

Estudiando el calor se considera el tamaño, el peso y el material del objeto. Por ejemplo: dos vasijas, una pequeña y otra grande llenas de agua se calientan en una estufa, digamos por cinco minutos. Al fin de este tiempo, el agua en la vasija pequeña esta hirviendo, el agua en la vasija grande es algo caliente. ¿Por qué? Porque la vasija grande tiene más agua y, por consiguiente, hay más moléculas que reciben energía. La taza pequeña tiene una temperatura más alta, pero poco calor. La vasija grande tiene más calor, pero la temperatura es baja.

3. Termometría. La temperatura se mide con un termómetro, y el termómetro es un aparato que mide el flujo de energía, pero no la cantidad de esta energía. El termómetro está basado en el principio de dilatación y contracción de la materia. Cuando una sustancia se dilata, aumenta en volúmen. Cuanto más calor se añade a la materia, más energía cinética tienen las moléculas y se aumenta el número de choques. Esto resulta en un aumento en las distancias intermoleculares. El incremento de distancia resulta en un incremento en el volúmen del objeto. Por cierto que lo opuesto ocurre si se enfria la sustancia. Las moléculas pierden su energía cinética, los movimientos moleculares son lentos y las distancias intermoleculares disminuyen. El volúmen se contrae.

Se puede hablar de dilatación y contracción de sustancias, pero nó moléculas. La moléculas no se dilatan ni se contraen. La dilatación o la contracción de una sustancia depende de la cantidad de energía añadida o sustraída de las moléculas en la sustancia. Esto resulta en un aumento o en una disminución de las distancias moleculares.

Un termómetro común es hecho de un tubo capilar de vidrio con un bulbo que contiene una cantidad de mercurio o alcohol. Arriba del líquido se encuentra un espacio vacio, sin aire. El nivél del líquido en el tubo no solo es una medida de la temperatura del líquido, pero también sirve para expresar la temperatura de la sustancia con la que el termómetro está en contacto.

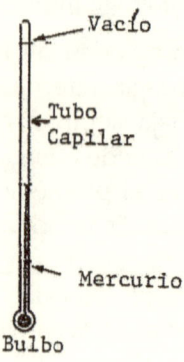

En los termómetros comunes se aplica la dilatación del líquido. Una dilatación pequeña del mercurio o alcohol corresponde a un gran avance en la columna formada en el tubo capilar. Podemos pensar que el vidrio del tubo del termometro debe tambien dilatarse conforme se eleva la temperatura. Si tanto el vidrio como el líquido se dilatan, ¿por qué sube el liquido? Se eleva porque el líquido se dilata más que el vidrio por un cambio de temperatura.

Diferentes líquidos se dilatan de distinto modo, pero casi todos mucho más que los sólidos. Un termómetro sólido también funciona en el principio de dilatación. La parte básica de este es una barra bimetálica flexible hecha de dos metales diferentes. Los metales son selecionados de modo que se dilatan o contraen con distinta rapidéz al cambiar la temperatura. Por esta razón, la curvatura de la barra flexible se modifica, al variar la temperatura.

4. Escalas de Temperatura. Todos los termómetros tienen una escala para señalar el nível del líquido e indicar la temperatura. Hay dos puntos fijos, ampliamente utilizados, el punto de congelacion y el de ebullición de agua pura. Estos puntos son la norma usada para calibrar todos los termómetros.

Hay tres escalas comunes usadas en todos los termómetros. La escala Celsius, la escala Fahrenheit y la escala Kelvin. La relación entre ellas se vé en el diagrama.

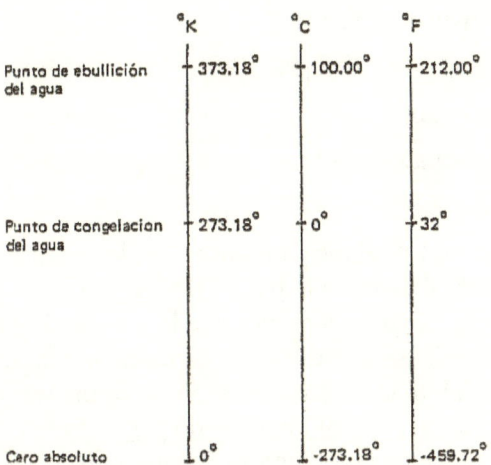

	°K	°C	°F
Punto de ebullición del agua	373.18°	100.00°	212.00°
Punto de congelacion del agua	273.18°	0°	32°
Cero absoluto	0°	-273.18°	-459.72°

Escala Fahrenheit

Esta escala establece el punto de congelación del agua a 32°F y el de la ebullición del agua a 212°F. Hay 180 divisiones entre estos puntos. En los Estados Unidos, los termómetros comunes usan la escala Fahrenheit.

5. Escala Celsius. Esta escala establece el punto de congelación del agua a 0°C y el de la ebullición del agua a 100°C. Hay 100 divisiones entre estos dos puntos. Esta escala se usa comunmente en casi todo el mundo y principalmente en los laboratorios científicos.

Conversión de una escala a otra.

Notemos que en las escalas Celsius y Kelvin, hay 100 divisiones entre los puntos de congelacion y ebullicion del agua. Sin embargo, hay 180 divisiones en la escala Fahrenheit. Cada división representa un grado. El radio entre la escala Fahrenheit y la Celsius es:

180 divisiones / 100 divisiones = 9 / 5 = 1.8

El radio de 1.8/1 nos permite convertir sin ninguna dificultad una escala a la otra. Recordemos que hay una diferencia de 32 grados entre ellas con respecto a la congelación del agua.

Ejemplo: Convertir 70°F a °C

1. Primero, se sustrae 32.

    70 - 32 = 33

2. Segundo, se divide por 1.8,

    33/1.8 = 21°C

Ejemplo. Convirtir 20°C a °F

1. Primero, se multiplica por 1.8

    20 x 1.8 = 36

2. Segundo, se añade 32

    36 + 32 = 68°F

6. Escala Kelvin. Estudiando los gases, se debe utilizar una escala de temperatura especial llamada la escala de temperatura absoluta basada en la escala Celsius. Los experimentos con la presión de gases demuestran que cada volúmen de 22.4 litros de un gas tiene un número de moléculas igual a 6.02×10^{23}. Este valor llamado el Número de Avogadro es siempre constante. Sin embargo, el volúmen de un gas aumenta o disminuye por una fracción a 1/273 por cada grado de aumento o disminución en la temperatura, y esta fracción es tambien constante.

Podemos notar que el volumen del gas se dobla cuando la temperatura aumenta de 0°C a 273°C. En la escala de temperatura absoluta un grado Kelvin is igual al grado Celsius mas 273, así:

$$°K = °C + 273$$

Esta escala refleja la relación directa entre el volúmen y la temperatura. Cuando la temperatura aumenta un grado Celsius, el volúmen del gas aumenta por la fracción 1/273 de su volúmen. En cambio, el volúmen se contráe por la misma fracción si la temperatura baja un grado Celsius. Para mejor entender esta relación mírese al diagrama que representa un cierto volumen de un gas a una temperatura alta. Enfriando el gas, disminuye su volúmen y como la línea de guiones indica, esta relación continúa a temperaturas extremadamente bajas.

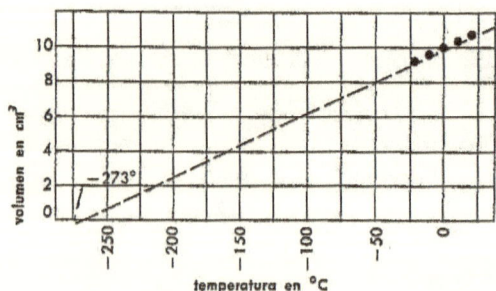

La temperatura mínima, a la cúal el volúmen del gas es cero, es - 273°C. En este punto, la teoría predice que el gas no existirá tal y como lo conocemos. Este punto, - 273°C se llama el <u>Cero Absoluto</u> or Cero Kelvin, 0°K.

$$Cero\ Absoluto = -273°C = 0°K$$

Cada grado Kelvin is equivalente a un grado Celsius, un cambio de temperatura de 50°C corresponde a un cambio de 50°K. Es facil convertir una escala a la otra usando la fórmula dada enteriormente, asi:

Por ejemplo: Convertir 35°C a °K

35°C + 273 = 308°K

Convertir 365°K a °C

365°K - 273 = 92°C

Experimentos han demonstrado que la temperatura de 0°K es impossible porque los gases reales se condensan en líquidos antes de alcanzar este punto.

EJERCICIOS

1. La temperatura normal de una habitación es 21°C. Convierta esta temperatura a la escala Celsius y a la escala Kelvin.

2. Si la temperatura de un horno es 236°F. Calcule la temperatura equivalente en grados Celsius y en grados Kelvin.

3. La temperatura del cuerpo humano es 98.6°F. ¿Cúal es la temperatura en grados Celsius?

4. ¿Cúal es el radio entre las temperaturas Celsius, Fahrenheit y Kelvin?

5. El mercurio se hierve a 357°C y se congela a - 39°C. Cuales son las temperaturas equivalentes en las escalas Fahrenheit y Kelvin?

6. Aire líquido se hierve a - 180°C. ¿Qué temperaturas Fahrenheir y Kelvin corresponden a esta escala?

7. Se quiere calentar una sustancia a una temperatura que es el doble de 32°F. ¿Cúal es la temperatura Celsius?

8. El agua hierve en la ciudad de Denver a una temperatura de 95°C. ¿Qué temperatura Fahrenheit corresponde a esta temperatura?

9. ¿A qué temperaturas son las escalas Fahrenheit y Celsius iguales?

10. La temperatura de un gas es 450°K. ¿Qué temperaturas Celsius y Fahrenheit corresponden a esta temperatura?

*   *   *

Selección Múltiple

1. Cuando la temperatura de un objeto se acerca al cero absoluto, su 1) energía cinética es máxima; 2) energía interna es mínima; 3) temperatura es - 273°K; 4) temperatura es 273°C.

2. The punto de ebullición del agua es 1) 273°K; 2) 373° K; 3) 273°C; 4) 373°C.

3. En un termómetro no calibrado, se marcan los puntos de ebullición y de congelación del agua. Para la escala Celsius, cuantas marcas se debe hacer entre estos puntos? 1) 50; 2) 100; 3) 180; 4) 273.

4. ¿Cúantos grados Kelvin hay entre el punto de condensación y el punto de solidificación del cobre? 1) 1083; 2) 1484; 3) 2567; 4) 3650.

5. Si solamente conocemos la temperatura de dos objetos, es siempre posible saber 1) la total energía cinética interna; 2) la total energía potencial interna; 3) la dirección del flujo del calor; 4) la fase de los objetos,

6. La temperatura de una sustancia cambia de - 10°C a 25°C. ¿Como se expresa este cambio en la escala Kelvin? 1) 15°K; 2) 35° K; 3) 298°K; 4) 318°K.

7. Cuando la temperatura de un gas aumenta, la energía potencial interna 1) disminuye; 2) aumenta; 3) no cambia.

8. El radio de la escala Kelvin a la escala Celcius es 1) 1:1; 2) 5:9; 3) 1:273; 4) 273:1.

9. El radio de la escala Celsius a la escala Fahrenheit es 1) 1:1; 2) 5:9; 3) 1: 273; 4) 9:5.

10. Un cambio de temperatura de 100 grados en la escala Celsius es equivalente a un cambio de 1) 373°K; 2) 200°K; 3) 100°K; 4) 50°K.

11. La energía interna de un objeto es mímina cuando su temperature es 1) 0°C; 2) 0°K; 3) 273°C; 4) 273°K.

12. Si 5 gramos de agua se congelan a 0°C, ellos se congelaran también a una temperatura de 1) 32°K; 2) 32°F; 3) 10° K; 4) 293°K.

Capitulo 26
Energía y Calor

1. Calor. El calor es la energía que fluye de un cuerpo caliente a uno más frio debido a la diferencia en temperatura entre los dos. Esta transferencia de energía continúa hasta tal punto en el que ya no hay una diferencia de energía entre los objetos. Cuando esto ocurre, los objetos se encuentran en un estado de equilibrio térmico y tienen la misma temperatura.

Hay otra manera de estudiar al calor. Lo hacemos desde el punto de vista de la actividad molecular en la sustancia. En vista de esto, también se puede definir el calor como la cantidad total de energía cinética que tienen las moléculas del objeto. Consideremos esto en mas detalle. Calentando dos pedazos iguales de de cobre y de aluminio, notamos que el cobre se calienta más aprisa. ¿Por qué? Porque el aluminio tiene el doble de moleculas encontradas en el pedazo de cobre. El peso molecular del aluminio es 27 umas, el del cobre es 63 umas.

El calor añadido al aluminio tiene que alcanzar a dos veces el número de moléculas que el calor dado al cobre. Por lo tanto, el cobre se calienta más rápidamente, sus moleculas adquieren més energía cinética. Este experimento simple demuestra que la cantidad de calor en una sustancia depende de su masa, el tipo de material y la temperatura.

En un gas, casi toda la energía añadida vá a incrementar la energía cinética de las moléculas. Pero en los líquidos y en los sólidos, donde encontramos que las distancias intermoleculares son pequeñas, la attracción molecular es más pronunciada y las fuerzas attractivas son más fuertes. Una aplicación de energía aumenta la energía cinética de las moléculas y resulta en un aumento en el calor de la sustancia. Por ejemplo, para calentar las manos las frotamos juntas. ¿De donde vino el calor? el trabajo hecho en contra de la fricción de la manos lo produjo.

La energía mecánica siempre produce un aumento en la energía interna de las moleculas del objeto y resulta en una variedad de cambios en el movimiento y la posición de estas moléculas. Esta energía intermolécular, y es independiente de cualquier energía cinética o potencial externa que tenga el cuerpo. No hay duda que parte de la energía cinética dada a las moléculas se convierte en el calor.

2. Unidades de Calor. Ya que el calor y la energía mecánica son idéticas, se miden con la misma unidad, el Joule (Julio). Un Joule es una unidad de energía igual a un newton - metro o a un voltio - coulombio o a un watt - segundo:

1 Joule = 1 newton - metro = voltio - coulombio = 1 watt - segundo

Sin embargo, para distinguir entre calor y energía mecánica, se usa la caloría como la unidad calorífica. La caloría es la cantidad de calor necesaria para elevar un gramo de agua, un grado Celsius, desde 14.5°C hasta 15.5°C. Esta unidad es muy pequeña y a menudo es más conveniente utilizar la kilocaloría (Kcal) o como se la lláma, la caloría de alimentos.

1 kilocaloría (Kcal) = 1000 calorías (cal)

Una kilocaloría se expresa también en kilojoules:

1 kilocaloria (1 Kcal) = 4.19 kilojoules (1 kJ)

Ejemplo. Un joven consume una cantidad de alimento igual a 1500 Kcal. Va al gimnasio donde quiere alzar un peso de 30 kg, 2 metros arriba. ¿Cuantas veces debe alzar este peso para gastar esa energía?

Datos	Pregunta	Ecuación
Q = 1500 Kcal	n = no. de veces	w = mgh
m = 30 kg		
g = 9.8 m/s^2		
h = 2 m		

Solución: Primero convertimos las kilocalorias a joules:

$$Q = 1500 \text{ Kcal} \times 1000 \text{ cal} = 1.5 \times 10^6 \text{cal}$$

1.5×10^6 cal $\times 4.19$ J/cal $= 6.29 \times 10^6$ joules

El trabajo se calcula así: $w = n\, mgh$

Resolviendo por n, se obtiene: $n = w/mgh$

$n = 6.29 \times 10^6$ J $/ 30$ kg $\times 9.8$ m/s$^2 \times 2$ m n $= 1.07 \times 10^4$ veces

3. Calor Especifico. La cantidad de calor necesaria para elevar la temperatura de una sustancia una cantidad definitive depende la la naturalzea de la sustancia. Hay materiales que requieren más calor que otros para llegar a la misma temperatura. Por ejemplo, 4.19 joules de energía térmica elevan la temperatura de un gramo de agua 1°C; mientras que solo 0.90 joules de energía calientan un gramo de aluminio a la misma temperatura.

Para calcular el calor absorbido o emitido por una sustancia, se consideran tres factores:

1. Masa. Cuanto más grande la cantidad de la sustancia, más grande the energía necesaria para calentarla.

2. Naturaleza de la sustancia. Sustancias diferentes necesitan cantidades diferentes de calor para llegar a la misma temperatura. Estas cantidades se llaman capacidades caloríficas. El hielo y el magnesio tienen capacidades caloríficas específicas y diferentes de la del agua. El calor específico o capacidad calorífica de una sustancia, se defina como la cantidad de calor necesario para elevar la temperatura de una unidad masa de la sustancia, 1°C.

Este calor no es constante en todos los casos, sin embargo, dentro de temperaturas normales, los calores específicos se consideran muy constantes.

3. Cambio de Temperatura. Cuanto más grande la cantidad de calor recibida por la sustancia, lo más alta es la temperatura.

Estos factores se juntan en la equación:

$$Q = mc\ \Delta T$$

donde Q es la energía calorífica en joules o calorias, m es la masa en kilogramos o gramos, c es el calor específico y ΔT es el cambio de temperatura en grados Celsius.

Las unidades del calor específico se calculan así:

$$c = Q\ /\ m\ \Delta T$$

$$c = \text{Joules} / \text{Gram.}°C\ ó\ c = \text{Calorias} / \text{gram.}°C$$

El cuadro siguiente nos da los valores de los calores especificos de sustancias comunes

Calor Específico
(kJ / kg.°C)

Alcohol	2.43 (liq)	Aluminio	0.90 (sol)	Amoníaco	4.71 (liq)
Cobre	0.39 (sol)	Hierro	0.45 (sol)	Plomo	0.13 (sol)
Mercurio	0.14 (liq)	Platino	0.13 (sol)	Plata	0.24 (sol)
Hielo	2.05 (sol)	Agua	4.19 (liq)	Vapor, agua	2.01 (gas)
Zinc	0.39 (sol)				

Leyendo la tabla vemos que el calor específico del hierro es 0.45 kJ/kg°C. Esto significa que se necesita 0.45 kJ de energía para elevar la temperatura de un kilogram de hierro, 1 °C. Por el contrario, un kilogramo de plomo requiere solo 0.13 kJ de calor para llegar a la misma temperatura.

Es fácil entender el concepto de calor específico si estudiamos la tabla más a fondo. Por ejemplo: el agua tiene un calor específico relativamente alto cuando comparado con otros materiales, excepto algunos gases, como el amoníaco. Los mares y los lagos permanecen a temperaturas relativamente constantes, porque el agua absorbe grandes cantidades de calor sin cambios apreciables de temperatura. Una consecuencia de esto es qué el agua se calienta y se enfria más lentament que la tierra a su alrededor, dando lugar a las brisas marinas y terrestes. Esto situación también proporciona un clima suave y constante a las islas marítimas y a las costas de lagos.

El cobre, el aluminio y el hierro son los metales preferidos en la fabricación de artículos para la cocina porque estos metales absorben calor muy de prisa. Por ejemplo: una cuchara dentro de una taza de café caliente, adquiere el calor del café y lo enfría. Pero al mismo tiempo, ella pierde ese calor al aire. Si estudiamos los valores de calores específicos vemos que cuanto más bajo es el calor específico, más pronto la sustancia gana o pierde calor.

Ejemplo. ¿Cúanto calor se necesita para calentar 100 gramos de agua desde 15°C hasta 20°C?

Datos   Pregunta   Ecuacion

$m = 0.1$ kg $Q =$ $Q = mc\Delta T$

$T_i = 15°C$

$T_f = 20°C$

$c = 4.19$ kJ/kg.°C

Solución. Por una substitución directa, obtenemos:

$$Q = 0.1 \text{ kg} \times 4.19 \times (20°C - 15°C) = 2.09 \text{ kilojoules.}$$

Ejemplo. Un pedazo de hierro usa 12 570 joules de calor para calentarse de 20°C a 35°C. Calcule la masa del pedazo de hierro.

Datos	Pregunta	Ecuación
$c = 0.45 \text{kJ/kg.°C}$	$m =$	$Q = mc\Delta T$
$Q = 12.57 \text{ kJ}$		
$T_i = 20°C$		
$T_f = 35°C$		

Solución. Arreglando la ecuación, se calcula m. Así:

$$m = Q/c\Delta T$$

$$m = \frac{12.57\text{kJ}}{0.45 \times 15°C} = 1.862\text{kg}$$

PROBLEMAS

1. Un pedazo de aluminio de 500 gramos se calienta de 20 °C a 40 °C. ¿Cúanto calor se necesita?

2. Un kilogramo de hierro a 100°C se pone dentro de un kilogramo de agua a 0°C. Calcule la temperatura final del hierro y el agua.

3. ¿Cúanto calor se necesita para calentar 200 gramos de cobre de 40°C a 100°C?

4. Si se necesita 2600 joules de calor para calentar 2000 gramos de plomo de 20 °C a 30°C, calcule el calor específico del plomo.

5. El calor específico del hierro es 0.45 kJ/kg. Si 4190 joules de calor se añaden a 20 gramos de hierro a 30°C, calcule la nueva temperatura del metal.

6. ¿Cúanto calor se pierde cuando se enfria 200 gramos de plata de 100°C a 20°C?

7. Si un kilogramo de agua a 20 °C se mezcla completamente con 2 kg. de agua a 50°C, calcule la temperatura final de la mezcla.

8. Cuando 100 gramos de agua a 40°C se mezclan con 500 gramos de alambre de cobre a 69°C, la temperatura final es 49°C. ¿Cúanto calor gano el agua?

9. ¿Cúanto calor se debe añadir a 0.05 kg de hielo a o °C para cambiarlo al agua a la misma temperatura?

Selección Múltiple

1. ¿Cúanto calor se debe añadir a 10 kg. de agua para calentarlos de 20° C a 30°C? 1) 100 J; 2) 5000 J; 3) 419 J; 4) 419000 J.

2. ¿Cúal 10 kg. masa de las siguientes sustancias requiere la cantidad más alta de calor para cambiar su temperatura solamente un grado Celsius? 1) hierro; 2) plomo; 3) cobre; 4) aluminio.

3. Una masa de 1 kg de agua se enfría de 95°C a 35°C. ¿Cúanto calor pierde el agua? 1) 2.51×10^5 J; 2) 4.19×10^4 J; 3) 5.45×10^4 J; 4) 6000 J.

4. La cantidad mínima de calor necesaria para derritir 10 kg de cobre súlido a cobre líquido, es 1) 2.05×10^3 J; 2) 2.05×10^4 J; 3) 2.05×10^5 J; 4) 2.05×10^6 J.

5. El calor de una sustancia es otra manifestación de 1) la temperatura; 2) el flujo de energía; 3) la energía interna promedia; 4) el número de átomos en la molécula.

6. La unidad calorífica es 1) el Joule; 2) el grado Kelvin; 3) el watt; 4) el newton.

7. El julio es equivalente a un 1) newton - metro; 2) watt - hora; 3) voltio/coulombio; 4) newton/metro.

8. Un bloque de hielo a 0 °C se derrite, el hielo absorbe energía del aire. Cuando parte del hielo se derrite, la temperatura de la otra parte 1) disminuye; 2) aumenta; 3) no cambia.

9. La energía interna de un cuerpo depende 1) solo de su temperatura; 2) solo de su masa; 3) solo de su fase; 4) de su temperatura, masa y fase.

10. Masas iguales de hierro y cobre a temperatura de 20 °C, se colocan en una horno que suministra 1000 joules por minuto. Comparando el tiempo necesario para que el hierro llegue a su punto de fusión, el tiempo que el cobre necesita para llegar a su punto de fusión es 1) menor; 2) mayor; 3) igual.

11. Cuando el agua líquida se congela, su masa 1) disminuye; 2) aumenta; 3) no cambia.

12. A temperatura y presión normales (0°K y 1 atm), el agua hierve a 1) 0°K; 2) 100°K; 3) 273°K; 4) 373°K.

13. Una holla de cobre y otra de aluminio contienen cantidades iguales de agua. Comparando el calor necesario para elevar la temperatura del agua en la holla de aluminio, 80 °C, la cantidad de calor necesaria para elevar la temperatura del agua en la holla de cobre es 1) menor; 2) mayor; 3) la misma.

Capitulo 27
Cambio de fase

1. Cambios de Fase. La materia se encuentra en tres estados o fases naturales, el sólido, el líquido y el gas. Cuando hay un cambio de estado, por ejemplo, de sólido a líquido, o de líquido a gas, no hay un cambio de temperatura. Lo que cambia es la energía interna de la sustancia. Esta energía se usa principalmente para modificar la attracción entre las moléculas. En cambio, la energía absorbida o emitida en un cambio de temperatura, no produce un cambio de fase. Solamente produce un cambio en el promedio de la energía cinética en la sustancia.

2. Punto de Calefaccion y Punto de Fusion. El punto de congelación de una sustancia es esa temperatura a la cúal el líquido se congela. El punto de fúsion es esa temperatura a la cual el sólido se derrite. Bajo condiciones iguales de presión, el puntó fusion y el punto de congelación ocurren a la misma temperatura. Por ejemplo, el punto de congelación del agua es 0°C y el punto de fusión del hielo es 0°C. Asi también, el cobre se congela y se derrite a una temperatura de 1083°C. El cuadro siguiente nos dá los valores del punto de fusión de sustancias comunes.

Puntos de Fusión
(°C)

Alcohol	- 117	Aluminio	660	Amoniaco	- 78
Cobre	1083	Hierro	1535	Plomo	328
Mercurio	- 39	Platino	1772	Plata	962
Hielo	0	Zinc	420		

Punto de Ebullicion y Punto de Condensacion. El punto de ebullición de un líquido es esa temperatura a la cual el líquido hierve y cambia a vapor. El punto de condensación de un vapor es esa temperatura a la cual el vapor se condensa y forma el líquido.

Una definición más exacta será que el punto de ebullición de un líquido es esa temperatura a la cual the presión de vapor del líquido es igual a la presión exterior. El agua pura hierve a 100°C a la presión atmosférica normal y el vapor de agua se condensa tambien a 100°C a la misma presión.

Consideremos el proceso de ebullición del agua. El agua contenida en una vasija y expuesta al aire, se evaporara a cualquier temperatura, resultando en la evaporación completa de las moléculas de agua. Si en cambio, se calienta el agua hasta 100°C a la presión normal, la naturaleza de la evaporación cambia. El vapor se forma no solo en la superficie del líquido, sino en todo el volúmen del líquido. Burbujas de vapor de agua se forman en el interior y se rompen en la superficie. ¿Qué diferencia existe entre esta ebullición y el proceso lento de evaporación que ocurre a cualquier temperatura? Recordemos que un líquido en una vasija cerrada se evapora y este vapor ejerce cierta presión a la superficie. Esta es la presión de vapor del líquido y depende de la temperatura del líquido. A una temperatura bajo de cien grados Celsius, las moléculas del líquido no poseén energía suficiente para evaporarse y formar una burbuja. Cualquier burbuja que podría formarse se rompe porque la presión de su vapor es menos que la presión atmosférica y el agua se condensa inmediatamente.

Si ahora suministramos más calor y la temperatura del agua es 100°C, las moléculas del líquido poseén suficiente energía para vaporizarse y la presión de vapor es igual a la presión atmosférica, la burbuja se forma y, como es menos densa que el líquido, sube a la superficie y explota. El líquido esta hirviendo.

Generalmente, se dice que si la presión en la superficie del líquido aumenta, el punto de ebullición tambien aumenta. Si la presión se reduce, entonces el líquido hierve a una temperatura más baja.

La table siguiente nos dá el punto de ebullición de unas sustancias comunes:

Punto de Ebullición
(°C)

Alcohol	79	Aluminio	2467	Amoníacvo	- 33
Cobre	2567	Hierro	2750	Plomo	1740
Mercurio	357	Platino	3827	Plata	2212
Agua	100	Zinc	907		

Calor de Fusión

4. Calor de Fusion. El calor añadido a una sustancia en su fase sólida va a aumentar la temperatura de la sustancia. Sin embargo, si este calor se añade a la sustancia a su punto de fusión, la energía interna de las moléculas aumenta, pero la temperatura de la sustancia no cambia. La sustancia comienza a derritirse y el cambio de temperatura ocurre al punto en que toda la sustancia es en la fase líquida.

El calor añadido durante este intervalo se llama el calor de fusión. El calor de fusión es la cantidad de calor necesaria para derritir un kilogramo de la sustancia a su punto de fusión sin cambio de temperatura.

$$Q = m\,H_f$$

Calor ganado o perdido = masa x calor de fusion.

$$Q = KiloJoules \quad m = Kilogramos \quad H_f = kJ/kg$$

Este proceso se entiende mejor si consideramos cantidades iguales de hielo y agua a una temperatura de 0°C en una refrigeradora que tiene la misma temperatura, 0°C. El hielo no se derrite ni el agua se congela. Sin embargo, cuando se aumenta la temperatura en la refrigeradora, el hielo se derrite y cuando se reduce la temperatura de la refrigeradora, el agua se congela. Por supuesto, entendemos que la temperatura del agua y del hielo son constantes hasta el punto en que uno o el otro cambia de fase.

De acuerdo con las tablas, un kilogramo de hielo a 0°C absorbe 334 kJ dé calor para fundirse completamente en agua a 0°C. Para el agua, un kilogramo de agua a 0°C emite 334 kJ de energía para congelarse en hielo. Recordemos que la cantidad de calor liberada cuando una masa de líquido se congela es, exactamente, la misma que se necesita para fundir la masa del sólido.

La tabla siguiente nos dá el calor de fusión de unas sustancias comunes:

Calor de Fusión
kJ/kg

Alcohol	109	Aluminio	396	Amoníaco	332
Cobre	205	Hierro	267	Plomo	25
Mercurio	11	Platino	101	Plata	105
Hielo	334	Zinc	113		

Se entiende que aunque el mercurio y el alcohol son líquidos en su fase natural, se congelan y liberan 11 kJ/kg y 109 kJ/kg, respectivamente. El agua no tiene un calor de fusión, pero si se congela emitiendo 334 kJ/kg de energía.

Ejemplo. ¿Cúanto calor se necesita para derritir completamente 3000 gramos de hielo a 0°C en agua a la misma temperatura?

Datos	Pregunta	Ecuación
m =300 g = .3 kg	Q =	$Q = mH_f$
H_f = 334 kJ/kg	

Solucion : Una substitucion directa nos da:

$$Q = 0.3 \text{ kg} \times 334 \text{ kJ/kg} = 100.2 \text{ kJ}.$$

Ejemplo. ¿Cúanto calor es necesario para derritir 2 kg de cobre a su punto de congelación?

Datos	Pregunta	Ecuación
m = 2 kg	Q =	$Q = mH_f$
H_f = 205 Kj/kg	

Solución: Una substitución directa nos dá:

$$Q = 2 \text{ kg} \times 205 \text{ kJ/kg} = 410 \text{ kj}$$

∧ ∧ ∧ ∧ ∧ ∧ ∧ ∧ ∧ ∧ ∧ ∧

5. Calor de Vaporización. El calor añadido a un líquido aumenta su temperatura. Sin embargo, si el calor se añade cuando el líquido comienza a hervir, la temperatura no cambia. La energía extra permite que las moléculas del líquido se vaporizen formando burbujas que llegan a la superficie y explotan. Este proceso resulta en la vaporizacion del líquido. También se sabe que sustancias se evaporan a cualquier temperatura, pero la rapidéz con que el líquido se evapora depende de la temperatura. Cuanto más caliente el agua, mayor será el número de moléculas con energía suficiente para abandonar el líquido.

La energía necesaria para cambiar un líquido a vapor se llama el Calor de Vaporización. El calor de vaporización es entonces la energía necesaria para convertir 1 Kilogramo de un líquido a 1 kilogramo de vapor, sin cambio de temperatura.

Tan pronto como el líquido comienza a hervir, no importa cuanto más calor se añade, la temperatura del líquido ebulliente no cambia hasta el punto en que todo el líquido se evapora.

$$Q = m H_v$$

Calor ganado o perdido = masa x calor de vaporización

Q = Kilojoules   m = Kilogramos H_v = kJ/kg

La tabla siguiente nos da el calor de vaporización de sustancias comunes:

Calor de Vaporización
kJ/kg

Alcohol	855	Aluminio	10500	Amoníaco	1370		
Cobre	4790	Hierro	6290	Plomo	866	Mercurio	295
Platino	229	Plata	237	Agua	2260		

Ejemplo. ¿Cúanta energía se necesita para convertir 20 gramos de agua a 100°C al vapor a la misma temperatura?

Datos   Pregunta   Ecuación
m = 0.020 kg   Q =   Q = m H_v
H_v = 2260 kJ/kg

Solución: Una substitución directa nos dá:

Q = 0.020 kg x 2260 kJ/kg = 45.2 kJ

Ejemplo. ¿Qué masa de mercurio a su punto de ebullición se evapora cuando añadimos 540 kJ de energía?

Datos   Pregunta   Ecuación
Q = 540 kJ   m =   Q = m H_v
H_v = 295 kJ/kg

Solución: Arreglando la ecuación, se resolve por m:

m = $Q_/ H_v$m = 540 kJ / 295 kJ/kg = 1.83 kg

∧ ∧ ∧ ∧ ∧ ∧ ∧ ∧ ∧ ∧ ∧

6. Cambio de Fase. Para efectuar un cambio de fase, de sólido a líquido a gas, una sustancia debe sostener una cambio en la energía interna de sus moléculas.

La figura siguiente demuestra lo que ocurre cuando calentamos 20 gramos de hielo de una temperatura de - 5 °C hasta 115°C. El diagrama delinea el cambio de temperatura versus el calor añadido. Esta curva se aplica igualmente a todas las sustancias.

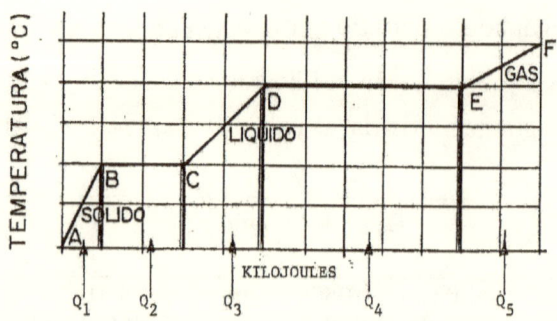

Observamos que la curva esta dividida en 5 segmentos, Q_1, Q_2, Q_3, Q_4 y Q_5.

Q_1. Calor necesario para calentar al hielo desde - 5°C hasta la temperatura de 0°C.

$$Q_1 = m\ c\ \Delta T$$

$$c_{hielo} = 2.05\ kJ/kg - °C$$

$$Q_1 = 0.020\ kg \times 2.05 \times 5°C = .205\ kJ$$

Q_2. Calor necesario para derritir el hielo sin cambio de temperatura, de hielo a 0°C al agua a 0°C.

$$Q_f = m\ H_f$$

$$H_f = 334\ kJ/kg$$

$$Q_2 = 0.020\ kg \times 334\ kJ/kg = 6.68\ kJ$$

Q_3. Calor necesario para calentar al agua hasta el punto de ebullición.

$$Q_3 = m\ c\ \Delta T$$

$$c_w = 4.19\ kJ/kg - °C$$

$$Q_3 = 0.020\ kg \times 4.19 \times 100°C = 8.2\ kJ$$

Q_4. Calor necesario para vaporizar el agua a 100°C.

$$Q_v = m\ H_v$$

$$H_v = 2260\ kJ/kg$$

$$Q_4 = 0.020\ kg \times 2260\ kJ/kg = 45.2\ kJ$$

Q_5. Calor necesario para calentar el vapor de agua de 100°C a 115°C.

$$Q_5 = m\ c\ \Delta T$$

$$c_{st} = 2.01 \text{ kJ/kg - }°C$$
$$Q_5 = 0.020 \text{ kg} \times 2.01 \times 15°C = .603 \text{ kJ}$$
$$Q_{total} = .205 \text{ kJ} + 6.68 \text{ kJ} + 8.2 \text{ kJ} + 45.2 \text{ kJ} + .603 \text{ kJ}$$
$$Q_{total} = 60.88 \text{ kJ}$$

7. Dilatacion del Agua al Congelarse. La contracción que sufren la mayoría de las sustancias al enfriarse, se explica facilmente como la reducción de las distancias intermoleculares debido a una disminución de la energía cinética molecular. El agua es una excepción importante de la regla de que la mayoría de las sustancias de contraen al enfriarse. La figura siguiente muestra el volúmen del agua a varias temperaturas. En esa gráfica, se vé que el agua, al enfriarse, se contrae hasta que ocupa un volúmen mínimo a unos 4°C.

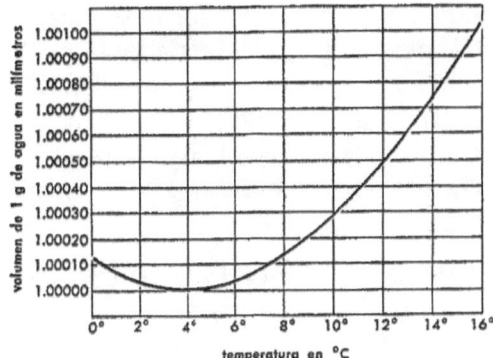

De allí en adelante, el agua se dilata y al congelarse se dilata aun más. Las masas de agua, tales como lagos y mares, se calientan con la energía del sol. Al elevarse la temperatura del agua en la superficie, el agua se dilata y flota sobre las capas inferiores más frias y densas. Corrientes por convección ocurren cuando el agua de la superficie se enfria y se vuelve más densa que la de abajo.

Pero, unos pocos grados encima del punto de congelación, el agua empieza a dilatarse al seguirse enfriando; las corrientes por convección se detienen y el agua más fria se mantiene en la superficie líquido y se congela. La dilatación del agua cuando se congela parece estar en contradicción con la teoría cinética molecular. Al frenarse las moléculas, deben ocupar menos espacio, en lugar de más.

La dilatación del agua se debe a la atracción electrostática que hay entre las moléculas polares de agua. Estas fuerzas de atracción son suficientemente fuertes como para que exista entre ellas un enlace electróstatico llamado <u>el puente de hidrógeno</u>.

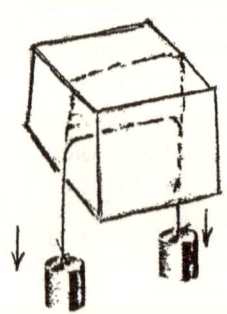

Puentes de Hidrógeno
en el hielo

La figura ilustra lo que pasa cuando el agua se congela para formar hielo. Las moléculas del agua forman una red complicada de cubículos, en la que los puentes de hidrógeno proporcionan la fuerza de atracción para mantener un cristal hexágonal, con los seis lados formados por moléculas de agua, manteniendo un espacio abierto entre ellas. La teoría dice que la existencia de estos espacios es responsable por el mayor volúmen que el que sería necesario en el líquido. En el proceso reverso; cuando el hielo se derrite, las moléculas de agua caen en estos vacíos y, por lo tanto, el líquido ocupa menos espacio.

La congelación del agua aumenta el volumen del líquido por lo menos un 10% y la densidad disminuye. Un pedazo de hielo tiene una densidad igual al 90% de la densidad del líquido. Esta es la razón porque el hielo flota en el agua. La parte del hielo que sobresale del agua es igual, por lo menos, a un 10% del volúmen total.

8. Presión y el punto de fusión. Cada sustancia cristalina empieza a derritirse a una temperatura específica constante si la presión no cambia. Por ejemplo, el hielo se derrite a 0°C a la presión normal. Si por el contrario, se aumenta la presión en un cubo de hielo, el hielo empieza a derritirse a una temperatura bajo cero. Levantando la presión, el agua se congela de nuevo.

El cuadro anterior ilustra este fenómeno. Un alambre con pesos se coloca encima del cubo de hielo. Despúes de algún tiempo, observamos que el alambre ha penetrado en el hielo y, en efecto, pasa por medio de él. Cuando la presión ejercida por el alambre vuelve a lo normal, el agua se congela dando la impresión de que el alambre pasó por el cubo sin cortarlo. Si apretamos dos pedazos de hielo, ellos se funden formando solo un pedazo más grande. Los patinadores de hielo saben esto muy bien. La cuchilla del patín ejerce una presión considerable en el hielo y lo derrite. Tan pronto como el patinador se mueve, el agua se congela. En efecto, los patinadores no patinan en hielo sino en una pelicula muy fina de agua.

EJERCICIOS

1. ¿Cúanta energía en kilojoules se necesita para convertir 100 gramos de alcohol de 25°C a 95°C?

2. ¿Cúantos kilojoules requieren 0.345 kg de hielo a - 25°C para alcanzar una temperatura de 98°C?

3. Hay 120 kg de mercurio a una temperatura de - 120°C. ?Cuanto energía se necesita para calentar el metal a 25°C?

4. ¿Cúantos kilogramos de cobre se calientan de 20°C al punto de fusion, si añadimos 786 kJ?

5. Si 15 kg de aluminio se enfrian de 2667°C a 65°C, ¿cúanto calor perdió el aluminio?

*   *   *

Capitulo 28
Leyes Termodinámicas

Leyes Termodinámicas

1. Primera Ley Termodinámica

La termodinámica estudia la conversión de trabajo mecánico a calor dentro de un sistema dinámico. Un sistema dinámico se refiere a un objeto específico o a un grupo de objetos con propiedades comunes, por ejemplo: un auto, el sistema tierra - luna o el universo.

La energía interna de un objeto es la energía total de todos lo átomos o moléculas que componen esa sustancia. Es muy importante entender que se puede añadir energía a un objeto sin cambiar su temperatura, por ejemplo: el empujar un carrito por el piso no requiere calor, pero la fricción entre las llantas y el piso produce calor. La fricción, si se recuerda, es la fuerza que se opone al movimiento de una superficie sobre otra. El trabajo necesario para mover un objecto menos el trabajo debido a la friccion es el trabajo útil. Casi todo el trabajo para vencer la friccion se convierte en energía térmica.

Cuando se frotan energeticamente las dos manos, se percibe el calor generado por la friccion. Deje que un peso caiga al suelo, y el suelo y el peso ambos demuestran un aumento en temperatura. Una pequeña cantidad de energía de fricción produce energía sonora o ruido, o tambien energía de luz, si el cuerpo se calienta suficientemente. Calor es el producto del trabajo mecánico. La producción de calor es una indicación de que trabajo se ha realizado.

La ley de conservación de energía dice que el trabajo o la energía mecánica se conservan solamente en la ausencia de fuerzas no - conservadoras, tales como la fricción, sin realizar cambios en la energía interna del cuerpo. La transferencia de energía ocurre en dos maneras, la primera por la realización de trabajo en el cuerpo y la otra por la añadidura de calor. Transferencia de energía simpre resulta en un cambio en la energía interna del sistema.

La primera ley de la Termodinámica es una expresión general de la ley de conservación de energía que considera los cambios en la energía interna del sistema. La primera ley dice qué el calor añadido a un sistema es igual a la suma del aumento en la energía interna y el trabajo exterior realizado en el sistema."

En otras palabras:

$$Q_{total} = Q_{interna} + W$$
$$Q_{interna} = Q_{total} - W$$

La cantidad Q_{total} - W defina el cambio en la energía interna del sistema y es siempre constante. Es una expresión verdadera de la Primera Ley de la Termodinámica y lo expresa muy claro de que no es posible extraer mas energía de un sistema que la energía original. La energía debe siempre conservarse.

2. El Equivalente Mecánico de Calor.

La primera ley se conoce también como el equivalente mecánico de calor, (J). Este dice que, en los sistemas aislados, cada 4.19 joules de trabajo producen 1 caloria. En otras palabras, 4.19 joules de trabajo aumentan la temperatura de 1 gramo de agua, 1°C.

$$Q = W/J$$

Q = calor   W = trabajo

Equivalente Mecánico de Calor J = 4.19 Joules/caloría

4.19 joules = 1 caloría

4.19×10^3 joules = 1×10^3 calorías = 1 Kcal

La primera ley de la Termodinámica establece que hay una relacion definitiva entre el trabajo y el calor.

Una proporción simple nos dá el equivalente de un joule en calorías:

4.10 J/1J = 1 cal/x calx = 0.238 cal/J

*   *   *

Ejemplo. ¿Cúanto calor, en calorías, se produce cuando una fuerza horizontal de 25 newtons se usa para mover una caja de madera una distancia de 3 metros?

Datos	Pregunta	Ecuación
f = 25 N	Q =	W = fs
s = 3 m	Q =	W/J

Solución: Primero, se calcula el trabajo realizado cuando se mueve la caja:

$$W = fsW = 25 \text{ N} \times 3 \text{ m} = 75 \text{ joules}$$

Si $Q = W/J$ entonces $Q = 75 \text{ J}/ 4.19 \text{ J/cal} = 18$ calorías.

Ejemplo. ¿Cúanto cambia la temperatura de 1 kg de agua si añadimos 5000 J de energía a esta agua?

Datos	Pregunta	Ecuación
m = 1 kg	T =	Q = mcΔT
Q = 5000 J		
c_w = 4.19 kJ/kg - °C		

Solución: Convertimos joules a kilojoules:

$$5000 \text{ joules} / 1000 = 5 \text{ kJ}$$

Arreglando la ecuación obtenemos:

$$\Delta T = \frac{Q}{mc} \qquad \Delta T = \frac{5kJ}{1kg \times 4.19kJ/kg - °C} = 1.19°C$$

∧ ∧ ∧ ∧ ∧ ∧ ∧ ∧ ∧ ∧ ∧ ∧

Todas las consideraciones en la primera ley apuntan en la misma dirección, hacia la produccion de calor. Hay un 100% de probabilidad que la energía mecánica se convertirá en calor. Por cierto que todas las transformaciones de energía producen calor y este calor es energía inútil. Esto es inescapable. Los inventores de máquinas de moción perpetúa no parecen entender este concepto. Por ejemplo, consideremos que un motor se conecta a un generador para producir electricidad. Este generador entonces suministrará la energía eléctrica para el motor. ¿Pero es este esquema bueno? Por supuesto que no. Dentro de cada paso, una cierta cantidad de energía se convierte a calor. Este calor es inútil y se pierde. Finalmente, toda la energía se disipara como calor.

3. La Segunda Ley Termodinámica

No se puede transmitir calor de un cuerpo frio a un caliente espontaneamente sin realizar trabajo. A Segunda Ley de la Termodinámica dice que "el calor fluye espontáneamente de los cuerpos calientes a los frios y en este proceso se desperdicia siempre una cantidad de energía." Es decir, que en el proceso de transmitir energía, la energía final no es nunca igual a la energía original.

La primera ley nos dice que la energía siempre se conserva, pero la ley segunda nos dice que una parte de esta energía siempre se desperdicia. La cantidad total de energía sumistrada a un sistema no es nunca igual al trabajo realizado en el sistema.

4. Calorimetría. Consideremos ahora unas situaciones donde solamente energía térmica se transmite entre sistemas aislados. Si una sustancia pierde calor en un sistema aislado, entonces otra sustancia en el mismo sistema debe adquirir ese calor. No hay perdida de calor al ambiente exterior. Este proceso de puede establecer con el uso de un calorímetro.

Este aparato consiste de dos vasijas, una pequeña y una más grande. La vasija pequeña se encunetra dentro de la grande sostenida por un cuello plástico. Entre los dos recipientes hay aire que sirve de aislante. Examinese el cuadro.

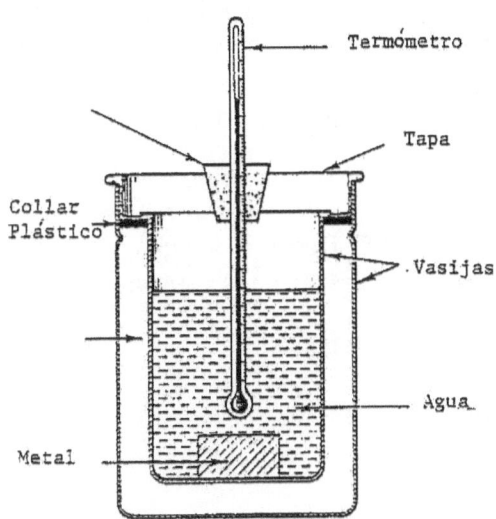

El calorímetro puede emplearse para medir el calor específico de una sustancia del siguiente modo: Una muestra de la sustancia cuyo calor específico se desea determinar, se calienta en agua ebulliente a 100°C por lo menos unos cinco minutos. Se agita el agua en el calorímetro y se mide su temperatura. Se introduce rapidamente la muestra en el calorímetro, se agita el agua y se mide de nuevo la temperatura. Se supone que no hay pérdida de calor en este experimento y el calor cedido por la muestra ha de ser igual al calor ganado por el agua fria. Las dos muestras de agua están ahora en equilibrio térmico.

Podemos decir que la cantidad de calor perdida por una sustancia es igual al calor ganado por la otra en sistemas aislados.

$$\text{Calor perdido} = \text{Calor ganado}$$

$$Q_{perdido} = Q_{ganado}$$

$$(m\ c\ \Delta T)_p = (m\ c\ \Delta T)_g$$

El calor fluye de la temperatura alta a la temperatura baja. La diferencia entre las temperaturas controla el flujo del calor. Por ejemplo, consideremos la máquina de un automovil para entender la segunda ley. La gasolina ya mezclada con aire entra en el cilindro y se comprime. Una chispa eléctrica de la bujia enciende la mezcla que explota y empuja el pistón. Esta explosión produce temperaturas extremadamente altas. Una gran parte de la energía se convierte en calor, talvéz un 70%, y se disipa al aire exterior por medio del sistema refrigerante en el radiador y por el escape. El resto de la energía se usa para mover al uto.

Digamos que Q_1 representa la energía de la gasolina, Q_2 es la energía disipada al aire y W es la energía mecánica que mueve al auto, entonces:

$$Q_1 = W + Q_2$$

Ejemplo: 323 gramos de plomo se ponen dentro de agua hirviendo a 100°C. El plomo caliente se coloca en un calorímetro que contiene 100 gramos de agua a 10°C. Despues de agitar el agua, la temperatura a equilibrio es 18.2°C. Calculese el calor específico del plomo.

Datos	Pregunta	Ecuación
m_m = .323 kg	c =	$Q_p = Q_g$
m_a = .100 kg		
T_m = 100°C		
T_a = 10°C		
T_f = 18.2°C		

Solución: El plomo caliente cede calor al agua fria, entonces:

$$\text{Calor perdido} = \text{Calor ganado}$$

$$Q_p = Q_g$$

$$m_m\ c\ \Delta T_m = m_a\ c_a\ \Delta T_a$$

$$.323\ kg \times c_m \times 81.8°C = .100\ kg \times 4.19 \times 8.2°C$$

$$c = \frac{.100\text{kg} \times 4.19 \times 8.2^\circ\text{C}}{.323\text{kg} \times 81.8^\circ\text{C}} = .130\text{kJ/kg} \cdot {}^\circ\text{C}$$

Ejemplo. Un bloque de hierro de 500 gramos a una temperatura de 100°C se coloca en 500 gramos de agua a 20°C. Si el hierro tiene un calor específico de 0.45 kJ/kg°C, ¿cúal es la temperatura final del hierro y del agua?

Datos	Pregunta	Ecuación
$m = .5$ kg	$\Delta T =$	$Q_p = Q_g$
$T_m = 100°C$		
$m = .5$ kg		
$T_a = 20°C$		
$c = .45\text{kJ/kg} - °C$		
$c = 4.19\text{kJ/kg} - °C$		

Solución. Dejemos que la x sea la temperatura final del metal y del agua. Ya que el hierro caliente está en el agua fria, su temnperatura final será menor que 100°C, entonces para el hierro:

$$T_m = (100°C - x)$$

La temperatura del agua será más alta que 20°C, entonces para el agua:

$$T_a = (x - 20°C)$$

$$\text{Calor perdido} = \text{Calor ganado}$$

$$m\,c\,\Delta T = m\,c\,\Delta T$$

$$.5 \text{ kg} \times .45 \times (100°C - x) = .5 \text{ kg} \times 4.19 \times (x - 20°C)$$

$$22.5 - .225x = 2.09x - 41.9$$

$$2.31x = 64.4$$

$$x = 27.81°C$$

* * *

PROBLEMAS

1. 200 gramos de cobre a 100°C se ponen dentro de 50 gramos de agua a 10 C. ¿Cúal es la temperatura final?

2. 50 gramos de agua a 90°C se ponen en un calorímetro un conteniendo 45 gramos de agua a 20°C. Calcule la temperatura final.

3. 379 gramos de hierro a 100°C se ponen dentro de un calorímetro con una masa de 100 gramos y un calor específico de 0.90 kJ/kg C. Este calorímetro contiene 300 gramos de agua a 14°C. La temperatura final de la mezcla es 24°C. ¿Cúal es el calor específico del hierro?

4. 95 000 joules de energía producen un cambio de temperatura de 20°C en 1000 gramos de agua contenida en un calorímetro de aluminio con una masa de 1500 gramos. ¿Qué parte de esa energía paso al agua y al calorímetro?

5. Un pedazo de cobre a 100°C se coloca dentro de un calorímetro con un calor específico de 0.39 kJ/kg C, que contiene 200 gramos de agua a 15°C. La temperatura final es 17.5°C. Se repite el experimento reemplazando al agua con 200 gramos de un líquido a 16.5°C. La temperatura final es 18°C. ¿Cúal es el calor específico del líquido?

6. Un pedazo de metal de 200 gramos a 100°C se pone dentro de un calorímetro con un calor específico de 0.39 kJ/kg C. Hay 500 gramos de agua en el calorimetro a 10°C. La temperatura final del agua es 15°C. Calcule el calor específico del metal.

7. 75 gramos de hielo a una temperatura de 2°C bajo cero se ponen dentro de un calorímetro que contiene 425 gramos de agua a 45°C. Calcule la temperatura de la mezcla.

8. 500 gramos de plomo a 98°C se colocan en un calorímetro de aluminio que pesa 200 gramos y contiene 400 gramos de agua a 20°C. Si la temperatura final del agua es 23°C, calcule el calor específico del plomo.

9. Un pedazo de metal que pesa 500 gramos a 100°C se pone dentro de 300 gramos de agua a 25°C contenidos en un calorímetro de cobre que pesa 300 gramos. ¿Cúal es la temperatura de la mezcla?

10. ¿Cúantos gramos de hielo pueden derritirse cuando se añade 1 kg de agua a 60°C?

*   *   *

Selección Múltiple

Las pregundas 1 - 3 se basan en el diagrama que representa la relación entre la energía añadida y la temperatura de una dustancia X. Esta sustancia tiene una masa de 1.0 kg y se calienta de 20°C a 750°C.

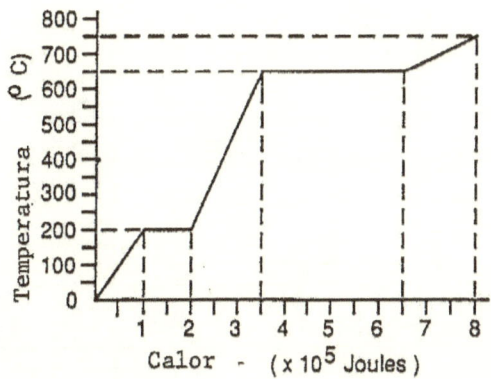

Calor - (x 10^5 Joules)

1. ¿En qué fase encomtramos a la sustancia X cuando la temperatura es 250° C? 1) sólida; 2) líquido; 3) gaseosa; 4) plasma.

2. ¿Cúal es el calor de fusión de la sustancia X? 1) 1 x 10^5 J/kg; 2) 2 x 10^5 J/kg; 3) 3 x 10^5 J/kg; 4) 1.5 x 10^5 J/kg.

3. ¿Cúal es el calor específico aproximado de la sustancia en la fase sólida? 1) 1 x 10^5 J/kg°C; 2) 5.6 x 10^2 J/kg°C; 3) 3.3 x 10^2 J/kg°C; 4) 1 x 10^3 J/kg°C.

Las preguntas 4 - 8 se basan en la información siguiente: Una holla de aluminio de 0.80 kg contiene 0.5 kg de agua a 20 °C. La holla se calienta hasta que el agua se vaporiza a 100°C.

4. ¿Cúanto calor se necesita para vaporizar el agua completamente cuando hirvio a 100° C? 1) 16.7 kJ; 2) 1130 kJ; 3) 1808 kJ; 4) 2260 kJ.

5. ¿Cúanto calor adquirió el aluminio de los 20°C a 100 °C cuando el agua se vaporizó? 1) 40 kJ; 2) 58 kJ; 3) 150 kJ; 4) 310 kJ.

6. ¿Cúanto calor se necesita para aumentar la temperatura del agua hasta su punto de ebullición a una presión de una atmósfera? 1) 28 kJ; 2) 44 kJ; 3) 84 kJ; 4) 168 kJ.

7. Si la holla fuera herméticamente tapada during el calentamiento, la presión del vapor dentro de la holla 1) disminuye; 2) aumenta; 3) no cambia.

8. Asumemos que una hola de cobre se usa en vez de la holla de aluminio. Comparando el calor total usado en el aluminio con el calor usado en el cobre, el calor usado en el cobre será 1) menor; 2) mayor; 3) lo mismo.

Las preguntas 9 - 13 se basan en el diagrama siguiente que muestra una curva de enfriamiento de 10 kg de una sustancdia. La sustancia se enfria desde la fase gaseosa a 160°C hasta la fase sólida a 20°C. La sustancia pierde 8 kJ de energía por minuto.

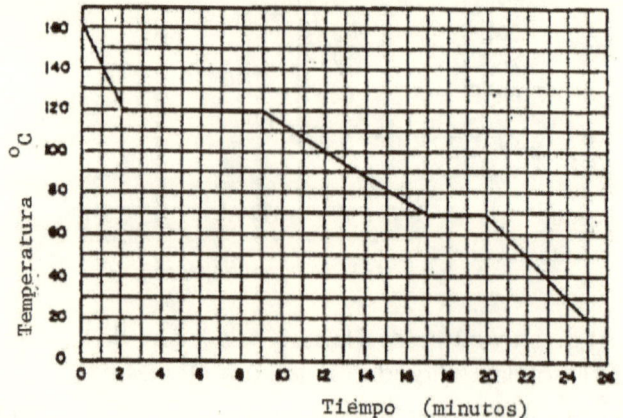

9. El punto de ebullición de la sustancia es 1) 0 °C; 2) 70 °C; 3) 100 °C; 4) 120 °C.

10. El calor de vaporización de la sustancia es 1) 2.3 kJ/kg; 2) 5.6 kJ/kg; 3) 7.8 kJ/kg; 4) 9.4 kJ/kg.

11. Durante la fase líquido, el calor específico de la sustancia es 1) 0.06 kJ/kg°C; 2) 0.09 kJ/kg°C; 3) 0.13 kJ/kg°C; 4) 9.4 kJ/kg°C.

12. Cuando la sustancia se enfria durante la fase líquido, la energía promedia de las moléculas 1) disminuye; 2) aumenta; 3) no cambia.

13. Comparando el calor específico de la fase gaseosa con el calor específico de la fase líquido, el calor del líquido es 1) menor; 2) mayor; 3) es el mismo.

Capitulo 29
Entropia

1. Refrigeración. Si queremos que un cuerpo frio ceda calor a uno más caliente, debemos usar una cantidad de energía más grande que la cantidad que resulta. Este transferencia de energía es posible con el uso de bombas térmicas. El refrigerador y el acondicionador del aire son bombas térmicas muy comunes. ¿Por qué se llaman bombas térmicas? Simplemente porque ellas mueven calor desde regiones calientes a regiones más frias. Este proceso necesita energía y nosotros debemos suministrarla.

El refrigerador y el acondicionador se componen de partes similares. Tienen el refrigerante, un gas con un calor de vaporización alto, un motor, un compresor, un serpentín de expansión y un serpentín de compresión. El gas refrigerante más comun es el Freón. Examinen el diagrama de un refrigerador común.

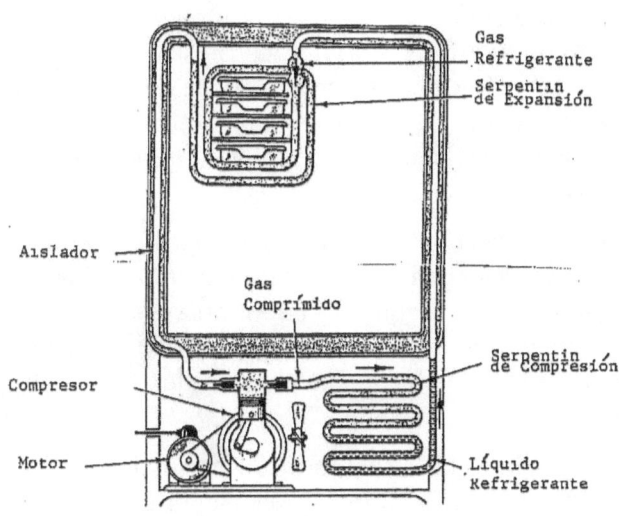

El sistema motor/compresor comprime el gas refrigerante y lo manda el serpentín de compresión. Aquí el gas pierde energía y se licúa. Está ahora caliente debido al trabajo realizado por el compresor. Este calor puede quitarse por el aire circulante debajo del refrigerador y se envia para dentro de la cocina. El líquido, empujado por la bomba del compresor pasa por una válvula y se dilata bruscamente en el serpentín de expansión.

Aquí el líquido se evapora, tomando su calor de vaporización de los artículos a su alrededor. Este serpentín de expansión es siempre frio y enfría el interior del refrigerador y los alimentos en su adentro. En seguida, el gas regresa al compresor y el proceso se repite.

En un sistema de aire acondicionado, el serpentin de expansión o serpentín frio está dentro de la casa y el caliente esta afuera. Hay un ventilador que hace circular el aire frio dentro de la habitación. En otras palabras, el acondicionador es un refrigerador invertido.

2. Entropía. Sabemos ya que la primera ley de la Termodinámica no es más que otra manera de expresar la ley de conservación de energía. Hay una conneción definitiva entre la primera y la segunda ley, por ejemplo, cuando enfriamos una botella de agua de soda en una vasija con hielo, se espera que parte del hielo se vá a derritir y el agua de soda se enfriara. De acuerdo con la segunda ley, el calor fluye de la soda al hielo. Este proceso no se puede invertir espontáneamente sin violar la segunda ley. La primera ley dice simplemente que el calor perdido por la soda es igual al calor ganado por el hielo, pero la segunda ley nos dá la direccion definitiva del calor.

En efecto, la segunda ley controla la progresión de lo que ocurre dentro de un proceso físico. Cada proceso físico ocurre linealmente o en línea recta. Esta dirección se llama la flecha de tiempo. Si el hielo se derrite y la soda se enfria, el flujo de energía no ocurrió instantáneamente, pero ocurrió dentro de algún tiempo. Durante este tiempo, el hielo se licúo perdiendo su forma cristalina.

La segunda ley de la Termodinámica se puede expresar así: todos los procesos naturales tienen la tendencia de seguir una dirección hacia un estado de desorden. Esto es entropía. La entropía es la medida quantitativa del desorden en un sistema. Un estado desordenado poséé más entropía que un estado ordenado. Asi, el agua líquido tiene más entropia que el hielo.

El cubo de hielo es un cristal formado por moléculas de agua en el que cada cristal mantiene la forma hexagona perfecta. Sin embargo, si la temperatura ambiente es un poco más alta que el punto de fusión, el hielo tiene la tendencia natural de derritirse elevando la entropía. Consider que cuando la temperatura asciende, las moléculas absorben energía térmica y los puentes de hidrógeno se quiebran. El hielo se funde produciendo agua líquida. Se ha introducido el desorden. El hielo es orden, el agua es desorden.

El agua tiene también la tendencia natural de evaporación. Cuando las moléculas absorben energía térmica, se evaporan y escapan del líquido en la forma de vapor de agua. De nuevo, se introdujo el desorden. El agua es orden, el vapor de agua es desorden. Este proceso es irreversible. Nunca podremos recoger todas la moléculas de agua y recongelarlas en el cubo de hielo.

El flujo del tiempo es en la dirección del desorden, por ejemplo, si vemos una botella quebrada, se supone que la botella se quebró hace algún tiempo. Cuando vemos una película que muestra los pedazos de la botella formándola entera, asumimos que la película vá de adelante hacia atras. Consider otro ejemplo: una rosa es muy bonita desde el momento en que florece, pero dentro de poco tiempo, los petalos se arrugan y se descoloran y la flor se desmorona. Vá de orden a desorden.

Desorden o entropía aumenta con la pasada del tiempo y se asume que el tiempo pasa solamente en la dirección del aumento en la entropía.

La memoria o la abilidad de recordar el pasado también coincide con la flecha entrópica. Cuando vemos un acontecimiento lo recordamos. Esta memoria ocurre porque una cantidad minúscula de energía se necesita para iniciar transmiciones eléctricas entre las celulas neurales. Parte de esa energía se convierte en calor y, como lo sabemos, calor siempre aumenta la entropía. Los científicos creen que la entropía y, por consiguiente, la memoria empieza en el pasado y aumenta cada dia. Asi la memoria nos permite recordar el pasado pero no el futuro.

El cambio en entropía en un sistema (ΔS), es igual al calor (ΔQ) que fluye a un sistema aislado dividido por la temperatura absoluta, (°K).

$$\Delta s = \frac{\Delta Q}{°K}$$

La entropía es una declaración que dice qué un sistema desordenado es más probable que un sistema ordenado, si no hay interferencia con las leyes naturales y, por lo tanto, la entropia se usa como un indicador del avance de un sistema del orden al desorden. El universo siempre vá de orden a desorden.

La tendencia de la naturaleza de proceder hacia un estado de desorden afecta en la abilidad de un sistema de realizar trabajo. Por ejemplo, lanzemos una pelota contra una pared. Tan pronto como la pelota sale de la mano es un sistema ordenado con energía y momento. Pero, tan pronto cuando la pelota golpea la pared, y rebota, parte de la energía cinética se transformó en calor y ruido disipados por la pared y por el aire. La energía ordenada produce energía desordenada. Ya que el calor producido por el choque se disipó, la pelota perdió su abilidad de realizar trabajo. Cuando una energía intensa y completa se reduce a energía térmica disipada, la energía útil para realizar trabajo ya desaparece.

Si la entropía es la tendencia natural de todos los sistemas aislados, y el universo es tal sistema, entonces el universo sufre de un incremento de entropía. La questión de la posible futura carencia de energía en el mundo se relata directamente a la entropía. Como ya lo vimos, todos los procesos mecánicos producen calor. Este calor es perdido al aire y es inútil.

De acuerdo con la primera ley, la energía del universo siempre se conserva, pero es la energía útil que se disminuye, se pierde y no se puede recobrar. Cuando alcanzemos tal punto en el cual hay un desorden completo, no abrá más flujo de energía de regiones altas a regiones bajas. El universo estará a un punto de equilibrio térmico llamado la muerte térmica del universo.

En este punto, todas las partes del universo se medirán en la misma temperatura y el flujo de calor será imposible, no permitiendo realización de trabajo. Esta situación es el resultado natural de la segunda ley termodinámica.

3. Tercera Ley Termodinamica. Hay dos otras leyes termodinámicas. La Ley Cero y la Tercera Ley. La <u>Ley de Cero dice simplemente que la temperatura es el único metodo posible para medir el flujo del calor.</u> Como lo recuerdan, el termómetro nos dá el único método para medir el flujo de energía entre cuerpos.

La <u>tercera ley dice que no hay ningún proceso que puede producir temperaturas menores que el cero absoluto.</u> De acuerdo a la ley de Charles, a una temperatura de cero absoluto (0°K, - 273°C), toda la actividad molecular para y no hay volúmen molecular. Esta temperatura tan baja es muy difícil de obtener aún en los laboratorios más avanzados del mundo.

Capitulo 30

Teoria Cinetica de los Gases

TEORÍA CINÉTICA DE LOS GASES

Ya sabemos que la materia existe en tres estados o fases definidas, el sólido, el líquido y el gas. En nuestro estudio del concepto del calor, vimos como un pedazo de hielo al calentarse cambia de estado, se convierte en agua y finalmente si la temperatura es suficientemente alta, se evapora produciendo el vapor del agua.

Para entender la naturaleza de la materia es necesario empezar con el estudio de la fase gaseosa, siempre considerando los factores de volumen, presión y temperatura. De las tres fases de la materia, los gases poseén la fuerzas moleculares más debiles y las distancias intermoleculares más largas.

1. La teoría cinética.

En estudio del comportamiento molecular gaseoso se llama la Teoría Cinética de los Gases. Esta teoría es un ejemplo del éxito obtenido en explicar fenómenos comunes en términos del comportamiento molecular. Sabemos hasta este punto en nuestro estudio que los gases consisten de un número enorme de partículas veloces que se mueven al azar y chocan continúamente con las paredes del recipiente que los contiene. Considere que cada molécula es una esfera perfecta y cada choque es perfectamente elástico porque no hay disminución en la energía cinética. En realidad choques perfectos solo ocurren en moleculas monoatómics tales como las moléculas de los gases nobles.

Esta teoria es un modelo y, como tal, es indispensable para hacer generalizaciones simples aplicables a todos los gases. Los gases ficticios que tienen todas las propiedades generales sè llaman apropiadamente gases ideales o gases perfectos.

En esencia, la teoría cinética afirma qué:

1. Los gases consisten de moléculas diminutas y discretas, que se mueven velozmente al azar y siempre en línea recta. Las moléculas obedecen las leyes de Newton y, por consiguente, tienen momento y energía.

2. La fuerza de atracción entre las partículas gaseosas es nula. Lo que significa que no hay una atracción molecular y las particulas son independientes unas de otras.

3. La velocidad promedia de las partículas es directamente proporcional a la temperatura absoluta.

4. La distancia intermolecular es enorme comparada con el diámetro de la molécula, de manera que el volumen de las partículas mismas es insignificante comparado con el volumen ocupado por el gas. El volumen del gas resulta de las distancias intermoleculares no del volumen de las moléculas mismas.

5. Los choques entre partículas y entre estas y el recipiente que las contiene son perfectamente elásticas, de modo que la energía cinética son perfectamente elásticas, de modo que la energía cinética de dos moleculas antes del choque es la misma que después del choque. De esta manera, el momento y la energía se conservan. Los choques con las paredes del recipiente producen la presión gaseosa.

2. Gases Ideales y Gases Reales.

Un gas que obedece correctamente los puntos 1 y 5 arriba y, que bajo las mismas condiciones de baja temperatura y baja presión no se licúa se llama un gas ideal. En efecto, un gas ideal es un gas ficticio o un gas que, en realidad, no existe .

Un gas real, tal como el hidrogeno, el oxigeno o el helio seguramente existen. Pero, bajo condiciones normales de temperatura y presion se comportan como gases ideales. En cambio, si la temperatura es muy baja y la presion es muy alta, entonces los gases reales se desvian en su comportamiento como gases ideales.

3. Presión, Volúmen y Temperatura.

Las observaciones comunes del comportamiento de los gases nos revelan relaciones regulares entre la presión, el volumen y la temperatura absoluta.

Presión. La presión gaseosa se debe a los choques frequentes entre las moléculas y las paredes de la vasija que los contiene. Las moléculas se mueven dentro del recipiente con una velocidad específica. Un aumento de temperatura, por consiguiente, produce un aumento en la velocidad de las moléculas, pero si esto ocurre, aumentan también los choques de las moléculas con las paredes del recipiente y, por lo tanto, aumenta la presión.

La presión se defina como la "fuerza por unidad de area o superficie que un gas ejerce en las paredes del recipiente que las contiene.

$$Presion = \frac{Fuerza\ (Peso)}{Area}$$

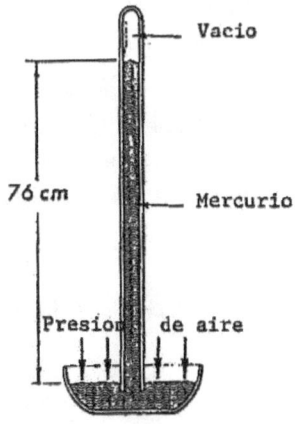

La presion atmosferica se mide con un barómetro, en el qué un tubo vertical contiene mercurio con un vacio al tope. Como se ve en el diagrama, la altura de la columna de mercurio depende la fuerza por unidad de superficie que ejerce el aire afuera de la columna.

Al nivél del mar, esta altura mide cerca de 760 mm. Entonces, "La presion atmosférica que soporta una columna de 760 mm de mercurio al nivel del míar" se llama una atmósfera.

Hay otras unidades usadas para medir la presión atmosférica, estas son:

1 mm Hg = 1 torr

1 atmósfera = 760 mm Hg = 760 torr

1 Pascal (Pa) = 1 Newton/$m^2$1 atm = 1.013 x 10^5Pa

1 atm = 1.013 x 10^5Pa = 101.3 Kilopascals (KPa)

Volúmen. Se defina el volúmen como el espacio ocupado por un cuerpo, y es igual a la arista elevada al cubo.

$$V = a \times a \times a = a^3$$

Existe una relación matemática entre el volumen de una sustancia, la presión y temperatura.

V proporcional a T, P, n = n° de moles

Esta relación matemática dice que el volúmen es una función de la temperatura T, la presion P, y el numero (n) de moles del gas. Aplicando esta relación a los líquidos y sólidos, vemos, èn esencia, que estos conservan su volumen invariable aún cuando hay un cambio de temperatura y presión: por ejemplo, cuando se somete un kilo de agua, a un cambio de presión doble del valor normal, disminuye su volúmen solo 0.001% del volumen original, y si la temperatura aumenta de 0°C a 100°C, el volumen solo aumenta un 2%.

En cambio, el mismo aumento en presión reduce el volúmen de un gas a la mitad y lo aumenta a cerca de 37% cuando la temperatura cambia 100°. Por consiguiente, los gases son compresibles y su volúmen cambia con cada cambio de presión y temperatura, asi como el volumen del recipiente que los contiene. El volumen de un gas se mide por lo general en litros, centímetros cúbicos (cc) o metros cúbicos.

1 mililitro = 1 cc1000 ml = 1 litro = 1000 cc

Temperatura. Como ya lo sabemos, <u>la energía cinética de las moléculas en un gas es proporcional a la temperatura absoluta.</u> De esta manera, cuando estudiamos el comportamiento de los gases, la escala de temperatura usada es la escala Kelvin. Otras escalas deben convertirse a esta, así:

$$°K = °C + 273$$

Se debe recordar que el término "<u>temperatura y presion normal: (TPN)</u> denota siempre una temperatura de 0°C y una presión de 1 atmósfera.

4. Las Leyes de los Gases

Las relaciones entre la presión, el volumen, la temperatura y el peso molecular de los gases se llaman las Leyes de los Gases. Estudiaremos la ley de Boyle, la ley de Charles, la ley de Guy Lussac y la ley del Gas Ideal.

4. La Ley de Boyle. La ley de Boyle determina la relación entre el volumen de un gas y la presión que esta ejerce dentro del recipiente que lo contiene. Esta ley establece qué: si la temperatura es constante, el producto del volumen y la presión de un gas es siempre igual a una constante k:

$$PV = k$$

Otra manera de expresar esta ley es: Si la temperatura es constante, el volumen y la presión de un gas son inversamente proporcionales:

La figura nos muestra un modelo del aparato usado por Boyle para calcular la relación entre la presión y el volúmen. El tubo tiene una forma parecida a la letra J y se llama tubo - J, un extremo es cerrado y el otro abierto. Cuando el tubo se llena de mercurio, se encierra el volume de aire en el tubo. Si se introduce más mercurio, el aire se comprimirá más y más reduciendo su volumen.

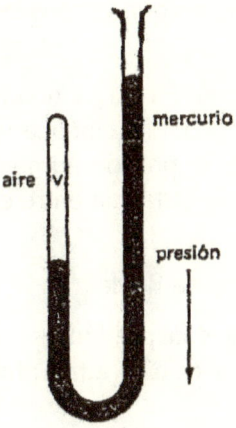

Los datos que obtuvo Boyle le indicaron una regularidad muy sencilla. El producto de la presión por el volumen a cualquier instante daba el mismo resultado.

Si graficamos la presión P en la eje - y y el volúmen en la eje - x, la curva que resulta es una hipérbola equilatera la cual indica una temperatura constante. El gráfico indica que si el gas ocupa 2 litros a una temperatura (a) y 0.5 atmósferas de presión ocupara 0.5 litros a una temperatura (c) y 2 atmósferas de presión.

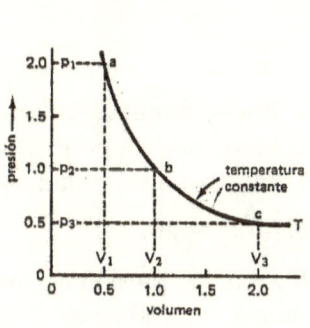

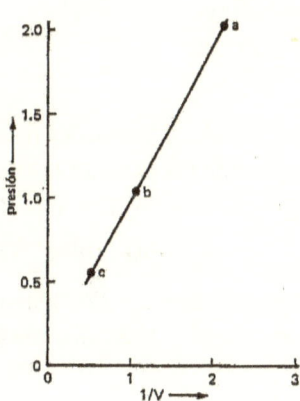

Si estos datos se grafican de nuevo, pero en este caso, la presión contra el recíproco del volúmen, se obtiene una curva recta que señala una relación proporcional entre la presión y el recíproco del volumen:

P proporcional a 1/V

Los gases comunes, el O_2, N_2, H_2, etc., se comportan de acuerdo con la ley de Boyle, pero hay otros, como el NO_2, cuyas moléculas a menudo se combinan para formar N_2O_4. Estas son más pesadas y tienen más volúmen, con el resultado que es muy difícil calcular el volumen y la presión propias.

La ley de Boyle se explica asi: Una cantidad de un gas tiene un número definido de moléculas con energía cinética y esta energía depende de la temperatura absoluta. Si la presión aumenta, las moléculas se unen cada vez más y disminuye la distancia entre ellas y, por consiguiente, el volumen.

Problemas usando la ley de Boyle.

Sabemos que en un gas la presión es inversamente proporcional al volúmen. Esto significa que si aumenta la presión, el volumen disminuye

P↑V↓

y si el volumen aumenta, la presión disminuye.

P↓V↑

Ejemplo: Una botella contiene 500 ml de un gas a una temperatura de 20°C y una presión de 735 torr. Si la temperatura es constante y la presión aumenta a 787 torr, ¿cúal es el nuevo volúmen?

Dado	Pregunta	Ecuación
V = 500 ml	V =	P∝1/V
P = 735 torr		
P = 787 torr		

Solución. De acuerdo con la ley de Boyle, el nuevo volumen será menor que 500 ml porque la presión ha aumentado, entonces se debe multiplicar el volumen por una fracción menor que la unidad, así:

V = 500 ml x 735 torr/787 torr = 467 ml

Ejemplo. Si existen 2700 litros de un gas a una presión normal, ¿qué presión se requiere para disminuír el volúmen a 2500 litros?

Dado	Pregunta	Ecuación
V = 2700 l	P =	P ∝ 1/V
V = 2500 l		
P = 760 mm		

Solución. Como el volúmen disminuye, la presión aumenta. Multiplicamos la presión por una fracción mayor que la unidad, así:

$$P = 760 \text{ mm} \times 2700 \text{ l} / 2500 \text{ l} = 820 \text{ mm}$$

* * *

Ejercicios

1. ¿Qué volúmen ocuparán 600 ml de helio a una presión de 700 mm, cuando esta aumenta a 900 mm?

2. ¿Qué volumen ocuparán 2.5 litros de oxígeno a una presión de 760 torr cuando esta disminuye a 0.89 atmósferas?

3. Un gas ocupa un volumen de 3040 ml. a una presión de 800 mm. ¿Qué presión es necesaria para disminuír el volúmen a 2500 ml?

4. Un gas ocupa un volumen de 240 ml a una presión de 70 cm. de mercurio. ¿Qué presión es necesaria para disminuír el volúmen a 60 ml?

5. 100 ml de un gas ejercen una presión de 735 torr. Si la presión cambia a .98 atm. ¿Cuál es el nuevo volumen?

6. Calcular el nuevo volúmen:

   a. 0.61, de 66.9 mm a 0.870 mm.

   b. 380 ml, de 7720 mm a 0.0589 atm.

   c. 0.0338 l, de 36.4 atm a 0.0589 atm.

   d. 459 ml, de 4.32 atm a 0.094 atm.

   e. 0.000123 l, de 0.000832 atm a 86.5 mm

7. Determinar el volúmen final de 784.3 ml de monóxido de carbono si la presión cambia de 850 torr a 568.4 torr.

8. Determinar el volumen final de 813 ml de cloro si la presión de este gas cambia de 754.8 mm a 1068 mm.

9. Si se comprimen 773.5 ml de oxígeno a 2.165 atm y obtenemos un nuevo volúmen de 605.9 ml. ¿Cúal es la nueva presión?

10. Un gas tiene un volúmen de 957.65 litros a una presión de 3 atmósferas. ¿A que presión obtendremos un triple volúmen de este gas?

*   *   *

5. La ley de Charles.

Los estudios realizados por Charles establecieron una relación entre la temperatura absoluta y el volumen de un gas. Los datos obtenidos confirmaron que un cambio en la temperatura alteraron el volume de este, si la presión es constante. De acuerdo con la ley de Charles, si la presión es constante, el volúmen es directamente proporcional a la temperatura absoluta.

$$V \text{ proporcional a } T \text{ (°K)P = constante}$$

Esto significa que si hay un aumento en la temperatura, también hay un aumento proporcional en el volúmen del gas.

Si por el contrario hay una disminución en el volúmen, hay una disminución correspondiente en la temperatura.

Estudiese el siguiente diagrama para entender mejor la relación entre volúmen y temperatura.

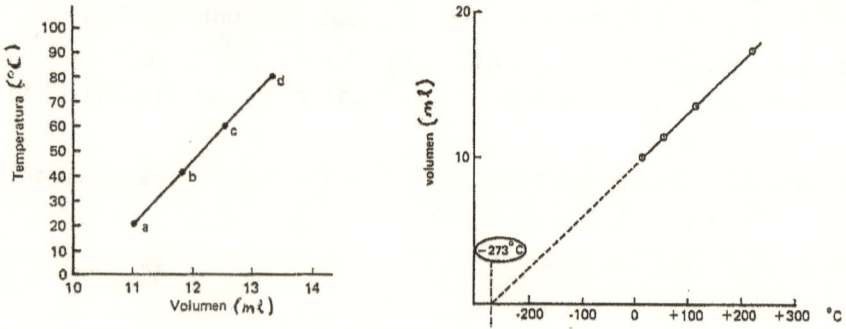

En la gráfica, las ejes - x muestran la temperatura y las ejes - y muestran el volúmen. Como se vé en el gráfico a una temperatura de 80°C, el volumen del gas es 13.5 ml en el punto (d) asi como la temperatura baja, el volumen disminuye y el punto (a) indica un volúmen de 11 ml a 20°C. La curva recta indica una relación proporcional entre el volúmen y la temperatura.

Examinen la segunda gráfica. La extrapolación de estos datos, como indicados por los quiones, indican que esta relación continúa hasta temperaturas extremadamente bajas. A una temperatura de - 273°C, el límite más bajo posible, el volúmen del gas será 0 ml. Es decir, la materia no existira tal y como la conocemos. Este punto, como lo sabemos es el cero absoluto.

232

Problemas usando la ley de Charles.

Sabemos que hay una relación directa entre el volumen y la temperatura absoluta. Si la temperatura aumenta, el volumen aumenta y viceversa.

$$T\uparrow \qquad V\uparrow \qquad T\downarrow \qquad V\downarrow$$

Ejemplo. Un gas tiene un volúmen de 15 litros a una temperatura de 20°C. ¿Cuál es el nuevo volumen si la temperatura sube a 50°C?

Dado	Pregunta	Ecuación
V = 15 litros	V =	V ∝ °K
T = 20°C		
T = 50°C		

Solución. Primero se convierte la temperatura Celsius a la Kelvin:

$$20°C + 273 = 293°K \qquad\qquad 50°C + 273 = 323°K$$

Ya que la temperatura sube, tambien sube el volumen. Por lo tanto multiplicamos el volúmen por una fracción mayor que la unidad.

$$V = 15 \text{ liters} \times \frac{323°K}{293°K} = 16.53 \text{ liters}$$

Ejemplo. Un gas tiene un volúmen de 20 litros a presión y temperatura normales. El volúmen se disminuye a 5 litros. ¿Cúal es la temperatura final?

Dado	Pregunta	Ecuación
V_1 = 20 litros	T =	V ∝ °K
V_2 = 5 litros		
T_1 = 273°K		

Solución. Cuanto el volumen de disminuye, la temperatura se disminuye. Multiplicamos la temperatura por una fracción menor que la unidad.

$$T = 273°K \times \frac{5 \text{ litros}}{20 \text{ litros}} = 68.25°K$$

*   *   *

PROBLEMAS

1. Si se sabe qué: $V_1 = 7509$ ml

   $V_2 = 691.9$ ml

   $T_1 = 259.8$ °C

   Calculese la temperatura final en grados Celsius.

2. Una vasija de monóxico de carbono a 35°C. tiene un volumen de 2.56 litros. ¿A que temperatura será el volumen doble del original?

   3.5562 ml de cloro tienen una temperatura de 85.87°C. Determinar la nueva temperatura para obtener un volumen de 10.80 litros.

4. Hay 8183 ml de oxígeno a 243.2 °C. ¿Cuál es el nuevo volúmen si la temperatura se baja a 149°C?

5. Hay 4308 ml del gas neón a una temperatura de 273°K, Calcúlese el nuevo volúmen si la temperatura cambia a 35°C.

6. Se les dá un volúmen de helio a 26.81°C. Determine a que temperatura el volúmen aumenta 4.345 veces el volúmen original.

$$* \quad * \quad *$$

6. La ley de Guy - Lussac

Esta ley demuestra que hay una relación directa entre la presión y la temperatura absoluta cuando el volumen es constante.

La presión ejercida por un gas es directamente proporcional al cuadrado de la velocidad de sus moleculas, porque:

$$\text{Energía Cinética} = 1/2 \ mv^2$$

Ya que la temperatura depende de la energía cinética, si esta aumenta, debido a que aumenta la velocidad de las moléculas, la temperatura tambien aumenta. Si duplicamos la temperatura, todos estos factores duplican en valor, y ya que la presión depende de los choques de las moléculas con las superficies del recipiente, un aumento doble de la velocidad, duplica la presión ejercida por las moléculas.

$$P \text{ proporcional a } T \ (°K)V = \text{constante}$$

Problemas usando la ley de Guy - Lussac.

Recordemos que cuando la presión aumenta, la temperatura aumenta y viceversa.

P↑   T↑   P↓   T↓

Ejemplo. A volumen de cloro a una temperatura de 25°C aumenta su presión de normal a 1.5 atm. ¿Cuál es la temperatura nueva?

Dado	Pregunta	Ecuación
$T_1 = 25°C + 273 = 298°K$	$T_2 =$	P proporcional a T
$P_1 = 1$ atm		
$P_2 = 1.5$ atm		

Solución. Si la presión aumenta, la temperatura aumenta. Debemos multiplicar la temperatura original por una fracción mayor que la unidad.

$$T_2 = 298°K \times \frac{.5 \text{ atm}}{1 \text{ atm}} = 447°K$$

Ejemplo. Hay hidrógeno a una temperatura de 35°C y 760 torr de presión. Si la temperatura cambia a 0°C. Cual es la presion nueva?

Dado	Pregunta	Ecuación
$T_1 = 35°C + 273 = 308°K$	$P_2 =$	P proporcional a T
$T_2 = 50°C + 273 = 323°K$		
$P_1 = 760$ torr		

Solución. La temperatura aumenta, la presión aumenta. Multiplicamos la presión original por una fracción mayor que la unidad.

$$P_2 = 760 \text{ torr} \times \frac{323°K}{308°K} = 797 \text{ torr}$$

* * *

PROBLEMAS

1. Un tanque de gas contiene helio a una presión de 2 atmósferas y una temperatura de 27°C. Calculese la presión cuando la temperatura sube a 35°C.

2. Un cilindro de gas contiene 3 metros cúbicos de nitrógeno a una presión de 1.2 atmósferas y una temperatura de 15°C. Si la presión baja a 750 torr y el volumen es constante, ¿cuál es la nueva temperatura?

3. Un gas contenido en un cilindro de 5 litros se caliente de 345°K a 357°K a una presión normal. ¿A qué presión se encuentra el volumen del gas?

4. La temperatura de un gas se triplica durante un experimento. ¿Qué presión se podrá medir?

5. La presión en una llanta de carro es 32 atmósferas a 273°K. Si la presión se reduce a 12 atmósferas, ¿qué cambio de temperatura ocurre?

* * *

Selección Múltiple.

1. Una muestra de gas hidrógeno tiene un volumen de 1 litro con una presión de 760 torr. Si la temperatura es constante, pero la presión sube a 860 torr, el volúmen nuevo, en litros, es 1) 760/860; 2) 860/760; 3) 860 - 760; 4) 860+760.

2. Una muestra de un gas tiene un volúmen de 10 mililitros con una presión de 1 atmósfera. Si el volúmen cambia a 20 ml sin cambio de temperatura, la presión del gas es 1) 1 atm; 2) 2 atm; 3) 0.25 atm; 4) 0.50 atm.

3. Un litro de un gas con una presión de 1 atm. se comprime a un volúmen de 0.25 litros con temperatura constante. La nueva presión del gas es 1) 0.5 atm; 2) 2 atm; 3) 0.25 atm; 4) 4 atm.

4. Cuando el volúmen de 1 mole de un gas aumenta, con la temperatura constante, la presión del gas 1) disminuye; 2) aumenta; 3) no cambia.

5. La presión de 20 mililitros de un gas con temperatura constante se cambia de 4 atmósferas a 2 atmósferas. El nuevo volúmen es 1) 5 ml; 2) 10 ml; 3) 40 ml; 4) 80 ml.

6. Cuando 500 ml del gas hidrógeno se calientan de 30°C a 60°C con presión constante, el nuevo volúmen de este gas es 1) 500 ml x 213/243; 2) 500 ml x 243/213; 3) 500 ml x 333/303; 4) 500 ml x 303/333.

7. El volúmen de un gas es 400 ml a - 20 °C. Si la presión del gs es constante pero la temperatura se cambia a 40°C, el volúmen final del gas será igual a 400 ml multiplicado por 1) 293/313; 2) 313/293; 3) 253/313; 4) 313/253.

8. Con una presión constante, el volúmen de una mole de un gas ideal cambia 1) directamente con el radio de las moléculas; 2) indirectamente con el radio de las moléculas; 3) directamente con la temperatura Kelvin; 4) indirectamente con la temperatura Kelvin.

9. The volume of 1 mole de un gas ideal a 25°C y 1 atmósfera de presión es 1) 22.4 l x 1/25; 2) 22.4 l x 25/1; 3) 22.4 l x 298/273; 4) 22.4 l x 273/298.

10. Con la presión constante, el volúmen de un gas aumenta cuando la temperatura se cambia de 10°C a 1) 263°K; 2) 273°K; 3) 283°K; 4) 293°K.

11. El volúmen de un gas es 250 litros a TPN. Si la presión del gas es constante pero la temperatura se cambia a - 25 °C, el volumen final del gas, en litros, es 1) 250 x 248/273; 2) 250 x 298/273; 3) 250 x 273/298; 4) 250 x 273/248.

Capitulo 31
Gases Ideales

1. Ley General de los Gases.

Es posible que dos de los tres factores, la presión, el volúmen ó la temperatura cambien dentro de un experimento particular. En este caso es necesario usar las tres leyes para resolver problemas en los cambios que ocurren. Para entender esta proceso, resolveremos un problema, recordando todo el tiempo, que es necesario aislar los factores.

Ejemplo. Una muestra de helio tiene un volúmen de 20 litros a una presión de 1.5 atmosferas y una temperatura de 20°C. Si lo calentamos y la temperatura asciende a 50°C y su volumen baja 15 litros, ¿cuál es la presión final?

Dado	Pregunta	Ecuación
V = 20 litros	$P_2 =$	P V /T = P V /T
V =15 litros		
T = 293°K		
T = 323°K		
P = 1.5 atm		

Arreglemos la información suministrada para comprender mejor el problema.

V_1 = 20 litros T_1 = 293 °K P_1 = 1.5 atm
V_2 = 15 litros T_2 = 323°K P_2 =

Vemos en seguida que el volumen disminuyó y la temperatura aumentó. Podemos empezar a calcular presión - volumen o presión - temperatura. Empezemos con presión - temperatura.

La temperatura aumentó y lo mismo hizo la presión. Multiplicamos la presión original por una fracción mayor que la unidad.

$$P = 1.5 \text{ atm} \times \frac{323^\circ K}{293^\circ K} = 1.65 \text{ atm}$$

Esta presión nueva se usa ahora para calcular el cambio de volúmen. El volúmen disminuye, la presión aumenta; multiplicamos la presión por una fracción mayor que la unidad.

$$P_2 = \frac{20 \text{ liters}}{15 \text{ liters}} = 2.20 \text{ atm}$$

Ejemplo. Dando 4 litros de neón a 26.81°C y a una presión normal, determine la nueva temperatura si el volumen aumentó a 4.35 veces el volúmen original y la presión ascendió 1.46 veces la presión original.

Dado	Pregunta	Ecuación
V_1 = 4 liters	T_2 =	P V /T = P V /T
V_2 = 4(4.35) = 17.4 l		
P_1 = 1 atm		
P_2 = 1(1.46) = 1.46 atm		
T_1 = 26.81°C + 273 = 299.81°K		

Solución: Ambos, el volúmen y la presión aumentan. Trabajaremos con la temperatura - volúmen primeramente, la presión aumentó, la temperatura tambien aumenta. Multiplicamos la temperatura original por una fracción mayor que la unidad.

$$T = 299.81^\circ K \times \frac{1.46 \text{ atm}}{1 \text{ atm}} = 437.72^\circ K$$

Considere ahora la temperatura - volúmen. Cuando el volúmen aumenta, lo mismo hace la temperatura. Multiplicamos 437.72°K por una fracción mayor que la unidad.

$$T_2 = 437.72^\circ K \times \frac{17.4L}{4L} = 1904.08^\circ K$$

2. La Ley del Gas Ideal.

Es posible combinar las tres leyes dentro una que es aplicable a los gases ideales.

Ley de Boyle	Ley de Charles	Ley de Guy - Lussac
P 1/V	V proporcional a T	P proporcional a T
PV = k	V = kT	P = kT

PV proporcional a T

Considerando finalmente esta leyes vemos que la presión ejercida por un gas depende solamente de la energía cinética de las moléculas y el volúmen depende del espacio ocupado por estas moléculas del gas y su masa en una muestra específica de aquel gas. Por ejemplo, cuánto más aire se pone dentro de una llanta, más aumenta el volumen. Por consiguiente, el volúmen del gas también es dependiente en la cantidad del gas.

PV proporcional a mT

Para establecer una equalidad entre estos factores, se introduce la constante k. Esta constante tiene un valor específico para cada gas. Sin embargo, si se mide la masa del gas en moles, la constante es la misma para todos los gases. El número de moles del gas se puede calcular facilmente dividiendo la masa del gas por su peso molecular.

$$n = m/M$$

n = número de moles   m = masa del gas   M = peso molecular

La constante k se reemplaza con la constante R, la constante del Gas Ideal.

La ecuación es: $PV = nRT$

El valor de R es: 0.082 atm.litro/mole°K

Recordemos que una mole de cualquier gas es equivalente al peso molecular de ese gas en gramos. La ley de Avogadro nos dice qué: 6.02×10^{23} moléculas de un gas se encuentran en una mole del mismo y ocupan un volumen de 22.4 litros.

Por ejemplo:

1 mole of O_2 = 32 gramos = 22.4 litros = 6.02×10^{23} moléculas

1 mole of H_2 = 2 gramos = 22.4 litros = 6.02×10^{23} moléculas

1 mole of Cl_2 = 71 gramos = 22.4 litros = 6.02×10^{23} moléculas

La ecuación para la ley del gas ideal es:

$$PV = nRT$$

La constante del gas ideal tiene el valor:

$$R = PV/nT$$

El producto de PV es igual a: $\dfrac{P}{V} = \dfrac{N/m^2}{m^3}$

Se cancela la m en ambos factores y nos dá: N/m or Joules

El valor de R es: 8.31 Joules/mole°K.

Si la presión es en atmósferas y el volumen en litros, el valor de R es:

$$0.082 \text{ atm.liters/mole °K.}$$

Usaremos solamente este valor para la constante R.

Ejemplo. ¿Cuál es el volúmen ocupado por 13 moles of hidrógeno a TPN?

Dado	Pregunta	Ecuación
n = 13 moles	V =	PV = nRT
P = 1 atm		
T = 273°K		
R = 0.082 atm - 1/		
mol - °K		

Solución: Arreglando la ecuación se resuelve por V:

$$V = \frac{nRT}{P} \qquad V = \frac{13 \text{ mole} \times 0.082 \times 273°K}{1 \text{ atm}}$$

Ejemplo. Unos 12.72 litros de neón contienen 102.7 gramos del gas a 67.09°C. ¿Cuál es la presión ejercida por este gas?

Dado	Pregunta	Ecuación
V = 112.72 l	P =	PV = nRT
m = 102.7 gramos		
T = 67° + 273 =		
340°K		
R = 0.082 at - l/		
mol - °K		

Solución. Primero calculamos el número de moles en 102.7 gramos de neón:

$$\text{no. of moles} = \frac{102.7 \text{ gramos}}{20g/mole} = 5.13 \text{ moles Ne}$$

Arreglando la ecuación y resolviendo por P, obtenemos:

$$P = \frac{nRT}{v} \qquad P = \frac{(5.13 \text{ mol})(0.082)(340°K)}{12.72L}$$

PROBLEMAS

1. Determinese la masa molecular de un gas, si 27.03 gramos de este gas ocupan un volúmen de 2160 ml a 4.010°C y 7720 mmHg.

2. Unos 753.8 ml de nitrógeno tienen una masa de 132.5 gramos a una presión de 4.9 atm. Calculen (a) el número de moles del gas y (b) la temperatura en grados Celsius.

3. Calcular la presión ejercida por 10 gramos de monóxido de carbono, CO, a una temperatura de 40°C, y un volumen de 3 litros.

4. Calcular el número de moles de un gas que tiene un volúmen de 10 litros a una temperatura de 35°C y a una presión de 2.67 atmosferas.

5. ¿Qué presión en torr tienen 250 gramos de amoníaco, NH_3, cuando ocupan un volúmen de 17.12 litros a una temperatura de 293°K?

6. ¿A qué temperatura, 17.53 gramos de oxígeno ocuparían un volumen de 10.56 liters bajo presión de 859 torr?

7. Si 5.6 litros de un gas pesan 10 gramos a TPN, ¿cuál es el peso molecular de este gas?

8. La densidad del monóxido de carbono es 3.17 gramos/litro a - 20°C y 2.35 atmósferas. Calcule el peso molecular del gas.

9. ¿Cuál es el volúmen ocupado por 0.268 gramos de un gas con un peso molecular de 30 umas a TPN?

10. Calcular el peso molecular de un gas si 372 ml pesan 0.8 gramos a una presión de 800 mm y una temperatura de 100°C.

11. Calcúlese la presión final de 20.47 L de cloro a 329.3 °K y a 377 mm de presión si la temperatura cambia a 456 °K y el volumen nuevo es 10.96 L.

12. Si se dan: $V_1 = 24.54$ L $V_2 =$

                $T_1 = 49.26$°C

                $T_2 = 86.80$°C

                $P_1 = 850$ torr

                $P_2 = 760$ torr

13. 4.087 L de cloro a 85.87°C y a 6.518 atm. Determine la temperatura a la cuál este gas debe calentarse si el volúmen aumentará a 10.80 L y la nueva presión será 3.567 atm.

14. 5562 litros de helio a - 13.85°C y una presión de 828.5 torr se calientan a 179.6°C. ¿Cuál es el nuevo volúmen de este gas si la presión sube a 1000 torr?

15. Dados 8131 ml de hidrógeno a 243.2°C y una presión de 8459 torr. ¿Qué volúmen ocuparán el mismo número de moléculas a 149°C y a una presión de 2953 torr?

16. Dados 4308 ml de neón a una presión de 2.526 atm and 35°C. Calcule el volúmen del gas a TPN.

Selección múltiple.

1. La primera ley de la termodinámica es otro nombre para 1) el principio de entropía; 2) la ley de suma de calores; 3) la conservación de energía; 4) ninguna de ellas.

2. La reacción entre la temperatura absoluta de un gas ideal y su energía cinética promedia es 1) inversamente proporcional; 2) directamente proporcional; 3) linearmente recta; 4) ninguna de ellas.

3. La entropía se perece mucho a 1) la primera ley termodinámica; 2) la segunda ley termodinámica; 3) la tercera ley termodinámica; 4) la cero ley termodinámica.

4. Cada sistema que permanece en reposo siempre se mueve hacia un estado 1) sin entropía; 2) con más entropía; 3) con menos entropía.

5. Cada vez que se ejecuta un trabajo mecánico en un sistema, hay siempre un aumento en 1) la energía calórica; 2) la energía interna; 3) la temperatura; 4) todas ellas.

6. Doscientos joules de calor se añaden a un sistema que ejecuta un trabajo de 120 joules. La energía interna del sistema es 1) 0 J; 2) 80 J; 3) 200 J; 4) ninguna de ellos.

7. Supongamos que se mezcla rápidamente una cantidad de harina con agua. La temperatura de esta mezcla se 1) aumentaba; 2) disminuía; 3) permenecía lo mismo.

8. Cuando se ejecuta un trabajo en un sistema y no se añade calor, la temperatura del sistema 1) disminuye; 2) aumenta; 3) no cambia.

9. Cuando el volúme de un gas se disminuye y no entra ni sale el calor de este sistema, la temperatura del aire 1) disminuira; 2) aumentara; 3) no cambiara.

10. Dos pedazos de metal idénticos, a 15°C respectivamente se colocan juntos asi que las caras se tocan. La temperatura final del bloque no puede ser 5°C y 35°C, porque esta situación vá contra la 1) primera

ley termodinámica; 2) la segunda ley termodinámica; 3) la tercera ley termodinámica; 4) la cero ley termodinámica.

11. Si se deja abierta la puerta de un refrigerador, la temperatura de la cocina 1) disminuye; 2) aumenta; 3) no cambia.

12. Una lata llena de aire y sellada se la pone en una estufa caliente. La lata tendrá un aumento en 1) la energía interna; 2) la temperatura; 3) la presión; 4) todas ellas.

Capitulo 32
Electricidad y Magnetismo

1. El Átomo.

Para comprender la naturaleza de la electricidad, debemos entender la naturaleza de la materia. Ya sabemos que los átomos son los componentes básicos se la materia. Estos átomos en grupos forman las moléculas y moléculas forman sustancias.

El átomo consiste de tres partes básicas, el electrón, el protón y el neutrón. El centro muy pesado y muy pequeño es el núcleo. Dentro de este encontramos los protones y neutrones, comprimidos por la fuerza nuclear fuerte. Los protones de caracter positivo dán una carga positiva al núcleo. Los neutrones, como su nombre lo indica, no tienen carga eléctrica y son neutros. Alrededor del núcleo encontramos los electrones de carga negativa. Estos electrones forman nubes electrónicas, las cuales ocupan efectivamente el volúmen del átomo. Los protones, con su carga positiva, atráen a los electrones con fuerzas electrostáticas. El número de protones es igual al número de electrones y, por consiguiente, la materia no tiene propiedades eléctricas y es neutra.

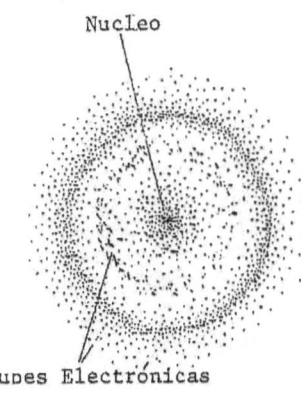

Nucleo

Nuves Electrónicas

En la seccion de Física Moderna, veremos que los protones y neutrones son compuestos de grupos de partículas pequeñísimas llamadas quarks. Las masas del protón y del neutrón son aproximadamente iguales y casi 2000 veces más pesadas que la del electrón:

$$\text{Masa del protón} = 1.67 \times 10^{-27} \text{ kg}$$

$$\text{Masa del neutrón} = 1.67 \times 10^{-27} \text{ kg}$$

$$\text{Masa del electrón} = 9.1 \times 10^{-31} \text{ kg}$$

Sin embargo, la carga negativa del electrón es igual a la carga positiva del protón. La carga del protón ó del electrón es la unidad fundamental de carga y no hay una carga menor.

$$\text{Carga del electrón} = -1.6 \times 10^{-19} \text{ culombios}$$

$$\text{Carga del protón} = +1.6 \times 10^{-19} \text{ culombios}$$

Los protones y los neutrones son partículas inmóviles y no pueden escapar del núcleo. En cambio, el electrón es una partícula muy móvil y se mueve dentro del átomo o entre otros átomos.

Las nubes electrónicas son en realidad nivéles de energía que cuanto más lejos del núcleo se encuentran, más energía poseén. En realidad, las nubes son regiones donde existe la posibilidad de encontrar un electrón.

2. Electricidad Estática.

No podemos decir verdaderamente lo que es una carga eléctrica, pero si podemos medir su magnitud y predecir su comportamiento. Ya vimos que se asigno una carga negativa al electrón y una carga positiva al protón y que la materia en un estado neutral contiene cantidades iguales de electrones y protones, asi que un cuerpo que exhibe una deficiencia de electrones es positivo y uno que tiene un exceso de electrones es negativo. El diagrama lo indica así:

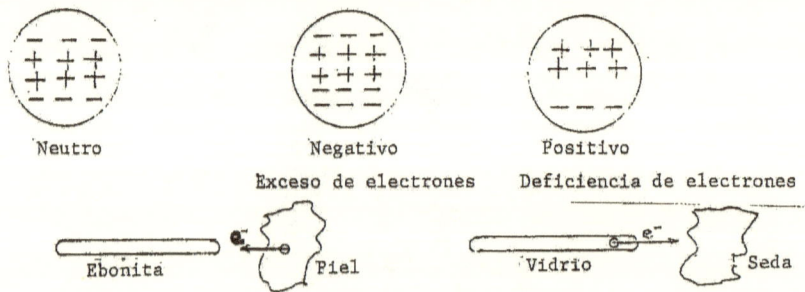

Neutro   Negativo   Positivo

Exceso de electrones   Deficiencia de electrones

Hay muchos medios con los que alteramos el equilibrio entre los electrones y los protones; el más antiguo es la electrización por frotamiento, por ejemplo: una barra de ebonita frotada con piel se vuelve negativa o una barra de vidrio frotada con seda será positiva. En el primer caso, la ebonita recibe electrones de la piel y obtiene una carga negativa, en el segundo caso, el vidrio cede electrones a la seda y obtiene una carga positiva. La carga adquirida por una sustancia es exactamete igual y opuesta a la carga adguirida por la otra.

La básica Ley de Electricidad dice qué:

1. Cargas iguales se repelan: 2. Cargas distintas se atraen.

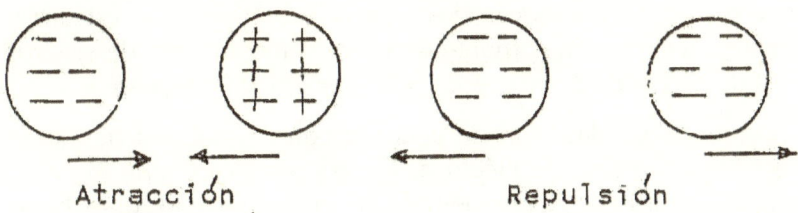

Atracción   Repulsión

Cuando un cuerpo neutro se coloca cerca de un cuerpo cargado, el cuerpo neutro es atraído por el cargado. Tan pronto como se ponen en contacto, las cargas son iguales y los cuerpos se repelan.

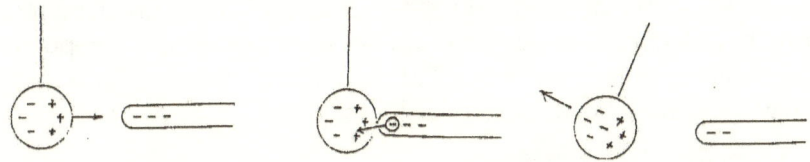

Este fenómeno puede explicarse así: la barra de ebonita es negativa, cuando una sustancia neutra, tal como una bolita de médula, esta cerca, la ebonita repela los electrones en la bolita. Esto deja que las cargas positivas estén ahora cerca del cuerpo negativo. La barra negativa atráe la parte positiva de la bolita. Pero tan pronto como los cuerpos se ponen en contacto, electrones fluyen de la ebonita a la bola aumentando el número total de electrones en la bolita. Por virtud de esto, los cuerpos son negativos y se repelan.

3. La Ley de Conservación de Carga. La carga eléctrica neta en sistemas aislados permanece constante. Es decir que la suma de las cargas eléctricas en los cuerpos es igual a cero. Ya sabemos que la carga del electrón es igual pero opuesta a la carga del protón. Cargas eléctricas se miden con una unidad llamada el culombio. Un culombio es igual a:

$$1 \text{ Columbio (C)} = 6.3 \times 10^{18} \text{ cargas fundamentales.}$$

Así que cuando un cuerpo obtiene una carga negativa de 1 culombio, él ha recibido un exceso de 6.3×10^{18} electrones. Un cuerpo con una carga positiva de 1 culombio tiene una deficiencia de 6.3×10^{18} electrones. Un cuerpo con una carga positiva de 1 culombio tiene una deficiencia de 6.3×10^{18} electrones.

La magnitud de las cargas eléctricas se miden en multiplos de la carga fundamental, $1.6 \times 10^{-19}C$.

Entonces, la definición de electricidad es el movimiento de electrones. La electricidad ocurre tan pronto como electrones se mueven de un cuerpo a otro. Se reconocen dos tipos de electricidad, la estática y la corriente. La expresión <u>corriente</u> se refiere al movimiento de electrones dentro de un conductor y la <u>estática</u> es electridad en reposo.

Sustancias se clasifican de acuerdo con su abilidad de producir y sostener una corriente eléctrica. <u>Un conductor permite el paso de electrones a travéz de él</u>, por ejemplo, un metal tal como cobre, hierro o aluminio. <u>Un aislador no permite el paso de electrones</u>, por ejemplo, la madera, el vidrio, la ebonita. <u>Sustancias que ni son buenos conductores ni aisladores se llaman semiconductores,</u> tales como el silicio y el germanio. Generalmente, los metales son buenos conductores y los no - metales son aisladores. Dentro de un conductor metálico, tal como un alambre de cobre, hay electrones libres. Estos son electrones exteriores que pueden moverse libremente por el metal. Por el contrario, dentro de un aislador, no hay o hay muy pocos electrones libres.

4. Electrización por contacto.

Se nota que los aisladores se cargan por medio de frotación, tal como cuando una barra de ebonita se frota con piel. La ebonita adquiere una carga negativa. La piel cedó electrones a la barra y adquirió una carga positiva. Como lo vimos ya atrás, la magnitud de estas cargas es igual y opuesta. <u>No hay creación de cargas eléctricas, sino simplemente una transmisión de cargas de un cuerpo a otro</u>. La carga neta entre estos cuerpos es cero. Si ahora frotamos una barra de vidrio con seda, la barra se hace positiva y la seda es negativa. De nuevo, la carga neta es cero.

Aunque no podemos ver las cargas, se las puede medir por los efectos que producen en otros cuerpos, por ejemplo, una barra cargada atráe pedazitos de papel o la peineta atráe el cabello seco. Para determinar si un cuerpo esta cargado, podemos usar una bolita de médula ya cargada, o un instrumento más sensitivo, el electroscopio de hojas. Este aparato se usa para <u>determinar la presencia, la magnitud y la naturaleza, positiva o negativa, de cargas eléctricas pequeñas.</u>

La bolita de médula es un electroscopio muy simple que consiste de una pequeña bolita de medula de sauco suspendida por un hilo de seda. El electroscopio de hojas, como se ve en el diagrama, tiene una vara metálica con una bola dentro de un contenedor aislado. Dos láminas muy delgadas de oro o de aluminio, estan fijadas en el extremo de la vara.

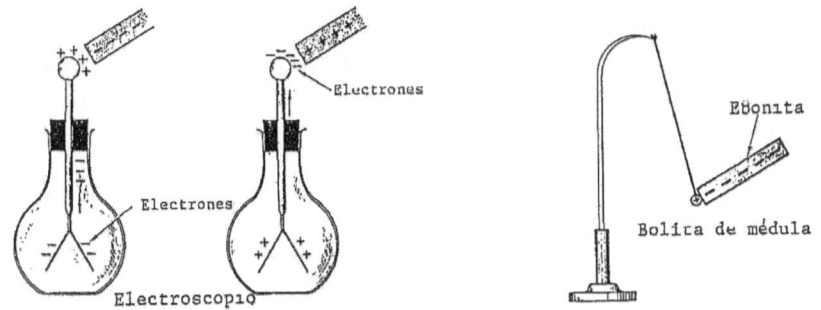

Si un barra de vidrio positivo se aproxíma a la bolita de medula neutra, vemos que la bolita es atraída por el vidrio. Tan pronto se tocan, algunos de los electrones en la bolita son cedidos al vidrio, cargandola positivamente. En este caso <u>el vidrio y la bolita tienen la misma carga positiva</u> y se repelan. Si acercamos una bara negativa, hay una atracción entre la barra y la bolita.

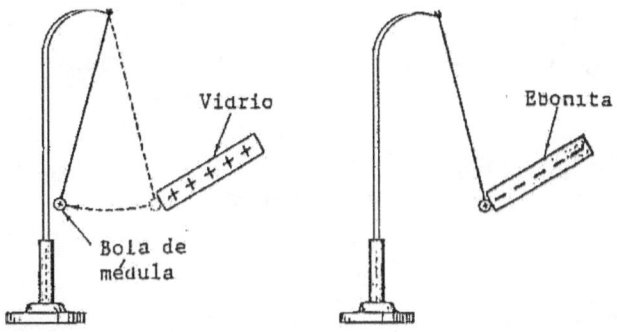

El mismo experimento se opuede ejecutar con la barra de ebonita. La ebonita frotada con la piel adquiere una carga negativa. Cuando esta atrae a la bolita, cede algunos de sus electrones a la bolita y ambas se vuelven negativas.

En cada uno de estos casos, la bolita entró en contacto con la barra cargada y, adquirío una carga idéntica. Se dice que la bolita se electrizó por contacto.

Acercando ahora un cuerpo con una carga desconocida a la bolita negativa vemos el efecto que esta acción produce. Si el cuerpo repela a la bolita, el cuerpo es negativo, si en cambio el cuerpo atráe a la bolita, el cuerpo es positivo.

5. Carga por inducción.

Hay otro método de utilizar la ebonita para cargar otros cuerpos, por el cuál la barra de ebonita puede dar una carga de sentido opuesto, sin perder su propia carga en el proceso. Este método se denomina carga por inducción y se explica refiriendonos al diagrama:

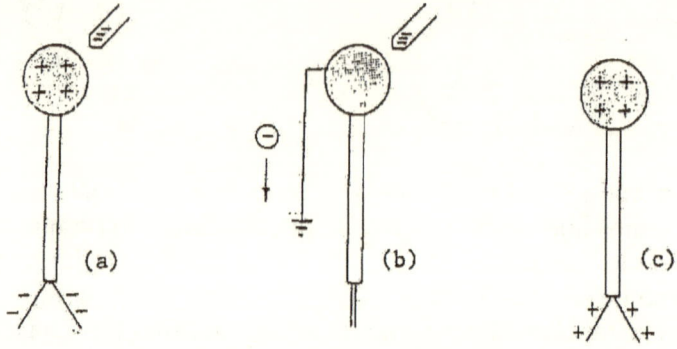

(a) (b) (c)

Cuando una barra de ebonita cargada negativamente se aproxima a la esfera del electroscopio, pero sin tocarla, como se indica en (a) son repelidos algunos de los electrones libres en la esfera metálica hasta las dos láminas, causando que las laminas se separen. La deficiencia de electrones en la esfera es una carga inducida positiva, y el excesso de electrones en la láminas es una carga inducida negativa. Estas cargas inducidas permanecen separadas mientras se mantenga cerca la barra de ebonita. Sin embargo, si se aleja la barra, las cargas se juntaran y se restablecera el estado nuetro inicial.

En la parte (b) se indica que la bola del electroscópio está conectada a la tierra. Se vé que las láminas están ahora juntas indicando un estado neutro. La tierra entonces desempeña el papel de una via para que los electrones que son repelidos salgan a la tierra a travéz de un conductor, o la piel de una persona que toque la esfera con el dedo. La tierra adquiere así una carga negativa igual a la carga positiva inducida que queda sobre la esfera.

En la parte (c), se quita la barra de la vecindad de la esfera y las láminas metálicas en la vara se separan indicando una carga. Ya que los electrones salieron del electroscopio, este adquirió una carga positiva opuesta a la carga de la barra de ebonita. Decimos entonces que un cuerpo cargado por inducción adquiere una carga opuesta a la carga que lo produjo.

6. Ley de Coulomb.

Las fuerzas de atracción o repulsión entre dos cargas infinitésimas, esto es, entre cuerpos cargados cuyas dimensiones son extremadamente pequeñas comparadas con la distancia entre ellos, es inversamente proporcional al cuadrado de esta distancia. La fuerza también depende de la cantidad de carga de cada cuerpo. La carga neta de cada uno pudiera expresarse por el exceso numérico de electrones o protones en el cuerpo. Sin embargo, en la practica, la carga de un cuerpo se expresa en función de una unidad mucho mayor que la carga de un solo electrón o protón.

El electrón tiene una masa en la vecindad de 10^{-31} kg. De manera que para trabajar practicamente con ellos se debe usar cantidades enormes expresadas en la unidad culombio. Un culombio es igual a:

$$1 \text{ Culombio} = 6.2 \times 10^{18} \text{ electrones}$$

La carga de una partícula fundamental en tárminos del culombio es:

$$1 \text{ electron} = 1 \text{ carga fundamental}$$

$$1 \text{ electron} = -1.6 \times 10^{-19} \text{ culombios}$$

$$1 \text{ proton} = +1.6 \times 10^{-19} \text{ culombios}$$

La Ley de Coulomb dice que "cualquier carga Q_1 atráe o repela cualquier otra carga Q_2 con una fuerza igual al producto de las cargas é inversamente proporcional al cuadrado de la distancia que las separa.

$$F \propto Q_1 \times Q_2$$

$$F \propto \frac{Q_1 \times Q_2}{d^2} \qquad F \propto \frac{1_2}{d^2}$$

Introducimos la constante de proporcionalidad k, y obtenemos:

$$F = \frac{k Q_1 Q_2}{d^2}$$

Constante electrostatica $k = 9 \times 10^9 \dfrac{N \cdot m^2}{c^2}$

F = newtons   Q = culombios   d = metros

Esta ley se cumple cualquiera que sea el signo de las cargas Q_1 y Q_2. Si las cargas tienen un signo igual, la fuerza es de repulsión, y si son de sentido opuesto, una atracción. Las fuerzas sobre cada una de las cargas tienen la misma magnitud pero sentidos opuestos.

Recordemos que:

1. Cuerpos cargados se consideran puntos de carga cuando su dimensión es muy pequeña comparada con la distancia entre ellos.

2. Las fuerzas de repulsión o atracción entre cargas son un ejemplo muy bueno de la Ley Tercera de Newton. La fuerza se aplica directamente a cada cuerpo.

3. La fuerza electrostática es igual en magnitud pero opuesta en dirección para cada cuerpo. La dirección, sin embargo, se considera directamente entre el centro de los cuerpos.

^ ^ ^ ^ ^ ^ ^ ^ ^ ^ ^ ^

Ejemplo. Una carda de + 25 x 10^{-9} culombios se encuentra a 6 cm de otra carga de - 72 x 10^{-9} culombios. Calcule la fuerza entre las cargas.

Datos	Pregunta	Ecuación
$Q_1 = 25 \times 10^{-9}$ C		$F = \dfrac{k \, Q_1 \, Q_2}{d^2}$
$Q_2 = - 72 \times 10^{-9}$ C $d = 6 \times 10^{-2}$ m		

Solución: Las cargas son opuestas, por consiguiente, la fuerza es de atracción. Substituyendo en la ecuación, tenemos:

$$F = \frac{(9 \times 10^9)(+25 \times 10^{-9} C)(-72 \times 10^{-9} C)}{(6 \times 10^{-2} m)^2}$$

$$F = - 4.5 \times 10^{-3} \ N$$

El signo negativo indica atracción. Un signo positivo indica repulsión.

Ejemplo. Dos esferas con cargas idénticas estan separadas por una distancia de 0.20 m. La fuerza de repulsión entre ellas es 1.5 x 10^{-3}N. Calcule la carga en cada esfera.

Datos	Pregunta	Ecuación
d = 0.2 m	Q =	$F = \dfrac{k\,Q_1\,Q_2}{d^2}$

F = 1.5 x 10^{-3}N
k = 9 x 10^{9}Nm^2/C^2

Solución: Ya que las cargas son idénticas debemos resolver por el producto de las cargas y extraer la raíz cuadrada apra obtener la carga individual.

En la ecuación básica, se resuelve por Q^2:

$$Q^2 = \frac{F\,d^2}{K}$$

$$Q^2 = \frac{(1.5 \times 10^{-8}\,N)(4 \times 10^{-2}\,m)}{9 \times 10^9}$$

Ejemplo. Carga A de 1 x 10^{-6}C se coloca en el centro de la distancia entre carga B de +3 x 10^{-6}C y carga C de +5 x 10^{-6}C. Una distancia de 50 cm separa las cargas B y C. Calcule la fuerza resultante en la carga A.

Datos	Pregunta	Ecuación
Q_A = 1 x 10^{-6}C	F_R =	$F = \dfrac{k\,Q_1\,Q_2}{d^2}$

Q_B = +3 x 10^{-6}C
Q_C = +5 x 10^{-6}C

Solución. Calculemos la fuerza entre las cargas A y B y entre las cargas B y C. La fuerza resultante se obtiene sustrayendo una fuerza de la otra. Ya que B y C están separadas por 50 cm, cada carga esta a 25 cm de la otra.

a) $F_{AB} = \dfrac{(9 \times 10^9)(1 \times 10^6\,C)(3 \times 10^{-6}\,C)}{(0.25m)^2}$

b) $F_{BC} = \dfrac{(9 \times 10^9)(1 \times 10^{-6}\,C)(5 \times 10^{-6}\,C)}{(0.25m)^2}$

$F_{BC} = 0.720 \, NF_R = 0.720 \, N - 0.432 \, N = 0.288 \, N$

PROBLEMAS

1. Una carga positiva de 5×10^{-8} C se pone 5 centímetros delante de una carga negativa de 10×10^{-10}C. Calcule la fuerza ejercida por cada carga.

2. Una carga de -5×10^{-7}C se pone 20 centímetros delante de una carga de otra carga de -5×10^{-7}C. Calcule la fuerza entre las cargas.

3. Dos cargas de -9×10^{-7}C se encuentra a una distancia de 6 centímetros. ¿Cúal es la fuerza de repulsión entre ellas?

4. Dos cargas diferentes de 20×10^{-8} se hallan a una distancia de 30 centímetros. Calcule la fuerza entre ellas. ¿Es una fuerza de atracción o repulsión?

5. Dos cargas idénticas a una distancia de 12 centímetros sienten una fuerza de repulsión de 0.36 N. ¿Cúal es la magnitud de cada carga?

6. ¿Qué carga Q, a 4 centímetros en frente de otra carga de 8×10^{-8}C ejerce una fuerza de 0.015 N?

7. ¿Cúantos electrones hay en 0.1 coulombio

Seleccion Multiple

1. ¿Como un cuerpo neutro adquiere una carga positiva? 1) Electrones se añaden al cuerpo; 2) Electrones se sacan del cuerpo; 3) Protones se añaden el cuerpo; 4) Protones se sacan del cuerpo.

2. Que gráfica es la mejor representación de la fuerza eléctrica entre dos puntos como una función de la distancia?

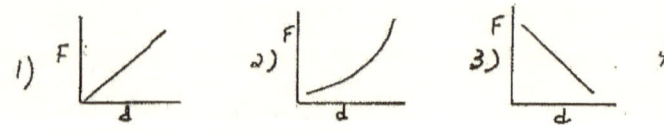

3. Una esfera metálica con una carga de +11 cargas fundamentales toca a otra esfera idética con una carga de +15 cargas fundamentales. Cuando se separan, la carga en la primera esfera es 1) +13; 2) +26; 3) - 4; 4) +4

4. Cuando una barra positiva se approxima a la bola del electroscopio neutro, las láminas se separan porque 1) cargas negativas pasan del electroscopio a la barra; 2) cargas negativas son atraídas hacia la bola

del electroscopio; 3) cargas positivas son repelidas hacia las laminas; 4) cargas positivas pasan de la barra al electroscopio.

5. Cuando un cuerpo positivo toca a un cuerpo neutro, el cuerpo neutro 1) gana electrones; 2) pierde electrones; 3) gana protones; 4) pierde protones.

6. Dos puntos de carga separados por un metro de distancia se repelan con una fuerza de 9 newtones. ¿Cúal es la fuerza de repulsión cuando estas cargas estan separadas por 3 metros? 1) 1 nt; 2) 27 nt; 3) 3 nt; 4) 81 nt.

7. Una esfera metálica tiene una carga de +16 unidades y otra esfera idética tiene una carga de - 4 unidades. Cuando las dos esferas estan en contacto, la carga de cada esfera es 1) +6 unidades; 2) +12 unidades; 3) +20 unidades; 4) - 20 unidades.

8. Si el objeto A se vuelve positivo cuando se lo frota con objeto B, se dice que el objeto B ha 1) ganado electrones; 2) perdido electrones; 3) ganado protones; 4) perdido protones.

9. ¿Cúal es el aparato más simple para descubrir la presencia de cargas electricas en un objeto? 1) El espectroscopio; 2) El estroboscopio; 3) El osciloscopio; 4) El electroscopio.

10. Si la distancia entre dos protones se triplica, la nueva fuerza entre ellos comparado con la fuerza original es 1) 1/9 de la original; 2) 1/3 de la original; 3) 3 veces la original; 4) 9 veces la original.

11. Esferas A y B son idénticas y neutras. Se dá una carga de +q a la esfera A y se toca la esfera B. La carga de la esfera A duespues será 1) +q; 2) - q; 3) +q/2; 4) - q/2.

12. La fuerza repulsiva entre dos esferas positivas es F newtones. Si la carga en una de las esferas se dobla, la fuerza será 1) 1/4 F; 2) 1/2 F; 3) 2F; 4) 4F.

13. La fuerza eléctrica entre dos esferas es 18 newtones. Si la distancia entre los centros de las esferas se triplica, la fuerza resultante es 1) 6 nt; 2) 2 nt; 3) 3nt; 4) 54 nt.

14. El diagrama representa un un electroscopio y una barra cargada. El electroscopio fué cargado por 1) conducción; 2) contacto; 3) protones; 4) neutrones.

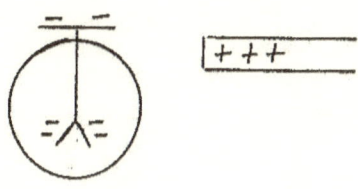

15. En general, materiales sólidos se cargan electricamente porque hay una transferencia de 1) positrones; 2) electrones; 3) protones; 4) neutrones.

16. Cuando se frota dos objetos, que partícula pasa de uno al otro? 1) partícula alfa; 2) electrón; 3) protón; 4) neutrón.

17. Cuando un electrón se aproxima a un protón, una fuerza electrostática se ejerce 1) solo en el electrón; 2) solo en el protón; 3) en ambos el protón y el electrón; 4) en ninguno de los dos.

18. Si la distancia entre dos puntos cargados se reduce a la mitad, la fuerza eléctrica entre ellos 1) es media; 2) se cuadrupla; 3) se dobla; 4) no cambia.

19. Una barra de ebonita adquiere una carga de - 2 x 10^{-6} culombios cuando se frota con piel. La carga en la piel es 1) $+1x10^{-6}C$; 2) $+2x10^{-6}C$; 3) - $1x10^{-6}C$; 4) - $2x10^{-6}C$.

20. Cuando un electroscopio cargado se conecta con la tierra, la carga neta en el electroscopio 1) disminuye; 2) aumenta: 3) no cambia.

Capitulo 33
Campos Eléctricos

Un campo eléctrico <u>es el espacio que rodea una carga aléctrica.</u> Cada cuerpo cargado modifica el espacio a su alrededor, si el cuerpo es positivo el campo es positivo, si el cuerpo es negativo, tambien lo es el campo. Consideremos dos cuerpos con cargas idénticas. Cuerpo A ejerce una influencia en cuerpo B creando la fuerza de repulsión F. Esta fuerza de repulsión se dirije de A a B y de B a A.

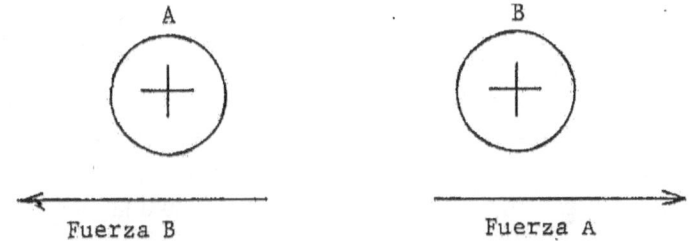

Decimos que ambos cuerpos han creado un campo eléctrico que los rodea y ejerce una influencia en cada punto a su alrededor. Si ponemos una carga pequeña o carga de prueba en cualquier punto, y si esta carga siente una fuerza, existe un campo eléctrico en ese punto.

En teoría esta influencia cubre una distancia infinita. Sin embargo, la influencia eléctrica actúa dentro de un espacio limitado. La fuerza entre las cargas es una unidad vectorial con magnitud y dirección. La intensidad o valor del campo eléctrico (E) en cualquier punto es igual a la fuerza dividida por la cantidad de carga (Q) del cuerpo de prueba.

$$E = \frac{F}{Q}$$

Coloquemos una carga positiva pequeña en un punto en el campo a la izquierda de la carga mayor. Si la carga se mueve más a la izquierda, se asume que un campo positivo existe a la derecha del punto porque las cargas se repelan. Si la carga se mueve hacia la derecha, se asume que el campo es negativo porque hay una atracción. La dirección del campo eléctrico es la dirección de la fuerza que actúa sobre la carga positiva.

Se considera que las fuerzas eléctricas de un campo eléctrico salen del cuerpo positivo y entran en el cuerpo negativo. Estas fuerza nunca se cruzan ni se rompen. El diagrama indica la dirección de las fuerzas entre dos cuerpos de cargas idénticas y de cargas opuestas.

Carga Positiva   Carga Negativa

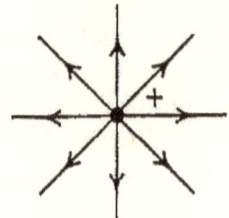   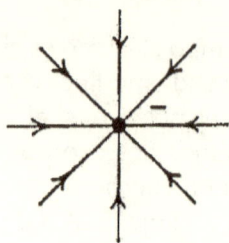

Fuerzas salen de la   Fuerzas entran a la
carga positiva   carga negativa

El concepto de los campos eléctricos se una para entender la fuerza entre dos cargas separadas por una distancia. Pero conocemos a una fuerza parecida, la fuerza de atracción gravitacional. La Tierra atráe a cualquier objeto hacia su centro y el objeto, en turno, atráe a la Tierra.

Se puede comparar la fuerza de atracción gravitatoria con la fuerza de atracción electrostatica. La gravedad se mide en términos de fuerza por unidades de masa:

$$E = \frac{F}{m}$$

E = N/Kg   F = Newtones   m = Kilogramos

En los campos eléctricos, la atracción o repulsión se mide en términos de la fuerza por unidad de carga:

$$E = \frac{F}{Q}$$

E = N/C   F = Newtones   Q = Culombios

La fuerza de atracción entre un objeto de 40N de peso y la tierra es 40N. Esta fuerza es pequeña porque de acuerdo con la Ley de Atracción Gravitatoria, las masas de la tierra y del objeto deben multiplicarse por la constante de Gravitación Universal G:

$$G = 6.7 \times 10^{-11} Nm^2/Kg^2$$

En cambio, de acuerdo con la Ley de Atracción Electrostática, las cargas deben multiplicarse por la constante electrostática k:

$$k = 9 \times 109 Nm^2/C^2$$

El resultado es una fuerza de atracción eléctrica mucho más grande que la fuerza de gravitación. Una comparación entre las dos fuerzas muestra que la fuerza de gravitación es evidentemente despreciable.

Recordemos que la carga Q no es la carga original que originó el campo eléctrico: Q es la carga que entró en el campo eléctrico. La intensidad de campo en cualquier punto próximo a la carga es inversamente proporcional a la distancia cuadrada desde ese punto. Se deriva una ecuación para calcular la intensidad si empezamos con la Ley de Culombio:

$$F = \frac{k\, Q_1\, Q_2}{d^2}$$

Dividiendo ambos lados por Q, obtenemos:

$$\frac{F}{Q} = \frac{k\, Q}{d^2}$$

pero E = F/Q $\qquad E = \dfrac{k\, Q}{d^2}$

Estudiando los diagramas vemos la dirección que los campos eléctricos tienen cuando las cargas son iguales y cuando son opuestas. La fuerza es muy fuerte entre dos puntos opuestos y hay una atracción entre ellos. No existe un campo eléctrico cuando las cargas son iguales.

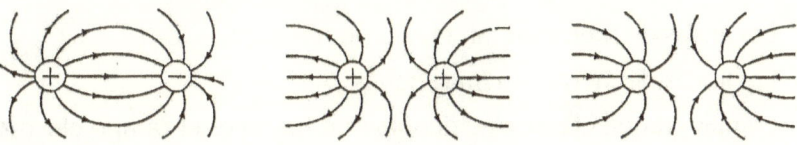

| Campo electrico entre cargas opuestas | Campo electrico entre cargas positivas | Campo electrico entre cargas negativas |

^ ^ ^ ^ ^ ^ ^ ^ ^ ^ ^ ^ ^

Ejemplo. Calcule la intensidad del campo eléctrico alrededor de un punto de carga de 2×10^{-6}C que siente una fuerza de 1×10^{-4}N.

Datos   Pregunta   Ecuación

$F = 1 \times 10^{-4}$N $E =$ $E = \dfrac{F}{Q}$

$Q = 2 \times 10^{-6}$C

Solución. Substituímos directamente en la ecuación:

$$E = \frac{F}{Q} = \frac{1 \times 10^{-4}\,\text{N}}{2 \times 10^{-6}\,\text{C}} = 50\,\text{N/C}$$

^ ^ ^ ^ ^ ^ ^ ^ ^ ^ ^ ^ ^

Ejemplo. Un protón se mueve dentro de un campo eléctrico con una intensidad de 5000 N/C. Calcule la fuerza eléctrica en esta partícula.

Datos   Pregunta   Ecuación
$E = 5000$ N/C $F =$ $E = F / Q$
$Q = 1.6 \times 10^{-19}$C

Solución: Arreglando la ecuación básica y substituyendo, obtenemos:

$F = E\,Q$ $F = (5000 \text{ N/C})(1.6 \times 10^{-19}\text{C})$
               $F = 8 \times 10^{-16}$N

Las lineas trazadas se llaman lineas de fuerza eléctrica alrededor de la carga. Estas lineas son imaginarias y nunca se cruzan, nos permiten simplemente estudiar la concentración de fuerzas eléctricas. El <u>flux eléctrico</u> es el número de lineas de fuerza por unidad de area. Cuando más lineas hay alrededor de la carga, lo más fuerte es el campo eléctrico.

Recordemos que:

1. Las lineas de fuerza salen del cuerpo positivo.

2. Las lineas de fuerza entran el cuerpo negativo.

3. Las lineas de fuerza son imaginarias.

4. Lo más grande el flux eléctrico, lo más fuerte es el campo elúctrico.

Ejemplo. Calcule la intensidad del campo eléctrico alrededor de un punto de prueba con una intensidad de 2×10^{-6}C que siente una fuerza de 1×10^{-4}N?

Datos	Pregunta	Ecuación
$F = 1 \times 10^{-4}$N	$E =$	$E = \dfrac{F}{Q}$
$Q = 2 \times 10^{-6}$C		

Solución. Sustituyendo directamente en la ecuación, tenemos:

$$E = \frac{F}{Q} = \frac{1 \times 10^{-4}\,\text{N}}{2 \times 10^{-6}\,\text{C}} = 50\,\text{N}/\text{C}$$

Ejemplo. Un protón se encuentra dentro de un campo eléctrico con una intensidad de 5000 N/C. Si la carga del protón es 1.6×10^{-19}C. Calcule la fuerza en esta partícula.

Datos	Pregunta	Ecuación
$E = 5000$ N/C	$F =$	$E = F / Q$
$Q = 1.6 \times 10^{-19}$C		

Solución: Arreglemos la ecuación básica y resolvemos por F:

$$F = E\,QF = (5000\ \text{N/C})\,(1.6 \times 10^{-19}\text{C})$$

$$F = 8 \times 10^{-16}\text{N}$$

∧ ∧ ∧ ∧ ∧ ∧ ∧ ∧ ∧ ∧ ∧ ∧

2. Campo Eléctrico Uniforme.

Como el nombre lo indica, un campo uniforme es ese campo en el que la intensidad de la carga es idéntica en todas partes. Tal campo existe entre dos láminas paralelas y cargadas, la una es positiva y la otra es negativa.

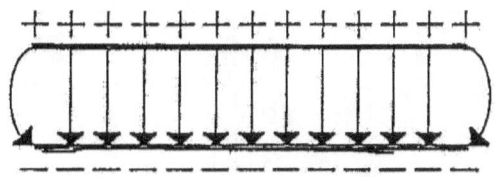

Campo eléctrico es uniforme entre las láminas

Como lo indica la figura, el campo eléctrico es perpendicular a las láminas y se considera uniforme en el espacio entre ellas pero hay una cierta dispersión en los bordes. La uninformidad del campo es constante si la distancia entre las láminas es relativamente pequeña en comparación con las dimensiones lineales de la lámina. La naturaleza del campo uniforme produce una fuerza casi constante en cualquier cuerpo colocado dentro del espacio excepto en los bordes.

¿Qué ocurre si un punto de prueba positiva se coloca entre las láminas? Este punto será repelado por la lámina positiva y atraído por la lámina negativa. Es claro que la fuerza eléctrica que actúa en la partícula es uniforme no importa donde en el campo eléctrico se coloca el punto de prueba.

3. Diferencia de Potencial.

La electricida es otra manifestación de la energía, y como tal, aplicamos las mismas ideas a cualquier sistema compuesto de cuerpos que se atráen entre si. Considere las ecuaciones para el trabajo:

$$W = Fd \qquad o \qquad W = mga$$

Como cada una de estas ecuaciones lo muestran, se realiza trabajo cuando un cuerpo se mueve una distancia en la dirección de la fuerza aplicada. Si la distancia o desplazamiento es vertical, se dice que el cuerpo ha cambiado en su energía potencial gravitatoria. Para separar una carga negativa, el electrón, de una carga positiva hay que realizar un cierto trabajo, es decir que una fuerza se debe aplicar para separarlos. Sabemos que las fuerzas gravitatorias son siempre atractivas, pero en electricidad estas fuerzas pueden ser atractivas o repulsivas. Esto no altera la situación, porque se debe aplicar una fuerza no importa si las cargas son opuestas o iguales.

Consideremos una prueba positiva dentro de un campo eléctrico. Estudie la figura.

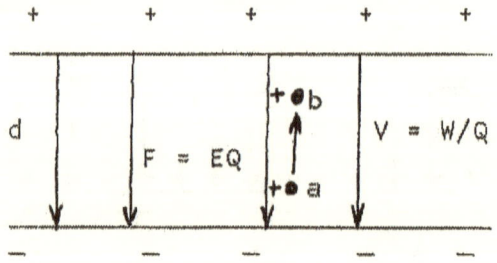

La carga de prueba se encuentra en el punto a. La fuerza ejercida en la carga es en la dirección del campo E, positivo a negativo. Para mover la carga del punto a al punto b, aplicamos una fuerza que va contra la repulsión de la lámina positiva. Esto demuestra que hay una diferencia en el potencial entre los puntos a y b. Se dice que el punto b esta a un potencial mas alto que el punto a. Supongamos que la carga de prueba que se ha movido desde el punto a hasta el punto b, es de 5 microculombios. El trabajo realizado para moverlo fue 0.02 julios que es igual a la energía potencial adquirida por la prueba. La cantidad total de trabajo realizado para mover un culombio será:

$$\text{Trabajo} = 2 \times 10^{-2}\text{J}/5 \times 10^{-6}\text{C} = 4 \times 10^{3}\text{J/C}$$

La diferencia de potencial entre estos puntos se defina como la diferencia entre los potenciales de dichos puntos y se mide en voltios, si es necesario realizar un trabajo de julios por culombio contra las fuerzas del campo para mover una carga de a hasta b.

El voltio es la unidad de potencial eléctrico o de diferencia potencial. El término fuerza electromotríz (fem) también se aplica al potencial eléctrico. La aplicación de una fuerza es necesaria para empujar los electrones dentro de los extremos de un conductor. Esta fuerza existe porque hay una diferencia en potencial, parecido a la diferencia en niveles que existe en la energía potencial gravitatoria. Sin la existencia de una diferencia en potencial, el flujo de electrones y, por consiguiente, la corriente eléctrica no existirá.

El voltio se defina como la diferencia en potencial eléctrico que existe cuando un joule de trabajo es necesario para transferir un culombio de carga entre dos puntos en un campo eléctrico. Otra definición es: El voltio es el potencial en un punto de un campo electrostático si la energía potencial en aquél punto es igual a un joule por culombio.

$$V = \frac{W}{Q} = \frac{\text{Julio (J)}}{\text{Culombio (C)}} = \frac{\text{Newton - metro}}{\text{Culombio}}$$

1 voltio = 1 joule / 1 culombio

∧ ∧ ∧ ∧ ∧ ∧ ∧ ∧ ∧ ∧ ∧ ∧

Ejemplo. La diferencia potencial entre dos puntos es 250 voltios. Calcule el trabajo realizado cuando se mueve una carga de 5×10^{-5}C entre los puntos.

Datos   Pregunta   Ecuación

$$V = 250 \, v \qquad\qquad W = \qquad\qquad\qquad V = \frac{W}{Q}$$

$$Q = 5 \times 10^{-5} C$$

Solución: Arreglando la ecuación básica y substituyendo, obtenemos:

$$W = VQ \qquad W = 250 \, V \times 5 \times 10^{-5} C$$
$$W = 12.5 \times 10^{-3} \text{ joules.}$$

4. Potencial Eléctrico

Los términos diferencia potencial y potencial eléctrico son sinónimos y ambos se miden en voltios. En el potencial eléctrico, la infinidad es un nivél arbitrario de referencia. <u>Potencial eléctrico</u> en cualquier punto es el trabajo realizado cuando se mueve una prueba positiva desde una distancia infinita hasta ese punto.

Tal como en la diferencia potencial. trabajo debe realizarse cuando se mueve una prueba positiva contra la fuerza repulsiva. Si después de mover esta prueba, se la deja sola, la fuerza eléctrica mueve la prueba a su punto inicial. La energía potencial de la prueba se convirtió a energia cinética de movimiento.

Esto es similar a lo que ocurre cuando un cuerpo se cáe desde cierta altura. Energía potencial gravitatoria se convierte a energía cinética.

Consideremos lo siguiente:

1. Un voltio es el trabajo realizado por unidad de carga.

2. La intensidad de campo eléctrico E es igual a una fuerza por unidad de carga.

$$V = \frac{W}{Q} \qquad E = \frac{F}{Q}$$

$$W = VQ \qquad \text{and} \qquad F = EQ$$

Substituyendo en la ecuación de trabajo:

$$W = F \, d$$

$$VQ = EQ \times d \qquad V = E \, d$$

$$E = \frac{V}{d}$$

Considere la figura. Nos muestra dos láminas paralelas y una prueba positiva Q moviendose contra el campo. Trabajo es necesario para mover la prueba.

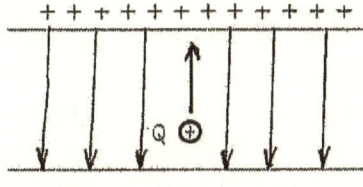

Ejemplo. Un voltaje de 400 voltios se aplica a las láminas separadas por 2 cm. Un electrón pasa entre las láminas. Calcule la fuerza en el electrón.

Datos	Pregunta	Ecuación
V = 400 v	F =	V = E d
d = 0.02 m		F = E Q
Q = 1.6 x 10⁻¹⁹C		

$Datos$

$V = 400$ v $F =$ $V = E\,d$
$d = 0.02$ m $F = E\,Q$
$Q = 1.6 \times 10^{-19}$C

Solución: Antes de calcular la fuerza, eléctrica, debemos calcular la intensidad del campo entre las láminas.

a) $E = V / d \quad E = 400$ v $/ 0.02$ m $= 2 \times 10^4$V/m

b) $F = E\,Q \quad F = (2 \times 10^4V/m) (1.6 \times 10^{-19}C)$

$F = 3.2 \times 10^{-15}$N

∧ ∧ ∧ ∧ ∧ ∧ ∧ ∧ ∧ ∧ ∧ ∧

El electrón - voltio es otra unidad de energía. La definición es: el electrón - voltio es la energía requerida para mover una carga elementaria, un electrón o un protón, a travéz de una diferencia potencial de un voltio.

1 eV $= 1.6 \times 10^{-19}$ culombios

En el estudio de la Física Moderna y Nuclear, encontraremos la necesidad de trabajar con el electron - voltio. La luz tiene una energía potencial entre uno y dos electron - voltios suficiente para efectuar cambios químicos. Una unidad de masa atómica, cuando convertida a energía, produce 931 Mev. o 931 millones de electrón - voltios.

PROBLEMAS

1. ¿Cúal es la fuerza ejercida sobre un electrón por un campo eléctrico de 3 000 N/C?

2. ¿Cúal es la fuerza ejercida en un ión de hidrógeno en un campo eléctrico de 8 000 N/C?

3. Two esferas metálicas estan a una distancia de 50 centímetros. Cada una tiene una carga de 5×10^{-8}C. Calcule la (a) intensidad del campo eléctrico y (b) el potencial en un punto equidistante de ellas.

4. Dos láminas paralelas a una distancia de 2 centímetros se conectan a una bateria de 1 000 voltios. Una carga de 1.6×10^{-19} Culombios, se encuentra entre las láminas. (a) ¿Cúal es la intensidad del campo eléctrico entre las láminas? (b) ¿Cúal es la fuerza en la carga?

5. Las láminas en el problema anterior se conectan ahora a una bateria de 2 000 voltios. Una carga de 5×10^{-9} culombios se coloca entre ellas. ¿Cúal es la intensidad del campo eléctrico? y ¿cúal es la magnitud de la fuerza ejercida en la carga?

6. Una bateria de 8 000 voltios se conecta a dos láminas de 5 milimetros de distancia. ¿Cúal es la fuerza ejercida sobre un electrón cuando este pasa entre ellas?

7. Una prueba de carga positiva de 250 microculombios siente una fuerza de 0.57 N en cierto punto dentro de un campo eléctrico. Calcule a) La intensidad del campo eléctrico en ese punto y b) La fuerza en ese punto cuando la prueba tiene una carga doble.

8. La intensidad del campo eléctrico en un punto es 9500 N/C. Calcule la fuerza ejercida en la carga si la carga tiene a) 2 microculombios and b) 4.5 microculombios

9. Dos láminas paralelas con cargas opuestas están separadas por 10 cm, y tienen una diferencia potencial de 56 volts. Calcule la intensidad del campo entre ellas.

10. ¿Cúanto trabajo se realiza cuando se mueve una carga de 560 microculombios la lámina negativa en el problema anterior hasta la lámina positiva?

Selección Multiple.

1. ¿Cúanto trabajo se realiza cuando se mueve 10 culombios de carga eléctrica entre dos puntos con una diferencia de potencial de 120 voltios? (1) 0.083 J; (2) 12 J; (3) 600 J; (4) 1200 J.

2. Un electrón se puede colocar en los puntos A, B o C entre dos láminas cargadas:

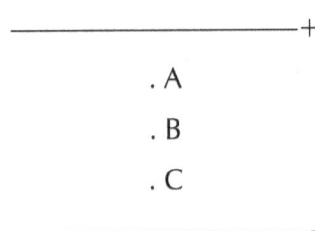

La fuerza eléctrica será (1) más mayor en A; (2) más mayor en B; (3) más mayor en C; (4) igual en todos los puntos.

3. Dos puntos de carga estan separados por una distancia de 1 metro. La fuerza de repulsión entre ellos es de 9 N. La fuerza de repulsión cuando la distancia es 3 metros será (1) 1 N; (2) 27 N; (3) 3 N; (4) 81 N.

4. Dos láminas paralelas tienen un potencial eléctrico de 50 voltios. ¿Qué trabajo se realiza cuando se mueve una carga de 0.00004 C de una lámina a la otra? (1) 8×10^{-8}J; (2) 0.0016 J (3) 0.0020 J; (4) 1.3×10^{6}J.

5. Una esfera metálica tiene una carga de $+16$ culombios y otra esfera idéntica tiene una carga de -4 culombios. Despúes de que las esferas se tocan, la carga en cada una es (1) $+6$ C; (2) $+12$ C; (3) $+20$ C; (4) -20 C.

6. Una energía de 2 000 electron - voltios es igual a (1) 1.6×10^{-19}J; (2) 3.2×10^{-19}J; (3) 3.2×10^{-15}J; (4) 5×10^{-5}J.

7. El trabajo necesario para mover 1 culombio de carga por un potencial eléctrico de 2 voltios es (1) 0.5 J; (2) J; (3) 3 J; (4) 4 J.

8. Un electrón se mueve en un potencial de 3 voltios. La energía adquirida por este electrón es (1) 5.33×10^{-19}J; (2) 1.6×10^{-19}J; (3) 4.8×10^{-19}J; (4) 3 J.

9. La energía de un electrón se aumenta por 8×10^{-17}J si se lo mueve por una diferencia potencial (1) 0.002 V; (2) 200 V; (3) 500 V; (4) 5 000 V.

10. Una carga de 8×10^{-5}C se mueve por una fuerza de 0.02 N entre dos puntos separados por 0.10 metros en un campo eléctrico uniforme. La diferencia en potencial entre los dos puntos es (1) 25 V; (2) 40 V; (3) 75 V; (4) 160 V.

Capitulo 34

Corriente eléctrica

1. Corriente Eléctrica

El flujo de electrones es una corriente eléctrica. La unidad fundamental de corriente eléctrica es el amperio. Un amperio es el número de culombios que pasan por un punto en un conductor en un segundo.

Considere el número de electrones en un culombios\:

$$I = \frac{Q}{L} \quad Corriente = \frac{Culombio}{Liempo} = \frac{6.2 \times 10^{18}e}{1\ segundo}$$

1 amperio = 1 culombio/1 segundo

Ejemplo. ¿Cúanta electricidad pasa por el filamento de una bombilla que usa 0.65 A por 3 horas?

Datos	Pregunta	Ecuación
I = 0.65 A	Q =	$I = \frac{Q}{t}$
t = 3 hrs.		

Solución: Ya que el amperio se mide en culombios por segundo, el tiempo se expresa en segundos.

3 hr x 3600 seg/hr = 10800 seg.

Arreglando la ecuación básica y substituyendo, obtenemos:

Q = I t

$$Q = 0.65 \text{ A} \times 10800 \text{ seg} = 7020 \text{ C}$$

Ejemplo. Una lámpara electrónica funciona por 0.002 segundos y se sabe que recibe una carga de 0.05 culombios. ¿Cúanta corriente pasa por la lámpara?

Datos	Pregunta	Ecuación
t = 0.002 seg	I =	I = Q/t
Q = 0.05 C		

Solución: Una substitución directa en la ecuación, nos dá:

$$I = \frac{Q}{t} \quad I = \frac{0.05C}{0.002seg} = 25 \text{ amperios}$$

2. Conductividad en los sólidos.

No todas las sustancias son conductores de electricidad. Generalmente, los metales son buenos conductores y los no - metales son malos conductores. Los malos conductores se llaman aisladores o dieléctricos. La valencia positiva de los metales y el hecho de que forman iónes positivos en disolución indican que los atomos de un metal pierden facilmente los electrones en las nubes electrónicas exteriores. En consequencia, hay dentro de un conductor metálico, tal como el cobre, una abundancia de electrones libres. Los núcleos positivos y el resto de los electrones permanecen fijos dentro del átomo. La conductividad depende, entonces, del número de electrones libres por unidad de volumen en el conductor. En un aislador, esta condición no existe porque los electrones estan fijados fuertemente al núcleo del átomo.

La tabla siguiente nos dá una lista de los conductores y aisladores más comunes:

Conductores. Níquel, Platino, Hierro, Mercurio, Plata, Aluminio, cobre, Oro.

Aisladores. Vidrio, Papel, Porcelana, Plástico, Sulfuro, Caucho, Vulcanita.

Un cuerpo neutro tiene números iguales de cargas negativas y positivas. En los metales, los electrones libres rodean a los átomos y, cuando un cuerpo negativo se aproxima, repela los electrones libres y estos se mueven en el conductor. Esta diferencia en potencial entre los extremos del conductor es necesaria para establecer una corriente eléctrica. En otras palabras, la corriente eléctrica depende de la cantidad disponible de electrones libres en un extremo del conductor. Todos los físicos están de acuerdo que una <u>corriente eléctrica consiste del flujo de electrones del extremo negativo, con una concentración mayor de electrones, al extremo positivo con una concentración menor de electrones</u>.

Un acumulador eléctrico tiene cantidades enormes de electrones disponibles debido a la reacciones químicas dentro del líquido electrolítico. Los electrones se agrupan en el terminal negativo y establecen una diferencia en potencial entre el terminal negativo y el positivo de la bateria.

Recordemos que:

1. Una diferencia potencial es necesaria para efectuar una corriente eléctrica en un conductor.

2. La mayoría de los metales son buenos conductores de electricidad por su abundancia de electrones libres.

3. Los no - metales son aisladores porque sus electrones estan atraídos al nucleo por fuerzas muy fuertes.

3. Resistencia de un Conductor.

Algunos metales no obstruyen el movimiento de los electrones libres dentro del alambre. En electricidad, <u>la propiedad de una sustancia que limita el flujo de electrones</u>, es la resistencia. Esta resistencia, se cree, es el resultado de los frequentes choques entre los electrones mismos y entre los electrones y los átomos en la sustancia. La resistencia depende no solo en la naturaleza de la sustancia sino también el la longitud y la sección transversa del conductor.

Sustancias, tales como el cobre, la plata y el oro son buenos conductores de electricidad; otras sustancias tales como el carbon y el tungsteno son malos conductores. Para entender el papel de que la longitud y la sección transversa del conductor desempeñan en la conductividad, considere una analogía que compara el conductor con un tubo de agua. Si el tubo es largo y estrecho el flujo del agua dentro de él es limitado, Se dice que el tubo ejerce una resistencia al agua. Si por el contrario, el tubo es corto y amplio, el flujo del agua es excellente. Esta analogía aplicada a la conductividad hace claro que la conductividad es proporcional a la sección transversal del conductor e inversamente proporcional a su longitud.

$$R \text{ proporcional a } L \quad R \text{ proporcional a } 1/A$$

$$R = k \, L/A \quad k = \text{constante de resistividad}$$

La resistividad de un material se mide en ohmios - metro. Si se examina la tabla siguiente, es evidente que las sustancias que tienen resistividades grandes son malos conductores, o buenos aisladores. Por el contrario, las sustancias con pequeña conductividad son buenos conductores.

Aluminio 2.63×10^{-8};   Carbon 3500;   Cobre 1.72;
Mercurio 94;   Plata 1.47;   Ambar 5×10^{14};
Ebonita $10^{13} - 10^{16}$;   Madera $10^8 - 10^{10}$
Vidrio $10^{10} - 10^{14}$.

En casi todos los materiales, la resistencia aumenta con la temperatura y esta variación es proporcional al número de grados del cambio de temperatura.

El estudiante debe considerar 3 factores simultaneamente cuando trabaja con una corriente eléctrica.

1. La corriente consiste de electrones, medida en amperios, o los culombios que pasan por un punto en un segundo. Los electrones deben ser movidas dentro del conductor.

2. La fuerza que mueve los electrones es el voltio. El trabajo realizado moviendo un culombio de carga es un voltio.

3. La fuerza que mueve los electrones es necesaria porque los conductores naturalemente ofrecen una resistencia al flujo de la corriente. Se deduce que la unidad de resistencia es un voltio por un amperio. Esta unidad de resistencia se llama el ohmio.

4. Circuito Eléctrico

Una corriente eléctrica continua no es posible si no se mantiene una diferencia en potencial dentro del conductor. Por ejemplo, esta diferencia es suministrada por una pila seca. La corriente sale de la pila, viaja por el conductor a una carga o resistor, tal como un timbre eléctrico, y después de haber suministrado energía eléctrica al timbre, regresa a la pila a recoger más energía. Este camino completo cerrado se llama un circuíto eléctrico.

Es imperativo que el circuíto eléctrico permanezca cerrado. Si lo abrimos, no hay una manera que los electrones regresen a la pila y asi mantengan la diferencia de potencial. Entendamos que cuando se dice que el circuíto está abierto, se dice que los electrones no fluyen más. Si el circuíto está cerrado, los electrones fluyen constantemente del lado negativo al lado positivo de la pila.

Un circuíto eléctrico típico consiste de:

1. Una fuente de energía eléctrica, como una pila o acumulador eléctrico.

2. Un resistor que usa la energía eléctrica para convertirla en cualquier otra forma de energía como un timbre electrico o un carrito eléctrico.

3. Un alambre o un conductor que sirve como la via para el flujo de electrones.

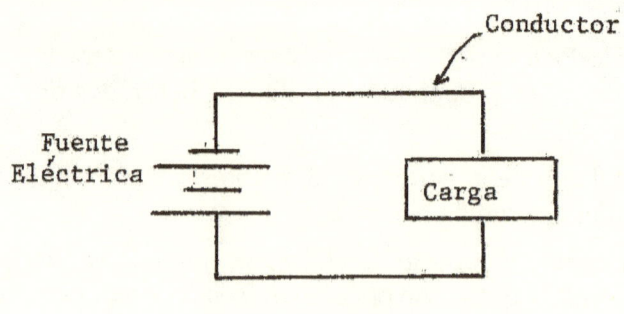

Circuíto Eléctrico

El estudio de la electricidad y el conocimiento de circultos eléctricos se facilita con el uso de diagramas esquematicos. Estos esquemas usan dibujo sencillos para representar las partes diferentes en el circuíto. Examinen las figuras.

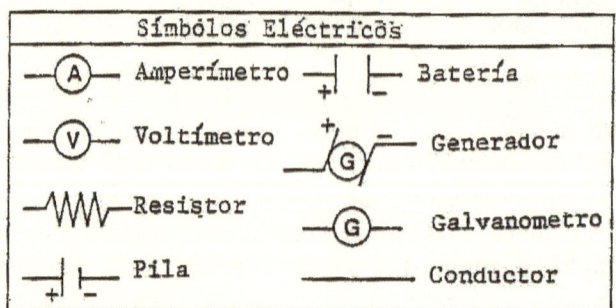

5. La ley de Ohm.

Ya vimos que es imposible mantener una corriente eléctrica sin una diferencia de potencial y, que la cantidad de corriente que pasa por el conductor depende de la resistencia de este. De nuevo, usemos la analogía del agua corriente. Cuando el agua pasa por el tubo, la cantidad de líquido que fluye es proporcional a la presión ejercida en el acueducto, pero inversamente proporcional a las dimensiones del tubo.

De la misma manera, la corriente que pasa por el circuito, es directamente proporcional al voltaje de la bateria e inversamente proporcional a la resistencia del conductor. Esta relación entre ol voltage, la corriente y la resistencia es la Ley de Ohm y se escribe así:

$$I = \frac{V}{R} \qquad V = IR \qquad R = \frac{V}{I}$$

Cada una de estas ecuaciones representa la Ley de Ohm. Esta ley nos permite definir la unidad de resistencia eléctrica. La resistencia d un conductor es 1 ohm si un voltaje de 1 voltio empuja a una corriente de 1 amperio en el circuito. La unidad ohm se representa con la letra griega omega, Ω.

En los circuitos eléctricos, la parte o el componente del circuíto que recibe energía eléctrica se llama resistor o resistencia. Por ejemplo, una bombilla, un timbre, un radio, etc. reciben el nombre general de resistencia.

Ejemplo. ¿Cúanta corriente pasa por un conductor con una resistencia de 5 ohms y una diferencia de potencial de 110 v?

Datos	Pregunta	Ecuación
V = 110 v	I =	$I = \dfrac{V}{R}$
R = 5		

Solución: Una substitución directa nos dá:

$$I = \frac{110v}{5} = 22a$$

∧ ∧ ∧ ∧ ∧ ∧ ∧ ∧ ∧ ∧ ∧ ∧

Ejemplo. Calcule el voltaje necesario para mandar una corriente de 10 amperios dentro de un circuíto de 5.5 ohms.

Datos	Pregunta	Ecuación
I = 10 a	V =	V = IR
R = 5.5		

Solución: Una substitución directa nos dá:

$$V = 10 \text{ a} \times 5.5 = 55 \text{ v}.$$

∧ ∧ ∧ ∧ ∧ ∧ ∧ ∧ ∧ ∧ ∧ ∧

Ejemplo. Un circuíto de 110 v lleva una corriente de 10 amperios. ¿Cúal es la resistencia del circuito?

<u>Datos</u>   <u>Pregunta</u>   <u>Ecuación</u>

V = 110 v   R = $R = \dfrac{V}{I}$

I = 10 a

Solución: Una substitución directa nos dá:

$$R = \frac{110v}{10a} = 11$$

La ley de Ohm se usa en todos los circuitos eléctricos completos o en partes selectas en ellos y, es una parte fundamental en el estudio de la electricidad.

6. Corriente Directa y Corriente Alterna.

Si la fuente de energía eléctrica es una bateria, pila o acumulador <u>la corriente siempre fluye solo en una dirección del lado negativo al lado positivo. Esta es corriente directa ó corriente continua. Si or el contrario, la corriente cambia de sentido, alternando del positivo al negativo y viceversa,</u> se llama corriente alterna. Mundialmente todos los sistemas de energia eléctrica están basados exclusivamente en la corriente alterna.

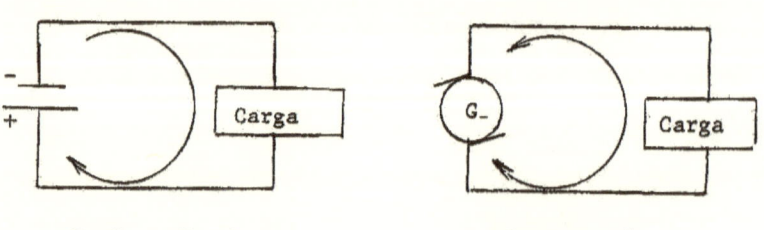

Corriente Contínua   Corriente Alterna

PROBLEMAS

1. ¿Qué voltaje se necesita para enviar una corriente de 5 amperios a travez de una resistencia de 10 ohms?

2. Una linterna portatil requiere 15 amperios cuando se conecta a una bateria de 6 voltios. Calcule la resistencia de la linterna.

3. ¿Cúantos amperios pasan por un circuíto con una resistencia de 6 ohms si el voltaje es de 110 voltios.

274

4. Una corriente de 5 amperios fluye en un circuíto por 24 horas. Si la resistencia es de 5 ohms, ¿cúantos culombios han pasado?

5. El voltaje de una batería es 6 voltios. Si una corriente de 300 amperios pasa por el circuíto, ¿cúal es la resistencia del circuíto?

6. Una máquina de rayos - X usa 200 kilovoltios para empujar una corriente de 25 miliamperios. Calcule la resistencia.

7. Una máquina con una resistencia de 0.005 ohms necesita 250 amperios para funcionar. ¿Qué voltaje es necesario?

Selección Múltiple

1. Cuando se disminuye la temperatura de un conductor metálico, la resistencia de este conductor (1) disminuye; (2) aumenta; (3) no cambia.

2. Si la sección transversal de un conductor eléctrico de longitud fija fuera disminuída, entonce la resistencia del conductor (1) disminuye; (2) aumenta; (3) no cambia.

3. Que gráfica representa un alambre comportandose de acuerdo con la ley de Ohm?

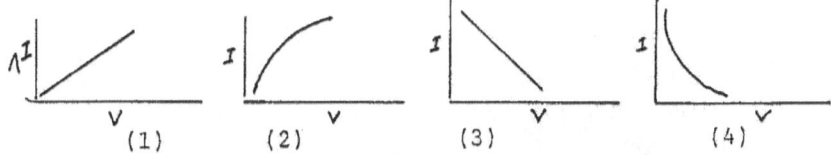

4. Conductividad eléctrica en soluciones líquidas depede en la presencia de (1) neutrones; (2) protones; (3) moléculas; (4) iones, libres.

5. ¿Qué gráfica representa la relación entre la corriente I y la diferencia potencial V en un circuíto en el cúal la resistencia permanece constante?

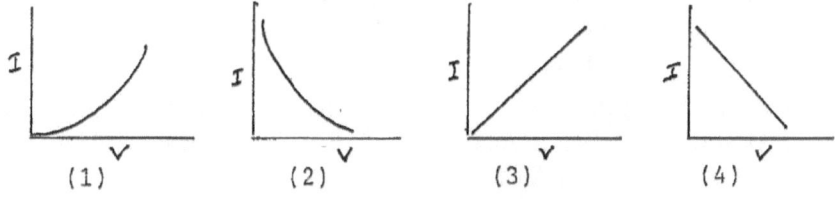

La gráfica siguiente representa los datos obtenidos cuando un voltaje variable se aplica a un alambre metálico. Constesté preguntas 6 - 9.

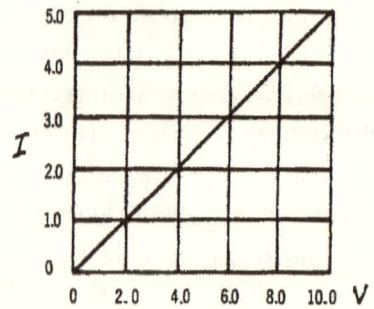

6. La resistencia del conductor es aproximadamente (1) 1 ohm; (2) 2 ohm; (3) 0.5 ohm; (4) 4 ohm.

7. Si la temperatura del alambre aumenta, la corriente a 10 voltios será (1) menor; (2) mayor; (3) la misma.

8. Si la longitud del alambre se aumenta, la corriente a 10 voltios será (1) menor; (2) mayor; (3) la misma.

9. Comparando este alambre a otro hecho del mismo material pero con una sección transversal más grande, la resistencia de este conductor será (1) menor; (2) mayor; (3) la misma.

10. La conductividad de gases ionizados depende de (1) electrones libres, solamente; (2) iones positivos, solamente; (3) iones negativos, solamente; (4) iones positivos, iones negativos y electrones libres.

11. Si la longitud de un alambre de cobre se corta en la mitad, la resistencia del alambre será (1) la mitad; (2) el doble; (3) un cuarto; (4) cuatro veces más grande.

12. El radio de la diferencia potencial en un conductor a la corriente en el mismo se llama (1) corriente; (2) conductividad; (3) resistencia; (4) potencial eléctrico.

13. La mayoría de los metales son buenos conductores porque ellos tienen (1) moléculas que están muy juntas; (2) puntos de fusión muy altos; (3) muchos espacios vacios por onde la corriente fluye; (4) un número enorme de electrones libres.

14. Si 60 electrones pasan por un punto en un conductor en un segundo, la corriente en este conductor es (1) 9.6×10^{-18} A. (2) 1.6×10^{-19} A; (3) 1.6×10^{-20} A; (4) 2.7×10^{-21} A.

15. Si el voltaje en un conductor de 12 ohms es 4 voltios, la corriente en este conductor es (1) 0.33 A; (2) 48 A; (3) 3 A; (4) 4 A.

Capitulo 35

Circuitos en serie

1. Circuítos en serie

La ley de Ohm se usa para calcular el valor de la resistencia, la corriente o el voltaje en el circuíto, especialmente cuando trabajamos con una corriente directa. Un diagrama esquemático facilita la resolución de problemas de circuítos eléctricos. La figura muestra un esquema comun:

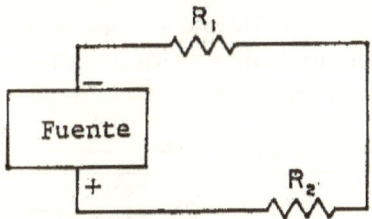

Circuíto en Serie

2. Las Leyes de Kirchoff.

El circuíto eléctrico obedece las básicas leyes de conservación de carga. Estas leyes se entienden mejor si aplicamos las reglas de Kirchoff.

1. La primera ley dice qué: En cada circuíto, la corriente total que entra en un punto de un circuíto es igual a la corriente total que sale de tal punto.

$$I_{adentro} = I_{afuera}$$

$$I_{adentro} - I_{afuera} = 0$$

2. La segunda ley dice que: En cada circuíto, la suma de los voltajes en el circuíto es igual al voltaje que sale de la fuente.

$$V_{adentro} = V_{afuera}$$

$$V_{adentro} - V_{afuera} = 0$$

3. Resistencias en Serie.

Un circuíto en serie es aquél en el que no hay sino un camino posible para la corriente. Como lo muestra la figura, la corriente debe pasar por cada uno de los resistores, R_1, R_2 y R_3 en el circuíto para regresar a la fuente y completar el circuito. Se dice que un circuito en serie <u>es aquel en el cual las resistencias están conectadas una detrás de otra.</u>

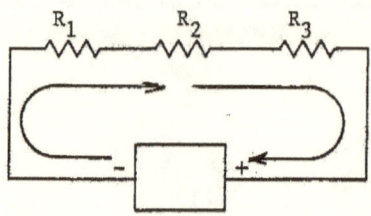

Una analogía muy apta compara cada resistencia a un puente y el conductor a una carretera. Pensemos que para completar una pista circular, cinco autos salen del garage A. Hay tres puentes en esta pista, cada uno tiene dimensiones diferentes, uno es angosto, el otro es amplio y el tercero es normal. Pero ya que no hay sino un camino, los autos deben cruzar cada puente. Si uno de los puentes se derrumba, los autos no pueden completar el recorrido.

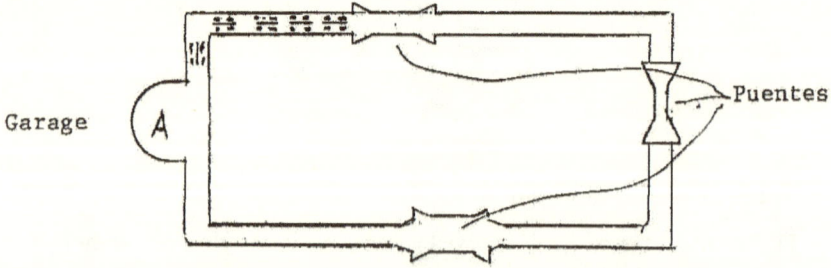

Así, por supuesto, si hay una quiebra en el circuíto, la corriente no fluye más. Un ejemplo de un circuíto en serie es las luces de Navidad. Si una bombilla se quema, las otras se apagan porque la bombilla quemada rompió el circuíto.

Experimentos demuestran que en un circuíto en serie:

1. La corriente en cada resistencia es igual a la corriente total.

$$I_t = I_1 = I_2 = I_3 = \ldots$$

2. La suma de los voltajes en las resistencias es igual al voltaje total.

$$V_t = V_1 + V_2 + V_3 + \ldots \text{etc.}$$

3. La resistencia total es igual a la suma de las resistencias individuales.

$$R_t = R_1 + R_2 + R_3 + \ldots$$

Veamos ahora como se aplican estas reglas para resolver un problema de resistencias en serie: Examine la figura que muestra

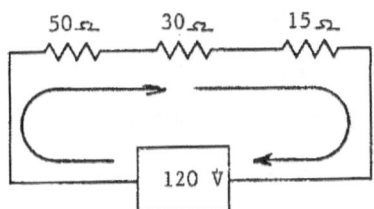

tres resistores; 50 ohms, 30 ohms and 15 ohms, respectivamente, conectados en serie. La bateria suministra 120 V. Calcule a) la resistencia total del circuíto; b) la corriente total del circuíto; c) la corriente que pasa por cada una de las resistencias; y d) la caída de voltaje en cada una de las resistencias.

Datos	Pregunta	Ecuación
$R_1 = 50$	a) $R_t =$	$R_t = R_1 + R_2 \ldots$
$R_2 = 30$	b) $I_t =$	$I_t = I_1 = I_2 \ldots$
$R_3 = 15$	c) $R_{1,2,3} =$	$V_t = V_1 + V_2 \ldots$
	d) $V_{1,2,3} =$	

Solución: 1. En el bosquejo del circuito indique el valor de cada resistencia y el voltaje de la fuente.

2. Cada resistor muestra valores para la resistencia, la corriente y el voltaje.

3. Aplique las reglas de circuitos en serie.

a) la resistencia total es la suma de las resistencias individuales.

$$R_t = 50 \, \Omega + 30 \, \Omega + 15 \, \Omega = 95 \, \Omega$$

b) la corriente en cada resistencia es igual a la corriente total. Entonces, de acuerdo con la ley de Ohm, la corriente total es igual a:

$$I_t = I_1 = I_2 \text{ etc,.}$$

$$I_t = \frac{V_t}{R_t} \qquad I_t = \frac{120V}{95\Omega} = 1.26 \text{ a}$$

Si $I_t = 1.26$ amperios, cada resistencia recibe la misma corriente, 1.26 amperios.

c) el voltaje total es igual a la suma de los voltajes individuales.

$$V_t = V_1 + V_2 + V_3 \ldots$$

De nuevo, se aplica la ley de Ohm:

$V = IRV_1 = 1.26$ amperios x 50 ohms = 63 voltios.

$V_2 = 1.26$ amperios x 30 ohms = 37.8 voltios.

$V_3 = 1.26$ amperios x 15 ohms = 18.9 voltios

Voltaje total= 119.7 v

∧ ∧ ∧ ∧ ∧ ∧ ∧ ∧ ∧ ∧ ∧ ∧

Ejemplo. Tres resistencias de 2, 6, 7 ohms respectivamente, estan conectadas a una bateria de 12 voltios. Calcule a) la resistencia total; b) la corriente total y c) el voltaje en cada resistencia.

Datos	Pregunta	Ecuación
$R_1 = 2\,\Omega$	a) $R_t =$	Reglas de circuitos en series
$R_2 = 6\,\Omega$	b) $I_t =$	$V = IR$
$R_3 = 7\,\Omega$	c) $V_1 =$	
	$V_2 =$	
$V = 12$ voltios	$V_3 =$	

Solucion: 1. Dibuje el diagrama indicando las resistencias y el voltaje.

2. Aplique las reglas de circuítos en serie.

a) La resistencia total es igual a la suma de las resistencias individuales.

$$R_t = 2\,\Omega + 6\,\Omega + 7\,\Omega = 15\,\Omega$$

b) la corriente es constante. Usando la ley de Ohm, tenemos:

$$I_t = \frac{12 \text{ voltios}}{15\Omega} = 0.8 \text{ amperios}$$

c) el voltaje total es igual a la suma de los voltajes individuales

$$V = I\ R$$

$V_1 = 0.8 \text{ amperios} \times 2 = 1.6 \text{ voltios}$

$V_2 = 0.8 \text{ amperios} \times 6 = 4.8 \text{ voltios}$

$V_3 = 0.8 \text{ amperios} \times 7 = 5.6 \text{ voltios}$

Voltaje $= 12.00$ voltios

PROBLEMAS

1. Tres resistores, 7.25 Ω, 4.12 Ω, y 9.63 Ω, están conectados en series a una bateria de 110 V. Calcule la corriente en el circuíto.

2. Tres resistores, 6.87 Ω, 9.13 Ω, y 20.5 Ω, están conectados en serie a un generador que suministra 220 V. Calcule la caída de voltage en cada resistencia.

3. Una bobina de 4.63 Ω, una lámpara de 30.4 Ω, y un resistor de 15.6 Ω se conectan en series a una bateria. Un voltímetro dice que la bateria suministra 76 V. Calcule el voltage en la bobina y el resistor.

4. Tres lámparas de voltaje idéntico se conectan en serie en una linea de 440 V. line. Si la corriente en la linea es 680 ma, ¿Cúal es la resistencia de cada lámpara?

5. Una linea de 8 bombillas de Navidad conectadas en serie reciben un voltaje de 120 V. Si 0.33 amperios fluyen en el circuíto, calcule la resistencia de cada bombilla.

Selección Múltiple.

1. El diagrama siguiente muestra un segmento de un circuíto eléctrico.

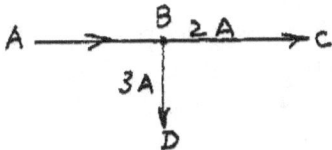

La corriente en el segmento AB es 1) 1 amperio; 2) 2 amperios; 3) 5 amperios; 4) 6 amperios.

2. Comparando el voltage en la resistencia de 10 Ω, el voltage en la resistencia de 5 Ω 1) es igual; 2) es el doble; 3) es la mitad; 4) es cuatro veces mayor.

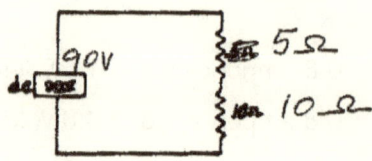

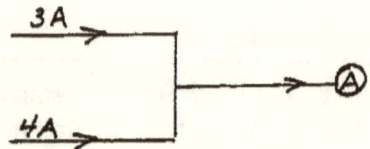

3. El diagrama siguiente muestra un segmento de un circuíto eléctrico.

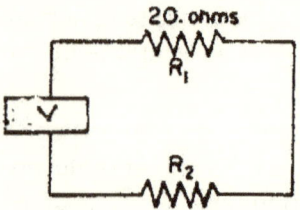

La corriente en el amperímetro A es 1) 1 amperio; 2) 0 amperios; 3) 3.5 amperios; 4) 7 amperios.

4. El diagrama siguiente muestra dos resistencias en serie. La resistencia total de R_1 y R_2 es 24 Ω, la resistencia R_2 es 1) 1 ohm; 2) 0.5 ohms; 3) 100 ohms; 4) 4 ohms.

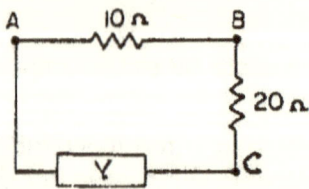

5. Si se usan 6 joules de trabajo para mover una carga de 2 culombios de un punto A a un punto B, el volatge entre estos puntos es 1) 6 voltios; 2) 0.33 voltios; 3) 3 voltios; 4) 12 voltios.

6. Si la diferencia potencial entre los puntos A y B en el circuíto siguiente es 10 voltios, el voltage entre los puntos B y C es 1) 5 voltios; 2) 10 voltios; 3) 20 voltios; 4) 30 voltios.

7. ¿Cúal es la corriente en el circuíto siguiente? 1) 1 A; 2) 2 A; 3) 3 A; 4) 6 A.

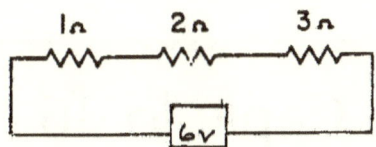

8. ¿Qué cantidad no cambia en cada resistencia de un circuíto en serie? 1) el voltage; 2) la potencia; 3) la resistencia; 4) la corriente.

9. En un circuíto en serie la resistencia total es igual a 1) la resistencia de cada resistor; 2) la suma de las resistencias; 3) la suma de dos resistencias dividida por la otra; 4) el voltage multiplicado por la corriente.

10. De acuerdo con la primera ley de Kirchoff, 1) el voltage que entra en un punto en el circuíto es igual al voltage que sale; 2) la corriente que entra en un circuíto es igual a la corriente que sale; 3) el voltage que entra se divide por la corriente que entra; 4) ninguna de estas respuestas.

Capitulo 36

Circuitos en paralelo

1. Circuítos en Paralelo

Si un circuíto tiene varias vias por donde la corriente puede pasar, se llama un circuíto en paralelo. Por ejemplo, en la figura, las resistencias R_1, R_2 y R_3 están conectadas a una batería que suministra 6 voltios.

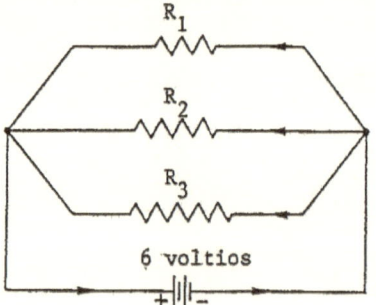

Circuíto en Paralelo

La corriente que sale de la batería se divide simultáneamente entre las tres vias, como lo indica las flechas en la figura. Cada resistencia es independiente de las otras. Por ejemplo, si se elimina R_2, la corriente pasará por R_1 y R_3. Si se conectan más resistencias, la corriente por cada resistencia permanece intacta. Lo que sucede es qué la fuente suministrá más corriente para el circuíto. Es por ésta razón, que nuestros domicilios estan conectados en paralelo porque este circuíto nos permite conectar lo que se quiera.

De nuevo, la analogía de los puentes sirve para entender el circuíto en paralelo. Si los cinco autos salen del garage A, tienen a sus disposición el uso de tres puentes para pasar. De seguro que la mayoría de los autos viajarán por el puente más ancho, es decir el puente con la resistencia menor, y muy pocos viajaran por el puente angosto, con la mayor resistencia. Sin embargo, el número de autos que salen del garage es igual al número de autos que regresan.

Los circuítos en paralelo, tal como los circuítos en serie, obedecen las reglas de Kirchoff:

$$1. \ I_{in} = I_{out}$$

$$2. \ V_{in} = V_{out}$$

2. Reglas de los circuítos en paralelo:

1. La corriente total es igual a la suma de las corrientes individuales.

$$I_t = I_1 + I_2 + I_3 \ldots$$

2. El voltaje total es igual al voltaje en cada resistencia.

$$V_t = V_1 = V_2 = V_3 \ldots$$

3. La resistencia total del circuíto es menor que la de cualquiera de las resistencias individuales. Se dice qué "la inversa de la resistencia equivalente es igual a la suma de las inversas de cada una de ellas."

$$\frac{1}{R_t} = \frac{1}{R_1} + \frac{1}{R_2} + \frac{1}{R_3}$$

Veamos como estas reglas se aplican para resolver problemas de circuítos en paralelo:

Ejemplo. Tres resistores de 20 Ω, 15 Ω, y 10 Ω, respectivamente se conectan en paralelo a una fuente de 90 voltios. Calcúle a) la resistencia total; b) la corriente total; c) las corrientes individuales; d) los voltajes individuales.

Datos	Pregunta	Ecuación
$R_1 = 20 \ \Omega$	a) $R_t =$	Reglas de circuitos en paralelo.
$R_2 = 15 \ \Omega$	b) $I_t =$	$V = IR$
$R_3 = 10 \ \Omega$	c) $I_{1,2,3,} =$	
$V = 90$ volts	d) $V_{1,2,3,} =$	

Solución: 1. La figura (a) muestra el circuíto y los valores de las resistencias.

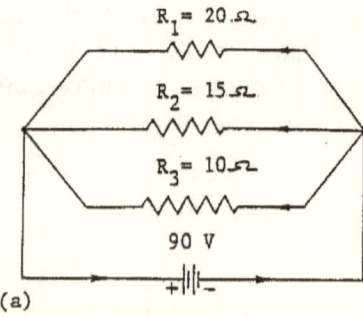

(a)

Use las reglas de circuítos en paralelo, así:

a) La resistencia total se calcula usando la ecuación:

$$\frac{1}{R_t} = \frac{1}{20\Omega} + \frac{1}{15\Omega} + \frac{1}{10\Omega}$$

$$\frac{1}{R_t} = \frac{3+4+6}{60\Omega} \qquad R_t = 4.6\Omega$$

La figura (b) indíca que la resistencia total es 4.6Ω. Esta resistencia se llama la resistencia equivalente y reémplaza las tres resistencias originales.

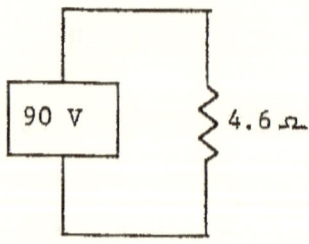

(b) Resistencia Equivalente

b) Use la Ley de Ohm para calcular la corriente total:

$$I_t = \frac{V_t}{R_t} \qquad I_t = \frac{90v}{4.6\Omega} = 19.5 \, \text{amperios}$$

c) El voltaje en cada resistencia es igual al voltaje de la fuente.

$$V_t = V_1 = V_2 \ldots = 90 \text{ volts}$$

d) La corriente total es igual a la suma de las corrientes individuales. Usando la ley de Ohm, calcule las corrientes individuales:

286

$$I = \frac{V}{R} \qquad I_1 = \frac{90v}{20\Omega} = 4.5 \text{ amperios}$$

$$I_2 = \frac{90v}{15\Omega} = 6 \text{ amperios}$$

$$I_3 = \frac{90v}{10\Omega} = 9 \text{ amperios}$$

Corriente total = 19.5 amperios.

Ejemplo. Dos resistencias de 30 Ω y 60 Ω, respectivamente, se conectan en paralelo a una fuente de 120 voltios. Calcule a) la resistencia equivalente; b) la corriente total y c) las corrientes individuales.

Datos	Pregunta	Ecuación
$R_1 = 30\ \Omega$	$R_t =$	Circuítos paralelos
$R_2 = 60\ \Omega$	$I_t =$	$V = IR$
$V = 120\ v$	$I_{1,2,3} =$	

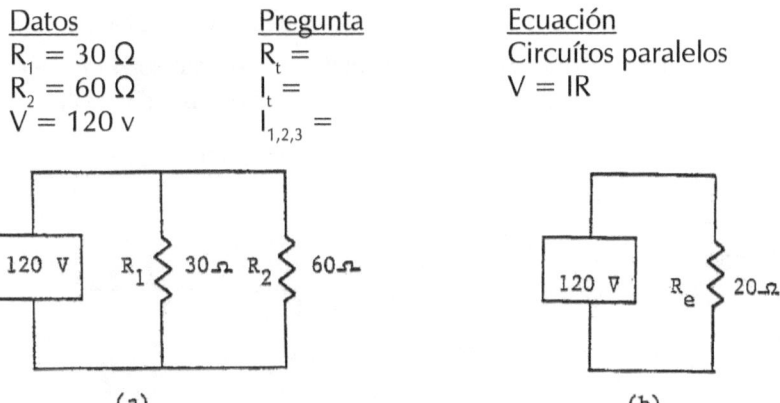

(a)   (b)

1. La figura (a) indica el circuíto.
2. La resistencia equivalente se calcula así:

$$\frac{1}{R_t} = \frac{1}{R_1} + \frac{1}{R_2}$$

$$\frac{1}{R_t} = \frac{1}{30\Omega} + \frac{1}{60\Omega} = \frac{3}{60\Omega}$$

$$R_t = \frac{60\Omega}{3} = 20\Omega$$

3. La figura (b) indica la resistencia equivalente. Ahora calculamos las corrientes individuales. Se sabe que el voltaje es 120 voltios y usando la ley de Ohm, obtenemos:

$$I_1 = \frac{120V}{30\Omega} = 4 \text{ amperios} \qquad I_2 = \frac{120V}{60\Omega} 2 \text{ amperios}$$

La corriente total es: 4 amps. + 2 amps. = 6 amperios

La corriente total también se puede calcular usando la resistencia equivalente y el voltaje de la fuente. Así:

$$I = \frac{V}{R} \qquad I = \frac{120V}{20\Omega} = 6 \text{ amperios}$$

∧ ∧ ∧ ∧ ∧ ∧ ∧ ∧ ∧ ∧ ∧

3. Características de los circuítos en serie y paralelo.

	Circuíto en Serie	Circuíto en Paralelo
Corriente	La corriente permanece intacta en el circuito. $I_T = I_1 = I_2 = I_3 \dots$ etc	La corriente total es igual a la suma de las individuales. $I_T = I_1 + I_2 + I_3 \dots$ etc
Resistencia	La resistencia total es igual a la suma de las individuales. $R_T + R_1 + R_2 + R_3 \dots$ etc La resistencia total se calcula con la resistencia inversa.	$\frac{1}{R_t} = \frac{1}{R_1} + \frac{1}{R_2} + \frac{1}{R_3}$
Voltaje	El voltaje de la fuente es igual a la suma de los individuales. $V_T + V_1 + V_2 + V_3$	El voltaje individual de cada resistencia es igual al voltaje total. $V_T = V_1 = V_2$

PROBLEMAS

1. Dos resistencias en paralelo de 25 y 55 ohmios, respectivamente, se conectan a una batería de 110 voltios. Calcule a) la resistencia equivalente; b) la corriente total y c) los voltajes individuales.

2. Dos resistencias conectadas en paralelo a una fuente de 110 voltios, reciben una corriente total de 10.1 amperios. Un resistor es de 40 ohmios. ¿Cuál es la resistencia del otro?

3. Tres resistencias de 5Ω, 10Ω, y 15Ω, respectivamente, están conectados en paralelo a una fuente de 120 voltios. a) ¿Cuál es la corriente en cada resistencia? b) ¿Cúal es el voltaje en cada resistencia? c) ¿Cúal es la corriente en el circuíto?

4. Tres resistencias de 19Ω, 15Ω y 30Ω, se conectan en paralelo. ¿Cúal es la resistencia equivalente en el circuíto?

5. Tres resistencias conectadas en paralelo. Sabemos que $V_t = 100$ v, $R_1 = 80$ ohmios, $R_3 = 50$ ohmios, and $I_2 = 7.5$ amperios. Calcule a) I_t; b) I_1; c) I_3; d) R_2.

6. Tres resistencias en paralelo. Sabemos que $I_t = 16$ amperios, $I_1 = 2.5$ amperios, $R_2 = 17$ ohmios, and $R_3 = 14$ ohmios. Calcule a) V_t; b) I_2; 3) I_3; d) R_1.

7. Tres resistencias en paralelo. Sabemos que $V_t = 200$ voltios, $I_t = 32$ amperios, $R_1 = 16$ ohmios, and $R_2 = 22$ ohmios. Calcule a) I_1; b) I_2; c) I_3; d) R_3.

∧ ∧ ∧ ∧ ∧ ∧ ∧ ∧ ∧ ∧ ∧ ∧

Selección Múltiple

1. Dos resistencias, una de 10Ω y la otra de 20Ω se conectan en paralelo a un acumulador de voltaje constante. Si la corriente en el resistor de 10Ω es de 4 amperios, la corriente que pasa por el otro es 1) 1 A; 2) 2 A; 3) 8 A; 4) 4 A.

2. Si el número de resistencias en un circuíto paralelo se aumentan, la diferencia potencial en cada uno de las resistencias 1) aumenta; 2) disminuye; 3) no cambia.

3. Tres resistencias de 4Ω, 6Ω y 10Ω se conectan en paralelo a una pila de 30 voltios. La resistencia equivalente es aproximadamente 1) 10Ω; 2) 2Ω; 3) 20Ω; 4) 7Ω.

4. En el problema anterior, la corriente en la resistencia de 4Ω es 1) 3.8 A; 2) 7.5 A; 3) 15 A; 4) 60 A.

5. Dos resistencias se conectan como lo indica la figura.

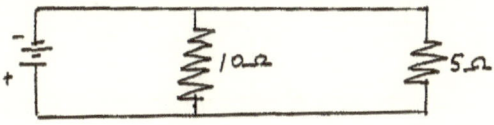

Si la corriente que pasa por la resistencia de 10Ω es 1 amperio, la corriente que pasa por el otro es 1) 15 A; 2) 2 A; 3) 0.5 A; 4) 0.3 A.

6. Comparando la corriente en el resistor de 20Ω en la figura siguiente, la corriente en el resistor de 5Ω es 1) la mitad; 2) un cuarto; 3) la misma; 4) cuatro veces mayor.

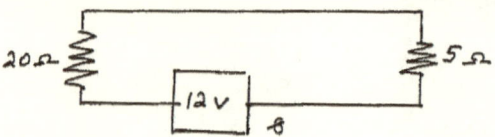

Usando la información en la figura siguiente, conteste las preguntas 7 - 10.

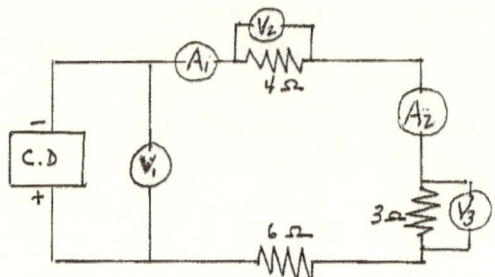

7. El voltímetro V$_2$ muestra un voltaje de 1) 52 V; 2) 26 V; 3) 13 V; 4) 8 V.

8. La resistencia total del circuíto es 1) 3/4 ohmios; 2) 4/3 ohmios; 3) 10 ohmios; 4) 13 ohmios.

9. El amperimetro A$_1$ muestra una corriente de 1) 6 A; 2) 2 A; 3) 3 A; 4) 52 A.

10. Si mas resistencias se añaden al circuíto y el voltaje de la pila es constante, el voltaje en el voltímetro V$_3$ 1) aumentará; 2) disminuíra; 3) no cambiará.

Usando la información en la figura siguiente, conteste las preguntas 11 - 15:

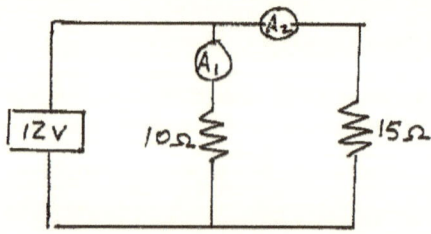

11. La resistencia equivalente del circuíto es 1) 25Ω; 2) 6Ω; 3) 5Ω; 4) 0.17Ω.

12. El voltaje en la resistencia R$_2$ es 1) 1V; 2) 2 V; 3) 10 V; 4) 12 V.

13. La corriente en el amperímetro A_1 es 1) 120 A; 2) 2 A; 3) 1.2 A; 4) 0.83 A.

14. Comparando la corriente en A_1, la corriente en A_2 es 1) menor; 2) mayor; 3) la misma.

15. Si otra resistencia se añade al circuíto, la resistencia equivalente del circuíto 1) disminuye; 2) aumenta; 3) no cambia.

Capitulo 37

Circuítos Mixtos

1. Circuítos Mixtos

La mayoría de los circuítos eléctricos son mezclas de circuítos en serie y en paralelo. La figura (a) nos muestra tal circuíto:

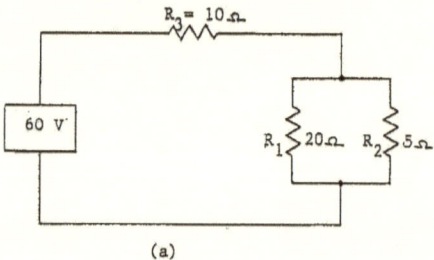

(a)

La solución de problemas de circuítos mixtos include generalmente los pasos siguientes:

1. Simplifique las ramas paralelas y reémplazelas con las resistencias equivalentes. Ya que R_1 y R_2 están en paralelo, la resistencia equivalente es:

$$\frac{1}{R_t} = \frac{1}{20\Omega} + \frac{1}{5\Omega} \qquad R_t = \frac{20\Omega}{5} = 4\Omega$$

2. La figura (b) indica la resistencia equivalente.

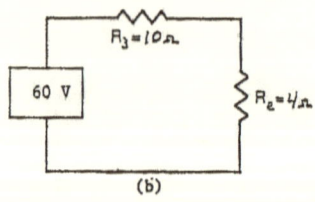

(b)

292

3. Vemos ahora que R_e y R_3 estan en serie. Usando las reglas de circuítos en serie, obtenemos:

$$R_t = 4\,\Omega + 10\,\Omega = 14\,\Omega$$

4. La figura (c) muestra la resistencia equivalente total.

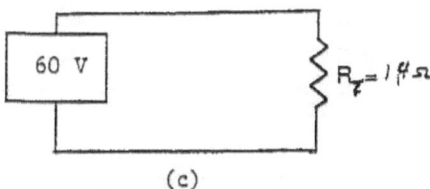

(c)

5. La resistencia R_t es el equivalente de todas las resistencias en el circuíto. Usando su valor, calculemos la corriente total:

$$I_t = \frac{V_t}{R_t}$$

$I_t = V_t / R_t I_t = 60\,v / 14\Omega = 4.28$ amperios.

6. Ahora que el voltaje y la corriente en la resistencia equivalente ya se saben, procedemos a calcular los valores individuales para cada resistencia. En la figura, vemos que las resistencias R_e y R_3 estan en serie. La corriente es igual en ambas. La ley de Ohm nos permite calcular los voltajes individuales:

$V = I\,R V_e = 4.28$ amperios x 4 ohmios = 17.12 voltios

$V_3 = 4.28$ amperios x 10 ohmios = 42.8 voltios

La corriente y el voltaje en la resistencia R_3 son calculados. La resistencia R_e ha reémplazado las resistencias R_1 y R_2. Porque estas resistencias estan en paralelo, el voltaje no cambia. Ahora se calcula la corriente en cada resistencia:

$I = V / R I_1 = 17.12$ voltios / 20 ohmios = 0.85 amperios.

$I_2 = 17.12$ voltios / 5 ohmios = 3.42 amperios

De acuerdo con las leyes de Kirchoff: a) la suma de las corrientes individuales son iguales a la corriente total.

$$I_{afuera} = I_{adentro}$$
$$I_t = I_1 + I_2$$

$I_t = 0.85$ amperios + 3.42 amperios = 4.28 amperios.

b) los voltajes individuales son iguales al voltaje total.

$$V_{afuera} = V_{adentro}$$
$$V_t = V_{1,2} + V_3$$
$$V_t = 17.12 \text{ voltios} + 42.8 \text{ voltios} = 59.92 \text{ voltios.}$$

Ejemplo. Una batería suministra 54 voltios a un circuíto mixto que consiste de cinco resistencias conectadas como lo indica la figura (a). Calcule a) la resistencia equivalente; b) la corriente total; c) el voltaje total; d) las corrientes individuales y e) los voltajes individuales.

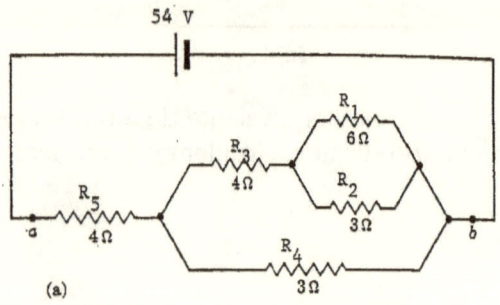

(a)

Datos	Pregunta	Ecuación
$R = 6 \, \Omega$	$R =$	Circuitos en serie y paralelo.
$R = 3 \, \Omega$	V_t	$V = IR$
$R = 4 \, \Omega$	I_t	
$R = 3 \, \Omega$	V_{1-5}	
$R = 4 \, \Omega$	I_{1-5}	

Solución. 1. La figura (a) indica que las resistencias de 6 Ω y 3 Ω estan en paralelo. La resistencia equivalente es:

$$\frac{1}{R_t} = \frac{1}{8\Omega} + \frac{1}{3\Omega} \qquad \frac{1}{R_t} = \frac{2+1}{6\Omega} \qquad R_{1,2} = 2\Omega$$

2. En la figura (b) vemos que las resistencias de 4 Ω y 2 Ω estan en serie. La resistencia equivalente es:

$$R_{1-3} = 4\Omega + 2\Omega = 6\Omega$$

$R_3 = 10\,\Omega$

60 V

$R_e = 4\,\Omega$

(b)

294

3. La figura (c) indica que las resistencias de 6Ω y 3Ω están en paralelo. La resistencia equivalente es:

$$\frac{1}{R_t} = \frac{1}{6\Omega} + \frac{1}{3\Omega} \qquad \frac{1}{R_t} = \frac{2+1}{6\Omega} \qquad R_{1-4} = 2\Omega$$

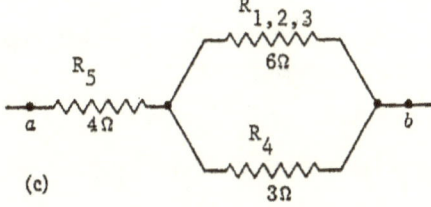

(c)

4. La figura (d) indíca que las resistencias de 4Ω y 2Ω están en series. La resistencia equivalente total indicada en la figura (e) es:

$$R_t = 4\Omega + 2\Omega = 6\Omega$$

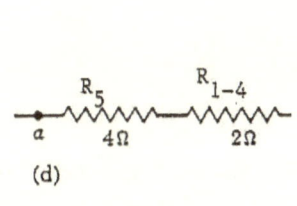

(d)

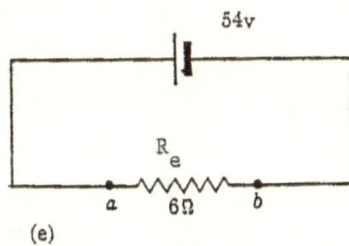

(e)

5. El voltaje total es 54 voltios. La corriente total se calcula usando la ley de Ohm:

$$I = \frac{V}{R} \qquad I = \frac{54V}{6\Omega} = 9 \text{ amperios}$$

6. Vamos ahora de regreso en los esquemas para calcular los voltajes y las corrientes individuales. En la figura (d) las resistencias estan en serie y por consiguiente la corriente no cambia. El voltaje en la resistencia R_5 es:

$$V_5 = 9 \text{ A. } \times 4\Omega = 36 \text{ voltios}$$

en la resistencia R_{1-4}, el voltaje es:

$$V_{1-4} = 9 \text{ A} \times 2\Omega = 18 \text{ voltios}$$

7. En la figura (c) los valores de la resistencia R_5 se saben. Las resistencias R_{1-3} y R_4 estan en paralelo y su voltaje es 18 V. Las corrientes son:

$$I_{1-3} = 18 \text{ V}/6\Omega = 3 \text{ A} \quad I_4 = 18 \text{ V}/3\Omega = 6 \text{ A}$$

8. En la figura (b) los valores de la resistencia R_4 se saben. Las resistencias R_3 y R_{1-2} estan en serie y la corriente no cambia, es 3 A. Los voltajes son:

$$V_3 = 3 \text{ A} \times 4\Omega = 12 \text{ voltios} \qquad V_{1-2} = 3 \text{ A} \times 2\Omega = 6 \text{ voltios}$$

9. En la figura (a) las resistencias R_1 y R_2 estan en paralelo y el voltaje es 6 voltios. Las corrientes son:

$$I_1 = 6 \text{ V}/6\Omega = 6 \text{ A} \quad I_2 = 6 \text{ V}/3\Omega = 2 \text{ A}$$

10. Ahora comprobamos las leyes de Kirchoff:

$$V_{afuera} = V_{adentro}$$
$$V_t = V_{1-2} + V_3 + V_5$$
$$V_t = 6 \text{ V} + 12 \text{ V} + 36 \text{ V} = 54 \text{ V}$$

$$I_{afuera} = I_{adentro}$$
$$I_t = I_1 + I_2 + I_4$$
$$I_t = 1 \text{ A} + 2 \text{ A} + 6 \text{ A} = 9 \text{ A}$$

2. Resistencia Interna

Hasta ahora se ha supuesto que una pila eléctrica mantiene un voltaje entre sus terminales, y suministra este voltaje a las resistencias en el circuíto. Pero recordemos que las pilas eléctricas están compuestas de sólidos y líquidos que ofrecen una resistencia al flujo de electricidad dentro de la propia pila.

Esta resistencia es muy pequeña y se puede despreciar. En efecto, el comportamiento de los circuítos podrá comprenderse bien si la resistencia interna de los generadores eléctricos se toma en cuenta. Hay muchas veces cuando esta resistencia infinitesimal muestra un efecto calculable en el circuíto. La resistencia interna produce el efecto de una resistencia en serie dentro de la bateria, como se ve en la figura.

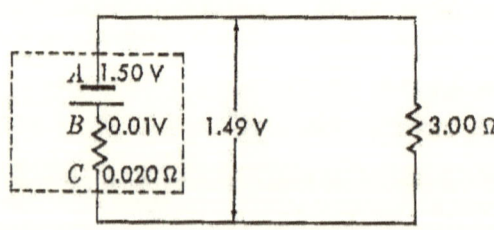

El cuadro en línea de trazos representa la caja de la pila.

Su resistencia se añade a la resistencia total del circuíto. Por ejemplo, una pila tiene una resistencia interna de 0.08 ohms y la resistencia del circuíto es 2 ohms, de acuerdo con la ley de Ohm, ya que las resistencias están en serie, la resistencia total del circuíto es 2.08 ohms.

∧ ∧ ∧ ∧ ∧ ∧ ∧ ∧ ∧ ∧ ∧ ∧

PROBLEMAS

1. Dos resistencias de 60 ohms conectadas en paralelo se conectan en serie con una resistencia de 40 ohms. El voltaje de la bateria es 35 voltios. Calcule a) la resistencia equivalente; b) la corriente en la resistencia de 40 ohms; c) el voltaje en la resistencia de 40 ohms; d) el voltaje en las otras resistencias y e) la corriente en cada uno de las resistencias de 60 ohms.

2. Tres resistencias de 6 ohms, 8 ohms y 12 ohms en paralelo se conectan en serie con una resistencia de 2 ohms. La corriente en el circuíto es de 1 amperio. Calcule a) la resistencia total; b) el voltaje en el circuíto y c) la corriente y el voltaje en cada una de las resistencias.

3. Una batería de 3 voltios con una resistencia interna de 0.8 ohms se conecta con una resistencia de 2 ohms, la cual esta conectada en serie con dos resistencias de 5 ohms y 20 ohms en paralelo. Calcule a) la resistencia total; b) la corriente total y c) el voltaje y la corriente en cada una de las resistencias.

4. Dos resistencias de 8 ohms y 20 ohms en paralelo se conectan en serie con una resistencia de 5 ohms y este circuíto recibe 50 voltios. Calcule a) la resistencia total; b) el voltaje en la rama paralela y c) el voltaje y la corriente en cada resistencia.

5. Tres bombillas de 10 ohms, 50 ohms y 120 ohms en paralelo se conectan en serie con otra bombilla de 20 ohms. El circuíto recibe 120 voltios. Calcule a) la resistencia equivalente de la rama en paralelo; b) la resistencia del circuíto entero y c) la corriente por cada bombilla.

6. Dos resistencias de 20 ohms y 30 ohms en paralelo se conectan en serie con una resistencia de 8 ohms. La corriente total es 1 amperio. Calcule a) la resistencia total; b) el voltaje total y c) el voltaje y la corriente en cada una de las resistencias.

∧ ∧ ∧ ∧ ∧ ∧ ∧ ∧ ∧ ∧ ∧ ∧

Capitulo 38
Efectos Electricos

1. Efectos de una corriente eléctrica.

En el mundo moderno, la electricidad es la fuente primaria de energía. Lo que llamamos energía eléctrica es, en efecto, la energía transmitida por corrientes eléctricas. La electricidad no es energía, es solamente un vehículo que lleva energía de una parte a otra. Por ejemplo, la energía usada en aspiradores, secadores de pelo, motores, etc. viene de las plantas eléctricas hasta la casa donde se la usa y los alambres regresan los electrones a la planta a recoger más energía.

La corriente eléctrica demuestra varios efectos, tales como:

1. <u>Efectos Caloríficos</u>. Cualquier aparato eléctrico produce calor. Por ejemplo, una bombilla encendida es demasiada caliente.

2. <u>Efectos mecánicos</u>. Cuando prendimos a un motor, la energía eléctrica se convierte a energía mecánica usada en las maquinas.

3. <u>Electromagnetismo</u>. Un conductor que lleva una corriente eléctrica exhibe propiedades electromagneticas, en efecto, el conductor se convierte en un imán débil.

4. <u>Electrólisis</u>. Una disolución que conduce una corriente eléctrica y que va acompañada de efectos químicos es la electrólisis.

2. Potencia Eléctrica

Cuando una corriente se mueve dentro de un circuíto se realiza un trabajo, que se consume generalmente en calentar el circuíto o en hacer girar un motor. A menudo, se desea conocer la rapidéz con qué se efectúa el trabajo, es decir la potencia eléctrica. La potencia eléctrica de un circuito es igual al producto del voltaje multiplicado por la corriente y mide la rapidéz con que la energía es suministrada o consumida en el circuíto o en parte del circuíto.

Potencia eléctrica = voltaje x corriente

El watt is the unidad de potencia y se defina como <u>la potencia dispuesta cuando un voltio de potencial mueve una corriente de un amperio.</u>

$$P \text{ (watts)} = V \text{ (voltaje)} \times I \text{ (amperios)}$$

$$P = V I$$

$$P = \frac{joule}{columbio} \times \frac{culombio}{segundo}$$

$$P = \frac{joule}{segundo} = watt$$

Ya que el watt es una unidad de potencia muy pequeña, se usa a menudo el kilowatt (Kw), que es igual a 1000 watts. Bombillas de luz se clasifican de acuerdo con la potencia, una bombilla puede ser de 60, 100 o 150 watts, etc.

$$1 \text{ Kw} = 1000 \text{ watts}$$

La ecuación de potencia se puede modificar usando la Ley de Ohm, así:

$$V = IRI = V/RR = V/I$$

$$P = VI \text{ substituyendo, obtenemos: } P = IR \times I = I^2R$$

$$P = VI \text{ substituyendo, obtenemos: } P = V \times V/R = V^2/R$$

Otra unidad muy común para medir la potencia eléctrica es el <u>caballo de fuerza</u> (HP),

$$1 \text{ HP} = 746 \text{ watts} \quad 1.34 \text{ HP} = 1 \text{ Kw}$$

∧ ∧ ∧ ∧ ∧ ∧ ∧ ∧ ∧ ∧ ∧

Ejemplo. Una lámpara recibe 0.4 amperios de una línea de 110 voltios. ¿Qué potencia recibe la lámpara?

Datos	Pregunta	Ecuación
I = 0.4 amps	P =	P = VI
V = 110 voltios		

Solución. Una substitución directa nos dá:

$$P = VI \qquad P = 110 \text{ voltios} \times 0.4 \text{ amperios} = 44 \text{ watts.}$$

Ejemplo. Una bombilla es de 60 watts, y 110 voltios. a) ¿Cuál es la resistencia del filamento y b) cuánta corriente recibe la bombilla?

Datos	Pregunta	Ecuación
P = 60 watts	a) R =	$P = \dfrac{V^2}{R}$
V = 110 voltios	b) I =	$P = I^2R$

Solución: a) Substituyendo en la ecuación y resolviendo por R, obtenemos:

$$R = \frac{v^2}{P} \qquad R = \frac{(110v)^2}{60w} = 201.6 \text{ ohmios}$$

b) Para calcular la corriente, se usa una de dos ecuaciones:

$$P = VI \qquad\qquad o \qquad\qquad P = I^2R$$

$$I = \frac{P}{V} \qquad I = \frac{60 \text{ watts}}{110 \text{ voltios}} = 0.54 \text{ amperios}$$

∧ ∧ ∧ ∧ ∧ ∧ ∧ ∧ ∧ ∧ ∧ ∧

3. Energía Eléctrica

La potencia o poder eléctrico es la rapidéz con que se realiza un trabajo o la rapidéz con que se usa la energía.

$$\text{Potencia} = \frac{\text{Trabajo}}{\text{Tiempo}} \qquad P \text{ (watts)} = \frac{W \text{ (joules)}}{t \text{ (segundos)}}$$

Como la energía y el trabajo son sinónimos, el total trabajo realizado o la energía usada es igual al trabajo multiplicado por el tiempo:

Energía (joules) = Potencia (watts) x Tiempo (segundos)

$$W = P \times t$$

Usando la Ley de Ohm, se puede modificar esta ecuación, asi:

$$w = Pt = VIt = I^2Rt = \frac{V^2}{R}t$$

Cualquiera de esta ecuaciones representa la Ley de Joule.

Entonces, la unidad de energía eléctrica, tal como en la energía mecánica, es el watt - segundo o joule. Esta unidad es muy común en el estudio de la física. Sin embargo, la unidad de energía más común es el kilowatt - hora (Kw - hr) porque el watt - segundo es una unidad muy pequeña. Por ejemplo, si un generador suministra 20 kilowatts por 5 horas, realiza un trabajo igual a 100 kilowatt - horas.

4. Equivalente Eléctrico de Calor.

El calor producido por un aparato eléctrico, tal como un calentador eléctrico, se puede medir facilmente si aplicamos la constante llamada el equivalente eléctrico de calor. Recordemos que la unidad común de calor es la caloría, pero experimentos han calculado que 4.19 joules de trabajo producen una caloría. La caloría y el joule se relacionan por medio de la constant J o el equivalente eléctrico de calor.

$$1 \text{ caloría} = 4.19 \text{ joules}$$

$$J = 4.19 \text{ joules/caloría}$$

$$J = W / Q$$

Esta ecuación es la misma que usamos en el equivalente mecánico de calor.

^ ^ ^ ^ ^ ^ ^ ^ ^ ^ ^ ^

Ejemplo. Calcule la energía usada en 15 minutos por una plancha eléctrica conectada a una línea de 110 voltios si la plancha recibe 5 amperios.

Datos	Pregunta	Ecuación
V = 110 voltios	W =	W = VIt
I = 5 amperios		
t = 15 minutos		

Solución. a) Conviértase los minutos a segundos.

15 minutos x 60 segundos/minuto = 900 segundos

b) Substituyendo en la ecuación, obtenemos:

W = VItW = 110 voltios x 5 amperios x 900 segundos

W = 495 000 joules = 495 kilojoules

^ ^ ^ ^ ^ ^ ^ ^ ^ ^ ^ ^

Ejemplo. El filamento de un calentador eléctrico tiene una resistencia de 10 ohms. Se conecta a una línea de 120 voltios. Calcule a) la corriente en el circuíto; b) la energía eléctrica en joules que el calentador recibe en 10 segundos y c) el calor, en calorías, producido durante este tiempo.

Datos	Pregunta	Ecuación
R = 10 ohmios	a) I =	V = IR
V = 120 voltios	b) W =	W = I²Rt
	c) Q =	Q = W / J

Solución. a) Calcule la corriente usando la ley de Ohm:

$$I = V / RI = 120 \text{ voltios} / 10 \text{ ohms} = 12 \text{ amperios}$$

b)   Una substitución directa nos dá:

$$W = I^2RtW = (12 \text{ amperios})^2 (10 \text{ ohms}) (10 \text{ seg})$$

$$W = 14400 \text{ joules}$$

c)   Arreglando la ecuación básica, obtenemos:

$$Q = W/J \quad Q = 14400 \text{ joules}/ 4.19 \text{ joules/caloría}$$
$$Q = 3436.75 \text{ calorías}$$

PROBLEMAS

1. Calcule la potencia en watts que usa a) un tren eléctrico de juego que recibe 2.5 amperios y 15 voltios y b) un tren subterráneo que recibe 150 amperios y 550 voltios.

2. Un motor consume 1100 watts y usa 5 amperios. Calcule a) el voltaje usado y b) la resistencia del motor.

3. Un calentador eléctrico de agua tiene dos elementos, cada uno recibe 2200 watts de una línea de 220 voltios. ¿Qué potencia es necesaria si los elementos se usan a) en serie y b) en paralelo? c) ¿Qué corriente se necesita en cada caso?

4. ¿Cuántas calorías se producen en 15 minutos por una bombilla de luz de 660 watts?

5. El motor de un refrigerador eléctrico desarrolla 0.25 HP y usa 1.8 amperios y 115 voltios. Calcule a) la potencia en watts y b) la energía usada durante 25 minutos de operación.

4. Efecto Calórico de la Electricidad.

Calor resulta cada vez que una corriente pasa por un conductor. Los choques frequentes entre los electrones libres en el conductor con los átomos y con otros electrones causan una agitación molecular y, por consiguiente, un aumento en la temperatura interna del conductor. Este aumento en calor se debe fundamentalmente a la conversión de una pequeña cantidad de energía mecánica a energía de calor. The cantidad de calor producida depende de los factores siguientes: 1) la magnitud de la corriente; 2) el voltaje en la línea y 3) el tiempo que la corriente usa en pasar por el conductor.

<u>Calor en un circuíto en serie</u>. Un alambre de cobre y otro de hierro se conectan en serie a una pila seca, como lo indica la figura.

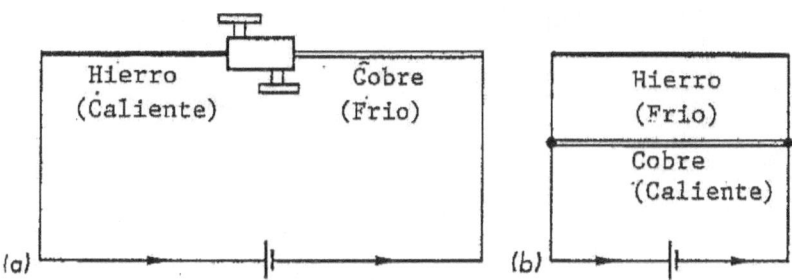

Observamos que el alambre de hierro se calienta más de prisa. Ya que este conductor tiene una resistencia más alta, deducimos que en un circuíto en serie el conductor con la resistencia más alta se caliente más de prisa. Se explica de esta manera: el calor depende del producto de la corriente y del voltaje, ya que en un circuíto en serie la corriente permanece constante, el alambre con más resistencia opone al pasaje de los electrones y se calienta más pronto.

En cambio, si conectamos los mismos alambres en paralelo, como lo muestra la figura. El cobre se calienta más de prisa. En paralelo, el conductor con la resistencia menor se calienta más pronto. Se explica de esta manera: en un circuíto en paralelo, el conductor con la menor resistencia recibe la mayor corriente, y es por esto que el cobre se calienta más.

5. Fusibles.

Ya vimos que los electrones que fluyen por un alambre pierden una pequeña parte de su energía, en forma de calor. Si la corriente en el circuíto es grande, los alambres pueden calentarse tanto que se funden, las cubiertas aisladoras se queman y se inicia un incendio.

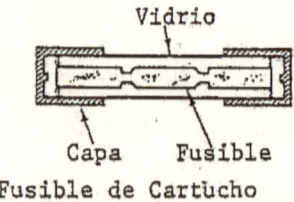

Vidrio

Capa   Fusible

Fusible de Cartucho

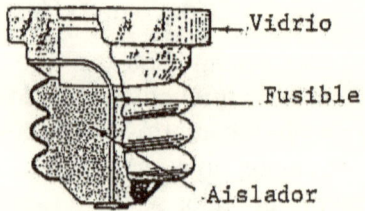

.Vidrio

Fusible

Aislador

Fusible de Tornillo

Tipos de Fusibles

Por esta razón, los circuítos en casa están protegidos con un <u>fusible</u>. Un fusible consiste de un alambre con un punto de fusión bajo, que se derrite antes de que los otros alambres del circuíto esten peligrosamente calientes. Fusibles siempre se conectan en serie en el circuíto. Cuando se funde el alambre del fusible, el circuito se rompe y cesa la corriente.

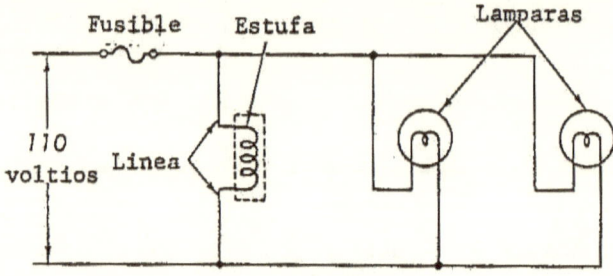

Fusible   Estufa   Lamparas

110 voltios   Linea

Circuito Casero

Los fusibles comunes son, a menudo, de tornillo y pueden insertarse en receptáculos montados en la caja de fusibles. Un fusible de cartucho se coloca entre un par de abrazaderas. Los circuítos pueden ser protegidos también por disyuntores o cortacircuitos que utilizan imanes o barras bimetálicas para abrir el circuíto.

Los circuítos deben equiparse con fusibles que estén de acuerdo con la corriente, en general son de 15, 20 o 30 amperios. Si un fusible es para corrientes grandes, no protege contra una corriente algo excesiva. Por ejemplo, si el circuíto solo puede llevar 15 amperios, un fusible de 30 amperios es muy peligroso.

Capitulo 39

Magnetismo

1. MAGNETISMO

Se dice que los filósofos griegos ancianos sabian de la existencia del magnetismo, puesto que se encontró una piedra con la propiedad de atraer al hierro. Esta piedra, actualmente un compuesto de hierro, se llama magnetita, y es un imán natural. Los sabios chinos del siglo XII explicaron en sus escritos que una aguja de acero frotado con una piedra imán y colgada por una cuerda, gira de tal manera que cuando para, apunta hacia el sur. Esto parace ser el primer ejemplo de la fabricación de una brújula. La figura siguiente muestra que un imán de barra colgado de una cuerda gira alrededorduna eje vertical.

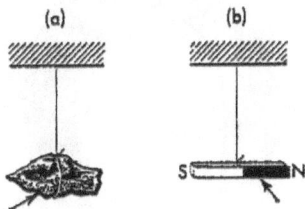

Una brújula consiste generalmente de una aguja magnética que gira libremente cuando suspendida sobre un alfiler, como se vé en la figura siguiente.

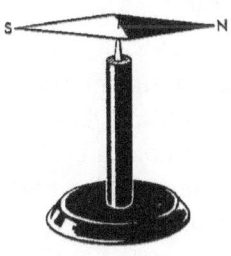

Atracción magnética. Si recordamos que alguna vez jugamos con un imán porque atraía unos limaduras de hierro. También se recuerda que si lo tiramos por el polvo de la carretera, el imán atría unos pedazos pequeños de mineral de hierro. Aunque el hierro es una sustancia magnética muy común, no es la única. Metales tales como el níquel y cobalto son imanes débiles, pero otras sustancias, oro, plata, cobre, vidrio etc. no exhiben propiedades magnéticas.

Materiales ferromagnéticos son fuertemente atraídos por un imán por ejemplo: hierro, níquel y cobalto. Materiales paramagnéticos, incluyendo los ferromagnéticos, son atraídos por un imán, tales como el oxígeno, platino. Materiales diamagnéticos. no son atraídos por un imán.

Experimentos demuestran que los imanes atraen sustancias magnéticas localizadas a una distancia del imán, aunque hayan otras sustancias entre ellos. En otras palabras, la atracción magnética pasa por dentro de cualquier sustancia. Esto se demuestra cuando un imán colocado sobre un pedazo de madera, atrae a las limaduras de hierro en el lado opuesto. Si la madera se reemplaza con una hoja de aluminio o de cobre, la atracción magnética permanece intacta. Sin embargo, un material magnético debilita la atracción magnética de otra sustancia. Por cierto que un espacio pequeño se protege de la atracción magnética si se lo cubre con una lámina de hierro maleable.

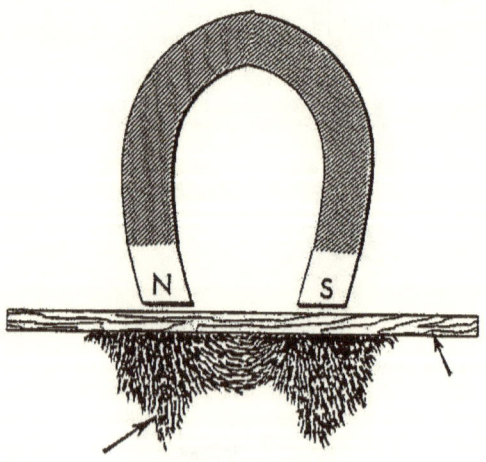

Polos magnéticos. Un imán, sin considerar su forma o tamaño, tiene dos extremos donde la imantación es muy fuerte. Estos extremos se llaman polos magnéticos. Si se coloca el imán en una caja de limaduras de hierro, la mayoría de las limaduras se adhieren en cada uno de los extremos, y muy pocas en el centro.

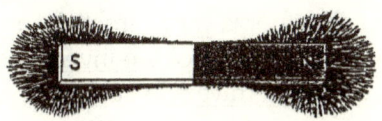

Si este imán se suspende por un hilo, gira y descansa en una dirección geográfica de norte - sur. El extremo que apunta al norte es el polo norte (N) y el extremo que apunta al sur es el polo sur (S). Es imposible obtener un imán con solo un polo, y no importa el numero de pedazos que resultan cuando se quiebra un imán, cada pedazo tiene dos polos.

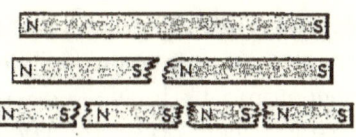

2. Atracción y repulsión magnética. Sin embargo, si colocamos un polo - norte cerca de otro polo - norte, vemos que los imanes se repelan. Este comportamiento de los imanes es parecido al comportamiento de cargas eléctricas y se describe en las mismas palabras.

Se demuestra que el polo N y el polo S de un imán son diferentes cuando se los coloca cerca de una brújula. Como lo muestra la figura, el polo S de la brujula es repelido por el polo S del iman (a), una repulsión similar ocurre entre el polo N de la brújúla y el polo N del iman (b).

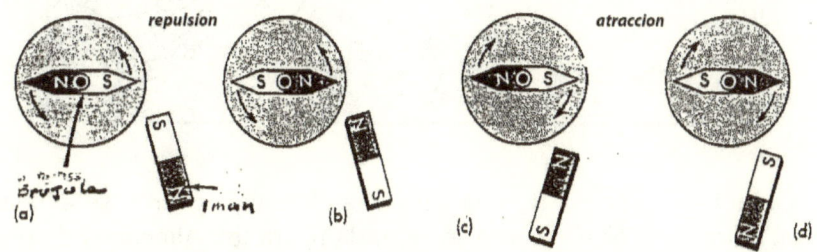

Si los polos N y S se colocan cerca uno del otro hay una atraccion muy fuerte. Si se coloca el polo - N del imán cerca del polo - S de la brújula, se vé que uno atráe al otro. El polo de la brujula apunta al polo opuesto del imán, como lo vemos en (c) y (d).

Este experimento demuestra la ley de imanes que dice: Polos magnéticos iguales se rechazan y polos distintos se atraen.

3. Fuerza magnética. La fuerza de atracción o repulsión entre imanes se llama la fuerza magnética. En teoria, los efectos magnéticos se extienden indefinitivamente en el espacio, pero en verdad, tienen una influencia solo

en un espaco limitado. Esta fuerza <u>varía directamente con el producto de</u> <u>las intensidades magnéticas de los polos e inversamente con la distancia</u> <u>cuadrada entre ellos y actúa a travéz de cualquier sustancia.</u>

$$F = k\frac{B_1 B_2}{r^2}$$

Esta ley es semejante a la Ley de Coulomb, pero es solo una aproximación, puesto que la intensidad magnética B es una región alrededor del imán pero no un punto en el espacio.

4. Teoría molecular del ferromagnetismo. Un tubito de vibrio lleno de limaduras de hierro se puede imantar facilmente, pero cuando lo sacudimos pierde el magnetismo. Un imán pierde parte de su magnetismo cuando se lo sacude, se lo calienta o se lo golpea. Este fenómeno nos ayuda a entender la teoría del magnetismo.

La teoría moderna del magnetismo, ahora ya aceptada mundialmente, dice que un pedazo de hierro consiste de millones de imanes microscopicos llamados dominios. Estos dominios observados bajo un microscopio están formados de grupos de átomos alineados para formar pequeños cristales de hierro. Antes de magnetizar el pedazo de hierro, los dominios estan desordenados, tal como lo indica la figura (a).

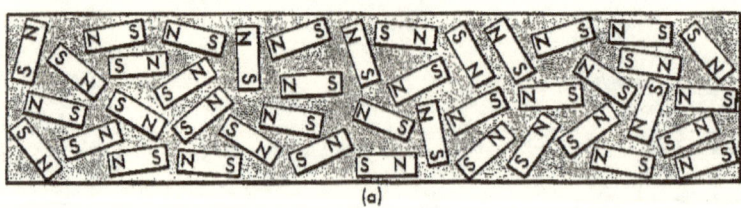

(a)

Durante el proceso de imantarse, los dominios giran y se alinean en una direccion N - S, como se ve en la figura (b). Alineados de esta manera, los polos microscopicos forman los polos norte y sur del imán. Se ve muy claro, entonces, la razón porque los polos existen solamente en pares y no solos. No importa cuantas veces se quiebra el imán, cada pedazo tiene un polo S y un polo N.

(b)

5. Campos Magnéticos.

El campo magnético. Alrededor de cada imán hay una región de influencia magnética llamada el campo magnético. Este campo magnético existe siempre alrededor de un imán. Aunque no es posible ver a este campo, él existe y se prueba de esta manera: Se coloca una hoja de papel o una placa de vidrio sobre un imán y se las polverean con limaduras de hierro. Golpes suaves en la lámina realizan que las limaduras se acumulan por si mismas como lo indica la figura.

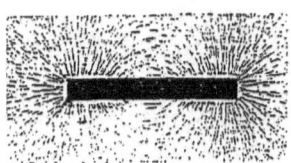 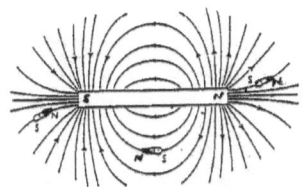

La dirección de la limaduras en el campo magnético se representan con un diagrama esquemático de lineas de fuerza. La dirección de la línea de fuerza magnética se ha aceptado como si se <u>origina en el norte y va hacia el sur.</u> Dentro del imán, las lineas van del sur al norte. Notamos también en la figura que las lineas de fuerza nunca se cruzan.

Una brújula pequena se coloca en cualquier punto cerca del polo N del iman y se mueve en la dirección que apunta la brújula. El movimiento de la brújula delinea unas lineas muy evidentes llamadas <u>lineas de fuerza magnetica</u>. La densidad de las lineas de fuerza es mayor en los extremos donde el imán ejerce una atracción más fuerte.

Si se examina las limaduras de hierro que están en la superficie del imán., se vé que cada pedazito de hierro apunta en la dirección de las líneas de fuerza. La razón por este comportamiento es que cada limadura es un imán pequeñito, con sus propios polos y actúa como una brújula.

Examinemos la figura siguiente. En la figura (a) dos imanes se ven con sus polos distintos casi juntos, las lineas de fuerza están muy concentradas entre los imanes. Se asume que estas lineas se contraen para aumentar su concentración.

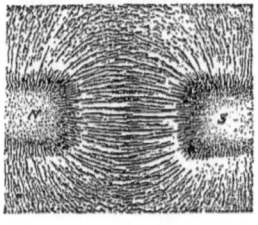  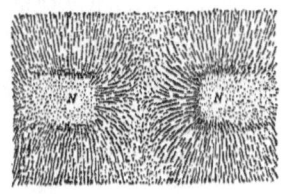

(a)

Ahora, si los imanes se colocan con los polos iguales casi juntes, en la figura (b), las líneas se separan hacia los lados dejando un espacio vacio entre les imanes. No encontramos un campo magnético en este espacio.

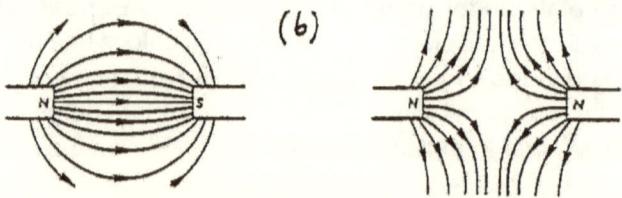

(b)

Inducción magnética. Un imán permanente siempre atrae un pedazo de hierro. Si tocamos unos clavos con el imán, los clavos se adhieren al hierro y atraen otros clavos. Tan pronto como se remueve el imán, los clavos pierden su magnetismo y se caen. <u>Cualquier pedazo de hierro que se imanta temporalmente cuando en contacto con un imán, se dice que es imantado por inducción.</u> Si el polo de un imán que tocó al hierro fue el polo N, el imán inducido tendrá un polo S cerca del imán y viceversa. Examine la figura:

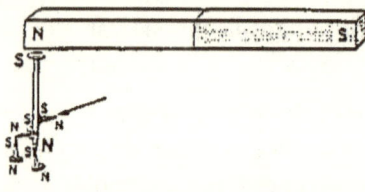

Este experimento tan simple muestra que el hierro maleable se imanta rapidamente pero que pierde su magnetismo tan pronto como se remueve el iman permanente. Imanes permanentes se hacen de acero, puesto que el acero retiene su magnetismo por mucho tiempo. Otra sustancia usada para fabricar imanes permanentes es el Alnico, una liga de aluminio, níquel y cobalto.

Densidad del flux magnético. Sabemos que el campo magnético se representa por lineas de fuerza magnética. Estas lineas se llaman lineas de flux magnético. <u>La densidad del flux magnetico o la potencia del campo magnético en un punto es el flux o número de lineas de fuerza por unidad de area en cáda polo.</u> Cuanto más numerosas son las lineas de fuerza, más potente es el imán y viceversa.

El <u>flux magnético total</u> que pasa por una area del campo magnético se mide en <u>webers, (W)</u>. El tesla, (T) es la unidad aceptada de densidad del flux magnético medido en webers por metro cuadrado.

$$1 \text{ tesla} = 1 \text{ weber/m}^2$$

pero la densidad del flux magnético entre dos imanes se dá a menudo en gauss.

$$1 \text{ tesla} = 1 \times 10^4 \text{ gauss}$$

Recordemos que las lineas de fuerza nunca se cruzan y que la potencia del campo magnético es grande cuando las lineas de fuerza se encuentran muy juntas.

6. Permeabilidad Magnética. Si se coloca un pedazo de hierro dulce entre los polos distintos de dos imanes, las lineas de fuerza se concentran fuertemente en el hierro.

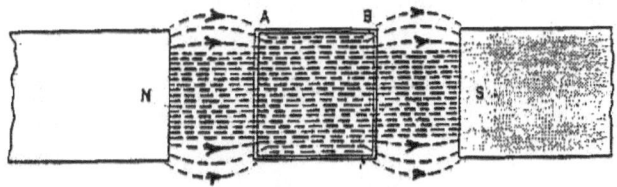

La tendencia del hierro dulce para imantarse facilmente se llama permeabilidad magnética. Se dice que la permeabilidad magnetica es la propiedad de cualquier material que permite que la densidad del flux magnético sea mas grande en el que en un vacio. La concentración de las lineas de fuerza magnética es mayor dentro del hierro que es entre los polos y el pedazo de hierro.

El campo magnético de la Tierra. El sabio inglés, Sir William Gilbert, propuso la teoría que la Tierra es en actualidad un imán gigante. Usando una esfera de piedra imán, el sabio mostró que una brújula colocada en cualquier punto en esta esfera apunta hacia el polo N de la esfera. Es facil imaginar a la Tierra como una esfera gigante con un imán dentro de ella.

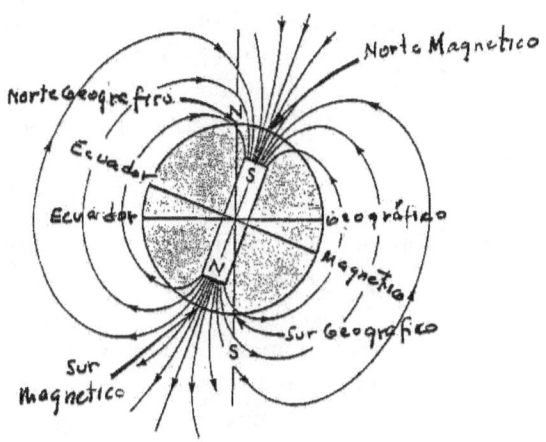

Puesto que las ejes magnéticas no corresponden a las ejes geográficas, los polos magnéticos de la Tierra no son los verdaderos polos N y S. Los polos verdaderos se encuentran en las ejes de rotación de la Tierra. El polo N magnético se encuentra en la región norte del Canada y el polo S se halla diametricamente opuesto en el hemisferio del sur. En cuanto a la polaridad, el polo N magnético es un polo S, y el polo S magnético es un polo N.

La teoría acceptada ahora dice que el magnetismo se debe a las fuerzas eléctricas enormes que rodean la tierra y se mueven sobre y dentro de la superficie terrestre. Estas fuerzas son producidas por la rotación de la tierra porque la tierra está imantada en una dirección casi paralela a las ejes polares.

7. Declinación magnética. Se asume que los polos magnéticos de la tierra se encuentran cerca de los polos geográficos, pero esto no ocurre. Si esta situación fuera así, la aguja de la brújula apuntará más hacia el polo geográfico. El ángulo de declinación es aquel ángulo que ocasiona que la aguja de la brújula se desvie del norte verdadero y se llama el angulo de declinación magnética.

8. Teoría moderna del magnetismo.

Nosotros pensamos que cada dominio magnético está compuesto de moléculas de hierro, pero cada molécula se compone de átomos y cada átomo esta compuesto de electrones situados en diferentes nivéles de energía. De acuerdo con la teoría moderna del cuánto, el modelo mecánico ondulatorio del átomo usa cuatro números cúanticos para describir la probabilidad de encontrar un electrón en una nube electrónica. El primer número cúantico es el número " n ", el segundo es el número " l ", el tercero es el número " m " y el cuarto es el número " s " o " spin magnético ".

En la teoría moderna del magnetismo, el número cúantico " s " determina la rotación o " spin " del electrón. En 1925, Wolfgang Pauli llego a la conclusión que en cada átomo no puede haber dos electrones con los mismo números cuánticos. De acuerdo con esto, el cuarto número cúantico " s ", tiene solo dos valores, $+1/2$ si rota a la derecha y $-1/2$ si lo hace a la izquierda.

Un electrón en movimiento giratorio produce un campo magnético con una polaridad particular; si rota en la dirección opuesta el magnetismo creado es también opuesto. Es logico pensar que dos electrones que rotan en direcciones opuestas, producirán campos magnéticos de polaridad opuesta que se atraéran mutuamente, como el sur de un imán atrae al norte de otro. Si los dos electrones son miembros del mismo par de electrones, sus rotaciones se cancelan y los campos magnéticos se destruyen. Esta situación ocurre en todas las sustancias no magnéticas.

Hay otras sustancias, notablemente el hierro, en las cuales las rotaciones de los electrones no se cancelen, por el contrario, las rotaciones se reenfuerzan, creando campos magnéticos que se alinean muy facilmente para producir imanes. Estas sustancias son las ferromagnéticas. Si una sustancia demuestra propiedades magneticas débiles cuando se la coloca en un campo eléctrico, la sustancia es paramagnética.

PROBLEMAS

1. Compare las diferencias y las semejanzas entre la electricidad y el magnetismo.

2. Explique porque hay dos tipos diferentes de polos magnéticos.

3. Explique porque un pedazo de hierro es atraído por cualquier de los polos magnéticos.

4. Explique brevemente la teoría del ferromagnetismo.

5. ¿Cúal es el significado de las lineas de fuerza magnética?

6. ¿Qué puntos deben ser explicados adecuadamente por una teoría del magnetismo?

7. Explique que es un imán.

8. Explique el significado de los polos magnéticos.

9. Explique la razón por la que los polos reciben sus nombres.

10. ¿Es posible que los imanes tengan mas de dos polos? Explique.

11. ¿Es posible que un imán tenga solamente un polo? Explique.

12. Explique la teoría molecular del magnetismo.

13. Averigue porque el hierro maleable no se usa para fabricar imanes permanentes.

14. Suponga que Ud. encontró algunos imanes con polos no identificados. Describa el proceso por el cual Ud. establecerá la naturaleza de los polos.

Capitulo 40
Electromagnetismo

ELECTROMAGNETISMO

1. Efectos de un campo magnético en una carga eléctrica. En el año 1821, el sabio Michael Faraday descubrió que cuando un alambre con una corriente eléctrica se coloca dentro de un campo magnético, el alambre se mueve. El orígen de la fuerza que causa este movimiento es la influencia recíproca entre la electricidad y el magnetismo. Este es el principio científico del motor eléctrico.

La figura siguiente muestra el aparato de Faraday. Un alambre de cobre de 1 metro de largo se cuelga de un soporte y se lo pasa entre los brazos de un imán.

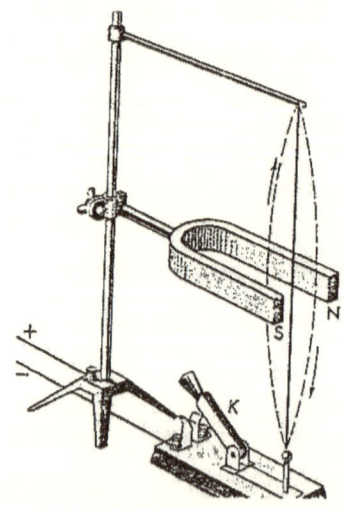

Tan pronto como se cierra el conmutador, la corriente eléctrica fluye por el alambre y este se mueve hacia la izquierda. Si ahora se cambia la conección de la bateria, y por lo tanto, la dirección de la corriente, el alambre se mueve hacia la derecha.

Se estudia más facilmente la fuerza que mueve el alambre si el haz de electrones se lo vé fuera del alambre. La figura lo muestra.

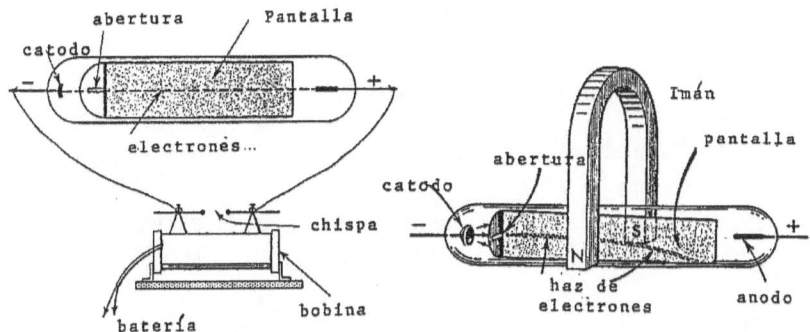

Este tubo especial es un vacio. Adentro contiene una pantalla florescente, dos electrodos y una abertura en un extremo por donde pasa el haz de electrones.

Una bobina de inducción alta se conecta a los dos electrodos y se vé que el haz de electrones produce una luz florescente en la pantalla. Aunque la bobina suministra solo corriente alterna, el efecto es el mismo si se usa corriente directa. El electrodo negativo es el catódo y el positivo es el ánódo. Si ahora se coloca un imán sobre el tubo, vemos que el haz electrónico se mueve hacia abaja cuando el imán se coloca como lo indica la figura. Si se voltea el imán, el haz de electrones cambia de dirección y se mueve hacia arriba.

Experimentos con estos apparatos han indicado que la magnitud de la fuerza en la corriente es proporcional a la carga electrica (Q), la velocidad de los electrones (v) y la intensidad magnética (B).

$$F \text{ proporcional a } QvB \qquad ó \qquad F = kQvB$$

La fuerza se mide en <u>newtons</u>, la carga en <u>coulombios</u>, la velocidad en <u>metros por segundo</u>. Si se asume que la constante de proporcionalidad "k" es igual a 1, entonces tenemos:

$$F = QvB$$

Aislamos B en la ecuación y obtenemos las unidades de la intensidad magnética:

$$B = \frac{F}{Q\,v} \qquad\qquad B = \frac{Newton}{Coul \times m/seg}$$

La definición del amperio dice que es un coulomb/segundo, entonces las unidades de B son:

$$B = \frac{Newtons}{Amperio\text{-}metro}$$

^ ^ ^ ^ ^ ^ ^ ^ ^ ^ ^ ^ ^

Ejemplo. ¿Cúal es la fuerza magnética que actúa en el electrón con una velocidad de 3×10^6 m/seg en un campo magnético de 0.6 N/amp - m?

Datos	Pregunta	Ecuación
$v = 3 \times 10^6$ m/s	F =	F = BQv
B = 0.6 N/amp - m		
$Q = 1.6 \times 10^{-19}$ C		

Solución: Substituyendo directamente en la ecuación, nos dá:

$$F = (0.6 \text{ N/amp - m}) (1.6 \times 10^{-19} \text{ C}) (3 \times 10^6 \text{m})$$

$$F = 2.88 \times 10^{-13} \text{ N.}$$

El experimento anterior muestra que un campo magnético ejerce una fuerza mecánica en el electrón, pero a ¿que se debe la existencia de esta fuerza? Numerosos experimentos han demostrado que hay una relación definitiva entre la electricidad y el magnetismo. Uno depende del otro. Esto significa que la electricidad no existe sin el magnetismo, ni el magnetismo sin la electricidad. Estudiemos este principio en más detalle. Los electrones en el alambre tienen la libertad de moverse alrededor de los átomos del elemento. Este movimiento es similar a una corriente eléctrica, además los electrones mantienen un spin magnético que es responsable por las propiedades magnéticas de la sustancia.

Se concluye que: 1. Los campos magnéticos alrededor de los electrones existen porque los electrones tienen un spin magnético; 2. La corriente eléctrica es imposible sin los electrones. Por consiguiente, las propiedades magnéticas y eléctricas de las sustancias siempre ocurren juntas.

2. Efecto magnético de una corriente. Una corriente eléctrica en un conductor produce un campo magnético alrededor del conductor. El sabio Hans Christian Oersted demonstró en 1820 la relación entre una

corriente eléctrica y el magnetismo. En una demostración, él colocó una brújula paralela a la dirección de la corriente en un alambre. La aguja de la brújula apuntó en una direccion perpendicular a la corriente.

El campo magnético indicado por el comportamiento de la brújula se vé más claramente si se pasa en alambre por medio de una hoja de cartón, como lo indica la figura.

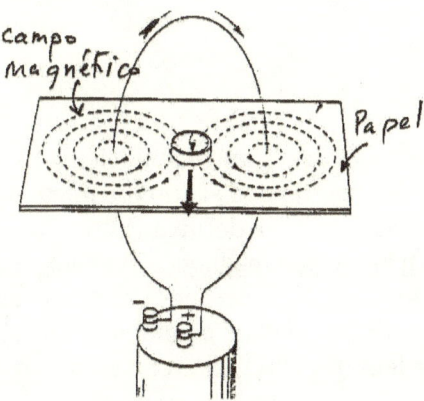

Se polvoréa unas limaduras de hierro en la lámina y se golpea debilmente la esquina. Se nota que las limaduras forman círculos concéntricos alrededor del alambre. Una brújula colocada encima del papel indica la dirección del campo magnético.

Este arreglo de las limaduras es semejante al arreglo que notamos cuando estudiamos los imanes naturales. Vemos además que las lineas de fuerza forman círculos concéntricos alrededor del alambre y que el campo asi trazado es perpendicular a la dirección de la corriente.

3. Dirección del campo magnético. Sabemos bien que el campo magnético vá del polo N al polo S, pero ¿como se puede establecer la dirección del campo circular? Se lo hace usando la primera regla de la mano izquierda.

La regla primera de mano izquierda, requiere qué:

1. Se agarre el alambre con la mano izquierda mientras el pulgar apunta en la dirección de la corriente, del polo negativo al positivo.

2. El resto de los dedos apuntan en la dirección del campo magnético.

Mire a la figura para comprender esta regla:

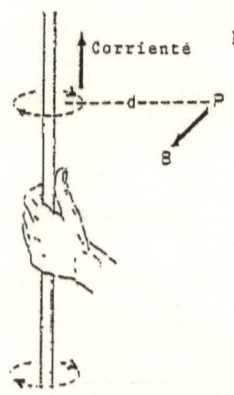

4. Inducción magnética. Como ya se vió, la potencia del campo magnético se mide de acuerdo con el número relativo de lineas de fuerza por cada unidad de area que salen del imán. Esto, si lo recordamos, se llama el flux magnético. La inducción magnética es el flux magnético producido por una corriente eléctrica. Por razones prácticas, consideraremos que la inducción magnética y el flux magnético son términos idénticos, identificados por la letra B y dibujados como círculos concéntricos.

El diagrama muestra que el campo magnético alrededor de un alambre con una corriente eléctrica, es perpendicular en todos puntos, al alambre. Mientras que la dirección de "B" se dá con la dirección de las cabezas de las flechas, de acuerdo con la regla primera; la magnitud de la inducción magnetica en el alambre, en cualquier punto se dá asi:

$$B \propto \frac{I}{2\pi r} \qquad B = u\frac{I}{2\pi r} \qquad \begin{array}{l} I = \text{amperios} \\[4pt] r = \text{radio en metros} \end{array}$$

$$u = 4 \times 10^{-7} \, N/A^2$$

La potencia de "B" es proporcional a la potencia de la corriente que pasa por el alambre e inversamente proporcional a la distancia desde el alambre.

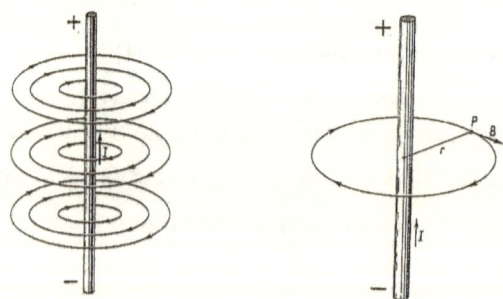

318

Lo más fuerte la corriente, lo más fuerte es el campo magnético. La influencia magnética es más débil lo más lejos que nos encontramos del alambre.

Ejemplo. Una corriente de 75 amperios pasa por un alambre largo. ¿Cúal es la inducción magnética solo a 1 centímetro del alambre?

Datos   Pregunta   Ecuación
I = 75 A   B =   B = u I / 2 r
r = 0.01 m

Solución. Una substitución directa, nos dá:

$$B \doteq (4 \times 3.14 \times 10^{-7}) \frac{75A}{2 \times 3.14 \times 0.01m}$$

La inducción magnética tiene dirección y es, por consiguiente, una cantidad vectorial.

5. Campo magnético en una vuelta de alambre. Un conductor recto se puede formar en un anillo. En este conductor circular, cada parte del conductor contribuye a la formación del campo magnético, adentro y afuera del anillo. Mire a la figura.

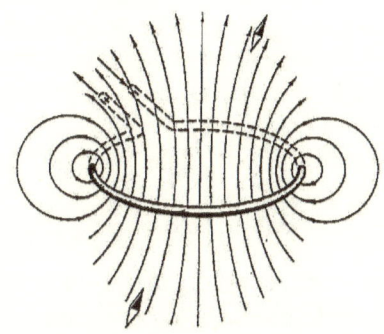

La mayoría de las lineas de fuerza magnética se encuentran en el centro de la vuelta, y puesto que la cantidad de lineas mide la potencia del flux magnético, entonces la potencia máxima se encuentra en el centro.

Imagine ahora lo que pasaría si en vez de usar solo una vuelta de alambre, usamos una bobina con 40 o 50 vueltas. En este caso, cada vuelta en la bobina contribuye su flux magnético al campo en medio de la bobina. El campo resultante depende entonces del número de vueltas en la bobina. Asi:

$$B = u\frac{NI}{2r}$$

I = Corriente
N = No. de vueltas
r = Radio en metros

El <u>producto NI mide la potencia relativa del flux magnético</u> y la dirección se encuentra usando la primera regla de mano izquierda.

Solenoide. Este es el nombre dado a una bobina con muchas vueltas de alambre. La forma general del campo magnético dentro del solenoide se vé en la figura.

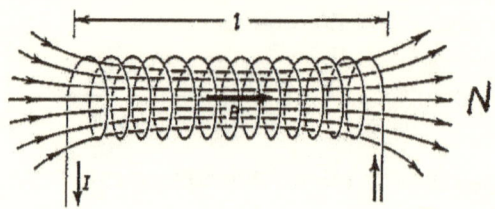

El solenoide es muy importante en el estudio de los electroimanes.

6. Electroimán. Si se inserta una barra de hierro en el solenoide, las lineas magnéticas se acumularán en el hierro debido a su alta permeabilidad magnética. La barra de hierro se transforma en un imán. <u>Un iman hecho por el efecto de una corriente eléctrica se llama un electroimán</u>. La potencia de este se calcula facilmente si consideramos el número total de vueltas de alambre, la corriente en el solenoide y la longitud del solenoide en metros.

$$B = \frac{NI}{L}$$

Sin embargo, en práctica, la potencia del electroimán es simplemente el producto del número de vueltas y la corriente. Es facil imaginar como aumentando el número de vueltas y la corriente producirá un flux magnético muy fuerte dentro del solenoide.

7. Polaridad del electroimán. Es fácil averiguar la polaridad de un imán eléctrico si se sabe la dirección de la corriente en el alambre. La segunda regla de mano izquierda dice qué: 1. Se agarra el solenoide con la mano izquierda, y los dedos apuntan en la dirección de la corriente. 2. El pulgar extendido apunta al polo norte del imán. Estudie la figura.

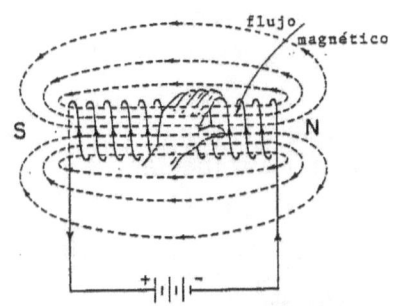
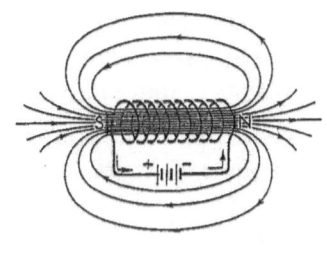

PROBLEMAS

1. Calcule la inducción magnética a una distancia de 1 centímetro de un alambre que lleva una corriente de 200 amperios.

2. ¿Cúal es la inducción magnética a 50 cm de un alambre que lleva una corriente de 7.5 A?

3. ¿Cúanta corriente debe pasar por un alambre para inducir un campo magnético de 1×10^{-3} N/A.m a una distancia de 1 cm del alambre?

4. ¿Cúal es la inducción magnética en el centro de un solenoide con un radio de 10 cm y 10 vueltas y con una corriente de 4 amperios?

5. Un solenoide con 100 vueltas de alambre tiene 25 cm de largo. ¿Cúal es la inducción magnética en su centro si 3.5 A pasan por el alambre?

6. Un solenoide de 60 cm de largo tiene 1000 vueltas de alambre. ¿Qué corriente se necesita para producir una inducción magnética de 2×10^{-2} N/A.m?

7. Se necesita una inducción magnética de 2.5×10^{-3} N/A.m en el centro de un solenoide. ¿Cúantas vueltas de alambre son necesarias si el solenoide tiene 15 cm de largo y solo puede recibir 15 A?

Selección Múltiple.

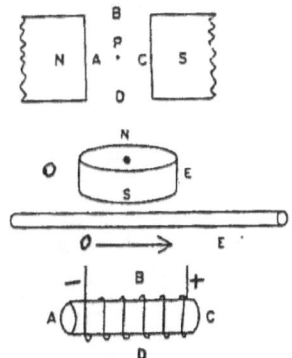

1. En el diagrama siguiente, la dirección del campo magnético en el punto P, es hacia 1) A; 2) B; 3) C; 4) D.

2. Si los electrones en el alambre se mueven hacia el Este, la aguja de la brújula en el diagrama, se mueve hacia el 1) norte; 2) sur; 3) este; 4) oeste.

3. El polo norte del solenoide en el diagrama se localiza en 1) A; 2) B; 3) C; 4) D.

4. Una corriente se mueve del norte al sur en un alambre. La dirección del campo magnético es hacia 1) el norte; 2) el sur; 3) dentro de la página; 4) fuera de la página.

5. ¿Cúal diagrama representa la potencia de un campo magnético en un punto cerca de un alambre que lleva una corriente?

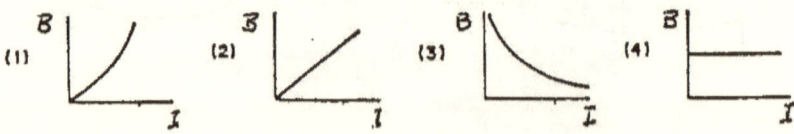

6. ¿Cúal diagrama representa el campo magnético alrededor de un alambre en el qué la corriente se mueve como indicada? Las X dicen que el campo es hacia dentro de la página, los o(puntos) indican que el campo vá afuera de la página.

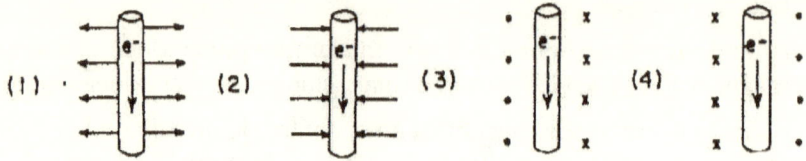

7. El flux magnético se mide en 1) N/m^2; 2) webers/m^2; 3) oersteds/m^2; 4) gauss/m^2.

8. Si el número de amperios - vueltas en un electroimán aumenta, la potencia magnética de los polos 1) disminuye; 2) aumenta; 3) no cambia.

9. Si la corriente en un solenoide aumenta, la potencia magnética 1) aumenta; 2) disminuye; 3) no cambia.

10. Si la corriente en un alambre aumenta, la intensidad del campo magnético cerca del alambre 1) aumenta; 2) disminuye; 3) no cambia.

Capitulo 41
Fuerza Magnética

Fuerzas Magneticas

1. Influencia recíproca entre campos magnéticos. Para mejor entender las fuerzas invisibles que se ejercen en un alambre que lleva una corriente eléctrica, estudiemos las figuras siguientes:

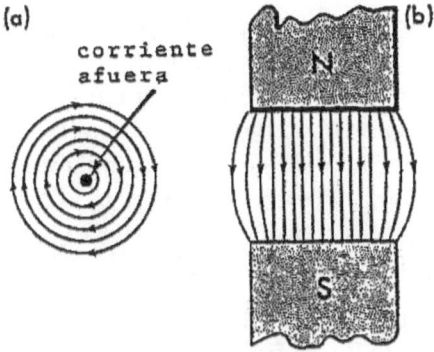

La figura (a) representa un alambre con una corriente que sale de la página. El campo magnetico a su alrededor se muestra con las lineas de fuerza circulares, de acuerdo con la primera regla. La figura (b) representa el campo magnético permanente entre los polos del imán, del N al S.

Si se coloca en este campo permanente el alambre con una corriente que sale de la página, los dos campos magnéticos, el del alambre y el del imán, muestran una influencia recíproca. Se vé este fenómeno en la figura (a) siguiente:

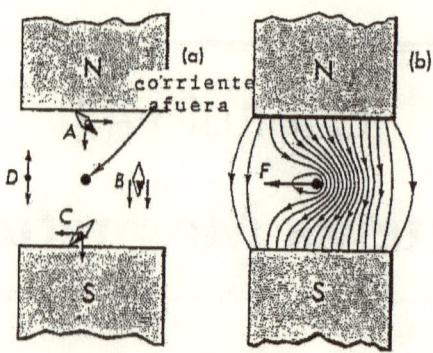

En esta figura, los vectores en los puntos A, B y C tienen una fuerza resultante; pero en el punto D, las fuerzas se cancelan mutúamente. Esta condición resulta en un movimiento del alambre hacia el punto D. Pensemos que las fuerzas magnéticas actúan como un resorte ejerciendo un empujón en todos los lados pero no en el lado D. El resultado es la fuerza F que empuja al alambre hacia hacia la izquierda. Véase la figura (b).

Cuando se mueve el alambre dentro del campo magnético del imán, hay una una influencia recíproca entre los campos magnéticos. Esta influencia resulta en una fuerza que mueve el alambre. La dirección de esta fuerza depende de la dirección de la corriente en el alambre. En este caso, la dirección de la corriente fué afuera de la página y la fuerza mueve el alambre hacia la izquierda. Si cambiamos la dirección de la corriente, o la dirección del campo magnético, la dirección de la fuerza sera hacia la derecha. De todas maneras, el alambre se mueve siempre en la dirección donde la fuerza es débil o no existe.

Es importante notar aquí que la dirección de la corriente I, la dirección del campo permanente B y la dirección de la fuerza F en el alambre son perpendiculares una a la otra. La fuerza F se describe mejor como la fuerza actual que mueve al electrón, pero ya que los electrones son la parte integral del alambre, el alambre en todo se mueve.

Recordemos que: 1. La dirección de la fuerza magnética ejercida en el alambre es siempre perpendicular a la dirección del campo magnético permanente. 2. La fuerza en los electrones es perpendicular a la dirección de la corriente.

La regla tercera de mano izquierda nos permite predecir la dirección del alambre en el campo magnético. La regla dice que:

1. El pulgar extendido apunta en la dirección de la corriente I. 2. Los dedos extendidos apuntan en la dirección del campo magnético B,

del N al S. 3. La palma de la mano apunta en la dirección de la fuerza F, tal como si esta empujara al alambre. Vease el diagrama para entender esta regla.

La regla tercera se llama también la <u>regla del motor.</u>

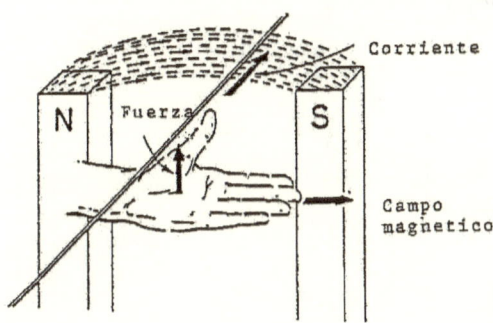

2. Fuerza en un alambre con una corriente. Ya se estableció que un electrón en movimiento en un campo magnético siente una fuerza perpendicular al campo magnético y a su dirección. Esta fuerza se calcula si recordamos que:

$$F = QvB$$

Un solo electrón, con una carga Q, es en actualidad una corriente $I = Q/t$. Si este electrón se mueve con una velocidad v, por un espacio de tiemp t, recorrira una distancia $s = vt$. Substituyendo en la ecuación anterior, tenemos:

$$F = Q\,B\,v$$

La corriente es . . . $\qquad I = \dfrac{Q}{t}$ $\qquad\qquad Q = I\,t$

La velocidad es . . . $\qquad v = \dfrac{s}{t}$

$s = 1 =$ longitud del alambre, así:

$$v = \dfrac{1}{t}$$

Substituyendo en la fórmula y eliminando t, obtenemos:

$$F = BQv \qquad F = B \times It \times \dfrac{1}{t} \qquad F = BIl$$

F se mide en newtons, B en N/A.m, I en amperios y 1 en metros.

Los electrones del alambre sienten el mayor desvío si su <u>movimiento es perpendicular al campo magnético.</u> Un alambre con una corriente eléctrica que forma un ángulo θ con el campo magnético siente una fuerza que es proporcional al seno θ:

$$F = BIl\ sen\theta$$

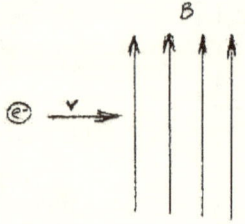 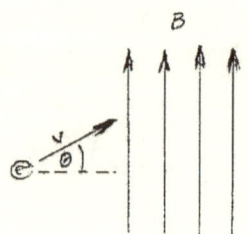

Ejemplo. Un alambre de 90 cm de largo lleva una corriente eléctrica de 5 amperios en un campo magnético de 1×10^{-4} N/amp.m. Si el alambre está a un ángulo de 35° con el campo magnético, (a) ¿Cúal es la fuerza ejercida en el alambre? (b) Compare esta fuerza con la fuerza ejercida si el ángulo es 90°?

Datos	Pregunta	Ecuación
L = 0.9 m	F =	$F = BIl\ sen\theta$
B = 1×10^{-4} N/amp.m		$F = BIl$
I = 5 amperios		
θ = 35°		

Solución. Substituyendo directamente en las ecuaciones, obtenemos:

(a) F = (1×10^{-4}) (5 amp) (0.9 m) (.573) = 2.5785×10^{-4} N.

(b) F = (1×10^{-4}) (5 amp) (0.9 m) = 4.5×10^{-4} N.

Como se vé la fuerza es mayor en el segundo caso.

3. Fuerza entre alambres paralelos. La existencia de una fuerza magnética se comprueba facilmente cada vez que colocamos dos alambres con corrientes, uno cerca del otro. Si la corriente en ambos alambres sigue la misma dirección, los alambres se atraen. Como se vé el diagrama, la corriente entra a la página, los vectores magnéticos entre ellos se cancelan y los alambres se unen.

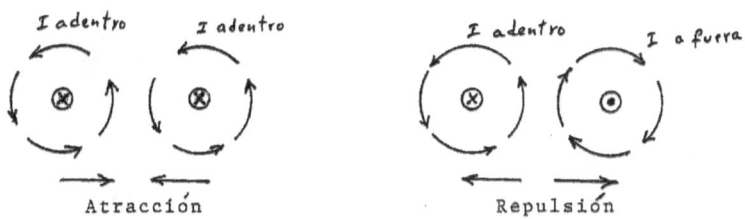

Atracción   Repulsión

Si la corriente en los alambres sigue direcciones opuestas, una adentro y la otra afuera de la página, los alambres se repelan. Los vectores magnéticos entre ellos se añaden produciendo una fuerza mayor que separa a los alambres.

La fuerza es proporcional a la potencia de la corriente y a la longitud del alambre, pero es inversamente proporcional a la distancia entre los alambres, así:

$$F = 2 \times 10^{-7} \ N/A \frac{I_1 I_2 l}{d}$$

La fuerza entre conductores paralelos se usa para definir el amperio. El amperio es la <u>corriente que, cuando pasa en conductores paralelos separados por un metro, causa que un alambre ejerza una fuerza de 2 x 10<u>$^{-7}$N en el otro.</u>

PROBLEMAS

1. Un alambre de 6 cm de largo lleva una corriente de 25 A, y se coloca dentro de un campo magnético de 1 N/A.m un punto donde el alambre y el campo son perpendiculares. ¿Cúal es la fuerza en el alambre?

2. Una corriente de 50 A. pasa por un conductor de 15 cm. Si este alambre se coloca a 60° en un campo magnético de 2×10^{-2} N/A.m. Calculese la fuerza en el conductor.

3. Un conductor de 60 cm y llevando una corriente de 20 A se encuentra dentro de una inducción magnética de 6×10^{-3}N/A.m. Calculese la fuerza en el alambre cuando el ángulo es de 45°.

4. Un conductor de 10 cm está en un campo magnético uniforme de 1.5 N/A.m. ¿Qué corriente debe pasar por el para ejercer una fuerza de 0.1 N?

5. Dos conductores paralelos de 3 metros están a una distancia de 20 cm. (a) ¿Qué fuerza será ejercida si la corriente es de 3 A ? (b) ¿En qué dirección se efectuará la fuerza si la corriente se mueve en la misma dirección en ambos alambres?

6. Dos alambres paralelos de 2 m llevan una corriente de 10 A. cada uno. ¿Qué distancia debe haber entre ellos si la fuerza es 5 x 10⁻⁵N?

Selección Múltiple.

1. Si se remueve el centro de hierro de un electroimán, la potencia magnética de este 1) disminuye, 2) aumenta; 3) no cambia.

2. Un electroimán conectado como lo muestra la figura tiene su polo N en el punto 1) 1; 2) 2; 3) 3; 4) 4.

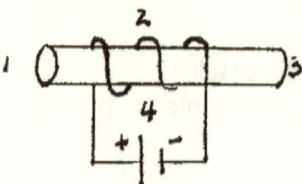

3. El diagaram muestra un conductor en un campo magnético. Si la corriente sale de la página, la fuerza magnética apunta hacia 1) 1; 2) 2; 3) 3; 4) 4.

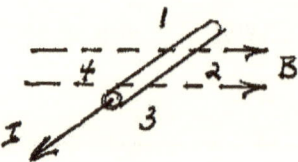

4. Cuando los electrones se mueven del punto A al punto B en el alambre, la fuerza en este será hacia 1) el N; 2) dentro de la página; 3) el S; 4) afuera de la página.

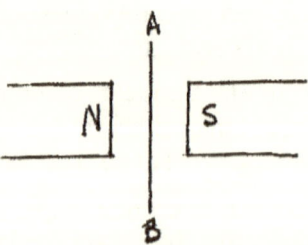

5. La existencia de un campo magnético alrededor de un conductor con corriente se demuestra si colocamos el alambre cerca de 1) una pelota; 2) un electroscopio; 3) una batería; 4) una brújula.

6. El diagrama muestra un alambre con su corriente hacia dentro de la página.

La dirección del campo encima del alambre es 1) hacia la izquierda; 2) hacia la derecha; 3) hacia afuera de la página; 4) hacia dentro de la página.

7. Campos magnéticos son producidos por 1) el movimiento de cargas eléctricas; 2) cargas estáticas eléctricas; 3) el movimiento de los fotones; 4) radiación gama.

8. Las líneas de fuerza cerca de un alambre derecho con una corriente eléctrica son 1) líneas derechas perpendiculares al alambre; 2) líneas derechas paralelas al alambre; 3) círculos perpendiculares al alambre; 4) círculos paralelos al alambre.

9. El diagrama muestra la vuelta de un conductor. Los puntos A, B, C y D se hallan en el campo magnético. ¿En que puntos se halla el campo magnético hacia dentro de la página? 1) A y B; 2) B y C; 3) C y D; 4) A y D.

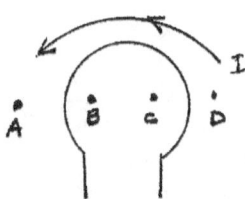

10. Una carga se mueve dentro de un campo magnético, con una velocidad paralela a la dirección del campo. Si el flux magnético se dobla, la fuerza en la carga 1) es la mitad; 2) es el doble; 3) es cuatro veces mayor; 4) no cambia.

11. Cuando la velocidad de una vuelta conductora que gira en un campo magnético disminuye, la magnitud de la corriente inducida 1) disminuye; 2) aumenta; 3) no cambia.

12. Cuando dos conductores paralelos con corrientes en la misma dirección se separan, su fuerza de 1) atracción se aumenta; 2) atracción se disminuye; 3) repulsión se aumenta; 4) repulsión se disminuye.

Capitulo 42

Transformadores

1. Transformadores

Una propiedad muy útil y familiar que se encuentra en circuítos de corriente alterna es la facilidad y eficiencia con que se puede, por medio de transformadores, variar los voltajes y las corrientes. Ya vimos que una corriente alterna se induce en una bobina si la bobina pasa perpendicularmente en un campo magnético. Este principio es básico en los transformadores.

El transformador consiste de dos bobinas o enrollamientos aislados entre si, pero enrollados en un núcleo de hierro común. La bobina que recibe la potencia eléctrica se llama el primario y la que se conecta al circuito exterior es el secundario. Cualquiera de las bobinas se puede utilizar como el primario. En efecto, un transformador es un aparato usado para multiplicar o reducir el voltaje o la corriente alterna inducida en la bobina secundaria.

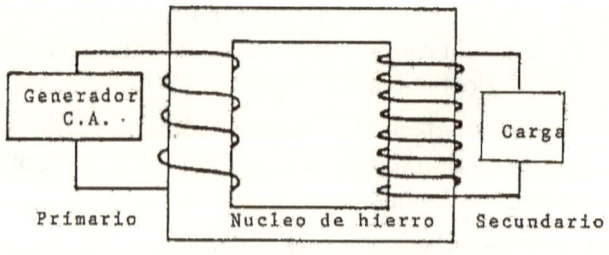

Transformador Elevador

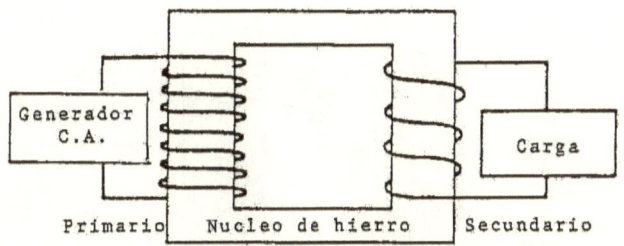

Transformador Reductor

El transformador utiliza el principio de inducción producida por un campo magnético móvil. El primario se conecta a una corriente alterna o a una corriente directa pulsadora. En otras palabras, la corriente debe ser interrumpida a intervalos fijos. El transformador es primariamente un cambiador de voltage que solo trabaja con corriente alterna y produce solo corriente alterna.

Las dos bobinas comparten de un campo magnético común. La corriente alterna que circula por el primario crea en el núcleo un campo magnético alterno. La mayor parte de este flujo magnético atravieza al secundario e induce en él una corriente alterna.

La magnitud de corriente inducida en el secundario se determina por el radio del número de vueltas en el secundario al número de vueltas en el primario y por la voltaje en el primario. Hay una relación directa entre el número de vueltas en las bobinas y el voltaje inducido. <u>El radio del número de vueltas en el primario al número de vueltas en el secundario es igual al radio del voltaje primario al voltaje inducido en el secundario.</u>

$$\frac{N_p}{N_s} \fallingdotseq \frac{V_p}{V_s}$$

$$\frac{\text{Vueltas Primario}}{\text{Vueltas Secundario}} \fallingdotseq \frac{\text{Voltaje Primario}}{\text{Voltaje Secundario}}$$

Hay dos tipos de transformadores: el elevador que <u>multiplica el voltaje y reduce la corriente</u> y el reductor que <u>reduce el voltaje y multiplica la corriente.</u>

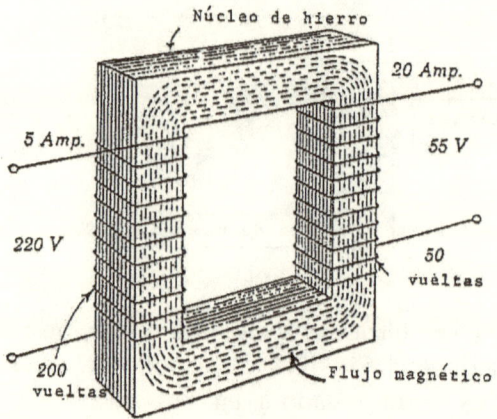

Núcleo de hierro

20 Amp.

5 Amp.

55 V

220 V

50 vueltas

200 vueltas

Flujo magnético

La figura anterior muestra un transformador reductor típico. Note que el primario tiene 200 vueltas y el secundario solo 50 vueltas. El radio es 4:1. El voltaje primario es 220 voltios CA y produce 55 voltios CA, en el secundario. El radio es tambien 4:1

La corriente primaria es 5 amperios, la corriente secundaria es 20 amperios. En esta caso el radio es 1:4. <u>El radio del número de vueltas en el primario al número de vueltas en el secundario es proporcional al radio de la corriente secundaria a la corriente primaria.</u>

$$\frac{N_p}{N_s} = \frac{I_s}{I_p}$$

2. Potencia en el transformador.

Un transformador suministra potencia del primario al secundario si el secundario esta conectado a un circuíto externo. De acuerdo con la Ley de Conservación de Energía, la potencia secundaria nunca debe ser mayor que la potencia primaria. Bajo condiciones ideales:

Potencia Primaria = Potencia secundaria

$$P_p = P_s$$

$$V_p I_p = V_s I_s$$

La relación entre vueltas, voltaje y corriente es:

$$\frac{N_p}{N_s} = \frac{V_p}{V_s} = \frac{I_s}{I_p}$$

La potencia obtenida del secundario es necesariamente menor que la potencia suministrada, a causa de las inevitables pérdidas en forma de calor. Estas pérdidas consisten en el calentamiento I^2R de los alambres primarios y secundarios y a las corrientes de Foulcault en el núcleo. A pesar de estas pérdidas, el rendimiento de los transformadores sobrepasa el 90%, y en las grandes instalaciones puede alcanzar 99%.

La eficiencia del transformador es igual al radio de la potencia secundaria a la potencia primaria:

$$\% \text{ efficiencia} = \frac{V_s I_s}{V_p I_p} \times 100$$

Ejemplo. Un transformador reductor tiene 2000 vueltas en el primario y 100 vueltas en el secundario. Si el voltaje primario es de 2300 voltios y la corriente primaria es de 0.5 amperios, calcule (a) el voltaje secundario; (b) la corriente secundaria; (c) la potencia primaria y (d) la potencia secundaria.

Datos	Pregunta	Ecuación
N_p = 2000 vueltas	(a) V_s	$\dfrac{N_p}{N_s} = \dfrac{V_p}{V_s} = \dfrac{I_s}{I_p}$
N_s = 100 vueltas	(b) I_s	
V_p = 2300 voltios	(c) P_p	
I_p = 0.5 amperios	(d) P_s	

Solución. Se puede resolver este problema en dos pasos. Primero, calcule el voltaje usando el radio vueltas - voltaje y segundo, calcule la corriente usando el radio vueltas - corriente.

(a) 2000 T/100 T = 2300 v/ V_s

V_s = 115 volts

El radio entre las vueltas es 20:1. El radio entre los voltajes debe ser el mismo:

$$\text{ratio} = \frac{V_p}{V_s} = \frac{2300v}{115v} = 20:1$$

(b) 2000 v/100 v = I_s / 0.5 amperios

I_s = 10 amperios

Si el radio de vueltas es 20:1, el radio de las corrientes debe ser el contrario ó 1:20:

$$\text{radio} = \frac{I_s}{I_p} = \frac{10}{0.5} = 1:20$$

(c) Substituyendo directamenmte en la ecuación de potencia obtenemos:

$$P_p = V_p I_p$$

$$P_p = 2300 \text{ v} \times 0.5 = 1150 \text{ watts}$$

(d) Repita lo mismo para calcular la potencia secundaria:

$$P_s = V_s I_s$$

$$P_s = 115 \text{ v} \times 10 \text{ amperios} = 1150 \text{ watts}$$

Ejemplo. Un transformador ideal tiene un primario de 120 vueltas y un secundario de 6000 vueltas. Se pasa un voltaje de 110 voltios y una corriente de 5 amperios por el primario. (a) Calcule el voltaje en el secundario; (b) Calcule la potencia primaria y la potencia secundaria; (c) Calcule la corriente secundaria; (d) Si el transformador tiene una eficiencia de 90%, calcule la potencia secundaria y la corriente secundaria.

Datos	Pregunta	Ecuación
$N_p = 120T$		$\dfrac{N_p}{N_s} = \dfrac{V_p}{V_s} = \dfrac{I_s}{I_p}$
$N_s = 6000T$	(a) V_s	
$V_p = 110 \text{ v}$	(b) P_p P_s	
$I_p = 5 \text{ amps}$	(c) I_s	Eff. $= (P_s/P_p) \times 100$
Éff. $= 90\%$	(d) P_s I_s	

Solución. Substituyendo directamente en la ecuación, obtenemos:

(a) $\dfrac{120 \text{ vueltas}}{6000 \text{ vueltas}} = \dfrac{110v}{Vs}$ $Vs = 5500 \text{voltios}$

(b) $Pp = 110 \text{ v} \times 5 \text{ amps} = 55 \text{ watts}$

$Ps = 55$ watts, puesto que el transformador es ideal y la potencia primaria es igual a la potencia secundaria.

(c) Ya que el voltaje y la potencia del secundario se conocen, la corriente se calcula facilmente:

$Ps = Vs \, Is$ $Is = Ps/Vs$ $Is = 550 \text{ watts}/5500 \text{ amps}$

$Is = 0.1 \text{ amperio}$

(d) Ya se sabe que un transformador común, parte de la potencia se desperdicia como calor, entonces:

Ps = Pp x efficiencia   Ps = 550 w x 0.90 = 495 watts
Is = Ps/Vs   Is = 495 w/5500 v = 0.09 amperios

El transformador se usa comunmente para transportar la energía eléctrica a voltajes elevados y corrientes pequeñas, esto asegura que la I^2R perdida de potencia por segundo debido al calentamiento de los alambres es reducida al mínimo. Estudiese la figura para mejor entender el proceso de conducir energía electrica desde los equipos generadores hasta el domicilio.

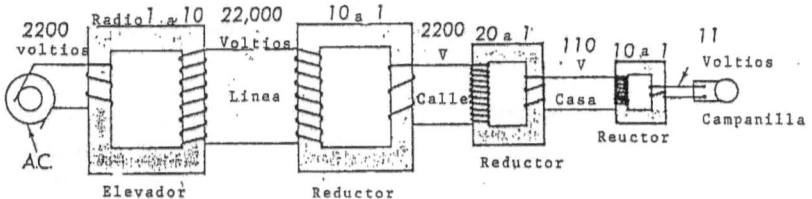

El generador produce un voltaje de 2200 voltios que es elevado por un transformador a 22 000 voltios para suministrar la linea. Un reductor reduce el voltaje a 2200 voltios en la calle. Otro reductor reduce el voltaje aún más a 110 v para suministrar potencia a la casa. En casa se usa un reductor pequeño para la campañilla eléctrica.

Recordemos que para reducir la perdida I^2R en la línea de transmisión se debe reducir la corriente. En un transformador elevador, el voltaje se aumenta pero la corriente se disminuye por el mismo radio. Entonces, la misma potencia se transmite en las lineas pero con mucha menor corriente. En el otro extremo de la línea, un reductor reduce el voltaje pero aumenta la corriente en proporción. Este aumento en la corriente aumenta la potencia usada en los domicilios.

PROBLEMAS

1. Un transformador suministra un voltaje de 200 voltios cuando conectado a un fuente de 100 voltios. El primario tiene 400 vueltas. Calcule (a) El voltaje secundario; (b) La corriente secundaria si el transformador es 90% eficiente y la corriente primaria es 3 amperios.

2. Un transformador tiene 50 vueltas en el primario y 250 vueltas en el secundario. Si 120 voltios pasan por el primario y 200 watts de potencia se sacan del secundario, calcule (a) el voltaje secundario;

(b) la corriente secundaria; (c) Si la eficiencia del transformador es 100 %, calcule la potencia primaria; (d) calcule la potencia primaria si el transformador tiene una eficiencia de 80%.

3. Un transformador reductor tiene 200 vueltas en el primario y 100 vueltas en el secundario. Si el voltaje primario es 2300 voltios, ¿cual es el voltaje secundario?

4. Las lineas en la calle llevan 1100 voltios. Calcule la corriente que entra en la casa para usar una plancha eléctrica de 660 watt a 110 voltios por 2 horas.

5. Una máquina usa 220 000 voltios y 50 milliamperios. Si la potencia primaria viene de una linea con 440 voltios; (a) calcule el radio elevador de este transformador; (b) ¿Cúal es la corriente primaria? (c) ¿Qué potencia usa la máquina?

6. El transformador de una campanilla eléctrica suministra 8 voltios cuando se conecta a una linea de 112 voltios. Si la secundaria tiene 50 vueltas, (a) ¿cúal es el radio de vueltas? (b) ¿Cuantas vueltas hay en el primario?

7. Un estudiante quiere construír un transformador reductor para reducir un voltaje de 110 voltios a 11 voltios y conectar una campanilla. Se asume que la eficiencia es 100%. Si la corriente primaria es 0.5 amperios, ¿qué corriente pasa a la campanilla?

8. Un generador suministra 250 voltios al primario de un transformador reductor con un radio de vueltas de 25 a 1. (a) ¿Cúla es el voltage secundario? (b) si la corriente primaria es 8 amperios, ¿cúal es la potencia primaria? (c) si la corriente secundaria es 180 amperios, ¿cúal es la potencia secundaria? (d) ¿cúal es la eficiencia del transformador?

Selección Múltiple

1. Una diferencia potencial se induce en el secundario de un transformador si 1) no hay una corriente en el primario; 2) hay una corriente alterna en el primario; 3) hay una campo magnético constante en el núcleo; 4) hay un campo magnético constante.

2. Comparando la potencia primaria de un transformador, la potencia secundaria es 1) menor; 2) mayor; 3) la misma.

   Las preguntas 3 - 5 se basan el la siguiente información. El primario de un transformador con una eficiencia de 100%, tiene 200 vueltas y el secundario tiene 50 vueltas. El voltaje primario es de 120 voltios y produce 600 watts de potencia.

3. La diferencia de potencia en el secundario es 1) 30 V; 2) 60 V; 3) 3 V; 4) 480 V.

4. La corriente primaria es 1) 5 A; 2) 12 A; 3) 3 A; 4) 20 A

5. La potencia secundaria es 1) 0.0 W; 2) 150 W; 3) 600 W; 4) 2 400 W.

6. El primario de un transformador tiene 50 vueltas, el secundario tiene 200 vueltas. Si la corriente primaria es de 40 amperios, la corriente secundaria es 1) 10 A; 2) 50 A; 3) 160 A; 4) 200 A.

Las preguntas 7 - 8 se basan en la siguiente información: Un transformador, 100% eficiente, tiene 100 vueltas primarias y 300 vueltas secundarias. La potencia primaria es 60 watts.

7. La potencia secundaria es 1) 0.0 W; 2) 20 W; 3) 60 W; 4) 180 W.

8. El radio del voltaje primario al voltaje secundario es 1) 1/3; 2) 1/5; 3) 3/1; 4) 6/1

9. Una corriente es inducida en el secundario de un transformador cuando la corriente primaria 1) es directa y constante; 2) esta cambiando; 3) es grande; 4) es pequena.

10. En un transformador reductor con un radio de vueltas de 5 a 1, una corriente primaria de 10 amperios, produce una corriente de 1) 1 A; 2) 2 A; 3) 5 A; 4) 50 A.

11. En un transformador, 100 % eficiente, el circuíto primario y el circuito secundario tienen siempre 1) el mismo voltaje; 2) la misma potencia; 3) la misma corriente; 4) la misma resistencia.

12. Un transformador elevador con un radio de 5 a 1 cambia un voltaje primario de 100 voltios a un voltaje secundario de 1) 500 V; 2) 20 V; 3) 10 V; 4) 5 V.

Capitulo 43
Movimiento armónico

1. Vibraciones y Oscilaciones.

Muchos movimientos ocurren en la forma de vibraciones y oscilaciones. Aunque estos movimientos generalmente ocurren en linea recta, se parecen mucho a movimientos circulares. Considere la figura que muestra dos tipos de cuerpos oscilatorios, un péndulo de resorte y un metrónomo. En ambos, una vibración ocurre cuando el peso se mueve de arriba abajo o de lado a lado regresando cada vez a su punto de orígen.

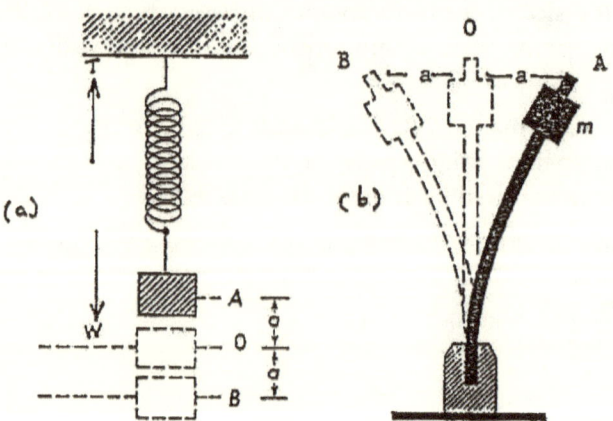

En la figura (a) en el punto O, el peso esta de reposo, en equilibrio. Si empujamos el peso de O a B, notamos que se mueve de abajo arriba y despúes de arriba abajo. La trayectoria es O, B, O, A, O. La distancia (a) es el desplazamiento del peso desde el punto de reposo.

La figura (b) muestra un metrónomo con un peso, m, en el extremo. Si empujamos el peso hacia la derecha hasta el punto A y dejamos que regrese, el peso se mueve de lado a lado. La trayectoria es: O, A, O, B, O.

Si miramos con cuidado al movimiento de cada peso notamos que el movimiento no es uniforme, por el contrario, se vé que se mueve más rápido cuando pasa por el centro, O, ya sea yendo o viniendo y que se para, por una fracción de un segundo, en los extremos de su trayectoria, A y B.

En ambos casos, la fuerza ejercida en el peso es una fuerza neta que rompe el equilibrio <u>produciendo una fuerza neta recuperadora y dirigida hacia la posición de equilibrio O.</u> El peso, entonces adquiere una aceleración en la dirección de la fuerza y se mueve con una velocidad creciente. Sin embargo, esta aceleración no es constante, puesto que la <u>fuerza aceleradora se hace cada vez mas pequeña lo más cerca del centro, O.</u> En la posición de equilibrio, la fuerza recuperadora se anula; pero, debido a la velocidad que adquirió, el cuerpo sobrepasa la posición de equilibrio y continúa su movimiento de arriba abajo, o de lado a lado.

2. Movimiento circular y movimiento armónico simple.

<u>El movimiento del resorte y del metrónomo es un movimiento armónico simple.</u> Este movimiento simple es relacionado a un movimiento circular con velocidad constante. En la figura siguiente, la bola A se mueve en un círculo de radio r, y con velocidad v en la dirección indicada por las flechas.

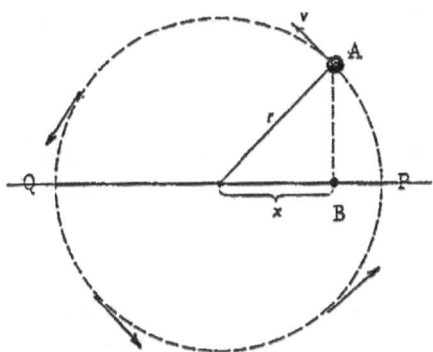

Si en cada instante de tiempo, se traza una linea perpendicular desde A hasta el diámetro PQ, esta linea intercepta el diámetro en el punto B. Como la bola A continúa en su trayectoria circular de P a Q, su proyección B se mueve horizontalmente de P a Q. En su regreso, A vá de Q a P, y su proyección B se mueve de Q a P. <u>Este movimiento horizontal P, Q, P es el movimiento armónico simple</u> del resorte o del metrónomo.

Puesto que el punto B se mueve de lado a lado en el diámetro PQ, la velocidad v_x cambia continuamente. En el centro O tiene su velocidad más grande, mientras que en P ó Q está en momentario reposo. Mirando la trayectoria desde cualquier extremo, el punto B aumenta su velocidad hasta llegar al centro O, de alli en adelante el se mueve lentamente hasta que llega a un reposo momentario en el otro extremo.

3. Representación gráfica de una onda.

Veamos ahora como el movimiento del objeto en movimiento circular se proyecta en una gráfica.

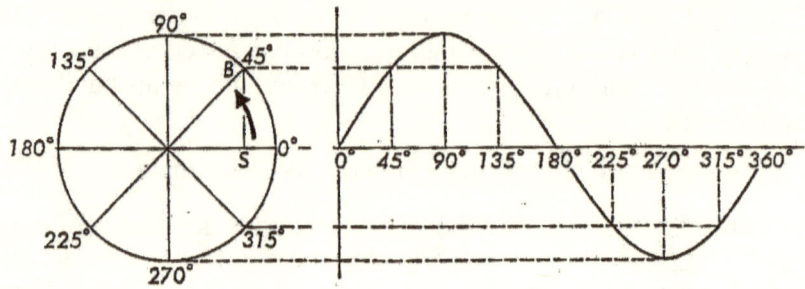

Ya vimos que un cuerpo en movimiento circular tiene una proyección horizontal que se considera una vibración de lado a lado. Considere ahora el mismo cuerpo, pero en este caso vamos a proyectar el movimiento circular en las ejes XY. Estudie la figura y se dará cuenta que la proyección actualmente forma una curva sinusoidal, que es la representación gráfica de una onda. La mitad de la curva arriba de las ejes X representa la <u>cresta</u> de la onda y tiene un valor positivo. Ella tambien representa la trayectoria de ida del cuerpo en movimiento. La parte debajo de las ejes X es el <u>valle</u>, y, tiene un valor negativo, representando la trayectoria de regreso del cuerpo.

Amplitud y desplazamiento. En el ejemplo anterior vimos que el cuerpo A en movimiento circular de P a Q a P creó una proyección B que se mueve de lado a lado. El radio r, del círculo representa la distancia máxima que A está del centro O. Los puntos P y Q representan la máxima distancia que B está del centro O. Esta máxima distancia del centro de equilibrio se llama la amplitud de la vibración. La amplitud de cualquier movimiento armónico simple se defina como <u>el desplazamiento máximo, desde el punto de reposo</u>. Notese que la amplitud de mide a partir de la posicion de equilibrio.

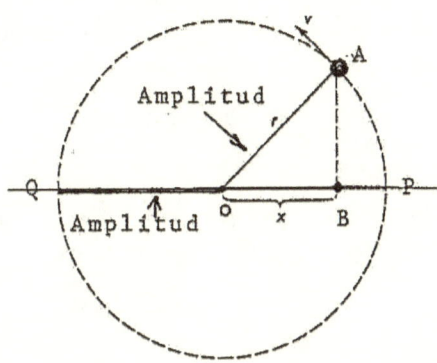

En la proyeccion gráfica, la amplitud en el viaje de ida es +A y la amplitud en el regreso es - A.

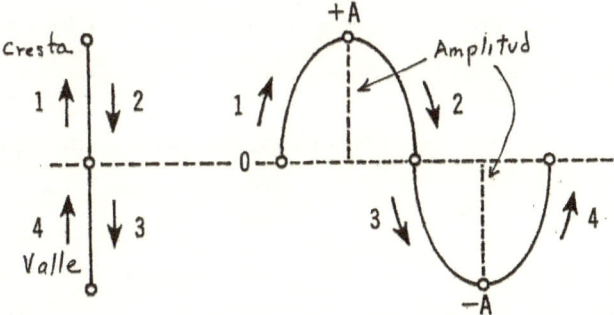

4. Frequencia y periodo. Cada ida y regreso del cuerpo es una vibración. Al contar las vibraciones, se comprueba que la frecuencia de la oscilación del cuerpo, es una constante. Para describir un movimiento vibratorio, generalmente nos referimos a su amplitud, su período y su frecuencia. En los ejemplos anteriores, la amplitud es el desplazamiento a, es decir, la amplitud es la distancia máxima que un cuerpo se mueve de su punto de reposo o equilibrio.

El período es el tiempo necesario para que el cuerpo haga una trayectoria completa de ida y regreso. En los ejemplos anteriores, el período es el tiempo que toma el peso para ir del punto inicial hasta el otro extremo y regresar al punto inicial.

La frecuencia de la oscilación es el número de vibraciones completas por unidad de tiempo. La unidad de tiempo puede ser cualquiera que sea conveniente, una hora, un minuto o un segundo. Por ejemplo, si un objeto en vibración, completa una vibración en un 1/2 segundo, completará dos vibraciones completas en 1 segundo, la frecuencia es 2 vib/seg. Si otro cuerpo completa una vibración en 0.1 segundo, la frecuencia es 10 vib/seg. En otras palabras:

$$f = \text{vibraciones} / \text{tiempo}$$

$$f = \text{vib} / t$$

Si la frecuencia f de un resorte con un peso colgado es de 20 vibraciones completas por segundo, el período es:

$$T = 1/20 \text{ vib/seg} = 0.05 \text{ seg}$$

$$T = 1 / f$$

La frecuencia se mide como ciclos/segundo, vibraciones/segundo o revoluciones/segundo. Pero estas unidades se han reemplazado con la unidad Hertz (Hz).

$$1 \text{ Hertz (Hz)} = 1 \text{ vib/seg} = 1 \text{ rev/seg} = 1 \text{ ciclo/seg}$$

∧ ∧ ∧ ∧ ∧ ∧ ∧ ∧ ∧ ∧ ∧ ∧

Ejemplo. ¿Cúal es la frecuencia de un cuerpo vibratorio que tiene un período de 0.025 seg.?

Datos	Pregunta	Ecuación
T = 0.025 seg	f =	f = 1 / T

Solución. El período de vibración significa el tiempo necesario para una vibración completa. Substituyendo directamente en la ecuación, tenemos:

$$F = 1 / 0.025 \text{ seg} = 40 \text{ Hz}$$

En otras palabras, si el objeto completa un vibración en 0.025 segundos, completará 40 ciclos en 1 segundo.

∧ ∧ ∧ ∧ ∧ ∧ ∧ ∧ ∧ ∧ ∧ ∧

Ejemplo. ¿Cúal es el período si la frecuencia es 235 Hz?

Datos	Pregunta	Ecuación
F = 235 Hz	T =	T = 1 / f

Solución: Substituyendo directamente, obtenemos:

$$T = 1 / fT = 1 / 235 \text{ Hz} = 0.00425 \text{ seg}$$

El cuerpo completa una vibración en 0.00425 segundos.

5. Movimiento ondulatorio. Cada vez que se golpea un cuerpo, el cuerpo vibra. La vibracion del objeto es en realidad un movimiento causado por el golpe. En verdad, el objeto adquiere energía y se mueve. Cuando el objeto vibrando choca con las moléculas de un medio en el qué lo encontramos, sea este el aire, el agua o cualquier sustancia elástica, la energía se transmite a las moléculas del medio. Cada perturbación del medio corresponde a una vibración. <u>Una serie de perturbaciones o vibraciones se llama una onda</u> y el movimiento es el <u>movimiento ondulatorio.</u>

Hay, entonces, dos maneras de transferir energía de un objeto a otro, la más conocida es la aplicacion de una fuerza directamente al objeto que se quiere mover, la otra es la creacion de una onda. Las ondas más familiares son las ondas del agua. Por ejemplo, lanzando una piedra pequeña en un pozo de agua tranquila, crea olas o series de ondas concéntricas que se propagan del punto donde cayo la piedra hasta la orilla del pozo.

Al observar las olas en el pozo se nota que si hay un pedazo flotante de madera en el agua, este sube y baja al pasar las ondas. Cada ola se mueve rápidamente hacia adelante, pero la madera permanece esencialmente en el mismo lugar. La onda se desplaza pero las partículas del medio, agua en este caso, vibran alrededor de posiciones más o menos fijas, y es por esta razón que el pedazo de madera no se mueve hacia la orilla. Si se observa el pedazo de madera oscilando sobre las olas, se vé que se mueve en una trayectoria elíptica. Se dice que <u>una onda transporta solamente energía pero no masa.</u>

La presencia de un medio para transmición de ondas, nos permite clasificar a las ondas como ondas mecánicas o ondas electromagnéticas. <u>Ondas mecánicas</u> necesitan un medio para su transmisión. En todas las ondas mecánicas, las partículas del medio se mueven una distancia muy corta cuando la perturbación ocurre. <u>Ondas electromagnéticas</u> no necesitan un medio. Se mueven por el vacio del espacio y son muy importantes en la transmisión de energía. Estas ondas son la luz, el radio, el calor etc.

6. Pulsos y ondas periodicas. Las ondas se pueden tambien clasificar como pulsos o como ondas periódicas. Cuando un resorte se oprime y esta compresión se suelta, la energía transporta la compresión hasta el otro lado del resorte,. Esta única perturbación se llama un <u>pulso.</u> La velocidad con la que el pulso se transmite depende de la naturaleza del medio y de la potencia de la compresión.

Tan pronto como el pulso llega al fin de la trayectoria, su energía se transforma a otra forma de energía o el pulso se refleja o se transmite a otro medio. En general, parte del pulso se refleja y parte se transmite a un medio nuevo. La reflección se vé muy bien cuando enviamos un pulso en una cuerda. Si la cuerda no esta atada en el otro extremo, un desplazamiento alto ocurre en la cuerda y se refleja de la misma manera. Sin embargo, si el extremo de la cuerda esta atado, el pulso se refleja pero es invertido. La figura muestra este fenómeno.

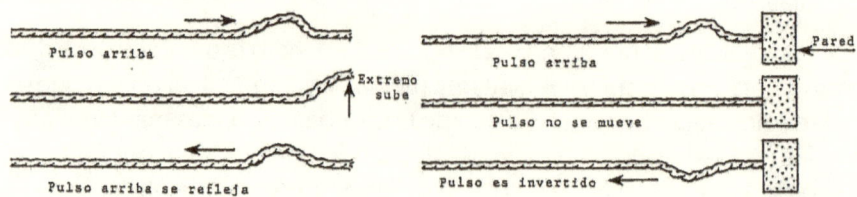

Si el otro extremo de la cuerda está atado a una cuerda más liviana, parte del pulso se refleja y parte se transmite a la cuerda liviana. el pulso no se invierte ni en la parte reflejada ni en la parte transmitida. Si ahora la cuerda se ata a otra cuerda más pesada, el pulso reflejado se invierte. La figura muestra esta situación.

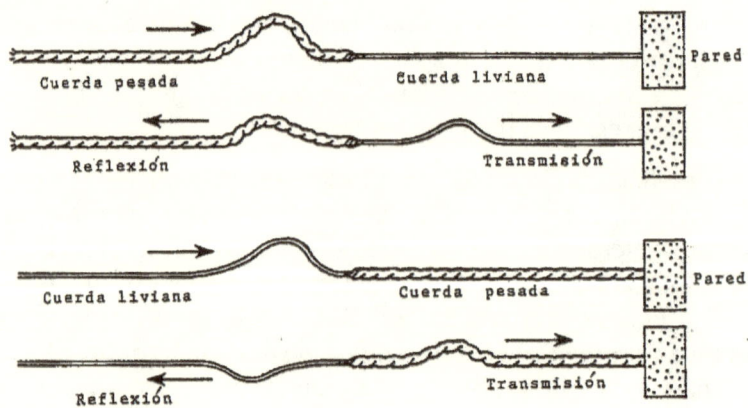

Ondas periódicas

Una onda periódica es una serie de pulsos. Si un extremo de la cuerda se mueve de arriba abajo continuamente, una onda se forma en la cuerda. Cada punto de la cuerda se mueve de arriba abajo y toda la cuerda parece moverse hacia adelante del punto inicial. Esta es una onda periódica. Esta onda se la proyecta como una onda sinusoidal.

7. Ondas longitudinales y transversas. Una onda donde las partículas del medio vibran en la misma dirección de la onda se llaman <u>ondas longitudinales.</u> Las partículas del medio tienen una movimiento armónico simple. Por ejemplo, cuando el diapasón vibra, las partículas de aire en frente de la vibración se encuentran más juntas formando una <u>condensación o compresión.</u> Las partículas detrás están más separadas y forman una <u>dilatación o rarefacción.</u> El sonido, por lo tanto, se transmite por ondas longitudinales. Vea a la figura para darse cuenta de este tipo de onda y como se la proyecta en una curva sinusoidal.

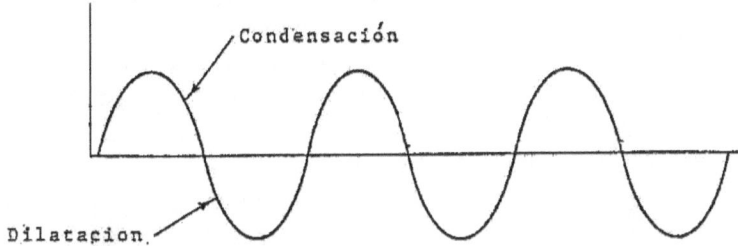

Las <u>ondas transversas o transversales</u> son ondas en las qué las partículas vibran en ángulo recto a la propagación de la onda. Si se ata una cuerda a un lugar fijo y se da un tirón fuerte de arriba abajo, se puede mandar una cresta o pulso simple por la cuerda. La cresta se mueve hacia arriba y el valle que la acompaña se mueve abajo mientras la onda viaja horizontalmente. La vibración ocurre en cualquier plano, horizontal o vertical, pero en cada caso, esta perturbación ocurre perpendicular a la propagación.

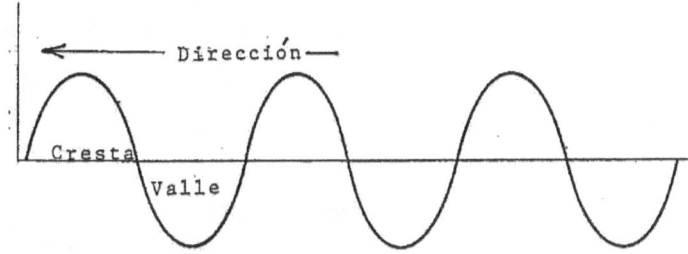

Vemos en la figura que la onda transversa es una onda sinusoidal. Las ondas de agua son bien parecidas a la onda transversa aunque ellas son actualmente elípticas. Pero el mejor ejemplo de ondas transversas son las ondas electromagnéticas cuyos campos eléctricos y magnéticos vibran a ángulos rectos mientras la onda se mueve hacia adelante.

8. Caracteristicas de una onda. Hay tres características que se deben considerar en el estudio de las ondas; la frecuencia, la longitud de la onda y la velocidad.

1. Frecuencia. Ya vimos que la frecuencia es el número de vibraciones que pasan por un punto en una unidad de tiempo y que se miden en unidades Hertz. El valor recíproco de la frecuencia es el período.

$$F = 1 / TT = 1 / F$$

2. Longitud de la onda. La longitud de la onda es la distancia entre puntos consecutivos de la onda. En otras palabras, la longitud de la onda se mide desde el punto inicial de la vibración hasta el punto final o entre puntos correspondientes. Examine la figura siguiente. Vemos que la onda longitudinal, la longitud de onda se mide entre dos compresiones o entre dos dilataciones. En la onda transversal, una onda se puede medir entre los puntos A y A o C y C. Se representa con la letra griega lambda λ.

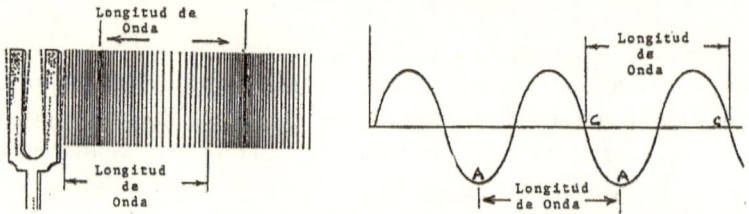

3. Velocidad de la onda. Considere de nuevo el ejemplo de la piedra lanzada al agua tranquila. Pequeños círculos concéntricos se forman alrededor del lugar donde la piedra entra en el agua. Estas ondas crecen más y más, produciendo otras ondas en su trayectoria. La parte frontal de estas ondas se llama el frente de la onda. Lo más lejos que los frentes van del centro, lo más débiles se hacen hasta que desaparecen completamente.

La velocidad de la onda se mide si notamos el tiempo que tomó una cresta para moverse una distancia determinada y entonces dividiendo la distancia por el tiempo. La velocidad de una onda es la distancia que una cresta se mueve en un segundo.

La relación entre la velocidad, la frecuencia y la longitud de onda es fácil de comprender. Comparemos la frecuencia al número de pasos que tomamos por minuto en una caminada. La longitud de la onda se puede comparar a la distancia cubierta por cada paso y la velocidad es la rapidéz con que se camina.

La onda se mueve una distancia igual a la longitud de onda durante un intervalo de tiempo igual al período de la onda. Pero si la onda se mueve con una velocidad constante; la velocidad, v, es igual a la distancia dividida por el tiempo necesario para ir del principio al fin.

Si V es la velocidad, f es la frecuencia y λ es la longitud, se ve facilmente que:

$$V = f\lambda$$

La velocidad se mide en metros/segundo (m/seg), la frecuencia en hertz (Hz) y la longitud en metros (m). Esta ecuación se usa para calcular la velocidad de todo tipo de ondas.

∧ ∧ ∧ ∧ ∧ ∧ ∧ ∧ ∧ ∧ ∧ ∧

Ejemplo. Una onda tiene una longitud de 12 m y una frecuencia de 25 Hz. Calcule la velocidad.

Datos	Pregunta	Ecuación
λ = 12 m	V =	V = f
f = 25 Hz		

Solución: Substituyendo directamente en la ecuación, tenemos:

$$V = f\lambda \qquad V = 25 \text{ Hz} \times 12 \text{ m} = 300 \text{ m/seg}.$$

Ejemplo. ¿Cúal es la longitud de una onda que se mueve con una velocidad de 25 m/seg y tiene una frecuencia de 5 Hz?

Datos	Pregunta	Ecuación
V = 25 m/seg.	λ =	V = f
f = 5 Hz		

Solución: Arreglando la ecuación y resolviendo por la longitud, tenemos:

$$\lambda = V / f \qquad \lambda = 25 \text{ m/seg} / 5 \text{ Hz} = 5 \text{ m}$$

∧ ∧ ∧ ∧ ∧ ∧ ∧ ∧ ∧ ∧ ∧

PROBLEMAS

1. Si la velocidad de la luz es 3 x 10⁸ m/seg y la longitud de onda es 4 x 10⁻⁵ m. ¿Cúal es la frecuencia?

2. La velocidad del sonido es 331 m/seg a una temperatura de 0°C. La frecuencia del sonido es 235 Hz. ¿Cúal es la longitud de onda?

3. Las preguntas se basan en el diagrama siguiente. La onda va del punto A al punto I en 1 segundo.

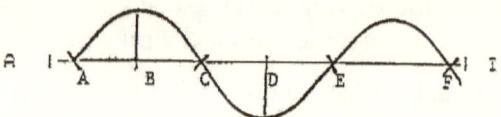

   a) ¿Qué dos puntos tienen una longitud de onda entre ellos?

   b) ¿Qué dos puntos muestran la amplitud de la onda?

   c) ¿Cúal es la frecuencia de la onda?

4. Un diapasón emite una frecuencia de 256 Hz. Calcule la longitud de onda a) en el aire a una velocidad de 340 m/seg y b) en el hidrógeno a una velocidad de 1350 m/seg.

5. Una onda de radio se mueve con la velocidad de la luz. Calcule la longitud si la estación tiene una frecuencia de 1410 KHz?

Selección Múltiple

1. El desplazamiento máximo de una partícula vibrante desde su punto de reposo es 1) la amplitud; 2) la frecuencia; 3) el período; 4) la longitud.

2. Un onda periódica con una frecuencia de 5 Hz y una velocidad de 10 m/seg tiene una longitud de onda de 1) 50 m; 2) 2 m; 3) 0.5 m; 4) 0.2 m.

3. Un objeto pequeño vibrando en la superficie del agua produce una serie de ondas periódicas. Los frentes de la onda son 1) derechos; 2) verticales; 3) esféricos; 4) circulares.

4. En la figura siguiente se vé una onda. ¿Qué punto, medido desde el punto A completa una longitud de onda? 1) E; 2) B; 3) C; 4) D.

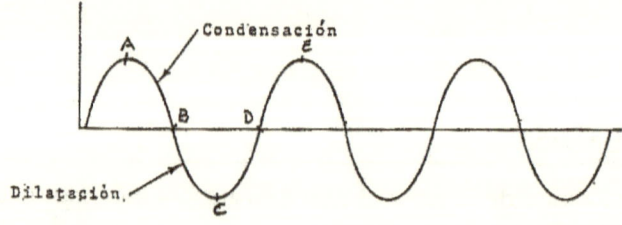

5. Un onda tiene una frecuencia de 50 Hz. El período de la onda es 1) 0.02 seg; 2) 0.2 seg; 3) 2 seg; 4) 20 seg.

6. ¿Qué ocurre cuando un pulso llega al límite entre dos medios? 1) el pulso entero se refleja; 2) el pulso entero se absorbe; 3) el pulso entero se transmite; 4) parte del pulso se refleja, parte se transmite y parte se absorbe.

7. Una serie de ondas se mueven en una cuerda con una velocidad de 3 m/seg como lo indica la figura. La longitud de onda es igual a 1) 6 m; 2) 2 m; 3) 1.5 m; 4) 0.75 m.

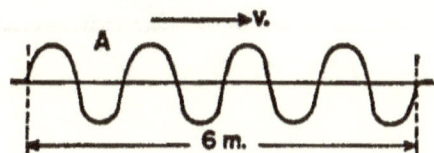

8. Si la energía de una onda longitudinal se mueve del sur al norte, las partículas del medio se mueven 1) solo del norte al sur; 2) en ambas direcciones del sur al norte; 3) solo del este al oeste; 4) en ambas direcciones del este al oeste.

9. Una onda con una longitud de x metros pasa por un medio con una velocidad de y m/seg. La frecuencia de la onda se puede expresar como 1) y/x Hz; 2) x/y Hz; 3) xy Hz; 4) (x + y) Hz.

10. Un pulso transmitido en un resorte lleva 1) solo energía; 2) solo masa; 3) ambas energía y masa; 4) ni masa ni energía.

11. La frecuencia de una onda de agua es 6 Hz. Si la longitud de la onda es 2 metros, la velocidad es 1) 0.33 m/seg; 2) 2 m/seg; 3) 6 m/seg; 4) 12 m/seg

12. Cuando la frecuencia de un resorte oscilante aumenta, el período vibratorio 1) disminuye; 2) aumenta; 3) no cambia.

13. Cuando la amplitud de una onda aumenta, la energía transportada por la onda 1) disminuye; 2) aumenta; 3) no cambia.

14. Cuando la onda pasa a un medio donde su velocidad aumenta, su longitud de onda 1) disminuye; 2) aumenta; 3) no cambia.

15. Cuando un pulso pasa por un medio uniforme, su velocidad 1) disminuye; 2) aumenta; 3) no cambia.

Capitulo 44

Sonido

1. Naturaleza del sonido. Todos sonidos se originan con una vibración y se transmiten por medio de ondas longitudinales. La palabra sonido tiene dos distintas y separadas interpretaciones. One es física y la otra es sensorial. La física se interpreta como la perturbación creada en un medio y la transferencia de la energía de un medio a otro. La segunda es la sensación del sonido cuando la onda llega al oido y excita los nervios auditivos. Considere ahora este problema, si un árbol cae al suelo muy dentro de un bosque y no hay nadie que lo oiga, ¿se producirá un sonido? En el sentido físico, es muy claro que se produjo un sonido. El árbol creó una perturbación en el aire y en el suelo cuando cayó. Esta serie de vibraciones producieron un sonido. La ausencia de un receptor o escuchante, no altera el fenómeno físico. Pero en la segunda interpretación, ya que no habia nadie para recibir la sensación de sonido, el árbol no produjo un sonido.

Aquí solo vamos a tratar con el sonido como un fenómeno físico. En la física todo sonido es el producto de vibraciones ú oscilaciones en un medio. El movimiento oscilatorio del diapasón crea un movimiento oscilatorio simple en el aire y un sonido se produce. Considere de nuevo la figura siguiente.

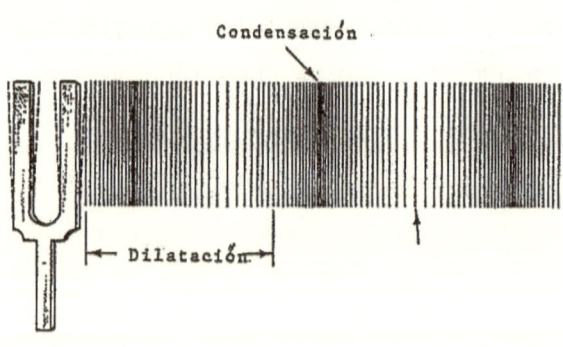

Cuando se golpea el diapason, la ramas oscilan golpeando las moleculas del aire y estas rebotan. Cuando la rama se mueve hacia adelante, crea una compresion del aire en frente de ella. Esta compresion pasa hacia adelante. Cuando la rama regresa a su punto de reposo crea una rarificacion o dilatacion en las moleculas del aire. Este dilatacion tambien sigue hacia adelante. Como se ve en la figura hay una serie de compresiones y dilataciones cada vez que un diapason vibra con movimiento armonico simple.

Las ondas del sonido, no importa si viajan por los solidos, los liquidos o los gases, son siempre ondas longitudinales. Recordemos que cada molecula de aire vibra de adelante hacia atras alrededor de cierta posicion de equilibrio cuando la onda pasa. Chocando con las moleculas del aire, cada rama produce ondas longitudinales que se mueven por la atmósfera.

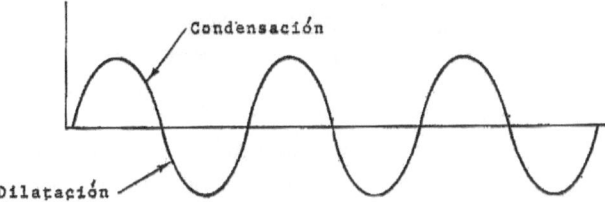

Las regiones de compresión en una onda longitudinal son análogas a las crestas de las ondas tranversas mientras que las rarefacciones son análogas a los valles de la onda transversa.

2. Transmisión del sonido. Se necesita un medio elástico para transmitir el sonido, puesto que las moléculas de los sólidos, líquidos y gases ejercen una fuerza recuperativa cuando se los comprime, ondas longitudinales pasan facilmente por ellos. Ondas de sonido no pueden pasar en un vacio completo de moléculas. Por ejemplo, si un timbre eléctrico se coloca dentro de una campana de vidrio y el timbre empieza a sonar, se lo oirá a travéz del vidrio.

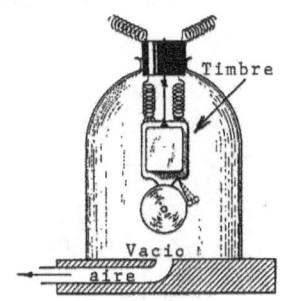

Si ahora el aire dentro de la campana se saca gradualmente, el sonido del timbre se vuelve más y más debil hasta que, cuando se obtiene un vacio casi perfecto, el sonido deja de oirse aunque se ve vibrar el martillo del timbre, porque es imposible sostener ondas longitudinales en la ausencia de moléculas. Tan pronto como se permite que el aire regrese a la campana, el timbre se oye de nuevo.

La transmisión del sonido en los líquidos se demuestra con el experimento ilustrado en la figura.

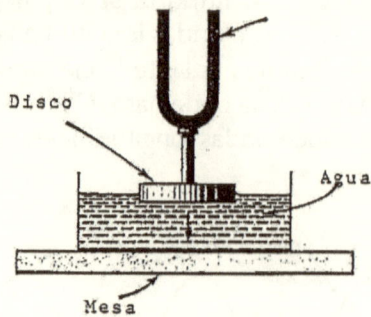

Un diapasón con un disco pegado en su base se hace vibrar y se coloca en la superficie del agua en un platillo. Las vibraciones del diapasón y del disco viajan por el agua al fondo del plato y de allí al tope de la mesa. La mesa vibra con la misma frecuencia del diapasón y se convierte en un amplificador para incrementar el sonido.

La transmisión del sonido por los sólidos se muestra en la figura.

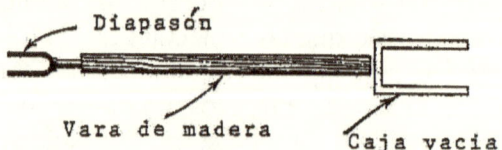

Un diapasón se coloca en un agujero en el extremo de un vara de madera. Las vibraciones longitudinales viajan por la vara a la caja de madera vacia en el otro extremo. El sonido que sale de la caja es muy claro.

3. Velocidad del sonido. Es evidente que ambas, la luz y el sonido, viajan con una velocidad determinada, pero la velocidad de la luz es enorme en comparación con la velocidad del sonido.

Experimentos han determinado que la velocidad del sonido a una temperatura de 0°C es 331 m/seg. En cambio, la velocidad de la luz en el vacio es 3×10^8 m/seg. En general, el sonido viaja más pronto en los sólidos y en los líquidos que en los gases. La velocidad con la que el sonido viaja desde la fuente depende de la naturaleza y condición del medio. Los sólidos tienen una densidad más grande que los líquidos o los gases, en otras palabras hay más moleculas del sólido por unidad de volúmen y las distancias intermoleculares son pequeñas; los choques entre esas moléculas es más intenso. Por consiguiente, ondas longitudinales pasan más rápidamente en los sólidos que en los líquidos o los gases.

La tabla siguiente es una lista de la velocidad del sonido en algunas sustancias comunes:

Aire (0°C) ——— 331 m/seg		Agua ——————— 1 435 m/seg	
Dióxido de carbono —258 m/seg		Alcohol —————1 213 m/seg	
Helio ——————— 973 m/seg		Hierro ——————— 5 130 m/seg	

La transmisión de sonido por el aire depende de dos factores, la temperatura del aire y la humedad. Las moléculas del aire tienen una gran energía cinética y las distancias intermoleculares son enormes. Si estas moléculas se mueven más rapidamente, los choques entre ellas aumentan; ya que la transmisión del sonido depende del movimiento oscilatorio de las moléculas, los más rápido ellas se mueven, lo más rápido el sonido viaja.

Por cada grado de aumento en la temperatura, la velocidad del sonido en el aire aumenta por 61 cm/seg. Escrita como una ecuación:

$$V = V_o + 0.61\ T_c$$

V_o es la velocidad en metros/segundo a 0°C y T_c es la temperatura del aire en grados Celsius.

Ejemplo. ¿Cúal es la velocidad del sonido cuando la temperatura del aire es 20°?

Datos	Pregunta	Ecuación
T = 20°C	V =	$V = V_o + 0.61\ T_c$
V = 331 m/seg		

Solución: Una substitución directa nos dá:

$$V = 331\ \text{m/seg} + (0.61 \times 20°C) = 343.20\ \text{m/seg}.$$

Ejemplo. Si la velocidad del sonido es 355 m/seg. ¿Cúal es la temperatura del aire?

Datos	Pregunta	Ecuación
V = 355 m/seg	t =	$V = V_o + 0.61 \, T_c$
V = 331 m/seg		

Solución. Arreglando la ecuación y resolviendo por T, nos dá:

$$T = V - V / 0.61T = 355 \text{ m/seg} - 331 \text{ m/seg} / 0.61 = 39°C$$

Ejemplo. Un relámpago se ve 3 segundos antes de oirse el trueno. Si la temperatura del aire era 12°C, ¿a qué distancia cayó el relámpago?

Datos	Pregunta	Ecuación
T = 12°C	d =	$V = V_o + 0.61 \, T_c$
t = 3 seg		$V = d / t$

Solución: Se resuelve primero por la velocidad, asi:

$$V = -331 \text{ m/seg} + (0.61 \times 12°C) = 338.32 \text{ m/seg}$$

Arreglando la ecuación de velocidad y resolviendo por s, obtenemos:

$$d = Vt \qquad d = 338.32 \text{ m/seg} \times 3 \text{ seg} = 1014.96 \text{ metros}.$$

4. Intensidad del sonido. Consideremos una onda de sonido en la que hay una sucessión regular de compresiones y dilataciones. Como ya sabemos esto es análogo a una onda tranversa. Tal sonido es un sonido armónico simple y se produce con un diapasón. Pero los sonidos que produce son diferentes en su intensidad.

Si se lo golpea levemente, emite un sonido suave; si se golpea con más fuerza emite un sonido igual en frecuencia al primero, pero con más volúmen. El primer diapasón se mueve en un arco muy pequeño y el segundo en un arco más grande. El desplazamiento de las ramas desde el centro es la amplitud del sonido, pero el período es el mismo en los dos movimientos, es decir el mismo número de condensaciones y dilataciones ocurren en un segundo. La frecuencia del sonido es idéntica en ambos casos.

Sin embargo, el diapasón que recibió el golpe más fuerte ejerce una presión más grande en el aire. Entonces un sonido más alto es diferente del sonido suave en el número de volumenes de compresiones y dilataciones que se crean en cada segundo. Para comprimir el aire contra su resistencia elástica se necesita una cantidad de energía y el aire comprimido adquiere una energía potencial que puede mover lo que encuentra en el camino. Se vé que la onda longitudinal lleva energía.

Lo más comprimido es el aire, la mayor cantidad de energía él contiene. La intensidad o el volumen del sonido se mide en términos de la cantidad de potencia en microwatts que pasa en un segundo por cada centímetro cuadrado de área; esta área es siempre perpendicular a la dirección de la propagación de la onda.

Vea la figura siguiente.

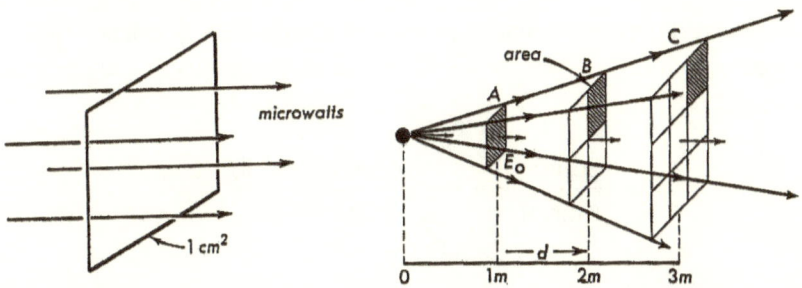

Suponga que el sonido no se convierte a otras formas de energía y veamos como la intensidad del sonido se dilata asi como la distancia desde la fuente se aumenta. Considere un punto en el aire donde se origina un sonido. Este sonido se extiende en esferas concéntricas con el punto de orígen como el centro.

La potencia de la onda se extiende igualmente sobre la superficie total. La superficie de una esfera es igual a $4 \Pi r^2$, r es el radio del círculo, o la distancia del punto central. Si la distancia se triplica, la superficie se aumenta nueve veces y solo una novena parte de la potencia pasa por cada centímetro cuadrado de area. La intensidad del sonido entonces varía inversamente al cuadrado de la distancia desde la fuente de sonido.

Un método común de especificar la intensidad sonora es comparar la potencia de un sonido con otro. Ya que el flujo de potencia en la mayoría de los sonidos es extremadamente pequeña, la unidad de potencia, el watt, es muy grande. Es por esto que la unidad de potencia sonora preferida es un millón de veces más pequeña, el microwatt. Cuando la potencia de un sonido es 10 veces más alta que otra, el radio de las intensidades se llama un bel.

De acuerdo con esta definición, la escala de bel es:

I/I_o.	1	10	100	1000	10 000
bel	0	1	2	3	4

I es la intensidad de un sonido y I_o es la intensidad de otro. Vemos que de acuerdo son esta escala, un sonido con una potencia 1000 veces más alta que otro, es solo 3 bels más intenso. Puesto que un bel representa

355

diferencias muy altas en intensidad, una unida más pequeña se usa, el decibel o underline{db}. Esta escala se divide de la siguiente manera:

$$\begin{array}{c} I/I_0 \\ db \end{array} \quad \underset{0}{1} \searrow \underset{1}{1.26} \quad \underset{2}{1.58} \quad \underset{3}{2} \searrow \quad \underset{4}{2.51} \quad \underset{5}{3.16}$$

Cada radio de potencia aumenta por solo 26% y puesto que ese cambio es lo mínimo que oimos, la escala de decibeles es muy práctica. Por ejemplo:

Sonido	Nivel en db
Murmuro	20
Conversación	85
Tráfico pesado	70
Musica Rock	120
Avión Jet	140

PROBLEMAS

1. ¿Cúal es la frecuencia de un sonido cuya longitud de onda es 1.5 m si la temperatura del aire es 15°C?

2. Un trueno se oye 4.5 segundos despúes del relámpago, si la temperatura del aire fue 28°C, calcule la distancia donde cayó el relampago.

3. Un hombre vió el descargo de la carabina de un cazador y oyó la explosión 2.5 segundos más tarde. La temperatura del aire era 10°C. Calcule la distancia que el sonido viajó.

4. Un chico gritó en una montaña y su eco se oyó 5 segundos más tarde. ¿Donde estaba la montaña si la temperatura del aire era - 5°C?

5. Si un diapasón produce una onda de 2.5 metros de longitud cuando la temperatura del aire es 8°C. Calcule la frecuencia del sonido.

Selección Múltiple.

1. El volúmen de un sonido depende primeramente de 1) la frecuencia; 2) la longitud de onda; 3) la amplitud; 4) el timbre.

2. La longitud de onda de un sonido en el aire con una frecuencia constante es mayor cuando la temperatura del aire es 1) 4°C; 2) 20°C; 3) 32°C; 4) 100°C.

3. Si una persona ve la explosión de un cañon 1 segundo antes de oir el ruido, la distancia más aproximada entre la persona y el cañon es 1) 0.5 metros; 2) 330 metros; 3) 5700 metros; 4) 3241 metros.

4. Si se añade más energía para producir un sonido, hay un aumento en 1) la frecuencia; 2) velocidad; 3) longitud; 4) amplitud.

Capitulo 45

Resonancia

1. Resonancia. Generalmente, un cuerpo colgado por una cuerda es siempre capaz de oscilar, si le damos una serie periodica de impulsos de igual frecuencia a la de una de las frecuencias naturales del cuerpo; este entra en vibracion con una amplitud relativamente grande. Este fenomeno se llama resonancia. Una demonstracion experimental de resonancia se hace, por ejemplo, colgando dos pendulos, con diferentes longitudes, de una varilla flexible. El pendulo A, tienen un peso metalico y el otro B, tiene un peso hecho de madera. Vease la figura.

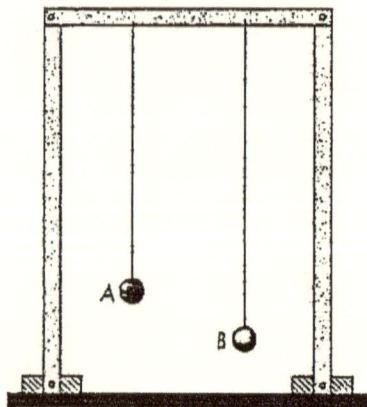

Se empuja la bola metálica y se deja que oscile libremente. La varilla horizontal responde al movimiento y oscila con la frecuencia del peso. La varilla transmite su movimiento al peso B por medio de la cuerda. La reaccion del pendulo B a esta vibracion forzada depende de las longitudes relativas de las cuerdas. La frecuencia natural de este pendulo depende de su longitud. Si hay mucha diferencia entre ellas, el movimiento del segundo pendulo es muy pequeno. No hay mucho incremento en la oscilacion de la segunda masa porque las frecuencias naturales de los pendulos son diferentes.

Cuando A y B tienen la misma longitud, los periodos naturales son iguales, B responde en simpatia con el pendulo A y se mueve con una amplitud mas grande. <u>Lo mas iguales las cuerdas, lo mas grande es el movimiento.</u> Resonancia, <u>es un fenomemo que ocurre solamente cuando dos objetos tienen la misma frecuencia natural.</u>

Resonancia, tambien se puede demonstrar con ayuda de dos diapasones identicos colocados encima de cajas huecas y situadas una distancia una de otra. La cajas hechas de madera son identicas y se presume que tienen la misma frecuencia natural, como lo indica la figura.

Si se golpea uno de ellos, se oira el otro cuando el primero se pare instantaneamente. El diapason golpeado vibra y continua por unos momentos hasta que se lo para. Las vibraciones se transmiten a la caja. Cada pulso de sonido que sale de la caja con cada vibración pasa a la otra caja, causando vibraciones que se pasan al segundo diapason.

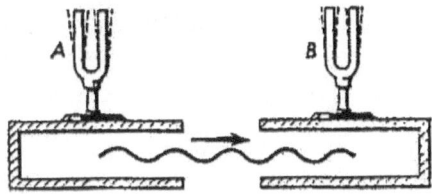

El diapasón B se oye vibrando. Considerando que las cajas están vacias, y que su mérito es de actuar como cajas resonantes para intensifar el sonido, la explicación es muy fácil. Si se pusiera una pieza de cera moldeable sobre uno de los diapasones, la frecuencia del mismo se alteraría lo suficiente para eliminar la resonancia.

2. Pulsaciones. Consideremos ahora otro tipo de interferencia entre dos trenes de ondas, de igual amplitud. Se hacen sonar simultáneamente dos diapasones de frecuencias un poco diferentes localizados en cajas resonantes. Oímos unas pulsaciones. Este fenómeno es familiar en la música del órgano, donde se oye un efecto de vibrato.

La frecuencia de un diapasón se altera si ponemos un pedazo de cera moldeable en una de las ramas. Si ahora se golpéa los diapasones simultáneamente, la intensidad o el volúmen del sonido sube y baja periodicamente.

Consideremos un punto en espacio a travéz del cual pasan las ondas. los trenes de ondas se representan separados, en función de tiempo, como se vé en la figura.

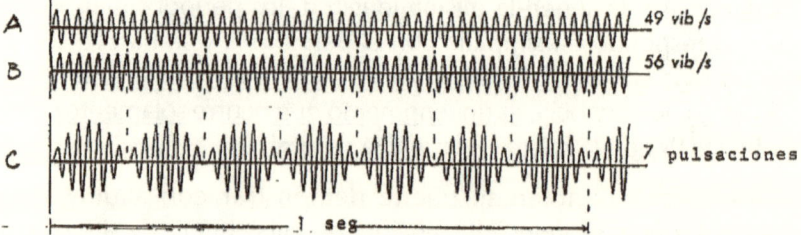

La figura A muestra una frecuencia de 49 Hz, la figura B una frecuencia de 56 Hz. Aplicando el principio de superposición para encontar la vibración resultante, obtenemos una onda indicada en la figura C. Las variaciones de amplitud causan cambios en la intensidad del sonido y se llaman pulsaciones. La figura C muestra donde aparecen las diferencias en frecuencia y por lo tanto el número de pulsaciones. En este caso hay 7 pulsaciones por segundo.

La onda resultante, C, tiene una amplitud alta igual a la suma de las dos amplitudes, A + B. Es claro que el número de pulsaciones N se determina por la diferencia entre n_2 y n_1, que son las frecuencias respectivas de los diapasones.:

$$N = n_2 - n_1$$
$$N = 56 \text{ Hz} - 49 \text{ Hz} = 7 \text{ pulsaciones/seg}$$

Las pulsaciones producidas por dos sonidos pueden ser percibidas por el oido hasta que la frecuencia de las pulsaciones es de 6 ó 7 por segundo. Frecuencias más elevadas no pueden distinguirse como pulsaciones separadas, sino que se las oye como sonidos desafinados.

3. El efecto Doppler. La sensación del efecto Doppler es una de los sensaciones más familiares. Todos conocemos el descenso brusco de tono en el sonido emitido por la bocina de un automóvil que ocurre cuando se encuentra y se pasa un coche que avanza en sentido opuesto. El tono de la bocina, cuando pasa el auto, se baja casi dos notas musicales. De nuevo el efecto se experiencia cuando se oye el sonido de la sirena de una ambulancia. Asi que la ambulancia se acerca al espectador, el sonido es muy fuerte y de alta frecuencia; cuando pasa y la ambulancia se aleja del espectador, el sonido es mas suave y su frecuencia baja. Este fenomeno es conocido con el nombre de el efecto Doppler.

Cuando una fuente de sonido, o un observador o ambos, están en movimiento uno con respecto al otro, el tono percibido por el observador no es, en general, el mismo cuando la fuente y el observador estan de reposo. El cambio de la frecuencia se debe a las movimientos relativos de la fuente y del observador.

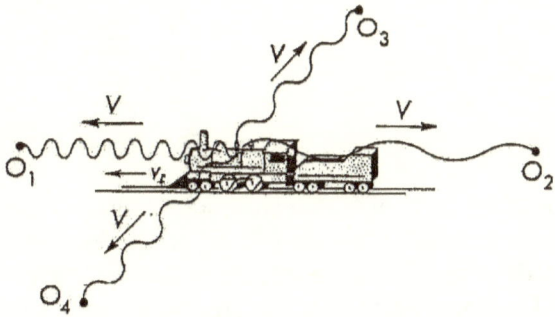

Considere un tren en reposo, él suena su sirena y las ondas del sonido viajan con la misma velocidad en todas direcciones. A un observador en reposo, no importa donde se encuentra, el mismo número de ondas llegan a su oído como salen del tren.

Si por el contrario, el tren se mueve, hacia la izquierda, como se ve en la figura, la sirena se mueve desde las ondas detrás de la sirena hasta las ondas adelante. <u>El resultado es qué las ondas atrás de la fuente se enlargan o se dilatan, mientras que las ondas en frente se comprimen o se compresan.</u> Con cada onda producida por la sirena, el tren se aleja más de las ondas atrás y se acerca más a las ondas de adelante. Puesto que la velocidad de la onda es constante porque es solo una propiedad del medio, el observador O_1 en frente recibe un número más grande de ondas que el observador O_2 detras.

Los observadores O_3 y O_4 a un ángulo recto a la dirección del tren, oyen la frecuencia original. En esta posición cada observador ni se acerca ni se aleja de la fuente y, por consiguiente, recibe el número exacto de vibraciones. La fórmula general for el efecto Doppler es:

$$\frac{F_o}{F_f} = \frac{V + V_m - V_o}{V + V_m - V_f}$$

F_o es la frecuencia oída por el observador, F_f es la frecuencia de la fuente; V es la velocidad del sonido, V_f es la velocidad de la fuente y V_o es la velocidad - del observador. Cuando usamos esta formula, la fuente debe encontrarse a la izquierda del observador; las velocidades hacia la derecha se consideran positivas y esas hacia la izquierda se consideran negativas. El signo de la velocidad del sonido es siempre positivo.

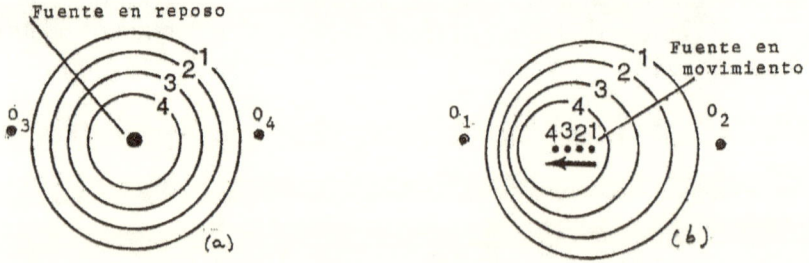

Otra manera de mirar al efecto Doppler, como se vé en la figura, es considerar los frentes de la onda sonora. En la figura (a), los observadores O_3 y O_4 están de reposo y los frentes de ondas 1, 2, 3 y 4 son círculos concéntricos. Las frecuencias y las longitudes de onda son idénticas en cualquier círculo y los observadores oyen el mismo sonido.

En la figura (b), la fuente se mueve hacia la izquierda. Cada frente sucesivo tiene un centro diferente. Un observador O_1 percibe un sonido de frecuencia alta y longitud corta; un observador O_2 percibe el efecto opuesto. Recordemos que el efecto Doppler parece cambiar el tono del sonido, puesto que el oído oye un sonido más alto cuando la fuente se acerca y un sonido más bajo cuando la fuente se aleja.

La luz exhibe el mismo fenómeno. Los ojos ven luz de diferentes frecuencias como luz de diferentes colores. Ondas de baja frecuencia se ven como el color rojo, mientras que ondas de alta frecuencia se las ve como el color violeta, con los otros colores en el medio del espectro visible. Para los astrónomos, el efecto Doppler es muy importante, por ejemplo, si una estrella de otra galaxia se mueve hacia la nuestra, la luz que ella emite está en el espectro azul - violeta, por el contrario si dicha estrella se aleja, la luz emitida será en el espectro amarillo - rojo.

Otro uso más útil del efecto Doppler es en las pistolas de radar usadas por la policia de tráfico. Si un auto está parado y ondas de radar se mandan de una fuente en reposo, la onda incidente y la reflejada tienen la misma frecuencia. Si un auto se mueve hacia la fuente de radar, las ondas reflejadas tienen una frecuencia más alta que las emitidas por la pistola. Lo más alta es la velocidad del auto, lo más alta es la frecuencia de la onda reflejada. Si, por el contrario, al auto se aleja, la frecuencia de las ondas reflejadas es baja. Se puede determinar la velocidad del auto observando el cambio en la frecuencia de las ondas.

*   *   *

PROBLEMAS

1. Las cuerdas A y E de un violín tiene frecuencias de 440 Hz y 660 Hz, respectivamente. ¿Cúal es la frecuencia de las pulsaciones?

2. Cuando dos cuerdas de una guitarra se tocan, producen frecuencias de 185 Hz y 215 Hz, respectivamente. ¿Qué se oye?

3. Las ondas de un radio exhiben propiedades de cualquier onda. ¿Qué sonido espera oir si dos estaciones de 1020 y 1023 KHz, respectivamente, se sintonizan al mismo tiempo?

4. Un tren se acerca a la estación a 80 km/hr. La sirena tiene una frecuencia de 320 Hz (a) ¿Qué frecuencia se oye en la estación? (b) ¿Qué frecuencia oye un pasajero que está parado detrás del tren? La velocidad del sonido es 340 m/seg.

5. El famoso tenor, Enrico Caruso, cuando cantaba, podía quebrar un vaso de cristal fino. Usando términos físicos, explique este fenómeno.

6. Si dos notas son diferentes por 2 Hz, ¿qué se oye? Si la diferencia es más grande, ¿qué se oye?

7. ¿Es importante para el efecto Doppler si el observador o la fuente se mueven? Explique.

8. Explique como un policía de tráfico determina la velocidad de un automóvil en la carretera.

9. Un avión pequeño viaja a 500 km/hr y su máquina produce un sonido con una frecuencia de 500 Hz. ¿Qué frecuencia oye un piloto en la pista cuando el avión se acerca y cuando se aleja. La velocidad del sonido es 353 m/seg.

10. Explique la razón por el uso de cajas resonantes en la demonstración de resonancia.

Capitulo 46
Reflexión de la Luz

1. Naturaleza de la Luz. La teoría moderna de la naturaleza de la luz empezó con el trabajo del físico James C. Maxwell, quien, en 1873 demostró que un circuíto eléctrico oscilante podia radiar ondas electromagnéticas. La longitud de onda de las ondas producidas fué extremadamente corta. En 1888, el físico alemán Heinrich Hertz, comprobó experimentalmente, utilizando un circuíto oscilante de pequeñas dimensiones, que las ondas electromagnéticas tenian, de verdad, longitudes de onda muy corta y demostró que poseían todas las propiedades de las ondas luminosas.

La velocidad de propagación de las ondas luminosas fué medida con mucha precisión, por el físico americano Albert Michelson. Sus primeros experimentos, basados en el método de León Foucault, fueron realizados en 1878 y fueron completados, en 1935 por sus colegas Pease y Pearson. En 1953, los físicos Dumond y Cohen calcularon que la velocidad de la luz era:

$$c = 2\ 997\ 929 \times 10^8 \text{ m/seg} \qquad o \qquad \text{mejor } c = 3 \times 10^8 \text{ m/seg}$$

2. Naturaleza doble. La teoría electromagnética clásica explica claramente los fenómenos ópticos de reflexión, refracción, interferencia, dispersión y polarización y nos dá una idea precisa de la naturaleza ondulatoria de la luz. Sin embargo, no podia explicar el efecto fotoeléctrico, esto es, la emisión de electrones por ciertos metales cuando una luz es incidente a su superficie. En 1905 Albert Einstein, usando la teoría del cuanto propuesta por Max Planck, postuló que la energía de un rayo de luz, en lugar de estar distribuída en el espacio por donde pasan las ondas electromagnéticas, está concentrada en pequeños paquetes de energía, los fotones. Los físicos modernos aceptan, sin reservaciones, el hecho de que la luz parece tener una naturaleza doble.

Entonces, los fenómeos de propagación de la luz se explican mejor con la teoría ondulatoria electromagnética, mientras que la reacción mútua entre la luz y la materia, en el efecto fotoeléctrico, es un fenómeno corpuscular.

3. Ondas y rayos. La mayor parte de este estudio de la luz se versará sobre la propagación de la luz y la formación de imágenes por espejos y lentes. Todos estos fenómenos se interpretan usando la teoría ondulatoria.

Considere ahora, que un punto foco de luz manda ondas en esferas concéntricas y es por esta razón, que vemos la luz en todas direcciones. Cuando las ondas se propagan desde un punto de luz pequeño, las esferas son frentes de ondas, cuyos centro es el punto de luz. A gran distancia de este, los radios y la circumferencias de las esferas se hacen tan grades que los frentes de las ondas pueden suponerse planos. Vease la figura.

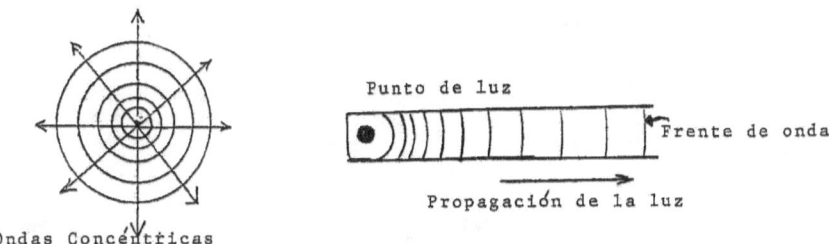

Ondas Concéntricas

Este diagrama se simplifica dibujando solo los frentes de onda que, por consiguiente, están separados entre si por medio de una longitud de onda. Si ahora encerramos el foco en un tubo con un extremo abierto, la única luz que se ve es la luz que sale del tubo. El tren de ondas luminosas pueden representarse como un rayo en vez de frentes de onda. Un rayo de luz es, en teoría, la representación de la trayectoria seguida por las ondas luminosas y, es una línea recta imaginaria, dibujada desde el orígen de la onda y perpendicular a la dirección de propagación.

La longitud de ondas electromagnéticas visibles se encuentra entre 0.00004 cm y 0.00007 cm. Por ser tan pequeñas estas longitudes de onda, es conveniente expresarlas en una unidad de longitud también pequeña. Usamos tres unidades, la micra, la milimicra y el Angstrom:

$$1 \text{ micra} = 1 \times 10^{-6}\text{m} \qquad 1 \text{ milimicra} = 1 \times 10^{-9}\text{m}$$
$$1 \text{ Angstrom} = 1 \times 10^{-10}\text{m}$$

Las longitudes de onda de los colores en el espectro visible, se dá en la tabla siguiente. Observe también el diagrama del espectro electromagnético y dese cuenta de la porción relativamente pequeña ocupada por el espectro visible.

Violeta .... 4.0 - 4.2 x 10^{-7} m

Azul .... 4.2 - 4.9 x 10^{-7} m

Verde .... 4.9 - 5.7 x 10^{-7} m

Amarillo .... 5.7 - 5.9 x 10^{-7} m

Anaranjado .... 5.9 - 6.5 x 10^{-7} m

Rojo .... 6.5 - 7.0 x 10^{-7} m

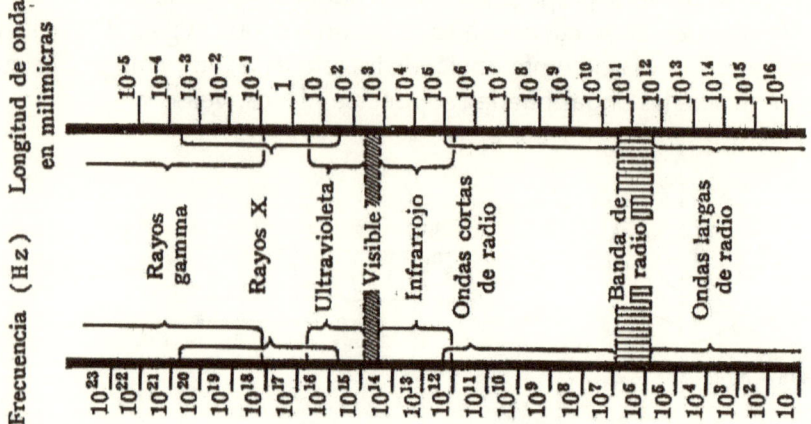

4. La luz se mueve en líneas rectas. Experiencias comunes diarias indican que la luz se propaga en linea recta como, por ejemplo, la existencia de una sombra claramente lo indica. Mire cuidadosamente a la sombra hecha por un lápiz o cualquier otro cuerpo. Se vé que la sombra se compone de una parte central obscura, <u>la umbra,</u> y una parte exterior casi desvanecida, <u>la penumbra</u>. El area cubierta por la penumbra se vuelve pequeña y es difícil de ver, lo más lejos que el cuerpo está del foco de luz, como lo indica la figura.

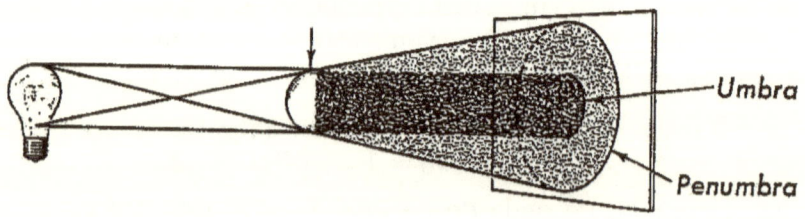

Que la luz se propaga en linea recta es verdad dentro de nuestro mundo, pero estudios de la luz hechos en su trayectoria en el espacio, han confirmado las teorias de Albert Einstein que dicen que la luz se curva en reacción a la fuerza de gravitación ejercida por los planetas.

Los objetos se pueden ver por su propia luz o por la luz que reflejan. Un cuerpo se clasifica como <u>luminoso</u> o <u>iluminado</u>. Un cuerpo luminoso, conocido también como <u>incandescente</u>, es uno que produce su propia luz, tal como el sol, una bombilla, un fósforo, etc. Un cuerpo que es iluminado refleja la luz. Los cuerpos iluminados son <u>transparentes</u> si permiten el pasaje de la luz. Un cuerpo transparente, tal como el vidrio, permite el pasaje de la luz al mismo tiempo que refleja parte de ella. Si por el contrario, el cuerpo permite que una pequeña parte de la luz pase y refleja la mayor parte, se dice que es <u>transluciente.</u> En cambio, si un cuerpo refleja la luz completamente, es un cuerpo <u>opaco.</u>

5. Reflexion. La mayoría de las cosas que vemos no emiten luz, sino que la reflejan, si no la reflejan, no los vemos. Si las superficies reflejantes son muy pulidas, como un espejo, producen una <u>reflexión regular</u> y pueden formar imágenes. Si la superficie es desigual, como la superficie de un papel, la reflexión es <u>difusa</u> y en vez de ver imágenes, vemos la textura y color de la superficie.

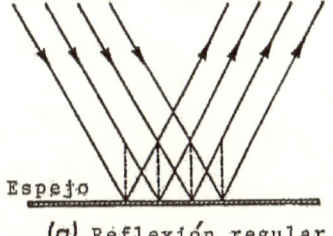

(a) Reflexión regular   (b) Reflexión difusa

6. Ley de reflexion. Para estudiar la trayectoria de un rayo de luz cuando se refleja de un espejo, suponga que solo hay dos maneras de iluminar el espejo. Se puede enviar un rayo perpendicular a la superficie o en un ángulo oblicúo.

Considere un rayo solo que choca con un espejo a un ángulo. Este es el <u>rayo incidente</u>. Se traza una linea imaginaria perpendicular al punto donde el rayo choca con el espejo. Esta es la <u>normal</u>. El <u>ángulo de incidencia</u> se mide entre el rayo incidente y la normal. Estudie la figura.

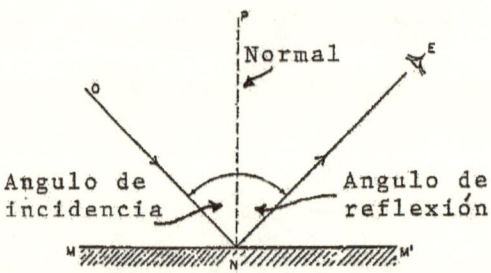

El espejo refleja el rayo y se lo llama el rayo reflejado. La dirección de este rayo se dá por el ángulo entre el rayo reflejado y la normal. Este angulo es el angulo de reflexión. Si el rayo es perpendicular al espejo, sigue la dirección de la reflexión y de incidencia son de 0°.

La ley de reflexión dice qué:

1. el rayo de incidencia, el rayo de reflexión y la normal existen en el mismo plano.
2. el ángulo de incidencia es igual al ángulo de reflexión.

$$\text{Ángulo de incidencia} = \text{Ángulo de reflexión}$$

$$\text{Ángulo} < i = \text{Ángulo} < r$$

Considere la figura siguiente. Nos muestra un un espejo MN en frente de un punto luminoso O.

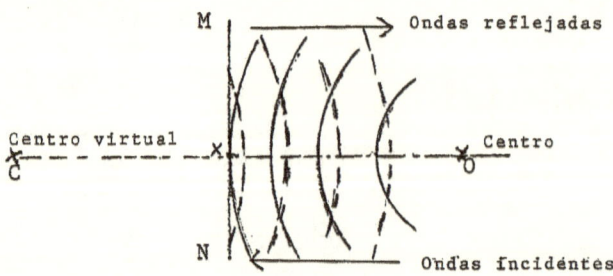

Imaginemos series de esferas concéntricas emanando de este punto como es indicado por los arcos que chocan con el espejo. Las ondas son reflejadas por el espejo y aparecen como si emanan del punto C detrás del espejo. Ya que la amplitud y la frecuencia de las ondas permanecen intactas, se asume que la distancia CX de este centro imaginario C es igual a la distancia OX del centro real O. El centro imaginario C es un punto virtual.

7. Imagenes producidas por espejos planos. Líneas rectas que representan rayos de luz se uzan para localizar las imagenes producidas por espejos planos. Un diagrama de rayos representa un esquema de lo

que pasa cuando un espejo refleja un objeto. De costumbre, los rayos actuales se representan como líneas sólidas y los rayos virtuales como líneas quebradas.

Para facilitar el dibujo del diagrama, se traza solo dos rayos desde el objeto hasta el espejo. Un rayo perpendicular a la superficie que se refleja sobre si mismo, y el otro a un ángulo oblicúo al espejo. La imágen producida por el espejo se forma en el punto donde los rayos reflejados se cruzan.

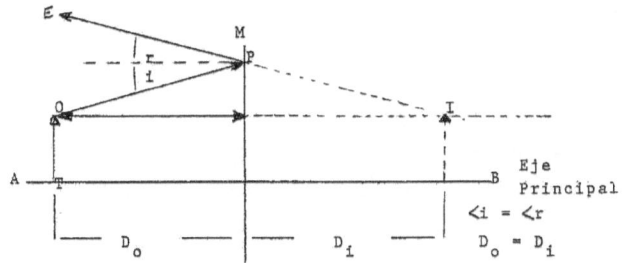

En la figura anterior, el espejo es la línea M. El objeto en frente del espejo es OT. La línea de referencia AB se llama la eje principal. Dos líneas se trazan del punto O al espejo, una línea es paralela a la eje principal y se refleja sobre si mismo; la otra, OP, es el rayo incidente que choca con el espejo al angulo <i. Obedeciendo la ley de reflexión, este rayo, PE, forma el ángulo de reflexión <r, entre él y la línea normal.

El rayo reflejado, PE, lleva a los ojos la imágen del objeto y nosotros imaginamos que viene de un punto imaginario localizado detrás del espejo. Para localizar la imágen, en el bosquejo, proyectamos los rayos reflejados detrás del espejo. Estos rayos son virtuales y se los traza como líneas de puntos. La imágen se encuentra donde los rayos reflejados se cruzan.

Notamos que:

1). La imágen es del mismo tamaño que el objeto.

2). La distancia del objeto, Do, al espejo es igual a la distancia de la imágen, Di, al espejo.

3). La imágen se voltéa al revés, es decir, es simétrica con el objeto y está relacionada entre si como las manos izquierda y derecha.

4). La imágen es virtual, es decir, la imágen no existe y no se puede proyectar en una pantalla. Todas las imágenes virtuales son erectas. Por el contrario, una imágen real se la puede proyectar en una pantalla, es siempre invertida y su tamaño depende de las distancias entre el espejo o el lente.

Capitulo 47

Espejos Esféricos

1. Espejos esfericos. Una superficie curva muy pulida es un espejo esférico. Se asume que un espejo esférico es una parte pequeña de la superficie de una esfera. Estudie el diagrama.

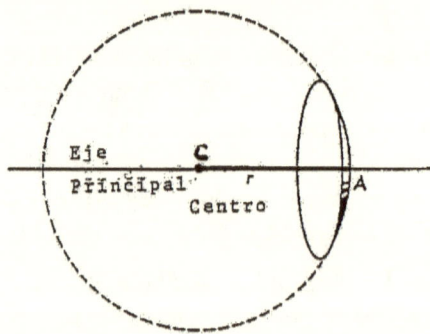

Supongamos que la esfera tiene superficies pulidas afuera y dentro de ella. La superficie interior es un espejo cóncavo; la exterior es un espejo convexo. En las figuras, los puntos marcados C son los centros de curvatura de las esferas y el radio, r, es siempre perpendicular a la curva, en cualquier punto de contacto con la superficie, por consiguiente, la normal pasa por el centro de curvatura.

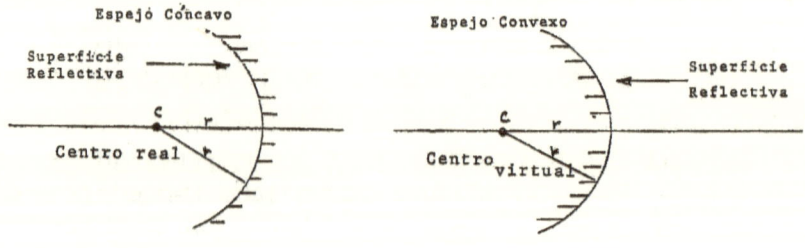

Puesto que en el espejo cóncavo, el centro de curvatura es el centro de la esfera, el centro es real; en cambio, en el espejo convexo, el centro de la esfera se encuentra detrás del espejo. Este centro es virtual. La línea CA es la eje principal y es una línea imaginaria. Notamos que esta línea sigue la dirección del diámetro y es, por lo tanto, equivalente a la normal.

2. Espejos convergentes. Espejos cóncavos se llaman tambien espejos convergentes. Rayos paralelos a la eje principal chocan con el espejo y se reflejan de acuerdo con la ley de reflexión. Los rayos reflejados pasan por un punto comun en la eje.

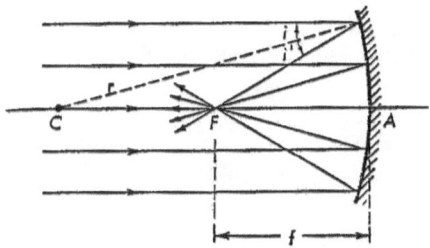

Este punto es el punto focal del espejo y es real. La distancia entre este punto y la superficie del espejo es la distancia focal, FA. El punto focal es ese punto donde los rayos reflejados se cruzan o convergen. Es por esto que un espejo concavo se llama un espejo convergente.

Este tipo de espejo es muy útil. Los rayos paralelos del sol se reciben en una superficie cóncava y los rayos infrarojos se concentran en el punto focal produciendo temperaturas muy altas. Esto es la base para los hornos solares. Espejos cóncavos metálicos se usan también para recibir las ondas electrónicas de televisión. Estas ondas se mandan al sintonizador colocado en el punto focal y de allí al amplificador donde se procesan para mandarlas al televisor.

Otro uso común es en la pantalla de una linterna o de un foco de auto. La bujia de luz esta colocada en el punto focal, los rayos se reflejan del espejo concavo dentro de la lámpara y salen en direcciones paralelas a la eje principal.

3. Espejos divergentes. Considere ahora un espejo convexo. De nuevo, un rayo se dibuja paralelo a la eje principal. Estos rayos no se reflejan hacia adentro, pero en cambio se divergen, como si vinieran de un punto común detrás del espejo.

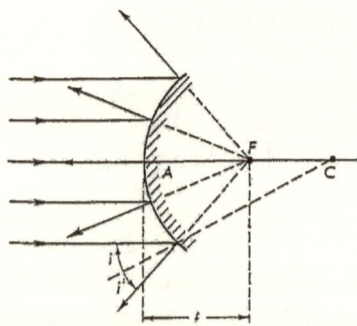

Es por esto que el espejo convexo es un espejo divergente. En este espejo, los rayos divergentes se los extiende detrás del espejo con líneas de puntos. Estas extensiones virtuales se cruzan en un punto focal que no existe.

En cualquier caso de espejos esféricos, una prueba geométrica comprueba que la distancia focal es igual a la mitad del radio de un espejo:

$$F = 1/2 \; Co \qquad C = 2F$$

4. Imágenes producidas por espejos convergentes.

Se bosqueja un diagrama de rayos para ver como el espejo cóncavo produce imágenes. El procedimiento ya lo sabemos. Se traza dos rayos de luz.

Rayo 1 les paralelo a la eje principal y es reflejado por el punto focal.

Rayo 2 pasa por el centro de curvatura y, por consiguiente, es perpendicular al espejo y se refleja dentro de si mismo.

La imágen se forma en el punto donde los dos rayos reflejados se cortan.

Estudie los diagramas siguientes. Cada uno representa el objeto localizado en un punto diferente, asi:

Caso 1. El objeto AB está a una distancia infinita del espejo.

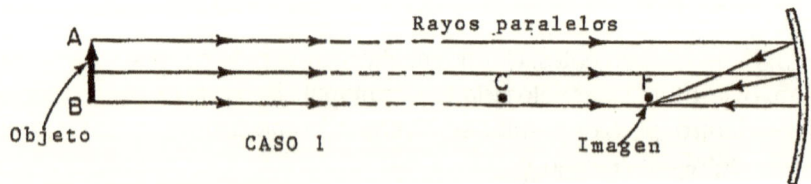

La imágen es real, pequeña y se forma en el punto focal.

Caso 2. El objeto está más cerca al centro C.

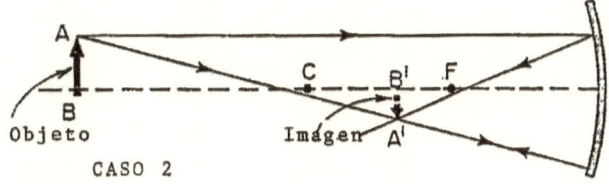

CASO 2

La imágen es real, invertida, más pequeña y se encuentra entre C y F.

Caso 3. El objeto está en el centro C.

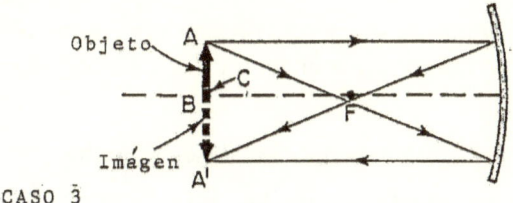

CASO 3

La imagen es real, invertida, del mismo tamaño que el objeto y está en el centro C.

Caso 4. El objeto está entre el centro C y el punto F.

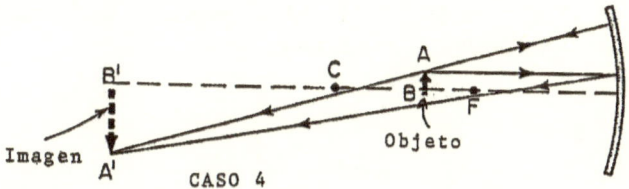

CASO 4

La imágen es real, invertida, más grande que el objeto y está más lejos del centro C.

Caso 5. El objeto está en el punto F.

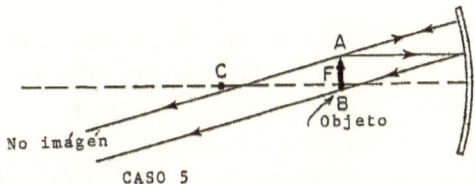

CASO 5

En este caso, como ya lo vimos, los rayos reflejados salen paralelos a la eje principal y, ya que no se cortan, no forman una imágen.

Caso 6. El objeto está entre el punto F y el espejo.

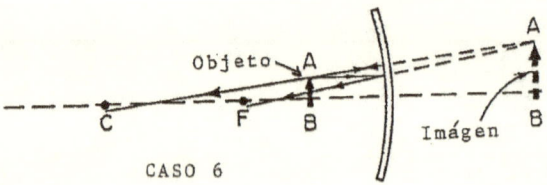

CASO 6

Los rayos reflejados nos se cortan, se divergen. Se extiende estos rayos detrás del espejo como líneas de punto. La imágen es virtual, erecta, más grande que el objeto y esta detrás del espejo.

Cuando el objeto se encuentra en este lugar, entre el punto focal y el espejo, el espejo magnifica la imágen y lo llamamos un espejo de afeitar o de maquillaje.

5. Imágenes producidas por espejos divergentes.

Un espejo divergente diverge los rayos reflejados, y no hay manera de que estos se corten en frente del espejo. Es necesario proyectar los rayos reflejados detrás del espejo para localizar la imagen.

El centro de curvatura, C, y el punto focal, F, son virtuales. Este tipo de espejo produce solamente una imágen, no importa donde colocamos el objeto. La imágen es pequeña, virtual, erecta, y está más cerca del espejo que el objeto. Vease la figura siguiente.

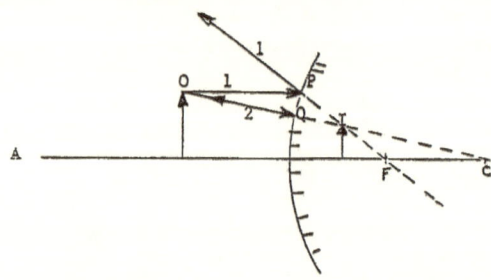

Espejos divergentes, también conocidos como espejos panorámicos, se encuentran en las puertas derechas de los automóviles y en algunos almacénes. Debido a su propiedad de diverger los rayos de luz, estos espejos cubren una area bastante amplia en su frente, pero la proximidad de la imágen nos dá una idea falsa de la localización del objeto.

6. Ecuación para localizar las imágenes.

La localización y el tamaño de una imágen formada por un espejo se puede encontrar con estas ecuaciones:

$$1)\ \frac{1}{f} = \frac{1}{D_o} + \frac{1}{D_i} \qquad 2)\ \frac{T_o}{T_i} = \frac{D_o}{D_i}$$

Do= Distancia del objeto, Di= Distancia de la imágen, f= Distancia focal, To = Tamaño del objeto, Ti = Tamaño de la imágen.

Antes de aplicar esta ecuación, recordemos los convenios de signo:

1. Para los espejos convexos, Do es positiva, ambas Di y f son negativas.

2. Para los espejos cóncavos, si la imágen es real, Do, Di y f son positivas.

3. Para los espejos cóncavos, si la imágen es virtual, Do y f son positivas, Di es negativa.

Ejemplo. Un espejo cóncavo tiene una distancia focal de 10 cm. Un objeto se coloca a 15 cm del espejo. Si el objeto tiene 4 cm de alto, ¿qué grande es la imágen y donde se encuentra? Soporte su respuesta con un diagrama de rayos.

Diagrama. El objeto está entre f y C.

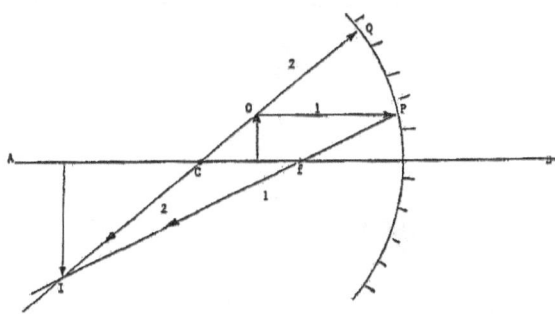

Datos	Pregunta	Ecuación
Do = 15 cm	a) Di =	1/f = 1/Do + 1/Di
f = 10 cm	b) Ti =	ToDi = TiDo
To = 4 cm		

Solución. a) Arreglando la ecuación, obtenemos:

$$1/Di = 1/f - 1/Do$$

Substituyendo directamente:

$$1/Di = 1/10\ cm - 1/15\ cm$$

$$1/Di = (3 - 2)/\ 30\ cm$$

$$Di = 30\ cm/1 = 30\ cm$$

b) Para encontrar el tamaño de la imágen, se substituye directamente:

ToDi = TiDo

Ti = (30 cm x 4 cm)/ 15 cm = 8 cm.

Los resultados matemáticos soportan el diagrama.

Ejemplo. ¿Donde se encuentra la imágen producida por un espejo cóncavo con una distancia focal de 10 cm si el objeto se encuentra a 5 cm en frente del espejo? Dibuje un diagrama de rayos.

Diagrama. El objeto esta entre f y el espejo. La imágen es virtual, más grande y detrás del espejo.

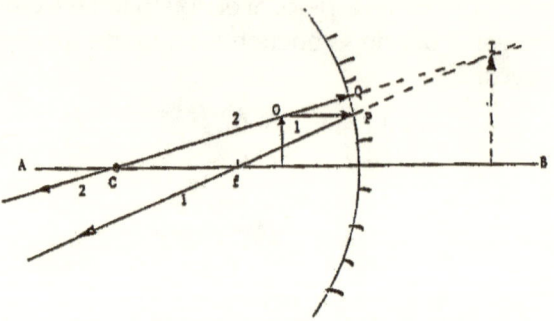

Datos	Pregunta	Ecuación
f = 10 cm	Di =	1/f = 1/Do + 1/Di
Do = 5 cm		

Solución. Substituyendo directamente, obtenemos:

1/D 10 cm = 1/ 5 cm + 1/ Di

1/ Di = (1 - 2)/ 10 cm

Di = - 10 cm.

Aunque la distancia focal es positiva, la imagen es virtual, su distancia del espejo es negativa.

Ejemplo. Un espejo convexo tiene una distancia focal de - 15 cm. Si se coloca un objeto a unos 20 cm en frente del espejo, ¿donde está la imagen? Si el objeto tiene 5 cm de tamaño, ¿cual es el tamaño de la imágen? Dibuje un diagrama.

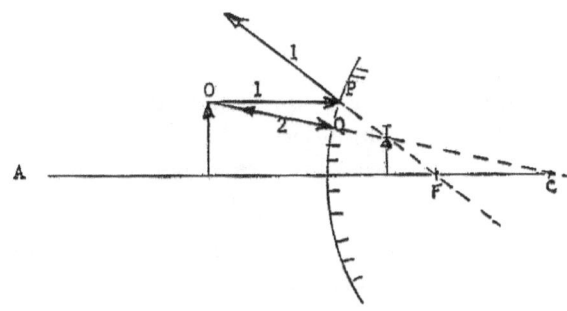

Datos	Pregunta	Ecuación
f = - 15 cm	Di =	$1/f = 1/Do + 1/Di$
Do = 20 cm	Ti =	$ToDi = TiDo$
To = 5 cm		

Solución. Puesto que la distancia focal es negativa, la imagen es virtual y está detrás del espejo.

Substituyendo directamente y recordando los signos negativos, obtenemos:

$$- 1/15 \text{ cm} = 1/20 \text{ cm} + 1/Di$$

$$1/Di = - 1/15 \text{ cm} - 1/20 \text{ cm}$$

$$1/Di = (- 4 - 3)/60 \text{ cm}$$

$$Di = 60 \text{ cm}/ - 7 = - 8.57 \text{ cm}$$

Una substitución directa nos dá el tamaño de la imágen.

$$Ti = 5 \text{ cm} \times (- 8.57 \text{ cm})/ 20 \text{ cm} = - 2.14 \text{ cm}$$

* * *

PROBLEMAS

1. Un objeto de 10 cm de alto se encuentra a 60 cm en frente de un espejo cóncavo con una distancia focal de 20 cm. a) ¿Donde se encuentra la imágen? b) ¿Cúal es su tamaño?

2. Un objeto se encuentra 3 cm en frente de un espejo concavo con una distancia focal de 6 cm. ¿Donde está la imágen?

3. ¿Cúal es la distancia focal de un espejo cóncavo si un objeto localizado 25 cm del espejo proyecta su imágen en una pantalla que está a 10 cm en frente del espejo?

4. El radio de curvatura de un espejo concavo es 20 cm. ¿Cúal es la distancia focal?

5. En un espejo cóncavo, ¿donde se encuentra la imágen de un objeto, si el objeto está a) una infinidad?; b) un poco lejos del centro C?; c) en el centro C?; d) entre el centro C y el punto f?; e) en el punto focal?; f) entre el punto f y el espejo?

6. ¿Bajo que circumstancias se produce una imágen real usando un a) espejo concavo? b) espejo convexo?

7. ¿Bajo que circumstancias se produce una imágen virtual usando un a) espejo concavo; b) espejo convexo?

8. ¿Bajo que condiciones se produce una imágen magnificada usando un a) espejo concavo?; b) espejo convexo? En cada caso indique las características de la imagen.

9. Calcule la distancia focal de un espejo cóncavo cuando un objeto está a 30 cm del espejo y produce una imágen virtual a 120 cm del espejo. Calcule la distancia focal de otro espejo cóncavo con un objeto en el mismo sitio pero produciendo una imágen real a 120 cm del espejo.

10. Calcule la a) distancia focal y b) el radio de curvatura de un espejo convexo, si el objeto está a 40 cm en frente del espejo y produce una imágen 10 cm detrás del espejo.

Selección Múltiple.

1. Las imágenes producidas por espejos planos son 1) virtuales, erectas y del mismo tamaño; 2) virtuales, invertidas y más grandes; 3) reales, invertidas y más grandes; 4) reales, erectas y más pequeñas.

2. Un rayo de luz es reflejado por un espejo plano. Si el ángulo entre el rayo incidente y el rayo reflejado es 40°, el ángulo de incidencia es 1) 20°; 2) 35°; 3) 50°; 4) 70°.

3. Una flecha se dibuja en frente del espejo MN como se lo vé en la figura.

La orientación de la imágen formada por el espejo se parece a:

4. La teoría que la luz viaja como ondas transversas es soportada, sin duda alguna, por que la luz 1) es reflejada; 2) es refractada; 3) se dispersa; 4) es polarizada.

5. Los rayos de luz emitidos por el punto P, se ven por un

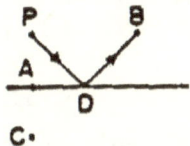

observante en el punto B, como si ellos salen del punto 1) A; 2) B; 3) C; 4) D.

6. Cuando un rayo de luz cae perpendicular al espejo, el ángulo de reflexion es 1) 0°; 2) 90°; 3) 45°; 4) 60°.

7. Un objeto de 0.6 m se encuentra a 0.12 m en frente de un espejo cóncavo que tiene un radio de 0.16 m. ¿A qué distancia se encuentra la imágen? 1) 0.07 m; 2) 0.02 m; 3) 0.24 m; 0.48 m.

8. On objeto se coloca en frente de un espejo convexo a una distancia igual a la distancia focal del espejo, la imágen formada es 1) no existente; 2) real y pequeña; 3) virtual y pequeña; 4) virtual y más grande.

9. Se coloca un objeto a 0.3 m de un espejo concavo. La imágen se forma 0.15 m en frente del espejo. La distancia focal del espejo es 1) 0.10 m; 2) 0.15 m; 3) 0.30 m; 4) 45 m.

10. Un estudiante se para 2 metros en frente de un espejo plano. ¿Donde se encuentra la imágen relativa al estudiante? 1) 1 m; 2) 2 m; 3) 6 m; 4) 4 m.

Las preguntas 11 - 17 se basan en la siguiente información: La figura muestra la eje principal de un espejo esférico. Ambas superficies son reflectivas. El punto focal es F y C es el centro de curvatura. La distancia focal es 0.10 m.

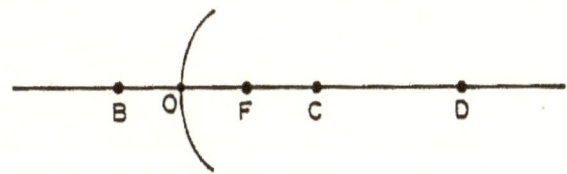

11. Si colocamos un objeto en el punto B, su imágen será 1) real e invertida; 2) real y erecta; 3) virtual e invertida; 4) virtual y erecta.

379

12. Si se coloca el objeto 0.10 m a la izquierda del espejo, la imágen estará 1) en la superficie del espejo; 2) a 0.10 m a la izquierda del espejo; 3) 0.05 m a la izquierda del espejo; 4) 0.50 m a la derecha del espejo.

13. Si se coloca el objeto 0.22 m a la derecha del espejo, la imágen será 1) real e invertida; 2) real y erecta; 3) virtual e invertida; 4) virtual y erecta.

14. Si se coloca un objeto 0.15 m a la derecha del espejo, la imágen estará a 1) 0.15 m a la izquierda del espejo; 2) 0.15 m a la dercha del espejo; 3) 0.26 m a la derecha del espejo; 4) 0.30 m a la derecha del espejo.

15. Si el objeto se coloca entre los puntos O y F, la imágen estará cerca de el punto 1) F; 2) B; 3) C; 4) D.

16. El radio del espejo OC es 1) 0.050 m; 2) 0.10 m; 3) 0.20 m; 4) 0.30 m

17. Si el objeto se coloca en el punto D, la imágen se encuentra entre los puntos 1) O y F; 2) B y O; 3) C y D; 4) F y C.

18. Se coloca un objeto en el punto focal de un espejo cóncavo. En este caso, la imágen producida es 1) más pequeña que el objeto; 2) más grande que el objeto; 3) tiene el mismo tamaño; 4) no hay una imágen.

19. En la figura siguiente, el punto I representa la punta de la flecha. ¿Cúal diagrama muestra la posición correcta de este punto?

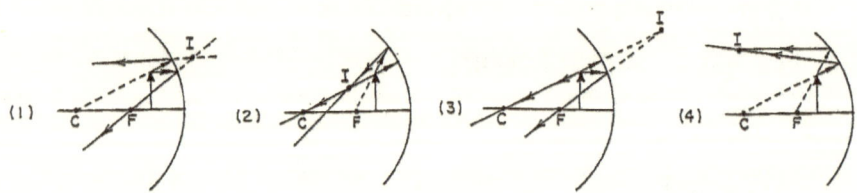

Capitulo 48

Refracción

1. Refraccion de la Luz. Si se pone una regla en un vaso de agua, la parte sumergida aparece quebrada en la superficie del líquido, de manera que, si la miramos desde arriba, el extremo de la parte sumergida y el fondo del vaso aparecen más cerca de la superficie. El mismo efecto se vé cuando miramos al fondo de una piscina, no parece que la piscina es tan honda como lo dicen los avisos. Este efecto es la refracción.

La refracción se puede definir como el cambio de dirección y velocidad de una onda cuando pasa de un medio a otro de densidad óptica diferente. El aire tiene una densidad óptica más baja que el agua; el agua es más pesada y retarda a la luz.

En el diagrama siguiente vemos a un rayo de luz entrando en el agua. Se vé que el rayo es una serie de frentes de onda y tan pronto como estos frentes entran en el agua, cambian de direccion. El frente CB viaja en el aire, y el frente AD viaja en el agua.

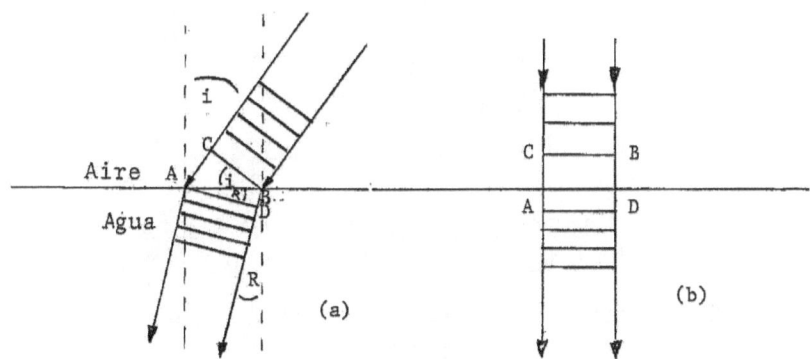

Se demostró que la luz viaja más despacio es un medio pesado y que su dirección cambia bruscamente, en la superficie dependiente del ángulo de incidencia. En la figura (a), los frentes de onda estan agrupados dentro del agua, indicando una velocidad más lenta. Este cambio de velocidad cambia la dirección de la onda hacia la linea normal. En el diagrama (b), vemos que aunque los frentes están todavia juntos en el agua, no hay cambio de dirección porque el rayo es perpendicular a la superficie.

Usemos una analogía simple para entender el brusco cambio de dirección. Suponga que an auto viaja de la izquierda a la derecha; las cuatro llantas rodando en una carretera seca, se mueven con la misma velocidad pero, si la llanta en el frente del lado derecho se sale de la carretera al lado lodoso del camino, está llanta viajará más despacio que las otras tres. Este cambio de velocidad empuja al auto hacia el lado derecho y posiblemente a un accidente. Entonces un cambio de velocidad resulta en un cambio de dirección.

Los dos ángulos importantes son el <u>ángulo de incidencia, <i, y el ángulo de refracción, <R, que se miden entre los rayos luminosos y la normal</u>. Cuando la luz pasa del aire, un medio liviano, hacia el vidrio o agua, medios pesados, se desvía acercandose a la normal. Cuando la luz pasa del vidrio o el agua, medios pesados, hacia el aire, un medio liviano, la luz se desvía alejándose de la normal.

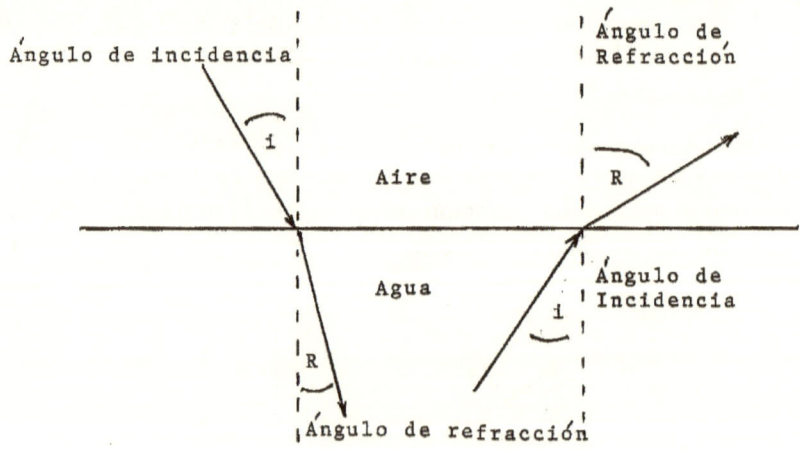

Recuerde que 1. <u>Cuando la luz pasa de un medio liviano a uno más pesado, se desvía hacia la normal; la velocidad es más lenta.</u>

2. <u>Cuando pasa de un medio pesado a uno más liviano, se aleja de la normal; porque la velocidad es más rapida.</u>

Aceptamos que la velocidad de la luz depende de la densidad óptica del medio, en todo caso, la velocidad de la luz no puede ser mayor que 3 x 10^8 m/seg. El radio entre la velocidad de la luz en el vacío a la velocidad de la luz en el medio, es el indice de refracción del medio.

$$n = \frac{\text{Velocidad de la luz en el vacíoc}}{\text{Velocidad de la luz en el mediov}} \qquad n = \frac{c}{v}$$

Se puede medir los índices de refracción entre dos sustancias transparentes, pero es costumbre hacer la comparación con la velocidad de la luz en el vacío. El índice de refracción es un número abstracto y puesto que la velocidad de la luz en el aire es casi tan veloz como la velocidad en el vacío, se calcula que el índice de refracción del aire es 1.

$$n = \frac{c}{v} \qquad n = \frac{3 \times 10^8 \text{ m/seg}}{3 \times 10^8 \text{ m/seg}} = 1$$

La tabla siguiente es una lista de los índices de refracción de varias sustancias. Notese que cuanto mayor es el índice, mayor será la disminución de la velocidad de la luz al pasar desde el aire al interior de medio, por ejemplo, en el agua con un índice de refracción de 1.33, la luz viaja con una rapidéz 1.33 veces más lenta que en el aire.

Índices Absolutos de Refracción

Aire	1.00	Agua	1.33
Alcohol etílico	1.36	Aceite de maíz	1.47
Vidrio	1.52	Glicerina	1.47
Cuarzo	1.46	Diamante	2.42
Sal gema	1.54	Fluorita	1.43

Notamos también que no hay valores menores de la unidad. En verdad, es imposible que exista un medio con un índice menor que 1. Si esto fuera posible, quiere decir que velocidad de la luz en tal medio, sería mayor que la velocidad de la luz en el vacío.

Ejemplo. Calcule la velocidad de la luz en alcohol etílico.

Datos	Pregunta	Ecuación
c = 3 x 10^8 m/seg	v =	n = c/v
n = 1.36		

Solución. Arreglando la ecuación básica y resolviendo por v, obtenemos:

$$v = \frac{c}{n} \qquad v = \frac{3 \times 10^8 \, \text{m/seg}}{1.36}$$

$$v = 2.2 \times 10^8 \, \text{m/seg}$$

∧ ∧ ∧ ∧ ∧ ∧ ∧ ∧ ∧ ∧ ∧ ∧

Ejemplo. Calcule el índice de refracción de una sustancia en la cual la luz viaja con una velocidad de 2×10^8 m/seg.

Datos	Pregunta	Ecuación
$c = 3 \times 10^8$ m/seg	$n =$	$n = c/v$
$v = 2 \times 10^8$ m/seg		

Solución. Substituyendo directamente en la ecuación, obtenemos:

$$n = \frac{3 \times 10^8 \, \text{m/seg}}{2 \times 10^8 \, \text{m/seg}} = 1.5$$

∧ ∧ ∧ ∧ ∧ ∧ ∧ ∧ ∧ ∧ ∧ ∧

2. La ley de Snell.

Cuando un rayo de luz es perpendicular a una superficie transparente no es refractado. Aunque el cambio de velocidad si ocurre, no vemos los efectos refractorios. Rafracción se vé solamente cuando la luz entra en el medio a un ángulo agudo.

Miremos a la refracción de la luz en el agua tan pronto como el rayo de luz entra a cualquier ángulo menor de 90°. La figura siguiente muestra esta condición.

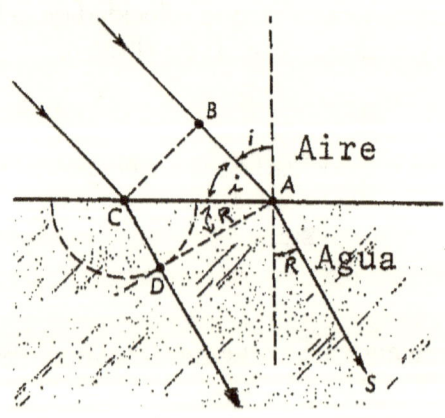

El rayo consiste de frentes de onda que chocan con la superficie del agua a un ángulo. El punto C del frente BC es el primero que choca con la superficie y el agua lo retarda. Durante el tiempo que toma la luz para viajar de C a D, la luz en el aire ha viajado de B a A. El segmento CD representa la velocidad de la luz en el agua y, el segmento BA es la velocidad en el aire.

El índice de refracción es:

$$n = \frac{BA}{CD} = \frac{\text{Velocidad de la luz en el aire}}{\text{Velocidad de la luz en el medio}}$$

Vemos dos triángulos similares, CBA y ADC, que tienen un lado común, el lado AC o la hipotenusa de los triángulos. La geometría dice que el ángulo de incidencia <i es igual al ángulo <i del triángulo CBA. El ángulo de refracción <R es igual al ángulo <R del triángulo ADC.

Puesto que los triángulos son similares, los lados correspondientes son proporcionales, entonces:

$$\text{sen} < i = \frac{BA}{AC} \qquad \text{sen} < R = \frac{CD}{AC}$$

$$BA = \text{sen} <i \, AC \qquad CD = \text{sen} <R \, AC$$

Los lados son proporcionales:

$$\frac{BA}{CD} = \frac{\text{sen} < i \, AC}{\text{sen} < R \, AC} \qquad \text{cancelar AC}$$

$$\frac{BA}{CD} = \frac{\text{sen} < i}{\text{sen} < R} \qquad n = \frac{BA}{CD} \qquad n = \frac{\text{sen} < i}{\text{sen} < R}$$

cancelar AC

La ecuación:

$$n = \frac{\sin < i}{\sin < R} \qquad \text{es la ley de Snell}$$

La ley de Snell dice qué: el índice de refracción de una sustancia es igual al seno del ángulo de incidencia dividido por el seno del ángulo de refracción. Esta ley se puede escribir también en términos de los índices of refracción de los dos medios asi: el radio de los indices absolutos de refracción es inversamente proporcional al radio del seno del ángulo de incidencia al seno del ángulo de refracción. La ecuación que expresa esta ley es:

385

$$n_1 \, \text{sen}\theta_1 = n_2 \, \text{sen}\theta_2$$

θ_1 = ángulo de incidencia θ_2 = ángulo de refracción

n_1 = medio incidente n_2 = medio refractivo

El índice de refracción de un medio es inversamente proporcional a la velocidad de la luz en el medio:

$$n_1 v_1 = n_2 v_2$$

La frecuencia de la onda no cambia durante la refracción.

$$f_1 = f_2 = f$$

El color de la luz no cambia cuando va de un medio a otro, por ejemplo, un haz de luz roja permanece roja en el agua, debido a que la frecuencia es intacta. Sin embargo, cuando la velocidad de la onda cambia, la longitud de onda tambien cambia.

$$v_1 = f\lambda, \qquad y \qquad v_2 = f\lambda_2$$

La longitud de onda es proporcional a la velocidad de la luz en el medio:

$$v_1\lambda_2 = v_2\lambda_1$$

∧ ∧ ∧ ∧ ∧ ∧ ∧ ∧ ∧ ∧ ∧ ∧

Ejemplo. Calcule el ángulo de refracción formado cuando un rayo de luz entra del aire al agua a un ángulo de 25°.

Datos   Pregunta   Ecuación
$n_1 = 1$ $n_1 \text{sen} O_1 = n_2 \text{sen} O_2$
$n_2 = 1.33$ $<\theta_2 =$
$<\theta_1 = 25°$

Solución. Resolviendo por $<\theta_2$ en la ecuación, se obtiene:

$$\sin\theta_2 = \frac{1 \times \text{sen}\theta_1}{n_2} = \frac{\sin 25°}{1.33} = \frac{0.422}{1.33} = 0.317$$

$$\theta_2 = 18.5°$$

Ejemplo. El ángulo de refracción del diamante es 16°. Calcule el ángulo de incidencia.

Datos   Pregunta   Ecuación
$\theta_2 = 16°$
$\theta_1 =$ n_1 $\text{sen}\theta_1 = n_2 \text{sen}\theta_2$
$n_2 = 2.42$

Solución: Substituyendo directamente en la ecuación, tenemos:

$$\text{sen } \theta_1 = n_2 \text{sen}\theta_2 / n_1$$

$$\text{sen } \theta_1 = 2.42 \times .275 = .667$$

$$\theta_1 = 42°$$

Recordemos que: 1. Cuándo la luz vá de un medio liviano a un medio más denso, se desvia hacia la normal. 2. Cuando la luz vá desde un medio denso a un medio liviano se aleja de la normal.

3. Efectos de la refracción. Cuando miramos a un cuerpo dentro de un medio refractivo, por ejemplo, una moneda en un vaso de agua, el cuerpo aparece más cerca de la superficie que de donde en realidad se encuentra.

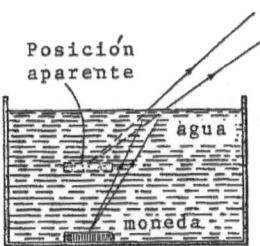

Luz reflejada de la moneda sale del agua y aumenta su velocidad, cuando nuestros ojos reciben esta luz, ellos miran por dentro del medio en línea recta. Debido al aumento en la velocidad de la luz, vemos a la moneda más arriba del lugar donde se encuentra.

Muchas de las ilusiones ópticas son el resultado de la refracción. Como ya lo vimos, la refracción de la luz pasando del agua al aire, hace que los objetos en el agua aparescan a un observante de estar más cerca de la superficie que están en realidad.

Probablemente el efecto más importante causado por la refracción es la duración del dia. Aunque consideramos que la diferencia en la velocidad de la luz entre el vacío y en el aire es muy pequeña y se la puede despreciar en situaciones ordinarias. Esta diferencia es significante en el grado de refracción que ocurre cuando los rayos del sol entran y pasan por la atmósfera y se desvían hacia la tierra.

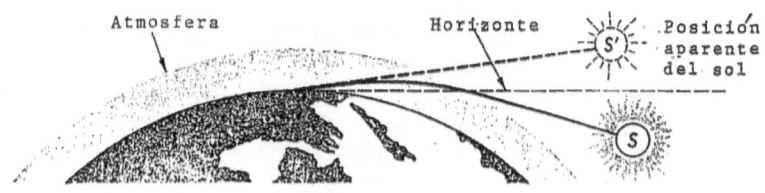

El efecto es mayor en la salida y en la puesta del sol, cuando el ángulo de incidencia es mayor. La desviación no es brusca, como en la superficie del agua, sin que es gradual, por que el aire aumenta poco a poco se densidad y su capacidad de frenar la luz se va haciendo mayor. El sol aparece como si se ha desplazado de su propia posición y lo vemos y recibimos su luz antes de verlo aparecer en el horizonte. Lo mismo, pero en reverso, ocurre en la tarde, cuando todavía vemos al sol unos minutos despúes de haber desaparecido bajo el horizonte. El efecto neto de la refracción es, en este caso, alargar la duración del dia.

4. Refraccion por una lamina de vidrio. Cuando la luz pasa por una lámina de vidrio transparente, con lados paralelos, el rayo que sale de él, es paralelo al rayo incidente. La figura siguiente muestra a una lámina cuadrada de vidrio.

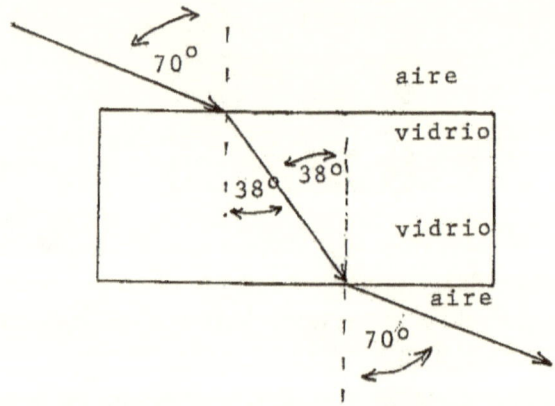

La luz es incidente sobre la superficie aire - vidrio a un ángulo de 70°. El índice de refracción del vidrio es 1.52 y usando la Ley de Snell se calcula que el ángulo de refracción dentro del vidrio es de 38°.

Puesto que las dos caras del vidrio son paralelas entre si, cuando el rayo interior de luz llega a la cara opuesta, lo hace a un ángulo de incidencia de 38° y el ángulo de refracción en el aire vuelve a ser de 70°. Por lo tanto, el rayo que emerge del vidrio, a la derecha, es paralelo al rayo que entra por la izquierda.

El desplazamineto lateral del rayo de luz se vé muy claramente si el vidrio es muy grueso. El desplazamiento dentro de un vidrio de ventanas es tan pequeño que no se lo nota.

Los objetos que se ven a un ángulo oblicúo por medio de un pedazo de vidrio grueso o por medio de prismas, aparecen como desplazados de su propio lugar. La figura muestra la trayectoria de los rayos. En ambos casos se vé al objeto en una posición aparente encima del lugar donde de verdad se encuentra.

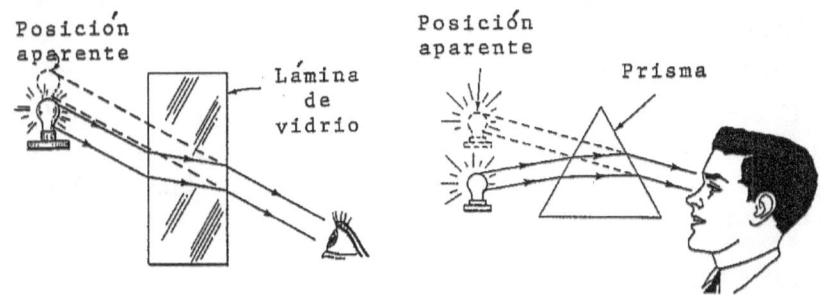

En cada uno de estos casos, la luz se refracta dos veces, una vez cuando pasa del aire al vidrio y la segunda vez cuando pasa del vidrio al aire.

La figura siguiente muestra el desplazamiento de la trayectoria de la luz. El rayo de incidencia se proyecta en línea recta dentro del medio refractivo, la luz se desvía de esta trayectoria por el ángulo de desviación D.

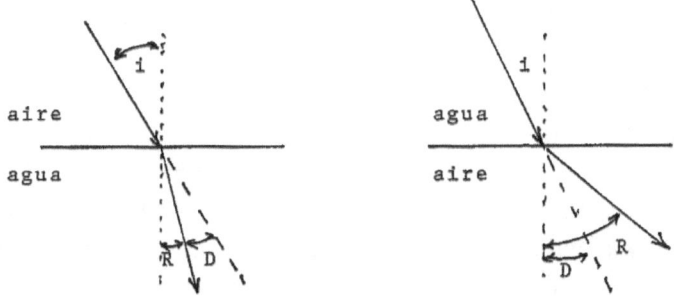

En el diagrama (a), el ángulo de incidencia es igual a la suma de los ángulos de refracción y desviación. En el diagrama (b), el ángulo de incidencia es igual a la diferencia entre los ángulos de refracción y de desviación.

5. Prismas - La reflexión interna. Refracción a travéz de un prisma.

Consideremos un rayo de luz incidente a un prisma triangular de vidrio. Note en la figura que el rayo DE entra en el prisma A.

Cuando este rayo entra en el vidrio, es refractado y sigue la trayectoria EF. Al salir del prisma es refractado de nuevo y sigue la trayectoria FG.

El ángulo de desviación D se mide desde la extensión del rayo incidente hasta el punto de donde sale del prisma. Para calcular este ángulo, se usa la ley de Snell en la superficie primera para calcular el ángulo de refracción, despúes se calcula geométricamente el ángulo interior de incidencia y, de nuevo, se aplica la ley de Snell y se calcula el ángulo de refracción de la segunda superficie.

Debemos notar que 1) el rayo incidente a la superficie aire - vidrio y el rayo refractado a la superficie vidrio - aire, no son paralelos y que 2) el efecto neto de esta doble refracción es el desvío del rayo alejándose de la normal.

PROBLEMAS

1. Calcule por medio de un diagrama el índice de refracción cuando la luz pasa del aire al vidrio, si los ángulos de incidencia y de refracción son 70° y 39° respectivamente.

2. El índice de refracción del agua es 1.33. Calcule el ángulo de incidencia cuando el ángulo de refracción es 20°.

3. El indice de refracción de carbono de sulfuro es 1.70. Calcule la velocidad de la luz en este compuesto.

4. ¿Cúal es el índice de refracción de un líquido en el cúal la luz viaja con una velocidad de 2.2 x 10^8 m/seg?

5. Un rayo de luz amarilla monocromática pasa del aire al vidrio y al diamante. Construya un diagrama que muestra la trayectoria de la luz en estos medios y calcule todos los ángulos respectivos si la luz entra en el vidrio a un ángulo de incidencia de 35°.

6. Luz es incidente a un diamante a un ángulo de 42°. a) Calcule el ángulo de refracción; b) Si el diamante se reemplaza con un pedazo de cuarzo, calcule el nuevo ángulo de refracción.

7. Luz pasa del agua al vidrio. El ángulo de incidencia en el líquido es 32°. a) Calcule el ángulo de refracción en el líquido; b) Calcule los ángulos de incidencia y de refracción en el vidrio.

Selección Múltiple

1. Si la velocidad de la luz en el vacío es c, la velocidad de la luz en un medio con un índice de refracción de 2, será 1) c/2; 2) 2c; 3) c/4; 4) 4c.

2. La velocidad de la luz en un medio es 3 x 10^8 m/seg. El índice de refracción de este medio es 1) 1.0; 2) 1.45; 3) 3.0; 4) 2.5

3. Un rayo de luz entra en un bloque de vidrio. El ángulo de refracción es 30°. El ángulo de incidencia es 1) 0°; 2) entre 0° y 30°; 3) entre 30° y 90°; 4) 90°.

4. El índice de refracción de un prisma es 1.5. La luz viaja en este prisma con una velocidad de 1) 1.5×10^8 m/seg; 2) 2×10^8 m/seg; 3) 3×10^8 m/seg; 4) 4.5×10^0 m/seg.

5. Cuando un rayo de luz es refractado, ¿qué característica de la onda no cambia? 1) la velocidad; 2) la longitud; 3) la frecuencia; 4) la dirección.

6. Dado un ángulo de incidencia, el cambio más grande en la dirección de la luz ocurre cuando pasa del aire a un medio con un índice de refracción de 1) 1.36; 2) 1.61; 3) 1.33; 4) 2.42.

7. En el diagrama el rayo AB es incidente a la superficie XY en el punto B.

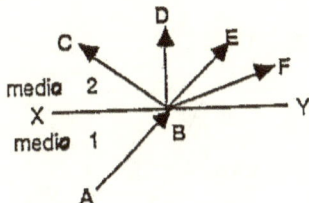

Si el medio 2 tiene un índice de refracción más bajo que el medio 1, ¿por que punto pasará la luz? 1) E; 2) F; 3) C; 4) D.

8. Cuando la luz pasa de un medio con un índice refractivo alto a un medio con un índice más bajo, la velocidad 1) disminuye; 2) aumenta; 3) no cambia.

9. El diagrama siguiente muestra a un rayo de luz pasando de un medio a otro.

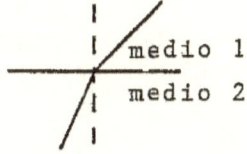

La luz puede estar viajando 1) del medio X al medio Y; 2) del medio Y al medio X; 3) más rápido en el medio X que en el medio Y; 4) más rápido en el medio Y que en el medio X.

10. El rayo amarillo monocromático en el diagrama sigue la trayectoria indicada al ángulo θ. ¿Qué trayectoria no puede seguir el rayo? 1) A; 2) B; 3) C; 4) D.

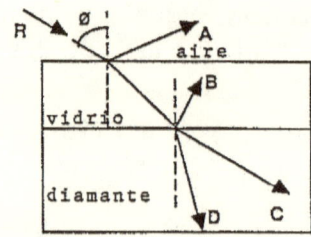

11. El indice de refracción de una sustancia es 2. Comparando la velocidad de la luz en el aire, la velocidad de la luz en este medio es 1) menor; 2) mayor; 3) la misma.

Las preguntas 12 - 15 se basan en el diagrama siguiente. Vemos que un rayo de luz amarilla ($\lambda = 5.9 \times 10^{-7}$m) entra en un bloque de cuarzo en el punto A y continúa hasta el punto B.

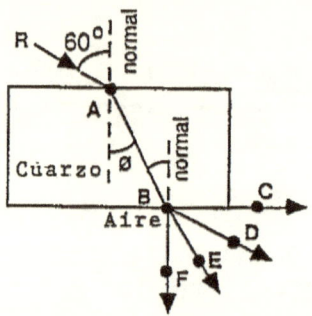

12. Despúes que el rayo llega al punto B, seguirá al punto 1) E; 2) F; 3) C; 4) D.

13. El seno del ángulo θ es casi 1) 0.3; 2) 0.33; 3) 0.58; 4) 0.66.

14. La frecuencia de la luz amarilla en el cuarzo es aproximadamente 1) 1×10^{14} Hz; 2) 5.1×10^{14} Hz; 3) 1.6×10^{2} Hz; 4) 4×10^{2} Hz.

15. La velocidad de la luz amarilla en el cuarzo es 1) 0.50×10^{8} m/seg; 2) 2×10^{8} m/seg; 3) 3×10^{8} m/seg; 4) 4.5×10^{8} m/seg.

Capitulo 49
Dispersión

1. Dispersion de la luz blanca. Sir Isaac Newton fue el primer científico que demostró que toda luz tiene color y lo que llamamos <u>luz blanca</u> no es más que una <u>combinación de todas los colores.</u> En la figura puede verse que cuando la luz blanca es dispersada por el prisma una banda de colores es formada sobre la pantalla. Estos colores son: rojo, anaranjado, amarillo, verde, azul y violeta.

En ángulo de desviación se mide usando la luz amarilla puesto que esta es situada casi en el medio del haz dispersado. El ángulo de dispersión es el ángulo entre los colores rojo y violeta. Newton concluyó que si la luz blanca se puede separar entre sus componentes, entonces la combinación de estas luces producirá luz blanca. Esto se hace mandando el abanico de colores del primer prisma a un segundo prisma invertido. La luz sobre la pantalla es blanca. El proceso de separar luz blanca entre sus

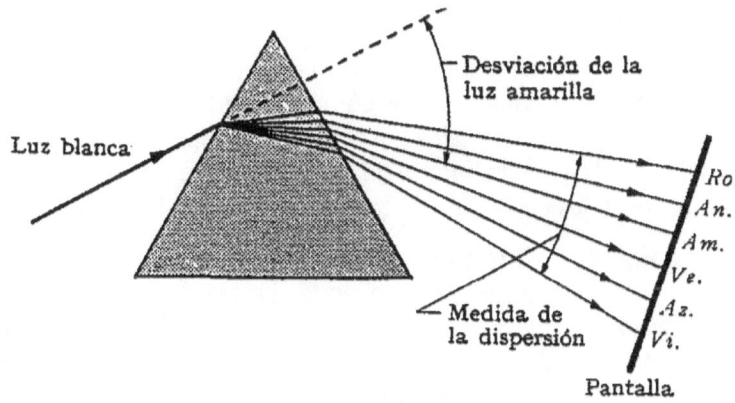

componentes se llama dispersión. El conjunto de colores producidos por la dispersión es el espectro visible.

La abilidad de un prisma de separar la luz blanca en sus colores componentes se debe a que los colores son refractados a diferentes grados. Es decir, que el vidrio tiene un índice de refracción para cada color. Para la luz violeta, el vidrio tiene el índice más alto y para el color rojo, el índice es más bajo. Los otros colores se encuentran entre estos dos extremos. De esta manera, la refracción del color rojo es menor que la refracción del color violeta. Estudie la gráfica para entender la relación entre el índice de refracción y la longitud de onda de los colores.

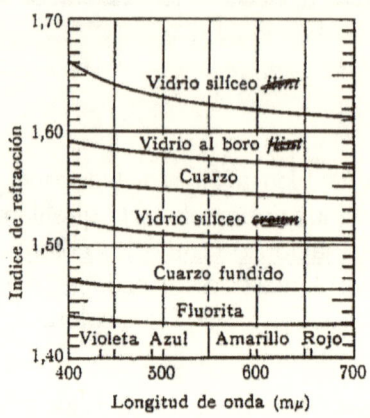

Puesto que el índice de refracción depende del radio de la velocidad de la luz en el vacio a la velocidad de la luz en el medio, el color que se refracta menos, pasa con velocidad más rápida que el color que se refracta más. Es decir que el grado de refracción de cada color indica que la velocidad disminuye del rojo al violeta. La luz roja, con el índice de refracción más pequeño viaja con más rapidéz que los otros colores dentro del vidrio.

Los colores brillantes del diamante y los colores del arco iris se producen en la misma manera. Los colores producidos por el diamante resultan por la dispersión de la luz blanca que entra la piedra preciosa. Los colores del arco iris son el resultado de la dispersión causada por las gotitas de agua suspendidas en la atmósfera cuando reciben la luz del sol.

Cada color de la luz tiene su frecuencia característica y, por consiguiente, su propia longitud de onda. La luz con la longitud más amplia se parece luz roja a nuestros ojos y la luz con la longitud más corta aparece violeta. La tabla siguiente nos da las longitudes de los colores que componen la luz blanca del sol. Una mezcla de colores se obtiene tambien de cualquier fuente luminosa, tal como bombillas eléctricas, incandescentes y florescentes, espermas etc.

2. Reflexion total interna. Sabemos que rayos de luz pasando de un medio con un índice de refracción alto a un medio con un índice menor, se desvian alejandose de la normal. En la figura un número de rayos de luz se ven pasando del agua al aire.

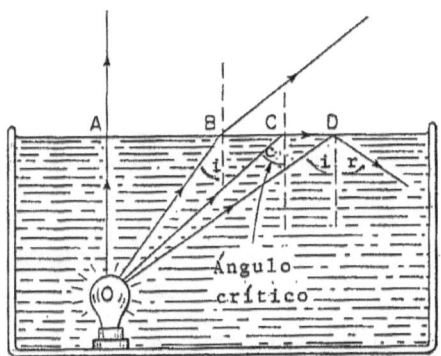

El rayo OA sigue la linea normal y no sufre ninguna desviación. El rayo OB es incidente a un ángulo <i y se refracta alejandose de la normal. El rayo OC es incidente a un ángulo <c, el rayo refractado emerge rasante a la superficie formando un ángulo de refracción de 90°. El rayo OD es incidente a un ángulo mayor que el ángulo <c y es reflejado internamente. <u>El ángulo de incidencia que produce un ángulo de refracción de 90° se llama el ángulo crítico.</u>

Si el ángulo de incidencia es mayor que el ángulo crítico, los rayos no pasan al otro medio, sino que son <u>totalmente reflejados dentro del medio.</u> La superficie de separación actúa, en este caso, como un espejo. Entonces, una reflexión interna total ocurre cuando el ángulo de incidencia es mayor que el ángulo crítico.

El ángulo crítico se calcula usando la ley de Snell:

$n_1 \operatorname{sen} \theta_1 = n_2 \operatorname{sen} \theta_2$

$$n_2 = 1$$

$$\theta_2 = 90°$$

$$\operatorname{sen} 90° = 1$$

$$\theta_c = \text{ángulo crítico}$$

$$n_1 = \frac{1}{\operatorname{sen}\theta_c}$$

∧ ∧ ∧ ∧ ∧ ∧ ∧ ∧ ∧ ∧ ∧ ∧

Ejemplo. Calcule el ángulo crítico para el diamante.

<u>Datos</u>   <u>Pregunta</u>   <u>Ecuación</u>
n = 2.42 $\theta_c =$ n = 1 / sen θ_c

Solución: Arreglando la ecuación básica, tenemos:

$$\text{sen } \theta_c = 1/ \text{nsen } \theta_c = 1 / 2.42 = 0.413$$

$$\theta_c = 24.4°$$

Ejemplo. Si el ángulo crítico de una sustancia es 47°, ¿cúal es el índice de refracción?

<u>Datos</u>   <u>Pregunta</u>   <u>Ecuación</u>
$\theta_c = 47°$ n =   n = 1 / sen θ_c

Solución: Substituyendo directamente, se obtiene:

$$n = 1 / \sin 47° n = 1 / 0.735$$

$$n = 1.36$$

∧ ∧ ∧ ∧ ∧ ∧ ∧ ∧ ∧ ∧ ∧ ∧

3. Prismas reflectantes. El principio de la reflexión interna total se usa en la construcción de prismas reflectantes para uso en binóculos y otros instrumentos ópticos. Un prisma triangular de 45° - 45° - 90° tiene superficies para reflexión total.

En ángulo crítico de la superficie de aire - vidrio, usando el índice de refracción del vidrio de 1.50, es 42°. Ya que este ángulo es algo más menor de 45°; la luz que entra en tal prisma es reflectada internamente, como lo indica la figura, (a).

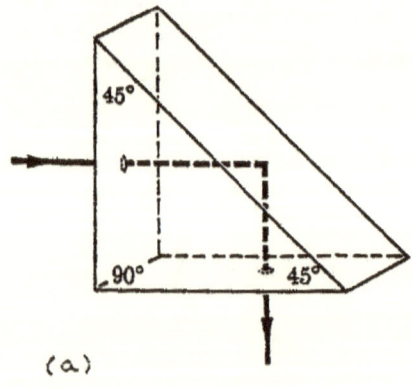

(a)

–Prisma de reflexión total.

La luz que entra al prisma en dirección normal sobre una de las caras cortas, incide sobre la cara inclinada con un ángulo de 45°. Este ángulo es más grande que el ángulo crítico, de modo que la luz se refleja totalmente y sale por la otra cara despúes de desviarse 90°.

Las ventajas de los prismas de reflexión total sobre los espejos son: primera, que la luz es reflejada totalmente, mientras que un espejo no refleja la luz 100%, y segunda, que las propiedades reflectantes son permanentes y no se alteran por un deslustrado del espejo.

La figura (b) muestra un prisma conocido como el Prisma de Porro. La luz entra y sale del prisma perpendicularmente a la hipotenusa, y se refleja en cada una de las caras menores. La desviación es 180°.

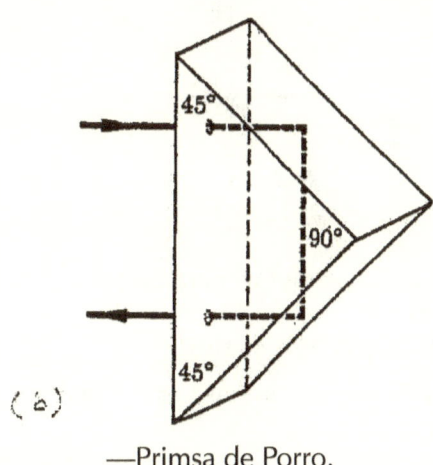

—Primsa de Porro.

PROBLEMAS

1. Calcule el ángulo crítico cuando la luz pasa del vidrio al agua.

2. Calcule el ángulo crítico de las superficies aire - agua y aire - vidrio.

3. La luz tiene una velocidad de 3×10^8 m/seg en el vacío. Calcule la velocidad de la luz en agua, en vidrio y en el diamante.

4. Si el ángulo crítico de una sustancia es 40°. Calcule el índice de refracción.

5. Si el ángulo crítico de una sustancia transparente es 54°. Calcule el índice de refracción.

6. Si la luz amarilla que pasa por un pedazo de vidrio tiene un índice de refracción de 1.522, calcule el ángulo crítico.

7. La luz violeta pasando por un diamante tiene un índice de refracción de 2.458, Calcule el ángulo crítico.

8. Un rayo de luz incide a una superficie transparente a un ángulo de 43° y es desviada a un ángulo de 21°. Calcule el índice de refracción.

9. Un acuario rectangular de 30 cm de ancho está lleno de agua. Calcule el ángulo de desviación cuando un rayo de luz, incidente a una de las caras a un ángulo de 30°, pasa por medio de él. No considere el espesor del vidrio.

Selección Múltiple.

1. El diagrama siguiente representa un rayo de luz viajando desde vidrio al aire.

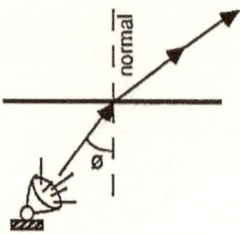

La posición de la luz se mueve para cambiar el ángulo θ. Cuando el ángulo θ se acerca al valor del ángulo crítico, el ángulo de refracción es casi 1) 0°; 2) 41°; 3) 90°; 4) 180°.

2. En el diagrama, el rayo de luz AO es incidente a una superficie de vidrio - aire en el punto O.

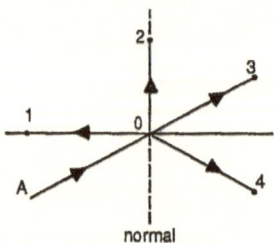

El rayo reflejado pasará por el punto 1) 1; 2) 2; 3) 3; 4) 4.

3. Un rayo de luz pasando por el agua es incidente a una agua - aire superficie sobre un ángulo igual al ángulo crítico. El ángulo de refracción es 1) 180°; 2) 90°; 3) 45°; 4) 30°.

4. Cuando una onda pasa por un medio dispersivo, hay un cambio en 1) la frecuencia; 2) velocidad; 3) período; 4) fase.

Las preguntas 5 - 9 se basan en la figura siguiente que muestra dos rayos de luz que vienen de S en el medio Y. La línea de punto es la línea normal.

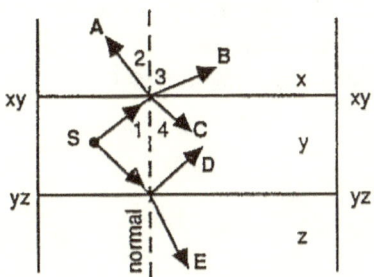

5. ¿Qué rayo no se produce en esta situación? 1) A; 2) B; 3) C; 4) D.

6. Un rayo reflejado es el rayo 1) A; 2) B; 3) C; 4) E.

7. ¿Cuales ángulos son iguales? 1) 1 y 2; 2) 2 y 3; 3) 3 y 4; 4) 1 y 4.

8. La luz originada en el punto S puede producir reflexión total 1) solo en la superficie YZ; 2) solo en la superficie XY; 3) en ninguna de las superficies.

9. Comparando la velocidad de la luz en el medio X, la velocidad de la luz en el medio Z es 1) menor; 2) mayor; 3) igual.

Las preguntas 10 - 15 se basan en la figura siguiente que representa un rayo de luz verde incidente a la cara de un prisma.

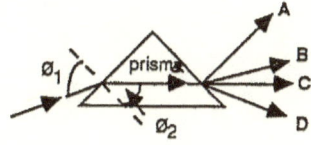

10. El índice de refracción del vidrio para luz verde es igual a 1) θ_1/θ_2; 2) θ_2/θ_1; 3) sen θ_2; 4) sen θ_1/sen θ_2.

11. Despúes de que el rayo emerge del prisma pasará por el punto 1) A; 2) B; 3) C; 4) D.

12. Si la luz verde monocromática se reemplaza con una luz roja monocromática, el ángulo θ_2 1) será menor; 2) será mayor; 3) no cambiará.

13. Comparando la velocidad de la luz verde en el prisma, la velocidad de la luz roja es 1) menor; 2) mayor; 3) igual.

14. Comparando la frecuencia de la luz verde, la frecuencia de la luz roja es 1) menor; 2) mayor; 3) igual.

15. Ondas periódicas con una longitud de onda de 0.05 metros se mueven con una velocidad de 0.30 m/seg. Cuando las ondas entran en un medio dispersivo, ellas viajan con una velocidad de 0.15 m/seg. ¿Cúal es la longitud de las ondas en el medio? 1) 20 m; 2) 1.8 m; 3) 0.05 m; 4) 0.025 m.

Capitulo 50

Lentes

1. Lentes. Un lente es un objeto transparente con caras esféricas, hecha de vidrio o de plástico. Los lentes cambian la dirección de la luz y pueden enfocarla formando imágenes de los objetos en frente.

Hay dos tipos de lentes, lentes convergentes o convexos y lentes divergentes o cóncavos. Es fácil reconocer a estos, <u>un lente que es mas grueso en su parte media que en el borde, es un lente convexo. Un lente que es mas delgado en el centro que en el borde es un lente concavo.</u>

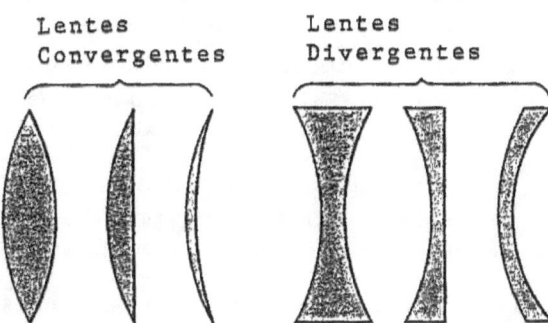

1. Lentes convexos son convergentes. Como el nombre lo indica, un lente convergente hace que los rayos de luz que pasan por el se convergan en un punto común. Recordemos que un prísma desvía la luz hacia la base de si mismo. En el diagrama (a) vemos a un prisma de reposo en su base y en el diagrama (b) imaginamos que el prisma esta de reposo en su arista o esquina superior. En ambos casos, la desviación de la luz es hacia la base.

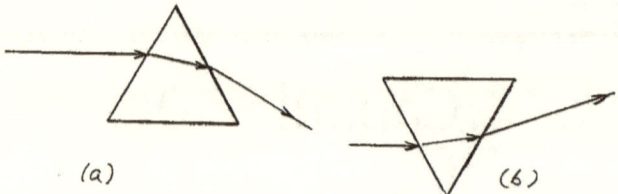

(a) (b)

Observe las figuras siguientes: en la figura (a) vemos dos prismas colocados juntos base con base. Los rayos de luz paralelos que llegan al par de prismas son desviados en direcciones opuestas y se cruzan a la derecha en un punto común.

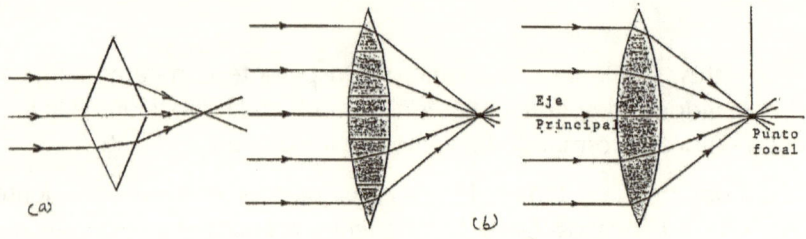

(a) (b)

En la figura (b), arriba y abajo hay cuatro prismas. Las secciones de prisma con las partes superiores cortadas, se colocan de tal manera que se parecen a un lente convergente. Los ángulos de los cuatro prismas son tales, que cuatro rayos paralelos de luz son refractados hacia el mismo punto a la derecha. El rayo central no se refracta por que es perpendicular al centro.

Este es un verdadero lente. Debe imaginarse como si estuviera compuesta por un gran número de secciones prismáticas muy delgadas. En realidad, las superficies de una lente son porciones de una esfera.

3. Lentes concavos son divergentes. Observe las figuras siguientes: en la figura (a), los prismas se colocan arista a arista, y los rayos refractados se divergen.

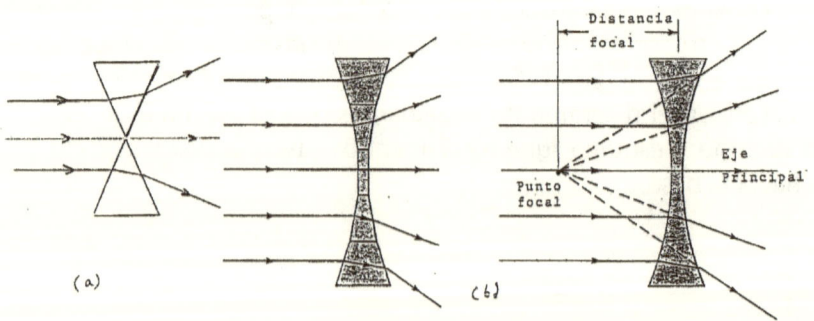

(a) (b)

En la figura (b), hay arriba y abajo cuatro prismas, colocados de tal manera que se parecen como un lente divergente. Los rayos paralelos son refractados pero al salir, ellos no se juntas, pero divergen. Sin embargo, cuando estos rayos se proyectan detrás, las proyecciones se cruzan en un punto, a la izquierda del lente.

4. Características de un lente. Los puntos característicos de un lente son los mismos que encontramos en los espejos esféricos. Considere que un lente tiene caras esféricas, y por consiguiente, se asume que es formada por esferas. En la figura (a) dos esferas se sobreponen con el resultado que un lente convergente se forma entre ellas. <u>Este lente tiene dos centros de curvatura, cada centro es un centro real.</u>

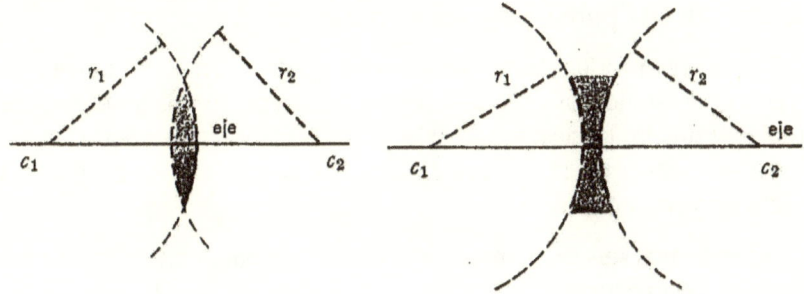

En la figura (b), las dos esferas estan juntas, pero no sobrepuestas. La area entre ellas forma una lente divergente. De nuevo, este lente tiene dos centros de curvatura que corresponden a los centros de las esferas.

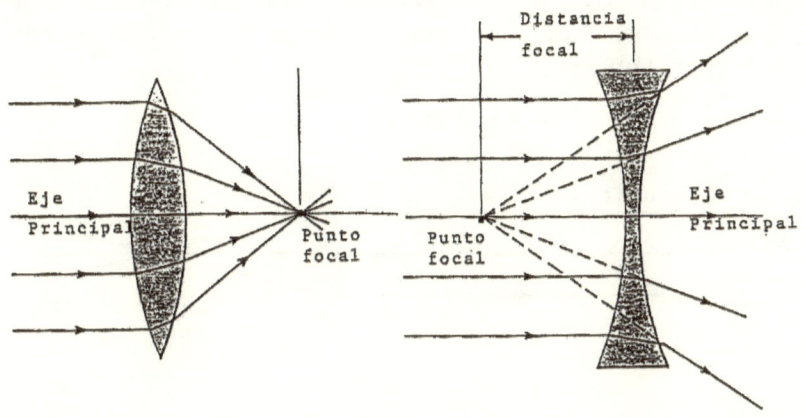

Recordemos que un espejo esférico tiene un centro de curvatura y un punto focal, lo mismo sucede en los lentes. La línea imaginaria que pasa por medio del lente es la eje principal; es una linea que sigue al radio de la esfera y es perpendicular a las caras del lente. El foco principal es el punto donde convergen los rayos originalmente paralelos al eje, o el punto de donde parece que se divergen.

Cada lente tiene dos focos principales, uno a cada lado, ya que la luz puede atravesarlo en cualquier sentido. En este estudio, consideraremos solamente lentes delgados en los cuales la distancia focal es la distancia desde el foco principal al centro del lente y la distancia entre el centro de curvatura y el centro del lente es el radio.

$$C = 2 \; FF = 1/2 \; C$$

En los lentes convergentes, los puntos focales son reales; en los lentes divergentes, los focos son virtuales puesto que los rayos de luz parecen originarse en este punto, pero nunca pasan por él.

5. Imágenes producidas por lentes convergentes. Un lente convergente, tal como un espejo convergente, forma dos tipos de imágenes, reales y virtuales. Estas imágenes tienen diferentes tamaños y se encuentran en diferentes lugares en la eje principal, de acuerdo con la posición del objecto con respecto al lente.

Examinemos seis diagramas de rayos de luz para comprender como se forman las imágenes.

1. Dos rayos se dibujan desde el objeto. Un rayo es perpendicular al lente y pasa por el centro O; el otro es paralelo y se desvía por el punto focal. <u>La imágen se forma al punto donde los rayos se cruzan.</u>

2. Si la imágen es real, se forma la derecha del lente, opuesta al objeto. Si la imágen es virtual, se forma en el lado izquierdo, en el mismo lado que el objeto.

Caso 1. El objeto está a la infinidad.

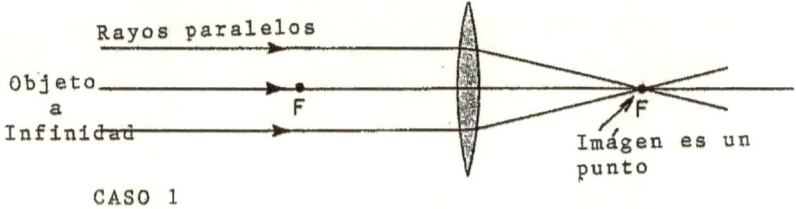

La imágen se forma en el punto focal. Esto nos dá la verdadera distancia focal.

Caso 2. El objeto es más cerca del centro C.

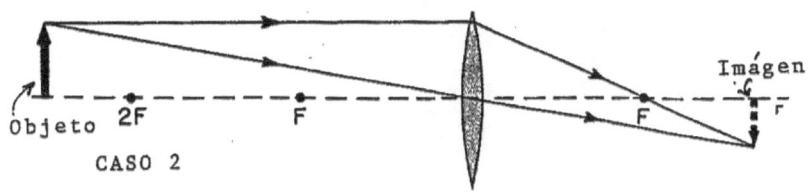

La imágen es real, invertida, pequeña, y localizada entre F y C al otro lado de la lente.

Caso 3. El objeto está en el centro de curvatura, C.

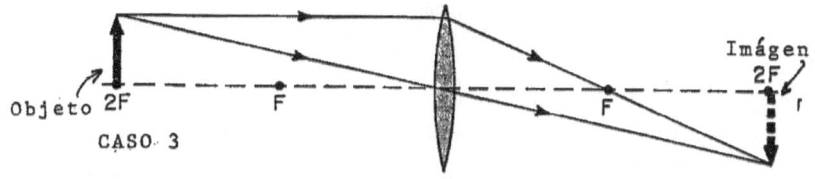

La imágen es real, invertida, del mismo tamaño que el objeto, y localizada en el centro C.

Caso 4. El objeto está entre C y F.

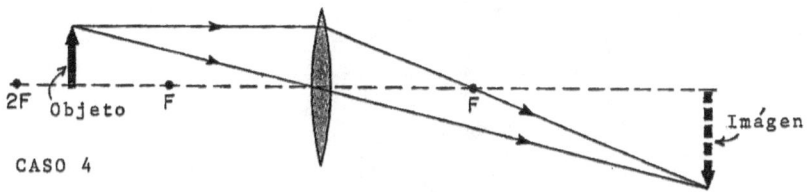

La imágen es real, invertida, más grande, y localizada más lejos que C.

Caso 5. El objeto está en F.

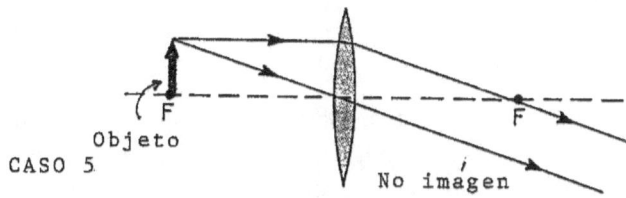

No hay una imágen. Los rayos emergen paralelos y no se cruzan.

Caso 6. El objeto está entre F y el lente.

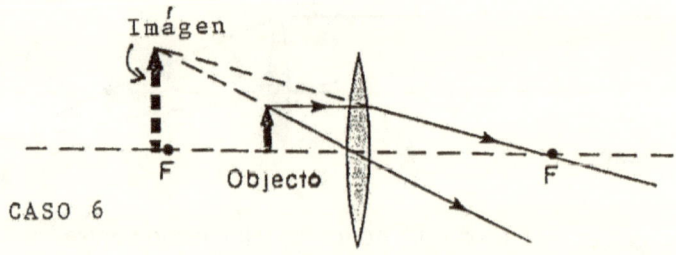

CASO 6

La imágen es virtual, erecta, formada en el punto donde las proyecciones de los rayos se cruzan. Es más grande que el objeto y localizada detrás del objeto. Cuando el lente se usa de este modo, se la llama un lente magnificador.

6. Imágenes formadas por lentes divergentes. Un lente divergente forma solamente un clase de imágen. No importa donde coloquemos el objeto, la image formada es siempre virtual, erecta, pequeña y más cerca de la lente que el objeto.

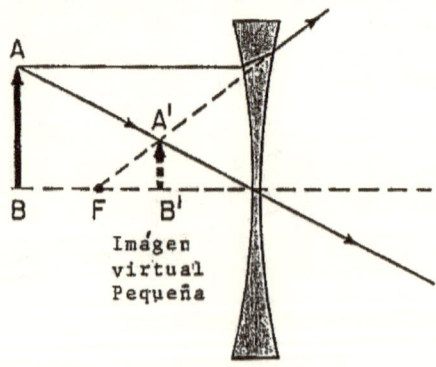

El rayo paralelo a la eje principal emerge desviado hacia arriba, el rayo perpendicular pasa por el centro del lente. Estos rayos no se cruzan, pero si se proyecta el rayo divergente hacia atrás, pasará por en foco virtual y cruzará con el otro rayo entre F y lel lente.

7. Ecuaciones de los lentes. Hay dos métodos para determinar la locación y el tamaño de la imágen; uno es el método gráfico usando diagramas de rayos, y el otro es el método matemático usando las ecuaciones para los espejos esféricos.

$$1/f = 1/Do + 1/Di \qquad ToDi = TiDo$$

Las mismas reglas de signos usadas en los espejos se aplican en problemas de los lentes; 1. <u>En los lentes convergentes, si la imágen es real, la distancia de la imágen y la distancia focal son positivas; si la imágen es virtual, la distancia de la imágen es negativa.</u> 2. <u>En los lentes divergentes, la distancia de la imagen y la distancia focal, ambas son negativas.</u>

Ejemplo. Un objeto tiene 5 cm de alto y se encuentra a 15 cm en frente de un lente convergente con una distancia focal de 10 cm. Calcule a) la locación de la imágen y b) el tamaño de la imágen. Muestre que el diagrama soporta la respuesta.

Datos	Pregunta	Ecuación
Do = 15 cm	Di =	$1/f = 1/Do + 1/Di$
f = 10 cm	Ti =	$ToDi = TiDo$
To = 5 cm		

Solución: El objeto está entre C y F. El diagrama nos muestra que la imagen es real, más grande y más lejos de C.

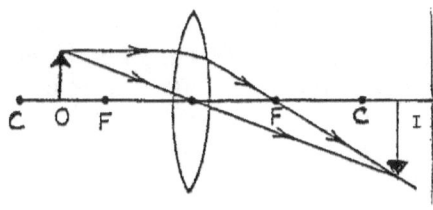

Arreglando la ecuación básica, tenemos:

a) $1/Di = 1/f - 1/Do$

  $1/Di = 1/10$ cm $- 1/15$ cm.

  Di $= 30$ cm$/1 = 30$ cm.

b) Ti $=$ ToDi/DoSi $= 5$ cm x 30 cm$/15$ cm $= 10$ cm.

∧ ∧ ∧ ∧ ∧ ∧ ∧ ∧ ∧ ∧ ∧ ∧

Ejemplo. Un objeto tiene 2 cm de alto y se coloca 3 cm en frente de un lente divergente con una distancia focal de 1.5 cm. Calcule a) donde se encuentra la imágen y b) el tamaño de la imágen. Compruebe los resultados con un diagrama.

Datos	Pregunta	Ecuación
To = 2 cm	Di =	$1/f = 1/Do = 1/Di$
Do = 3 cm	Ti =	$ToDi = TiDo$
f = - 1.5 cm		

Solución: La distancia focal de un lente divergente es negativa. Arreglando la ecuación básica, tenemos:

a) $1/-f = 1/Do + 1/Di$ $1/Di = 1/Do - 1/-f$

$1/Di = 1/3$ cm $- 1/-1.5$ cm

$1/Di = 1 - (-2)/-3$ cm $Di = -3$ cm$/3 = -1$ cm

b) $ToDi = TiDo$

$Ti = ToDi/Do$

$Ti = 2$ cm x $(-1$ Cm$)/3$ cm $= -0.67$ cm

El signo negativo indica que la imágen es virtual.

<u>Características de la distancia focal.</u>

La distancia focal de un lente depende de dos factores:

1) El espesor del lente.

2) El índice de refracción del material.

Considere las figuras siguientes; ellas representan <u>dos lentes, hechos del mismo material pero con espesor diferente</u>. El diagrama (a) muestra una lente gruesa; el diagrama (b) muestra una lente delgada.

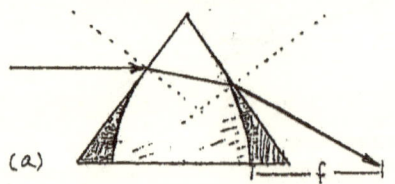

(a)

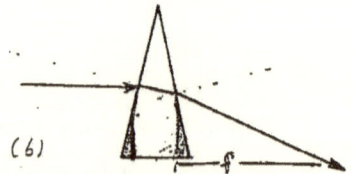

(b)

Cuando consideramos que los lentes son prismas agregados, es fácil ver que <u>el lente delgado tiene la distancia focal más larga</u>. Los rayos de luz son refractados menos dentro del prisma. Es decir, la luz viaja una distancia corta entre la cara primera del prisma y la otra, chocando con esta a un punto más alto.

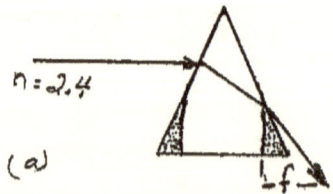

$n = 2.4$

(a)

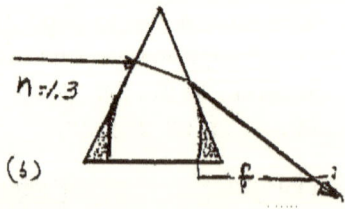

$n = 1.3$

(b)

La figura arriba muestra dos lentes, <u>hechos de diferentes sustancias pero del mismo espesor</u>. Si el lente en la figura (a) es hecha de una sustancia con un índice de refracción alto, la luz viaja por él medio con menor velocidad y se refracta más. El rayo que emerge de el lente se aleja más de la normal y el foco principal es mas cerca del lente. Ahora si en la figura (b), el índice de refracción es más pequeño, la refracción no es tan pronunciada, y el foco principal se encuentra más lejos del lente.

*   *   *

PROBLEMAS

1. Calcule la posición, naturaleza y tamaño de una imágen formada por un lente convexa con una distancia focal de 10 cm cuando el objeto tiene 2 cm de alto y esta a 15 cm del lente.

2. Un lente forma una imágen real a unos 8 cm. El objeto se encuentra a 24 cm en frente del lente. ¿Cúal es la distancia focal y que tipo de lente se usa?

3. ¿A qué distancia de un lente convexo con una f = 20 cm, se debe colocar un objeto para obtener una imágen que es tres veces más grande que el objeto?

4. Un objeto se coloca a 50 cm de a) un lente convexo y b) un lente cóncavo, cada una con una distancia focal de 20 cm. ¿Donde se forma las imágenes y que tipo de imágenes son ellas?

5. Cuando un objeto se encuentra a 10 cm en frente de un lente convexo y la imágen está a 30 cm detras del lente, ¿cúal es la distancia focal?

6. La luz reflectada de un objeto de 5 cm de altura se recibe por un lente convexo. El lente produce una imágen de 25 cm de alto en una pantalla a 120 cm de lejos. ¿Cúal es la distancia focal del lente?

7. Un objeto a 24 cm de un lente produce una imágen virtual a 8 cm del lente. ¿Qué tipo de lente se usa y cúal es su distancia focal?

8. Un lente divergente con un foco principal de 30 cm produce una imágen de un objeto que está a 30 cm. ¿Donde se encuentra la imágen?

9. Un objeto en frente de un lente convergente con un foco principal de 30 cm produce una imágen real que es dos veces más grande que el objeto. El objeto se mueve a una posición donde produce una imágen virtual que es dos veces más grande que el objeto. Calcule la distancia que se movió el objeto.

10. Compruebe que el radio de curvatura de la superficie esférica de un lente plano - cóncavo hecha de una sustancia con un índice de refracción de 1.5 es la mitad de la distancia focal del lente.

11. Un objeto a 20 cm de un lente produce una imágen 1/3 de su tamaño. Calcule la distancia focal del lente cuando la imagen es virtual y cuando es real.

12. Un experimento con una lente convexa dió los resultados siguientes:

Do   40 cm   Di   66 cm
          45 cm   60 cm

Calcule la distancia focal en cada caso.

Selección Múltiple

1. Una imágen real se puede producir con 1) un espejo plano; 2) un lente cóncavo; 3) una lente convexo; 4) un espejo convexo.

2. ¿Cúal diagrama muestra corectamente los rayos de luz cuando pasan por el lente?

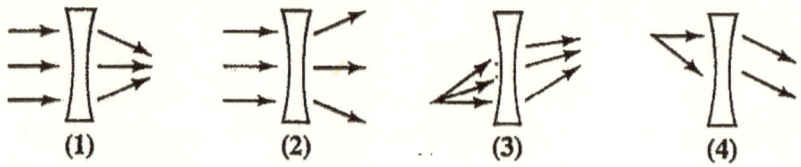

      (1)   **(2)**   . .   **(3)**   **(4)**

3. Un espectro visible se forma cuando luz blanca pasa por un lente convergente. Este es un ejemplo de 1) interferencia; 2) difracción; 3) reflexión; 4) dispersión.

   Las preguntas 4 - 6 se basan en el diagrama siguiente que muestra un lente convergente y su eje principal. El punto F es el foco principal.

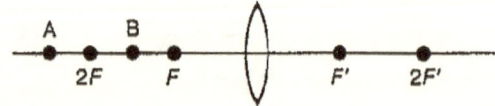

4. Si los rayos de luz son paralelos cuando salen del lente, el rayo de luz se encuentra 1) entre F y el lente; 2) en el punto F; 3) entre F y 2F; 4) en el punto 2F.

5. Cuando un objeto se mueve del punto A al punto B, su imagen 1) será erecta; 2) se mueve hacia el lente; 3) cambia de real a virtual; 4) aumenta en tamaño.

6. Si la imágen se forma en el punto 2F, entonces el objeto se encuentra 1) en el punto F; 2) entre F y 2F; 3) en el punto 2F; 4) más lejos que 2F.

Las preguntas 7 - 11 se basan el el diagrama siguiente que muestra un lente con una distancia focal de 0.10 m.

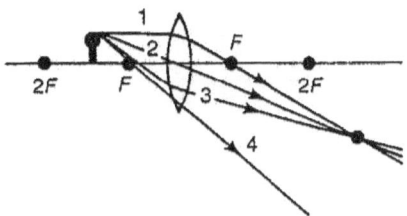

7. ¿Cúal rayo desde la cabeza de la flecha no está dibujado correctamente? 1) 1; 2) 2; 3) 3; 4) 4.

8. Si el objeto se encuentra a 0.15 m del lente, la distancia de la imágen al lente es 1) 0.06 m; 2) 0.10 m; 3) 0.15 m; 4) 0.30 m.

9. Si el objeto tiene 0.24 m de alto y se coloca a 2F, el tamaño de la imágen es 1) 0.06 m; 2) 0.12 m; 3) 0.24 m; 4) 0.48 m.

10. Cuando el objeto se jmueve de 2F a F, el tamaño de la imágen 1) disminuye; 2) aumenta; 3) no cambia./

11. Si el índice de refracción del lente aumenta, la distancia focal del lente 1) disminuye; 2) aumenta; 3) no cambia.

Las respuestas 12 - 16 se basan en el diagrama siguiente que representa un lente convergente con los focos principales a F y F'.

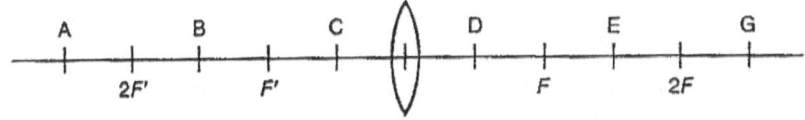

12. Un objeto colocado en 2F' produce una imágen en 1) F; 2) 2F; 3) E; 4) D.

13. Si se coloca un objeto en el punto C, la imágen que resulta es 1) real y pequeña; 2) real y más grande; 3) virtual y pequeña; 4) virtual y más grande.

14. Un objeto colocado a 0.16 m a la izquierda del lente produce una imágen 0.03 m a la derecha. ¿Cúal es la distancia focal de este lente? 1) 0.015 m; 2) 0.02 m; 3) 0.2 m; 4) 0.5 m.

15. Si el objeto se mueve de A a B, el tamaño de la imágen 1) disminuye; 2) aumenta; 3) no cambia.

16. Si el tamaño del objeto colocado en el punto A aumenta, el tamaño de la imágen 1) disminuye; 2) aumenta; 3) no cambia.

Las respuestas 17 - 21 se basan en el diagrama siguiente que muestra un lente convexo delgado. Los focos principales son F y F'. La distancia focal es 0.20 m.

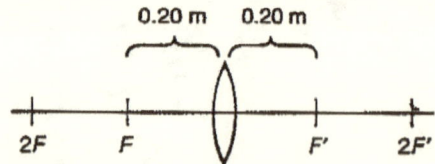

17. Si se colaca el objeto a 0.30 m del lente, la distancia del lente a la imágen es 1) 0.10 m; 2) 0.12 m; 3) 0.50 m; 4) 0.60 m.

18. Un objeto de 0.12 m de alto se coloca a 0.40 m del lente. El tamaño de la imágen formada es 1) 0.06 m; 2) 0.12 m; 3) 0.24 m; 4) 0.48 m.

19. Para obtener una imágen entre F' y 2F', el objeto debe colocarse 1) en F; 2) entre F y 2F; 3) a 2F; 4) mas lejos de 2F.

20. ¿Qué tipo de imágen no puede obtenerse por este lente? 1) una imágen real más pequeña que el objeto; 2) una imágen real más grande que el objeto; 3) una imágen virtual más pequeña que el objeto; 4) una imágen virtual más grande que el objeto.

21. ¿Qué color produce la distancia focal más larga? 1) rojo; 2) amarillo; 3) verde; 4) azul.

Las respuestas 22 - 25 se basan en la información siguiente. Un objeto está situado a 5000 m de un lente convergente y la imágen se forma a 0.50 m del lente.

22. ¿Cúal es la distancia focal aproximada de este lente? 1) 1.0 m; 2) 0.75 m; 3) 0.50 m; 4) 0.25 m.

23. Si el tamaño del objeto es 1000 m, ¿cúal es el tamaño de la imágen? 1) 0.050 m; 2) 0.10 m; 3) 0.15 m; 4) 0.20 m.

24. Si el tamaño del objeto crecía, el tamaño de la imágen 1) disminuía; 2) crecía; 3) no cambiaría.

25. Si el índice de refracción del lente se aumenta, la distancia focal de este lente 1) disminuye; 2) aumenta; 3) no cambia.

Capitulo 51
Difracción - Interferencia

1. Interferencia y difraccion de las ondas. Hemos visto que un rayo de luz se desvía de su trayectoria cuando pasa de un medio óptico a otro; podemos calcular la posición y el tamaño de la imagen formada por un espejo o un lente, por que acceptamos que la luz se propaga en línea recta cuando se mueve en un medio homogéneo. La determinación de la posición de una imagen se convierte en un problema de óptica geométrica.

Para comprender mejor los fenómenos de interferencia y difracción, volveremos al punto de vista más fundamental de que la luz es un movimiento ondulatorio y, como tal, se desvía de la trayectoria normal cuando choca con las orillas de un objeto.

Se puede hacer unos experimentos simples que ilustran la desviación de la luz por los bordes de un objeto. Se obtiene un proyector que produce un rayo de luz brillante. Cuando se coloca la mano en frente de este rayo, vemos en una pantalla que la parte central de la sombra, la umbra, es bien delineada. Pero, asi como alejamos la mano, la sombra se hace más y más desvanecida en las orillas, la umbre se hace muy pequeña y la penumbre parece ocupar todo el espacio. Si examinamos la penumbre, nos damos cuenta de que ella consiste de líneas longitudinales, blancas y oscuras, paralelas a la forma de la mano.

Hay otro efecto muy extraordinario. Si se mueve la mano despacio en frente del haz luminoso, encontramos un punto en el que vemos franjas de colores. La mayoría de estas franjas son rojas y amarillas, pero también se vé algunas verdes y azules. Este fenómeno es similar a la refracción y dispersión producidas por un prisma.

La desviación de una onda junto a los bordes de un obstáculo o abertura se llama difracción. También se puede definir la difracción como el efecto que separa las ondas cuando pasan detrás de una barrera.

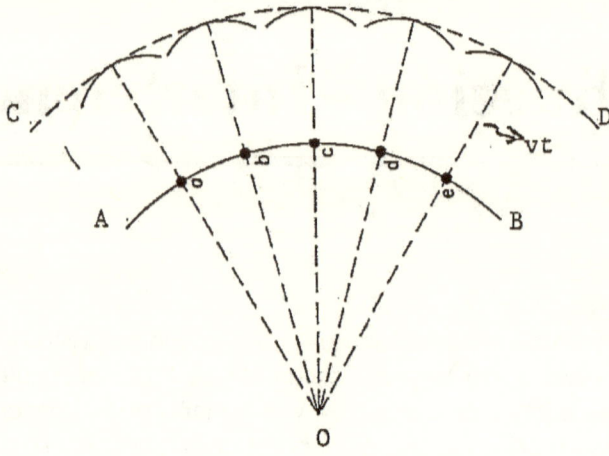

Para entender como la difracción ocurre, debemos aplicar el principio de Huygens. Este principio dice qué: cada punto de una frente de onda puede considerarse como origen de pequeñas ondas secundarias, que se propagan en todas direcciones con la misma velocidad de propagación de las ondas.

Estudie la figura. El punto fuente O produce un frente de onda AB. Cualquier punto en este frente forma una serie de onditas con un radio vt. Si conectamos las lineas tangentes a cada nueva onda se produce el frente CD.

La difraccion es una caracteristica de las ondas. El principio de Huygens nos permite predecir el comportamiento de las ondas cuando encuentran una obstrucción en su camino. Las ondas se desvían de la línea recta y se voltéan alrededor de la barrera.

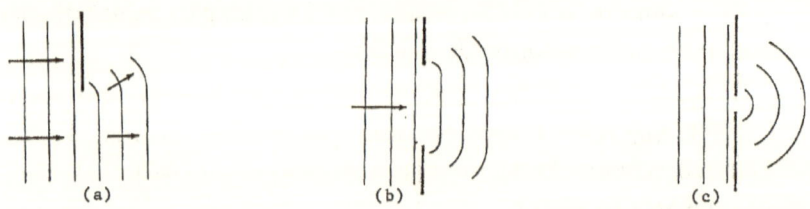

En los diagramas vemos en (a) que las ondas chocan con la orilla de la abertura, las onditas aparececen en el otro lado del orificio, con la misma longitud de onda. Nótese que en (b), las ondas no son cortadas

414

con nitidéz por la abertura, sino que se doblan alrededor de los bordes de aquella, en (c) vemos que las ondas pasan por una abertura muy estrecha cuyo tamaño es casi igual a la longitud de la onda.

2. Interferencia. La magnitud de la difracción depende de la longitud de onda y del tamaño del orificio o del obstáculo. Cuando un rayo de luz pasa por una rendija estrecha, la luz se difracta, es decir, se desvía cuando choca con las orillas del obstáculo.

Consideremos el efecto en un punto de una pantalla cuando las ondas luminosas llegan a este punto desde origenes diferentes. En las figuras siguientes vemos que hay dos origenes, S_1 y S_2, a cierta distancia de una pantalla. Si las ondas al salir esos origenes están en fase, recorren trayectorias distintas y llegan juntas a la pantalla, pero en fase. Si ocurre asi, se reforzaran mutuamente. En el diagrama 1, vemos que las

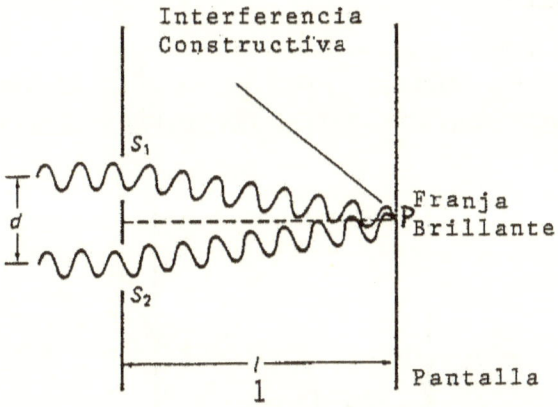

ondas recorren la misma distancia y llegan en fase a un punto opuesto en la pantalla formando una banda brillante.

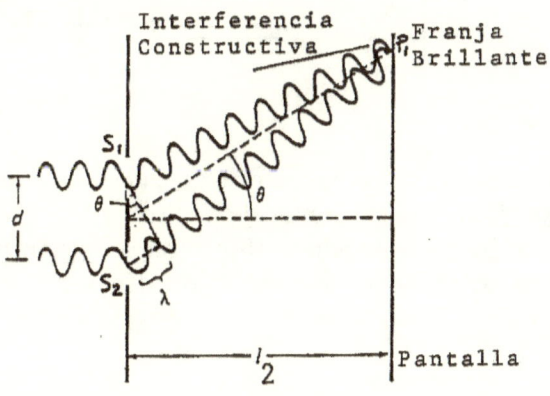

415

En el diagrama 2, aunque las ondas recorren distancias diferentes, todavía llegan a la pantalla en fase y forman la banda brillante. La diferencia de recorridos P_1S_1 y P_1S_2 es igual a un cierto número entero de longitudes de onda nλ. Las vibraciones en el punto P_1 debidas a las dos ondas, estarán, por tanto, en fase, es decir partes de estas dos ondas, se encuentran de tal modo que sus crestas coinciden con crestas y sus valles con valles, y ambas ondas se reforzarán mutúamente en este punto.

Entonces, estas ondas están en fase y el resultado se llama interferencia constructiva. Este tipo de interferencia siempre produce una banda brillante en la pantalla siendo el resultado de una amplitud aumentada.

En el diagrama 3 vemos que cuando dos ondas se reunen de modo que la cresta de una coincida con el valle de la otra, la onda resultante será, por lo tanto, menor que cualquiera de las componentes. Cuando estas nuevas ondas lleguen juntas a la pantalla, no se reforzarán y producen una franja oscura.

Si tienen amplitudes desiguales, la onda resultante tendrá ondas con una pequeña amplitud; si son iguales se anulan por completo. Esta combinación con una amplitud disminuída se llama interferencia destructiva.

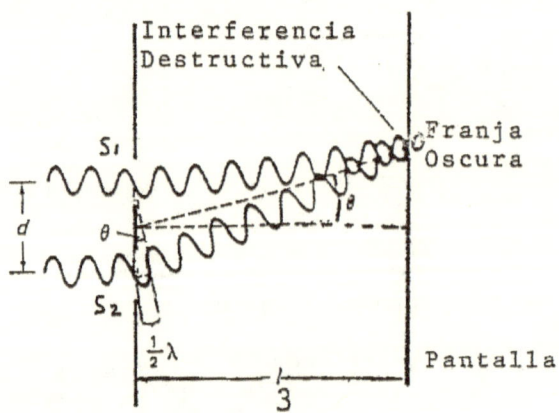

completo.

La diferencia en las distancias recorridas, en este caso, es 1/2 λ, y las ondas se encuentran, con las crestas de una sobre los valles de la otra. Se dicen que están desfasados por 180° o en oposición de fase. Si la diferencia entre las distancias recorridas por las dos ondas es media longitud de onda, 1 1/2 longitudes de onda, 2 1/2 longitudes de onda etc. estarán en oposición de fase.

La figura siguiente muestra más claramente la interferencia constructiva y la destructiva en dos ondas A y B, que viajan el la misma dirección.

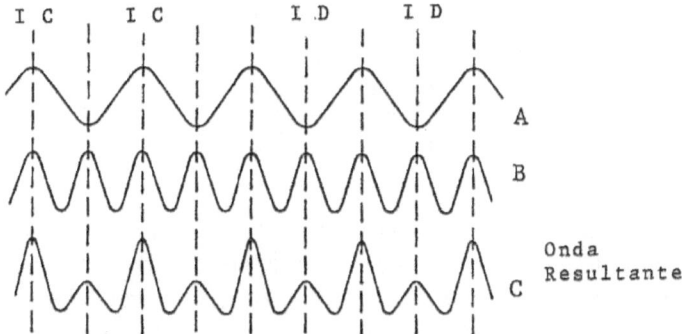

La onda resultante C indica donde la interferencia ha ocurrido. Cuando una cresta A coincide con una cresta B, una cresta C de amplitud mayor se forma. Estas ondas están en fase y la interferencia constructiva resulta en una banda brillante. Cuando un valle A coincide con una cresta B, una onda C de amplitud menor se forma. Estas ondas no están en fase y la interferencia destructiva resulta, talvéz en una onda con amplitud disminuída o con amplitud nula.

3. Experiments de Young. Uno de los primeros experimentos que demostró que la luz puede producir interferencias fué realizado por el físico inglés Thomas Young. Para producir efectos de interferencia observables, es necesario tener dos origenes cuyos rayos de luz, al partir, estén siempre en fase. Esto no se puede realizar con dos rayos diferentes. Para asegurar que dos ondas luminosas procedentes de dos puntos lleguen a la pantalla en fase, es necesario usar una sola onda luminosa y dividirla en dos partes, cada de las cuales debe seguir una trayectoria distinta, alcanzando ambas finalmente el mismo punto en la pantalla.

En la figura siguiente, la abertura S se encuentra a la derecha de un rayo de luz; la luz que pasa por él, conserva su longitud de onda y llega a las aberturas S_1 y S_2. Estas rendijas son demasiado pequeñas que su tamaño es en la vecindad de la longitud de onda de la luz. Cada una de estas rendijas actúa como un origen de luz y difracción ocurre en las ondas.

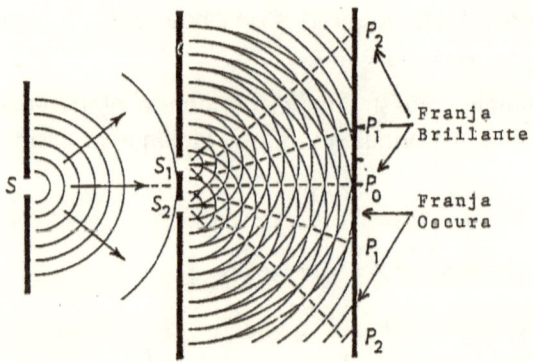

Cuando se coloca una pantalla a la derecha de estas rendijas, se observa sobre ella un cierto número de bandas brillantes y oscuras, paralelas a las rendijas. Si se cubre una cualquiera rendija, desaperecen las líneas oscuras, y la pantalla parece iluminada en una ancha banda brillante.

Las ondas forman bandas brillantes en los puntos P_0, P_1 y P_2, debido a la interferencia constructiva. La diferencia en las distancias entre los puntos P_0, P_1 y P_2 es una longitud de onda. Las bandas oscuras entre los puntos P_1 y P_2 son formados por la interferencia destructiva.

Una modificación del experimento de Young se ve en la figura siguiente. La luz de una bombilla pasa por un filtro rojo y cae en una rendija S muy estrecha. De aquí, la luz refractada sigue a las rendijas S_1 y S_2, donde se refracta de nuevo y cae en la pantalla.

En la pantalla vemos una serie de bandas brillantes y oscuras. La banda central brillante, L_0, se llama el <u>centro máximo</u>, las bandas brillantes siguientes, L_1 y L_2, se llaman bandas de <u>primera órdén y segunda órdén,</u> respectivamente. Entre estas bandas se ve bandas oscuras, reconocidas como D_1, D_2, etc.

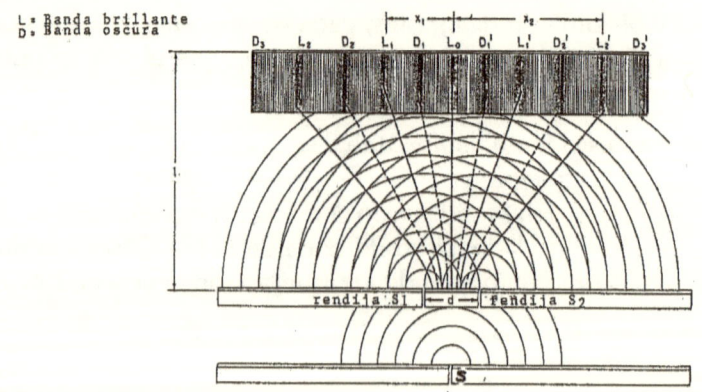

3. Midiendo la longitud de onda. El experimento de Young nos dá la oportunidad de calcular la longitud de onda de cualquier color de luz que cae sobre las rendijas. Consideremos el diagrama siguiente:

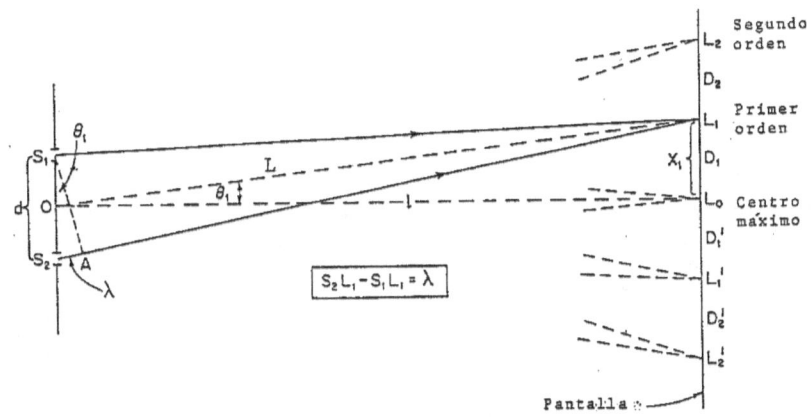

Las rendijas S_1 y S_2 son separadas por la distancia pequeña d. La pantalla se encuentra a una distancia L de las rendijas. El punto Lo es el centro máximo y la línea O - Lo es la normal desde las rendijas a la pantalla.

La distancia X_1 es la distancia entre los puntos brillantes Lo y L_1. La línea S_1L_1 es la distancia que la luz viaja desde la rendija S_1 hasta el punto L_1. La línea S_2L_1 es la distancia que la luz viaja entre la rendija S_2 hasta el punto L_1. Para que las ondas coincidan en el punto L1, produciendo una banda brillante, la separación de las ondas debe ser una mínima distancia igual a una longitud de onda.

Se traza una línea perpendicular desde el punto S_1 a la linea S_2L_1. Esta línea muestra la separación entre las dos ondas, y se la marca S_2A. Puesto que esta distancia nos da la propia locacion de los puntos brillantes en la pantalla, se la denomina:

$$n\lambda n = 1, 2, 3, \text{etc.}$$

si el punto que buscamos es L_2, entonces n = 2; para el punto L_3, n = 3 etc.

Los triángulos S_1AS_2 y $OLoL_1$ son similares puesto que sus lados correspondientes son mutuamente perpendiculares. El ángulo θ_1 del triángulo S_1AS_2 es igual al ángulo θ_1 del triángulo OL_oL_1, así que se puede establecer una proporcionalidad entre los lados opuestos y las hipotenusas de los triángulos.

419

$$\frac{n\lambda}{d} = \frac{x}{L} \qquad n\lambda = \frac{dx}{L}$$

$$\frac{n\lambda}{d} = \operatorname{sen} \theta_1 \qquad n\lambda = d \operatorname{sen} \theta_1$$

$$\frac{x}{L} = \operatorname{sen} \theta_1 \qquad x = L \operatorname{sen} \theta_1$$

Si arreglamos la ecuación para la longitud de onda, se puede establecer una relación entre el cambio en el tamaño de las rendijas y la distancia entre las bandas brillantes y, entre el cambio de la longitud de onda y la distancia hasta la pantalla.

1. Cambio en el tamaño de las rendijas. Las cantidades d y X son inversamente proporcionales;

$$d = \frac{1}{x} \qquad d\uparrow \quad X\downarrow \quad d\downarrow \quad X\uparrow$$

2. Cambio de color de la luz. La longitud de onda es directamente proporcional a la distancia X entre las bandas brillantes.

$$n\lambda = \frac{dx}{L} \qquad \lambda\uparrow \quad X\uparrow \quad \lambda\downarrow \quad X\downarrow$$

La tabla siguiente nos dá las longitudes de onda de los colores naturales:

Violeta	$4.0 - 4.2 \times 10^{-7}$m
Azul	$4.2 - 4.9 \times 10^{-7}$m
Verde	$4.9 - 5.7 \times 10^{-7}$m
Amarillo	$5.7 - 5.9 \times 10^{-7}$m
Anaranjado	$5.9 - 6.5 \times 10^{-7}$m
Rojo	$6.5 - 7.0 \times 10^{-7}$m

∧ ∧ ∧ ∧ ∧ ∧ ∧ ∧ ∧ ∧ ∧ ∧

Ejemplo. Calcule la longitud de onda de una luz si incide a una pantalla despúes de pasar por dos rendijas 4 m de la pantalla. El espacio entre las rendijas es 3×10^{-4}m y la distancia entre las bandas brillantes es 1×10^{-2}m.

Datos	Pregunta	Ecuación
$X = 1 \times 10^{-2}$m	$\lambda =$	$\lambda = \dfrac{dx}{L}$

$L = 4$ m
$d = 3 \times 10^{-4}$m

Solución. Una substitución directa nos dá:

$$= \frac{(3 \times 10^{-4}\,\text{m})(1 \times 10^{-2}\,\text{m})}{4\text{m}} = 7.5 \times 10^{-7}\,\text{m}$$

∧ ∧ ∧ ∧ ∧ ∧ ∧ ∧ ∧ ∧ ∧

Ejemplo. Una luz roja es incidente a una rendija doble produciendo una banda de interferencia en una pantalla. Si la distancia entre las rendijas es 2×10^{-3}m y la distancia entre los puntos brillantes es 3.3×10^{-4}m. Calcule donde se encuentra la pantalla.

Datos	Pregunta	Ecuación
$\lambda = 6.1 \times 10^{-7}$m	$L =$	$L = \dfrac{dx}{\lambda}$

$d = 2 \times 10^{-3}$m
$X = 3.3 \times 10^{-4}$m

Solución. Una substitución directa en la ecuación nos dá:

$$L = \frac{(2 \times 10^{-3}\,\text{m})2.2 \times 10^{-4}\,\text{m}}{6.1 \times 10^{-7}\,\text{m}} = 1.08\text{m}$$

∧ ∧ ∧ ∧ ∧ ∧ ∧ ∧ ∧ ∧ ∧

5. Difraccion por una sola rendija. El experimento de Young muestra claramente la difracción de la luz cuando pasa por dos rendijas muy estrechas y es por eso que se lo conoce como el experimento de rendijas dobles de Young. El resultado es, como lo vimos, una serie de bandas brillantes y oscuras cuya intensidad disminuye gradualmente cuanto la distancia del centro máximo aumenta.

Si ahora se permite que una luz monocromática caiga en una lámina opaca con una rendija pequeña horizontal. La luz transmitida aparece en una pantalla colocada en frente de la lámina, y la figura de difracción se compone de una banda central brillante que tiene una anchura mucho mayor que el resto de las bandas.

La intensidad de las bandas, aqui también, disminuye tan lejos se hallan las bandas del centro máximo. Se nota en la figura que la distancia X en las rendijas dobles se mantiene constante, en cambio la misma distancia en la sola rendija es mayor en la parte central.

Para comprobar este efecto en la naturaleza, se puede mirar a una fuente puntual de luz, tal como una lámpara distante que ilumina una calle, a través de una estrecha rendija formada por los dedos extendidos y juntos, colocados delante del ojo.

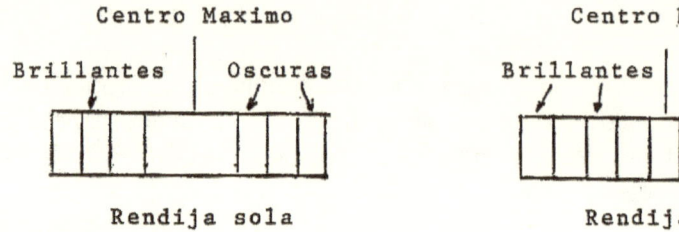

PROBLEMAS

1. En un experimento con doble rendijas, estas rendijas están separadas por 2 mm y los puntos brillantes se vén en una pantalla que está a una distancia de 100 cm. La distancia entre el centro máximo y el punto de primera orden es 0.2985 mm. ¿Cúal es la longitud de onda?

2. Dos rendijas están separadas por 1 mm y producen una interferencia en una pantalla a un metro de distancia. Si usamos luz roja, calcule la distancia entre el centro máximo y el punto de segunda orden.

3. Luz amarilla se recibe en una lámina con una doble rendija de 0.05 mm de ancho. La interferencia se vé en una pantalla a unos 150 cm. ¿Cúal es la distancia entre los puntos brillantes?

4. Si la distancia entre puntos brillantes es 0.06 cm y la pantalla se encuentra a 1000 mm de las rendijas que tienen 1 mm de ancho. Calcule la longitud de onda.

5. Luz azul cae en una rendija doble de 0.08 mm de ancho. Si la pantalla está a 1.33 m de lejos, ¿cúal es la separación de las bandas brillantes?

6. La luz roja tiene una longitud de onda de 5.7×10^{-7}m y se usa para observar la interferencia producida por una rendija doble en una

pantalla a 2 m de lejos. La separación entre las rendijas es 0.113 mm, ¿cúal es la separación entre las bandas?

7. Luz verde cae en una doble rendija y las bandas brillantes se ven en una pantalla a 2 m de lejos. La distancia entre las bandas es 5 mm. ¿Cúal es la distancia entre las rendijas?.

8. Un rayo de luz coherente con una longitud de onda de 6.5 x 10^{-7}m pasa por una rendija doble y produce una interferencia vista a 4 m. La distancia entre la banda central y la banda de primera orden es 2 x 10^{-2}m. ¿Cúal es la separación de las rendijas?

9. Usando la ecuación de Young, ¿que pasaría a) a la distancia X, si la distancia d se reduce a la mitad? b) a la distancia X, si la distancia L fuera cuatro veces mayor? c) a la distancia 3X, si la distancia entre el manantial de luz y las rendijas se reduce a la mitad?

Selección múltiple

Las preguntas 1 - 5 se basan en la siguiente información; una luz monocromática ilumina una rendija doble A, que produce una interferencia en una pantalla B.

1. El fenómeno observado aquí se produce por 1) refracción y reflexión; 2) polarización y reflexión; 3) difracción e interferencia; 4) difracción y polarización.

2. Si X = 0.02 m, L = 10.0 m, y la longitud de onda de la luz es 5 x 10^{-7}m, la distancia $\underline{d}$ es igual a 1) 2.5 x 10^{-4}m; 2) 2 x 10^{-2}m; 3) 2.5 x 10^{-2}m; 4) 4 x 10^{-5}m.

3. Si la distancia entre las rendijas se aumenta, la distancia X, 1) disminuye; 2) aumenta; 3) no cambia.

4. Si la distancia L se aumenta, la distancia X, 1) disminuye; 2) aumenta; 3) no cambia.

5. Si la longitud de onda de la luz incidente es mayor que la anterior, la distancia X, 1) disminuye; 2) aumenta; 3) no cambia.

   Las preguntas 6 - 11 se basan en la información siguiente: un rayo de luz monocromática cae en una rendija doble que está a 5 m de una pantalla.

6. La serie de bandas en la pantalla resultan de la interferencia y 1) la reflexión; 2) la refracción; 3) la difracción; 4) la polarización.

7. Si d = 3 x 10^{-4}m, ¿qué color de luz se vé en la pantalla si la distancia entre las bandas es 0.010 m? 1) rojo; 2) violeta; 3) verde; 4) anaranjado.

8. Comparando el valor de la distancia X para la luz amarilla, el valor de esta distancia para la luz azul es 1) menor; 2) mayor; 3) el mismo.

9. Si la pantalla se mueve más cerca a la rendija doble, el valor de la distancia X, 1) disminuye; 2) aumenta; 3) no cambia.

10. La rendija doble se reemplaza con una sola rendija, si el ancho de esta rendija se disminuye, la anchura del centro máximo 1) disminuye; 2) aumenta; 3) no cambia.

11. En el vacío, todas las frecuencias electromagnéticas tienen la misma 1) longitud; 2) velocidad; 3) energía; 4) color.

Las preguntas 12 - 14 se basan en la siguiente información: la distancia d = 1 x 10^{-4}m, L = 1.0 m; X = 5.5 x 10^{-3}m.

12. ¿Qué color produce la distancia X más grande? 1) azul; 2) verde; 3) anaranjado; 4) rojo.

13. ¿Cúal es el color de la luz incidente a las rendijas? 1) rojo; 2) verde; 3) violeta; 4) amarillo.

14. Si se reduce la distancia entre las rendijas y la pantalla, pero la distancia entre las rendijas es constante, la distancia entre el centro máximo y la primera orden 1) es menor; 2) es mayor; 3) no cambia.

15. Comparando la difracción de una rendija doble, la difracción de una rendija sola se puede identificar por 1) el color de las bandas brillantes; 2) la intensidad de las bandas oscuras; 3) los espacios iguales entre las bandas; 4) la anchura del centro máximo.

16. La luz roja de un rayo se reemplaza con una luz azul. La distancia X producida por la luz roja es 1) menor; 2) mayor; 3) igual; a la distancia X producida por la luz azul.

17. Si una luz azul se aleja de las rendijas, el efecto Doppler causará que la distancia X 1) se disminuya; 2) se aumentára; 3) no cambia.

18. Cuando las ondas pasan por una abertura y se desvian de su trayectoria, vemos un ejemplo de 1) reflexión; 2) iluminación; 3) interferencia; 4) difracción.

19. Interferencia destructiva máxima ocurre cuando dos ondas están separadas por 1) 45°; 2) 90°; 3) 180°; 4) 360°.

20. Interferencia constructiva máxima ocurre cuando la diferencia entre dos ondas es 1) 1λ; 2) 1.4λ; 3) 2.5λ; 4) 3.2λ.

Capitulo 52

Fisica Moderna

Ondas Electromagnéticas

1. Ondas Electromagneticas. Sabemos que la luz es una onda transversa, compuesta de un campo eléctrico que vibra perpendicular a un campo magnético. Estas vibraciones son también perpendiculares a la dirección de propagación de la onda.

Para entender como estas ondas electromagnéticas se forman, estudiemos un oscilador llamado el oscilador de Hertz. Este oscilador consiste de dos barras, M y N, que pasan por dos esferas Q_1 y Q_2, como se ve en el diagrama.

Las esferas están conectadas a una bobina de inducción que suministra una corriente alterna de potencia alta. Se vé que la esfera Q_1 es positiva y la esfera Q_2 es negativa.

Cerca de las esferas se encuentra una carga positiva pequeña C. Se asume que la esfera negativa atrae a la carga C y que la esfera positiva la repela. La fuerza atractiva se representa con el vector $\underline{a}$ y la repulsiva con el vector $\underline{b}$. La resultante de estos vectores es el vector CE. Sabemos además que un campo eléctrico positivo sale de la carga, de esta manera, el vector CE representa la dirección del campo eléctrico cuando las esferas están cargadas como lo indica el diagrama.

La descarga de la esfera Q_1 crea un campo magnético B a su alrededor. Es decir que, cuando las esferas se descargan, el campo eléctrico creado crece de una magnitud de cero a una magnitud máxima, produciendo al mismo tiempo campos magnéticos perpendiculares a los eléctricos.

Las esferas cambian polaridad. Los vectores $\underline{a}$ y $\underline{b}$ cambian de direccción y el resultante vector CE se dirije en la dirección opuesta. La descarga se repite a menudo en un período corto de tiempo,. Esta oscilación de las cargas eléctricas producen campos eléctricos y magnéticos oscilantes creando una onda electromagnética. Esta onda viaja con una velocidad de 3×10^8 m/seg. En realidad, estas ondas son radiaciones electromagnéticas, que varian en intensidad pero mantienen la misma frecuencia de oscilación.

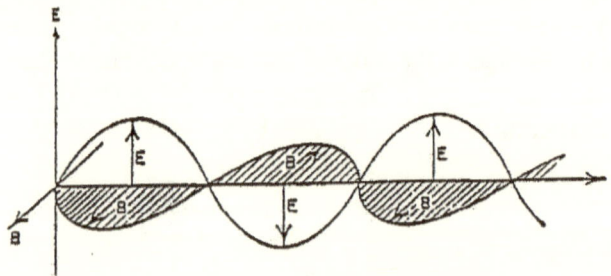

En el diagrama anterior se muestran los campos eléctricos E moviendose de arriba hacia abajo y los campos magnéticos B son perpendiculares.

Todas la ondas electromagnéticas tienen características idénticas de velocidad, pero difieren en la longitud de onda, frecuencia y amplitude.

Recordemos que las ondas electromagnéticas:

1. Se mueven en el vacio con la velocidad de 3×10^8 m/seg.

2. Tienen frecuencias y longitudes de onda diferentes de acuerdo con la velocidad de las corrientes alternas.

3. La frecuencia de la onda controla la cantidad de energía que la onda lleva.

Ya que la frecuencia es importante, se utiliza la ecuación de ondas para calcular la frecuencia o la longitud de las ondas electromagnéticas.

$$c = f\lambda \qquad \begin{aligned} &c = \text{velocidad de la luz} \\ &f = \text{frecuencia} \\ &\lambda = \text{longitud} \end{aligned}$$

Ejemplo. Si una radio emisora usa una onda de longitud de 300 metros, calcule la frecuencia de la onda transmisora.

Datos | Pregunta | Ecuación
$\lambda = 300$ m | $f =$ | $c = f\lambda$
$c = 3 \times 10^8$ m/seg

Solución: Arreglamos la ecuación y resolvemos por f:

$$f = \frac{c}{\lambda} \qquad f = \frac{3 \times 10^8 \text{ m/seg}}{3 \times 10^2 \text{ m}} = 1,000,000 \text{ Hz}$$

Ejemplo. Una radio emisora transmite con una frecuencia de 1410 KHz. Calcule la longitud de onda.

Datos | Pregunta | Ecuación
$f = 1410$ Hz | $\lambda =$ | $c = f\lambda$
$c = 3 \times 10^8$ m/seg

Solución. Arreglemos la ecuación y resolvemos por λ.

$$f = \frac{c}{\lambda} \qquad f = \frac{3 \times 10^8 \text{ m/seg}}{1 \times 41 \times 10^6 \text{ Hz}} = 212.76 \text{m}$$

∧ ∧ ∧ ∧ ∧ ∧ ∧ ∧ ∧ ∧ ∧ ∧

El diagrama siguiente muestra las diferentes ondas electromagnéticas con sus respectivas longitudes y frecuencias. Las ondas más largas son aquellas producidas por reacciones magneticas y las más cortas son los rayos gamma. Como es evidente, la parte visible del espectro es muy pequeña comparada con el resto del espectro. El ojo humano no puede distinguir ondas con frecuencias más altas o más pequeñas que los límites violeta y rojo. Por esta razón, las ondas ultravioletas e infrarojas son invisibles.

El Espectro Electromagnético

Ondas Electromagnéticas	Frecuencias (Hz)	Longitudes (metros)
Rayos Gamma	3×10^{21} - 3×10^{19}	10^{-13} - 10^{-11}
Rayos X	3×10^{19} - 3×10^{16}	10^{-11} - 10^{-8}
Rayos Ultravioleta	3×10^{16} - 7.5×10^{14}	10^{-8} - 4×10^{-7}
Rayos Visibles	7.5×10^{14} - 3.9×10^{14}	4×10^{-7} - 7.7×10^{-7}
Rayos Infrarojos	3.9×10^{14} - 3×10^{11}	7.7×10^{-7} - 10^{-3}
Micro ondas	3×10^{11} - 3×10^{9}	10^{-3} - 10^{-1}
Radio, Ultraalta frecuencia	3×10^{9} - 3×10^{8}	10^{-1} - 1
Radio, Alta frecuencia	3×10^{8} - 3×10^{7}	1 - 10
	3×10^{7} - 3×10^{6}	10 - 10^{2}
Radio, Frecuencia media	3×10^{6} - 3×10^{5}	10^{2} - 10^{3}
Radio, Frecuencia baja	3×10^{5} - 3×10^{4}	10^{3} - 10^{4}
	3×10^{4} - 10^{4}	10^{4} - 3×10^{4}

Estudiando el diagrama, vemos que el espectro electromagnético varía en términos de la longitud de onda desde ondas de radio de aproximadamente 1×10^{4}m en la región de baja frecuencia hasta las ondas de 1×10^{-13}m en la región de alta frecuencia.

Las longitudes de onda en el espectro electromagnético se expresan frecuentemente con la unidad Angstrom Å.

$$1 A = 1 \times 10^{-10}m$$

La tabla siguiente nos dá las longitudes de las ondas en el espectro visible.

Espectro Visible

	Longitudes (metros)
Violeta	4 - 4.2×10^{-7}m
Azul	4.2 - 4.9×10^{-7}m
Verde	4.9 - 5.7×10^{-7}m
Amarillo	5.7 - 5.9×10^{-7}m
Anaranjado	5.9 - 6.5×10^{-7}m
Rojo	6.5 - 7×10^{-7}m

Se reconocen ocho regiones distintas en el espectro electromagnético. Cada región tiene un carácter particular debido a las características de la radiación emitida: 1. Rayos Gamma; 2. Rayos X; 3. Ondas Ultravioletas; 4. Espectro Visible: 5. Ondas Infrarojas; 6. Microondas; 7. Ondas de Radio y 8. Ondas largas. La región ocupada por el espectro visible es una parte muy pequeña de espectro total.

PROBLEMAS

1. Describa una onda electromagnética. ¿Cuáles son sus componentes? Describa como estos componentes son relacionados uno al otro.

2. ¿Qué es el espectro electromagnético?

3. Dé las longitudes aproximadas de las ondas dentro las regiones del espectro de: a) luz visible; 2) microondas; 3) infrarojas; 4) ultravioletas.

4. Puede sugerir como una onda electromagnética lleva una cantidad de energía?

5. Calcule la longitud de onda de las frecuencias siguientes a) 1240 KHz; b) 96.5 MHz; c) 101.1 MHz.

6. Calcule la frecuencia de las ondas con las longitudes siguientes: a) 25 m; b) 45 cm; c) 6432 unidades Angstrom; d) 7×10^{-21} m.

7. ¿Cuánto tiempo pasará desde que una señal de radar se la manda de la Tierra hasta su regreso?

8. Una señal de radio se manda al planeta Venus. El tiempo tomado para ir y regresar al planeta es 12 minutos. ¿A qué distancia se encuentra ese planeta de la Tierra?

9. Calcule la frecuencia de una onda de 6.653 unidades Angstrom.

10. Calcule la distancia que la luz viaja en un nanosegundo.

Selección Múltiple

1. ¿Cuál radiación electromagnética tiene la longitud de onda más corta? 1) Ultravioleta; 2) Visible; 3) Infrarroja; 4) Radio.

2. ¿Qué fenómeno presenta la mejor evidencia para soportar la teoría ondulatoria de la Luz? 1) reflexión; 2) emisión fotoeléctrica; 3) difusión; 4) interferencia.

3. La naturaleza longitudinal o transversa de una onda se verifica usando la: 1) difracción; 2) reflexión; 3) polarización; 4) refracción.

4. ¿Cuál arreglo de ondas representa ondas con longitudes de mayor a menor? (1) Visible, Infrarojo, rayos Gamma, Ultravioleta; (2) Radio, Infrarojo, Visible, Ultravioleta; (3) Visible, rayos - X, rayos Gamma, rayos Cósmicos; (4) Ultravioleta, rayos Gamma, Radio, ondas Eléctricas.

5. Las ondas electromagnéticas viajan en el vacio con una velocidad igual a (1) 6.7×10^9 m/seg; (2) 3×10^8 cm/seg; (3) 3×10^{10} cm/seg; (4) 6.7×10^{11} cm/seg.

6. Una plancha de ropa, cuando caliente, emite radiaciones invisibles. Estas radiaciones son: (1) Ultravioleta; (2) Infraroja; (3) Microondas; (4) ondas eléctricas.

7. La unidad Angstrom es igual a (1) 3×10^{-8}cm; (2) 3×10^{-10}m; (3) 1×10^{-10}m; (4) 1×10^{-10}cm.

8. El valor promedio de las frecuencias en el espectro visible es (1) 6×10^{14}Hz; (2) 3×10^{13}Hz; (3) 3×10^{18}Hz; (4) 6×10^{12}Hz.

9. La frecuencia de la luz amarilla es (1) 6.67×10^{14}Hz; (2) 5.45×10^{14}Hz; (3) 4.48×10^{14}Hz; (4) 7.5×10^{14}Hz.

10. Si una luz tiene una frecuencia de 4.48×10^{14}Hz. La luz pertenece en la región de espectro: (1) Azul; (2) Amarillo; (3) Rojo; (4) Violeta.

Capitulo 53
Dualidad de la Luz

1. Onda o particula. En este estudio de la Física Moderna, dos conceptos deben ser muy claros:

1. Las ondas electromagnéticas son producidads por osciladores electrónicos.

2. Las ondas electromagnéticas tienen características idénticas de longitud, frecuencia, amplitud y velocidad.

Los fenómenos de reflexión, refracción, difracción, polarización e interferencia se explican facilmente si consideramos el modelo ondulatorio que dice que la luz es una onda electromagnética.

Recordemos que la idea básica detrás de un oscilador electrónico es la chispa eléctrica que salta de una región cargada a una no cargada y viceversa, estableciendo una oscilación eléctrica. En su trayectoria de descarga, los electrones producen campos eléctricos y campos magnéticos perpendiculares a si mismos. Se considera que estas ondas son continuas y corresponden en toda categoría a las oscilaciones que las producieron.

Sin embargo, experimentos diseñados para demostrar que hay una interacción entre la luz y la materia han comprobado que la luz no es siempre una onda continua. Es necesario formular dos modelos de la luz para explicar su comportamiento: el modelo ondulatorio y el modelo partícula.

Se usan estos modelos para entender el comportamiento de la luz en experimentos diferentes. Por ejemplo, en experimentos de interferencia, el modelo ondulatorio explica los resultados. Si por el contrario, el experimento comprueba la interacción con la materia, el modelo partícula es mucho mejor. El Efecto Fotoeléctrico y el Efecto de Compton se entienden mejor si se usa el modelo partícula.

El modelo partícula es ahora acceptado juntamente con el modelo ondulatorio. El modelo partícula considera que la luz y las otras radiaciones electromagnéticas vienen en la forma de paquetes de energía llamados "cuanta".

2. Radiacion de un cuero negro. Nos damos cuenta que un objeto se ha calentado hasta un estado incandescente porque emite calor y luz. Si se calienta un trozo de hierro con una llama, se encontrará que primero se vé un rojo obscuro, despues un rojo naranja y finalmente un rojo brillante, casi blanco. Como se estudio anteriormente, el espectro de la luz es continuo, pero su parte más brillante corre desde el rojo hacia el violeta, al elevarse la temperatura. Hay que señalar que el espectro no termina en los bordes de la zona visible, sino que se extiende a las regiones infraroja y ultravioleta.

La intensidad de la luz emitida en cada parte del espectro se puede medir, pero cuando se trata de aplicar la Ley de Conservación de Energía a la emisión de energía del cuerpo caliente, la teoría que la luz se distribuye uniforme y continúamente en un frente de onda es inútil.

Fue el físico alemán Max Planck quien explicó, en el año 1900, con una serie de experiemtos con cuerpos negros, que la luz nunca podia ser una onda continua. Un cuerpo negro es tal objeto cuya superficie interior absorbe toda la radiación que entra en el cuerpo y emite radiaciones en varias longitudes, correspondientes a la temperatura. El interior de un horno, o el Sol mismo, son ejemplos de cuerpos negros. Estudie el diagrama siguiente.

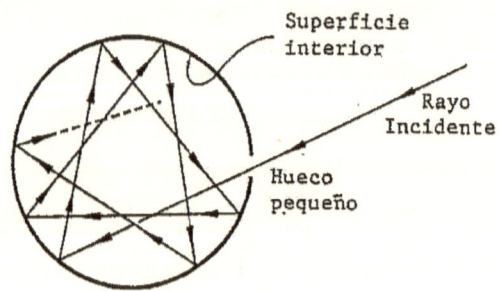

Cuerpo Negro Experimental

Se supone que si calentamos un cuerpo hasta la incendescencia, la energía se emitirá en cantidades más y más grandes tanto como la temperatura del cuerpo negro aumenta. Por ejemplo, solo se necesita mirar al filamento de un foco eléctrico, conectado a un reóstato, para convencerse del cambio de color que ocurre cuando la temperatura aumenta. Asi como la corriente en el filemento aumenta, el color de este cambia de rojo oscuro a un brillante blanco - amarillo.

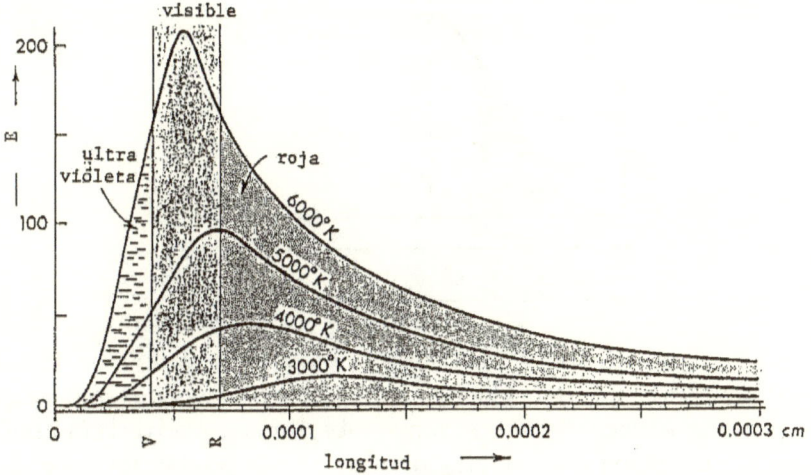

En la gráfica anterior, la energía radiada por un sólido incandescente se mide contra la longitud de la luz emitida; vemos que cuando la temperatura del sólido aumenta, el punto máximo en la curva de energía se mueve hacia la izquierda más y más cerca al color violeta del espectro.

Vemos además que la curva a 3000°K llega a una intensidad máxima en la region infraroja, pero cuando la temperatura alcanza 6000° K, la intensidad aumenta y llega a un máximo en la region azul - verde del espectro, antes de bajar bruscamente en intensidad. En todo caso, la energía emitida llega a cero en todos los puntos.

Asi fue que los científicos trataron de encontrar una explicación para las gráficas anteriores. Ellos sabian que la luz consiste de ondas electromagnéticas, que estas ondas provienen de fuentes en vibración y suponian que dichas fuentes eran de tamaño molecular o menor.

La teoría acceptada suguiere que, lo más caliente se encuentra el cuerpo, mayor es la energía emitida. Dentro de poco tiempo esta energía estaría localizada en la región de los rayos Gamma, pero como lo indica la gráfica siguiente, esto no sucede. Al contrario, la curva cae bruscamente en la region ultravioleta. Este fenómeno se conoció como la catástrofe ultravioleta.

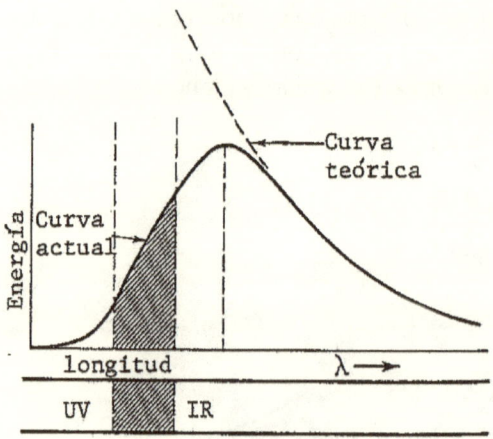

3. La Teoria Cuantica de Planck. Como ya lo vimos, las teorias aceptadas al principio del siglo XX mantenian que cuando la temperatura de un cuerpo en incandescencia aumentaba, la intensidad de la radiación emitida aumentaba en proporción. Pero no era posible formular una teoria para explicar la razón porque la curva cayó tan precipidamente en la región ultravioleta del espectro.

Max Planck propuso una teoría para explicar el comportamiento de la radiación emitida por el cuerpo caliente. Él propuso que la radiación emitida no consiste de ondas continuas, sino consiste de paquetes de energía muy discretos, llamados cuanta. La palabra <u>cuanta significa una cantidad fija.</u>

Se sabe que la longitud de las ondas radiadas es inversamente proporcional a la frecuencia de la onda. Una gráfica de la energía emitida contra la frecuencia de la radiación, produce una curva recta, es decir que la intensidad o la energía es siempre proporcional a la frecuencia.

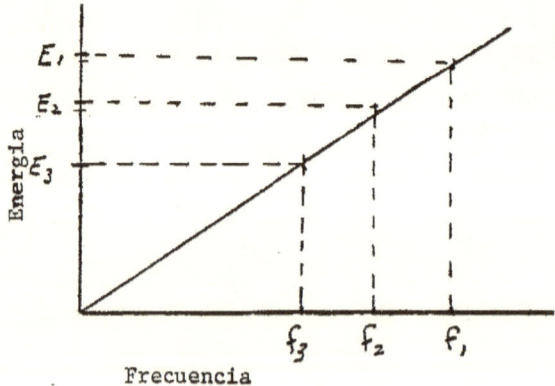

La curva obtenida en esta gráfica, la energia versus la frecuencia, es una linea recta que muestra claramente que la energía y la frecuencia son directamente proporcionales. La inclinación de la linea es constante en todos los casos estudiados.

La inclinación de la linea se llama la constante de Planck, y se denomina con la letra h. El valor de esta constante es:

$$h = 6.6 \times 10^{-34} \text{ joules - segundo}$$

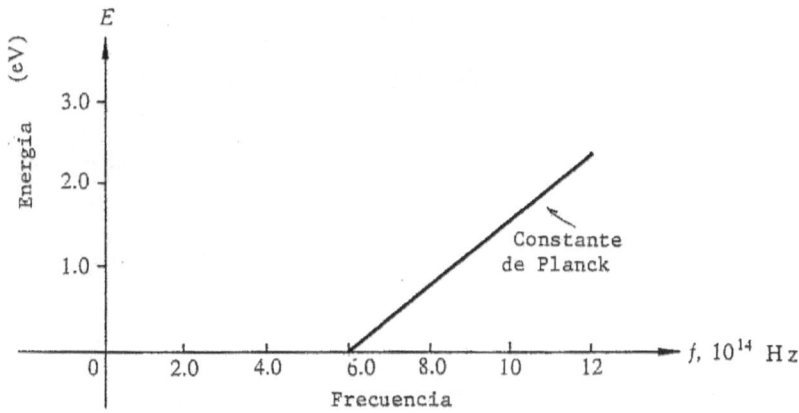

4. La Ecuacion de Planck. La conclusiones que Planck obtuvo con sus experimentos:

1. La energía emitida es proporcional a la frecuencia de la radiación;

2. la constante de proporcionalidad entre estas cantidades es la constante h, o la constante de Planck.

$$E \text{ f} E = h \text{ f}$$

Los paquetes de energía imaginados por Planck como unidades discretas de energía, no se emiten como fracciones de un paquete, pero solamente como paquetes enteros. No es posible tener fragmentos o partes de cuanta. Solo existen cuantos completos. Por ejemplo, no puede existir una fracción de una persona, de un animal o de una bala. La persona, el animal o la bala son entidades completas. La idea del cuanto, no es una idea nueva, ha sido parte del conocimiento humano desde el principio. Pero, el físico Planck fue el primero que la aplicó a la emisión de energía por un cuerpo incandescente.

Un cuanto puede tener cualquier cantidad de energía. Hay cuantos pequeños, tanto como lo hay grandes, todo depende de la cantidad de energía contenida dentro del paquete. Por ejemplo:

$$1.36 \text{ eV} = 1 \text{ cuanto}$$

$$13.60 \text{ eV} = 1 \text{ cuanto}$$

Una analogía muy apropiada dice que una persona de 150 kilos o un niñito de 3 meses, representan una persona completa. Lo que importa aqui es la persona, no la cantidad de peso en la persona.

Un cuanto de energía luminosa se llama un fotón:

$$1 \text{ cuanto de luz} = 1 \text{ fotón}$$

La energia contenida dentro de un fotón se mide en electron - voltios, eV.

$$1 \text{ electron - voltio} = 1.6 \times 10^{-19} \text{ joules}$$

La ecuación de Planck:

$$E = h f$$

se modifica para calcular la energía en términos de la longitud de onda del fotón:

$$c = f\lambda \qquad f = \frac{c}{\lambda}$$

$$E = \frac{hc}{\lambda}$$

E = Joules o electrón - voltios

c = velocidad de la luz, 3×10^8 m/seg; f = Hertz; λ = meters

^ ^ ^ ^ ^ ^ ^ ^ ^ ^ ^ ^

Ejemplo. Calcule la frecuencia de un fotón con una longitud de 6×10^{-7} m.

Datos	Pregunta	Ecuación
$c = 3 \times 10^8$ m/seg	$f =$	$c = f\lambda$
$\lambda = 6 \times 10^{-7}$ m		

Solución. Substituyendo directamente en la ecuación, obtenemos:

$$f = \frac{c}{\lambda} \qquad f = \frac{3 \times 10^8 \text{ m/seg}}{6 \times 10^{-7} \text{ m}} = 5 \times 10^{14} \text{ Hz}$$

^ ^ ^ ^ ^ ^ ^ ^ ^ ^ ^

Ejemplo. Calcule la energía, en joules y en electrón - voltios de un fotón con una frecuencia de 4×10^{14} Hz.

Datos	Pregunta	Ecuación
h = 6.6 x 10^{-34} J.seg	E =	E = h f
f = 4 x 10^{14} Hz		
eV = 1.6 x 10^{-19} J		

Solución. Substituyendo directamente en la ecuación, obtenemos:

E = h f $\qquad\qquad$ E = (6.6 x 10^{-34} J.seg) (4 x 10^{14}Hz)
E = 2.64 x 10^{-19} J.

Pero, un electrón - voltio es igual a 1.6 x 10^{-19} Joules:

$$\frac{1 \text{ eV}}{x \text{ eV}} = \frac{1.6 \times 10^{-19}}{2.64 \times 10^{-19} \text{J}} \qquad E = 1.65 \text{ eV}$$

Ejemplo. Calcule la energía, en electrón - voltios, de un fotón con una longitud de 3×10^{-7}m.

Datos	Pregunta	Ecuación
h = 6.6 x 10^{-34} J.seg	E =	$E = \dfrac{hc}{\lambda}$
c = 3 x 10^{8}m/seg		
λ = 3 x 10^{-7}m		

Solución. Substituyendo directamente en la ecuación, obtenemos:

$$E = \frac{(3 \times 10^8 \text{ m/seg})(6.6 \times 10^{-34} \text{ J.seg})}{3 \times 10^{-7} \text{ m}} = 6.6 \times 10^{-19} \text{ J}$$

Pero, $\qquad$ 1 eV = 1.6 x 10^{-19} J $\qquad$ entonces:

$$E = \frac{6.6 \times 10^{-19} \text{ J}}{1.6 \times 10^{-19} \text{ J}} = 4.12 \text{ eV}$$

PROBLEMAS

1. Escriba una ecuación para establecer la relación entre la energía y la frecuencia de un fotón.

2. Escriba una ecuación para establecer la relación entre la energía y la longitud de onda de un fotón.

3. Calcule la energía de un cuanto con una frecuencia de 1×10^{15} Hz. en a) joules y en b) electrón - voltios.

4. Calcule la energía de un fotón con una frecuencia de 3.7×10^{14} Hz. en a) joules y en b) electrón - voltios.

5. Calcule la frecuencia de un fotón con una longitud de a) 3×10^{5}m y b) 2450 unidades Angstrom.

6. Convierta una longitud de 5.6×10^{-7} m. a unidades Angstrom.

7. Un fotón tiene una energía de 2.35 eV. ¿Cúal es la energía en joules?

8. Un fotón tiene una energía de 5.78 eV. Calcule a) la energía en joules; b) la longitud; c) la frecuencia.

9. Un fotón tiene una energía de 10.6 eV. Calcule el número de cuantos presentes si el fotón tiene una energía total de a) 20.4 eV; 2) 21.2 eV.

10. Un fotón tiene una energía de 8×10^{-19} Joules. a) ¿Cúal es el número de cuantos presentes?; b) ¿Cúal es la energía total en electrón - voltios en cada cuanto?

Selección Múltiple.

1. Un fotón tiene una energía de 3 eV. Esta energía es equivalente a 1) 3 cuantos; 2) un cuanto; 3) 2.5 cuantos; 4) 5 cuantos.

2. Dos fotones tienen energias diferentes. ¿Qué cualidad de estos fotones es constante? 1) la longitud; 2) la velocidad; 3) la frecuencia; 4) la energía.

3. ¿Qué fenómeno se explica usando el model partícula de la luz? 1) reflexión; 2) refracción; 3) efecto fotoeléctrico; 4) difracción.

4. ¿Cúal ecuación se usa para calcular la energía de un fotón? 1) $E = hf$; 2) $E = mgh$; 3) $E = 1/2\ mv^2$; 4) $E = Fs$.

5. La Teoría Cuántica fué formulada por 1) Newton; 2) Edison; 3) Planck; 4) Einstein.

6. Un fotón tiene una energía de 8 x 10^{-19} J. La frecuencia de este fotón es 1) 1.2 x 10^{15} Hz; 2) 5.3 x 10^{-15}Hz; 3) 3.7 x 10^{-16}Hz; 4) 8.3 x 10^{-16}Hz.

7. ¿Cúal es la frecuencia de un fotón que tiene una longitud de 6 x 10^{-7}m? 1) 5 x 10^{16}Hz; 2) 5 x 10^{14}Hz; 3) 2 x 10^{-15}Hz; 4) 18 x 10^{-14}Hz.

8. Un fotón tiene una energía de 1.6 x 10^{-19}J. Esta energía es equivalente a 1) 2 eV; 2) 3 eV; 3) 4 eV; 4) 1 eV.

9. Una energía de 1.65 eV es equivalente a 1) 26.4 x 10^{-13} J; 2) 2.64 x 10^{-16}J; 3) 2.89 x 10^{-15}J; 4) 2.64 x 10^{-19} J.

10. La constante de proporcionalidad entre la energía emitida por un cuerpo incandescente y su frecuencia se llama 1) la constante de Einstein; 2) la constante de Wein; 3) la constante de Planck; 4) la constante de Newton.

Capitulo 54
Efecto fotoeléctrico

1. Efecto Fotoelectrico. Cuando una luz ilumina ciertas sustancias, generalmente superficies metálicas, una emisión de electrones ocurre. Este fenómeno se llama el efecto fotoeléctrico. En 1905, este efecto fue explicado por Albert Einstein, quien recibió el Premio Nobel, en 1921, por sus estudios y explicación del efecto fotoeléctrico.

Una placa de cinc bien pulida y con una carga negativa, se conecta con un electroscopio. Tan pronto como se ilumina la placa con luz ultravioleta, la placa se descarga. Estudie el diagrama siguiente.

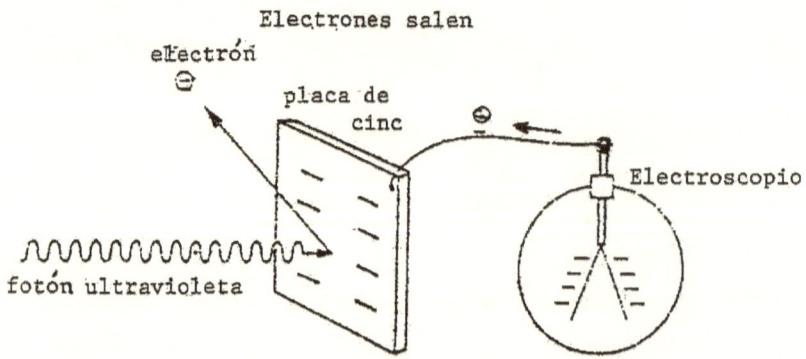

Nos damos cuenta que la placa se descarga porque tan pronto como la luz ultravioleta toca la placa, el electroscopio se descarga. Los electrones que escaparon de la placa fueron reemplazados por electrones del osciloscopio, causando que las hojas del osciloscopio se junten.

Si ahora cambiamos la polaridad de las placas y del electroscopio, de negativo a positivo, las hojas del electroscopio permanecen separadas, indicando que electrones no han salido de la placa. Estudie el diagrama siguiente.

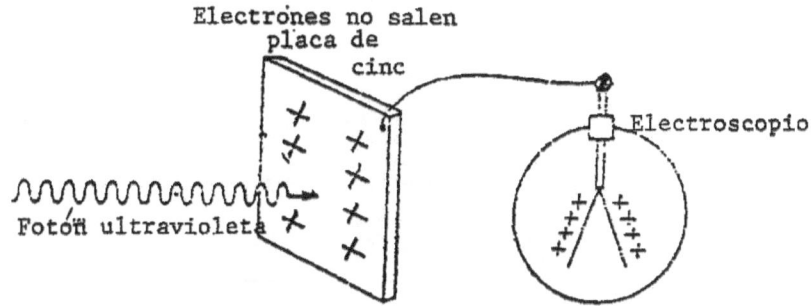

Esencialmente, esta es una descripción del efecto fotoeléctrico. Los electrones que salen de esta manera se llaman <u>fotoelectrones</u> debido a que salen del metal por la acción de una luz.

La emisión de fotoelectrones no ocurre a menudo. Cuando hay un choque entre los fotones y los átomos de una sustancia, la energía <u>hf</u> del fotón pasa a los electrones de la sustancia. Einstein concluyó que si el choque ocurre entre el fotón y el electrón, la energía del fotón se transfiere completamente al electrón. Esta energía extra es suficiente para excitar al electrón y causarlo que salga del metal.

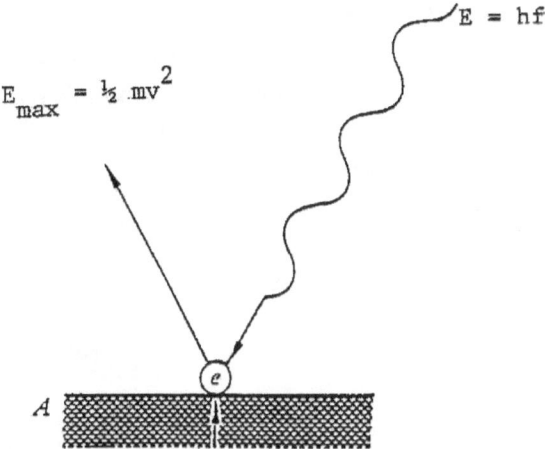

2. Resultados experimentales del efecto fotoeléctrico. Observando los resultados de sus experimentos, Einstein concluyo qué:

1. <u>Si un metal es sensitivo al efecto fotoeléctrico, la tasa de emisión electrónica es directamente proporcional a la intensidad de iluminación.</u>

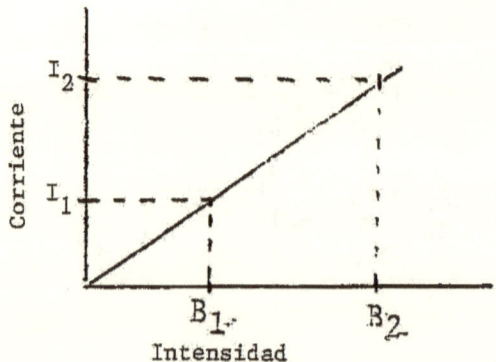

Considemos lo que esto significa. Si la frecuencia del fotón es constante, el número de electrones emitidos es la corriente producida por el metal. Esta corriente es proporcional a lo brillante que es la luz. En el diagrama anterior, la luz B_2 produce una corriente I_2, más alta que la corriente I_1, producida por la luz B_1. Se debe esto a que la luz B_2 es más brillante que la luz B_1.

Por ejemplo, las calculadoras solares trabajan muy rápidamente y su pantalla es muy clara cuando la luz es intensa. Si la luz no es fuerte, la calculadora trabaja despacio y la pantalla no es muy clara.

2. La máxima energía cinética de los electrones que salen del metal es proporcional solo a la frecuencia de la luz y a la naturaleza del metal. La energía cinética del electrón es independiente de la intensidad de la luz.

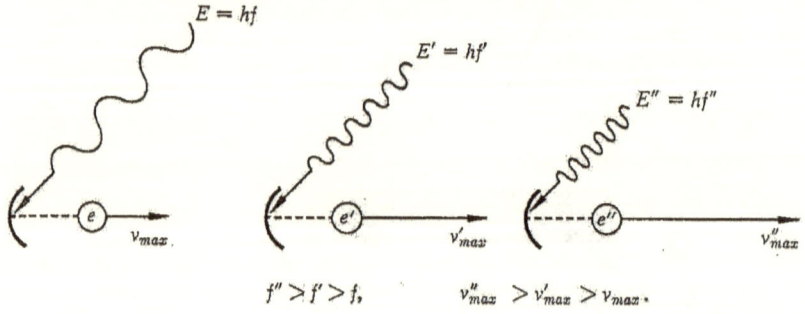

Como vemos en los diagramas anteriores, la energía cinética de los fotoelectrones es directamente proporcional a la frecuencia de la luz que ilumina el metal.

$$E = h \, fE = 1/2 \, m \, v^2$$

$$E = E \, entonces hf = 1/2 \, mv^2$$

442

Einstein formuló que <u>cada fotón tiene una cantidad de energía discreta que es proporcional a la frecuencia.</u> Estuvo de acuerdo con Planck y su teoría del cuanto:

$$E_{max} = h \qquad f = 1/2 \ m \ v^2$$

Entonces, si la frecuencia de la luz incidente se aumenta, la energía máxima de los electrones que salen aumenta para dar a estos electrones una velocidad máxima. El diagrama siguiente muestra que si la frecuencia aumenta, la velocidad del electrón aumenta en proporción:

$$h \ f = 1/2 \ m \ v^2 \qquad v^2 = \frac{2hf}{m}$$

Lo más alta la frecuencia del fotón, lo más alta es la energía y la velocidad del electrón emitido.

3. Frecuencia Umbral. Cada material, que exhibe propiedades fotosensitivas, tiene una frecuencia mínima para emitir fotoelectrones. <u>Esta frecuencia mínima es la frecuencia umbral, f_o.</u> Una frecuencia mas baja que esta frecuencia umbral no produce fotoelectrones.

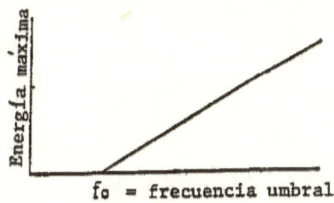

fo = frecuencia umbral

La energía cinética de los fotoelectrones depende de la frecuencia del incidente fotón. Una luz con una frecuencia más baja que la frecuencia umbral no tiene bastante energia para dislocar el electrón de la materia, no importa la intensidad de la luz.

La gráficas de la frecuencia contra la energía cinética de cualquier material fotosensitivo, muestran curvas idénticas. La curva es <u>la constante de Planck</u>.

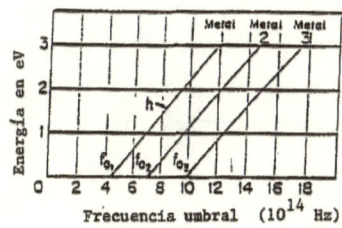

Frecuencia umbral $(10^{14} \ Hz)$

La gráfica anterior muestra las curvas típicas de tres metales. Note la frecuencia umbral de cada uno.

$$\text{Metal 1} f_o = 4.3 \times 10^{14} Hz$$

$$\text{Metal 2} f_o = 7.1 \times 10^{14} Hz$$

$$\text{Metal 3} f_o = 10 \times 10^{14} Hz$$

Se ve en la gráfica que los metales 1 y 2 emiten fotoelectrones si la frecuencia del fotón incidente es, digamos, $8 \times 10^{14} Hz$, ya que esta frecuencia es mayor que la frecuencia umbral. Sin embargo, el metal 3 no emite electrones con esta luz porque su $f_o = 10 \times 10^{14} Hz$.

En la lista siguiente de las longitudes de onda, la luz violeta tiene la longitud más corta, la mayor frecuencia y la mayor energía.

Espectro Visible

	Longitudes (metros)
Violeta	$4 - 4.2 \times 10^{-7} m$
Azul	$4.2 - 4.9 \times 10^{-7} m$
Verde	$4.9 - 5.7 \times 10^{-7} m$
Amarillo	$5.7 - 5.9 \times 10^{-7} m$
Anaranjado	$5.9 - 6.5 \times 10^{-7} m$
Rojo	$6.5 - 7 \times 10^{-7} m$

Se asume, entonces, que una luz ultravioleta produce electrones con más energía cinética que los electrones producidos por una luz roja.

PROBLEMAS

1. ¿Cúal es la frecuencia en Hz de un fotón que causará que un metal emita un fotoelectrón con una energía cinética de 3.5 eV?

2. Un metal tiene una frecuencia umbral de $5 \times 10^{14} Hz$. Calcule (a) la energía necesaria para emitir un electrón de la superficie metálica; (b) Si la frecuencia del fotón es $6.2 \times 10^{14} Hz$, ¿que energía extra tiene el electrón?

3. ¿Cúal es la energía, en joules, de un fotón con una frecuencia de $3.3 \times 10^{14} Hz$? (b) ¿Cúal es la energía en electrón - voltios?

4. La frecuencia umbral de metal cobre es $9.4 \times 10^{14} Hz$. ¿Cúal es la energía, en joules, necesaria para liberar un electrón de este metal?

5. Calcule la energía equivalente de una luz que tiene una longitud de onda de 5×10^{-7}m. ¿De qué color es esta luz?

6. Calcule la energía en joules, de un rayo ultravioleta con una longitud de 3×10^{-7}m.

7. Si rayos - X con una longitud de 5×10^{-10}m caen en una superficie metálica, ¿cúal será la energía máxima de los fotoelectrones que salen?

8. La función de trabajo del metal sodio es 1×10^{-18}J. ¿Cúal es la velocidad de los fotoelectrones emitidos cuando se ilumina con luz ultravioleta con una longitud de 3×10^{-10}m?

La Ecuación Fotoeléctrica de Einstein. Ya sabemos que Einstein estuvo de acuerdo con Planck, que cada fotón tiene una cantidad discreta de energía proporcional a su frecuencia.

$$E_{máx} = h f = 1/2 \ mv^2_{máx}$$

entonces, si la frecuencia de la luz se aumenta, la velocidad máxima del electrn emitido tambien aumenta. Einstein concluyó también qué, no todos los electrones emitidos tienen la misma energía cinética cuando abandonan el metal. Algunos tienen más energía que otros y salen del metal con una alta energía y velocidad.

El propuso que la energía del electrón emitido depende de:

1. La proximidad del electrón a la superficie metálica.

2. La magnitud de la energía de enlace que junta los electrones al resto del átomo.

Estudiemos el diagrama siguiente que muestra tres electrones e_1, e_2 and e_3, localizados en diferentes lugares en el metal.

Cada electrón recibe la misma cantida de energia hf. En el primer caso, para el electrón e_1, una parte de esta energía, W_1, se usa para alcanzar la superficie. El resto de la energía se convierte en energía cinética de movimiento, K.E.$_1$, que el electrón poseé cuando sale del metal.

El electrón e_2 se encuentra más cercano a la superficie y necesita menos energía, W_2, para alcanzar la superficie y, por consiguiente, tiene una energía cinética más alta, K.E.$_2$, El electrón e_3 esta en la superficie. Toda la energía del fotón se convierte en energía cinética de movimiento.

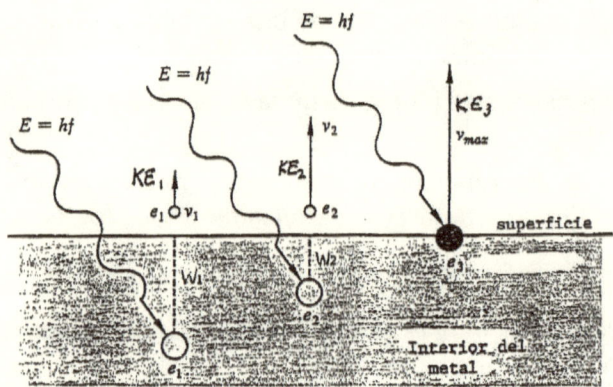

Estudiando el diagrama siguiente, vemos que dos electrones e_1 y electrón e_2, aunque localizados en la mismo nivél en la superficie, tienen diferentes energías de enlace.

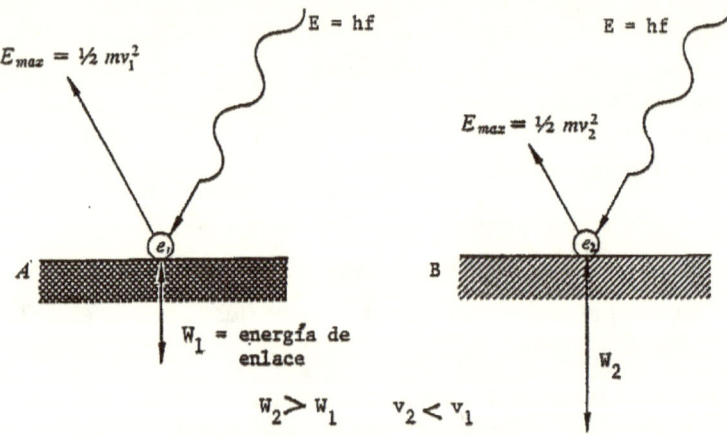

El electron, e_1, tiene una energia, W_1, más pequeña que la energía, W_2, del electrón e_2. Debido a esta energía de enlace, la energía cinética de cada electrón es diferente. En este caso, la energía cinética del electrón e_1 es más grande que la energía del electrón e_2.

La función de Trabajo, W, es la energía necesaria para que el electrón alcance la superficie del metal.

La ley de Conservación de Energía se aplica en estos casos. La energía total del fotón, cuando choca con el electrón, se usa primeramente para empujar al electrón hacia la superficie y en segundo lugar para que el electrón salga del metal con cierta velocidad. En otras palabras:

Energía del fotón = energía cinética del electrón + función de trabajo.

446

$$hf = KE + W$$

Si se desea calcular la energía máxima del electrón, se arregla la ecuación asi:

$$KE_{max} = hf - W$$

Esta ecuación se conoce como la <u>Ecuación Fotoeléctrica de Einstein</u>.

El diagrama siguiente se usa para recordar esta ecuación:

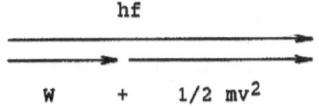

Consideremos ahora un fotón incidente a una superficie con una energía tan baja que casi no libra al electrón. Se asume que la energía del electrón es nula. Entonces:

$$KE = 0 \text{ J}$$

y la ecuación de Einstein se escribe asi:

$$0 = hf_o - W$$

$$hf_o = W$$

De esta manera, si sabemos la función de trabajo del metal, es facil calcular la frecuencia umbral:

$$f_o = \frac{W}{h}$$

Cada metal tiene su propia función de trabajo. La tabla siguiente indica las funciones de trabajo de unos metales comunes. Los metales alkalinos, con la funciones de trabajo más bajas, son los más fotosensitivos. Recuerdese que las funciones de trabajo se expresan en electrón - voltios.

Metal	Función de trabajo (eV)
Cesio	1.9
Potasio	2.2
Sodio	2.3
Cinc	4.2
Tungsteno	4.6
Plata	4.7
Oro	4.8
Platino	6.3

Ejemplo. ¿Cúal es la frecuencia mínima del fotón incidente necesario para causar la emisión de un electrón de un pedazo de cinc? ¿En que región del espectro encontramos a esta luz?

Datos | Pregunta | Ecuación

$W = 4.2$ eV $f_o =$ $f_o = \dfrac{W}{h}$

$h = 6.6 \times 10^{-34}$ J.seg
$e = 1.6 \times 10^{-19}$ J

Solución. Primero, se convierte los electron - voltios a joules:

$$4.2 \text{ eV} \times 1.6 \times 10^{-19} \text{J} = 6.72 \times 10^{-19} \text{J}$$

Substituyendo directamente en la ecuación, tenemos:

$$f_o = \frac{6.72 \times 10^{-19} \text{ J}}{6.6 \times 10^{-34} \text{ J.seg}} = 1.01 \times 10^{15} \text{ Hz}$$

Esta frecuencia pone a la luz en la región ultravioleta del espectro. La luz visible no librará los electrones del cinc. Recuerden que en los primeros experimentos con el efecto fotoeléctrico se usó cinc y luz ultravioleta.

Ejemplo. Comprueba que el metal cesio se usa en las pilas solares de las calculadoras.

Datos | Pregunta | Ecuación
$W = 1.9$ eV $f_o =$
$h = 6.6 \times 10^{-34}$ J.seg
$e = 1.6 \times 10^{-19}$ J

Solución: De nuevo, convierta electrón - voltios a joules:

$$W = 1.9 \text{ eV} \times 1.6 \times 10^{-19} \text{J} = 3.04 \times 10^{-19} \text{J}$$

Substituyendo directamente en la ecuación, tenemos:

$$f_o = \frac{3.04 \times 10^{-19} \text{ J}}{6.6 \times 10^{-34} \text{ J.seg}} = 4.60 \times 10^{14} \text{ Hz}$$

Esta frecuencia pertenece a la luz roja. Asi que una luz con una frecuencia igual o más grande a la luz roja causará que el cesio emita electrones. Esto quiere decir qué, la calculadora trabaja bien con cualquier luz.

PROBLEMAS

1. Muestre que la ecuación fotoelectrica de Einstein se puede escribir así:

    $$hf = hf_o + 1/2 \, mv^2$$

2. La función de trabajo de un metal es 4.2 eV. (a) Calcule la frecuencia umbral del metal; (b) ¿En que región del espectro pertenece esta frecuencia?

3. La frecuencia umbral de una superficie es 8.7×10^{14} Hz. Calcule la función de trabajo.

4. Unos fotones incidentes a una superficie tienen una energía de 5 eV. Si la función de trabajo del metal es 4.8×10^{-19}J. (a) ¿Cúal es la energía cinética máxima de los electrones? (b) ¿Cúal es la velocidad máxima de los electrones?

5. Calcule la energía cinética de unos fotoelectrones emitidos por un pedazo de tungsteno con una función de trabajo de 4.52 eV, cuando se ilumina con una luz ultravioleta con una longitud de 2000 Å.

6. Una luz con una longitud de 5000 Å ilumina una placa metálica. Los electrones emitidos tienen una energía cinética de 0.52 eV. ¿Cúal es la función de trabajo del metal?

7. Calcule la frecuencia umbral del tungsteno usado en el problema 5.

8. La superficie de un pedazo de sodio se ilumina con una luz de longitud de 300 nanometros, $(1 \, nm = 1 \times 10^{-9}$ m). La función de trabajo del metal es 2.46 eV. Calcule la energía de los fotoelectrones emitidos.

9. Calcule la longitud de onda de una luz que ilumina un metal con una función de trabajo de 2.3 eV, si los electrones emitidos tienen una velocidad de 1×10^6 m/seg.

10. Un metal tiene un función de trabajo de 2×10^{-19}J. Si una luz amarilla de 600 nm de longitud le ilumina, calcule la energía cinética de los electrones.

Selección Múltiple

Las respuestas a las preguntas 1 - 5 se basan en la información siguiente: Fotones con una energía de 3 eV, cáen en una superficie metálica y los electrones emitidos tienen una energía de 2 eV.

1. La función de trabajo del metal es 1) 1 eV; 2) 2 eV; 3) 3 eV; 4) 4 eV.

2. Si los fotones tuvieran una frecuencia más alta, ¿qué característica permanecería constante? 1) la energía de los fotones; 2) la velocidad de los fotones; 3) la energía de los electrones; 4) la velocidad de los electrones.

3. Si la intensidad de los fotones se aumenta, habrá 1) un aumento en la energía de los fotones; 2) una disminución en la energía de los fotones; 3) un aumento en la tasa de emisión de los electrones; 4) una disminución en la tasa de emisión de los electrones.

4. Comparando la frecuencia de los fotones con 3 eV, la frecuencia umbral del metal 1) es menor; 2) es mayor; 3) es la misma.

5. Si usamos un metal con una función de trabajo más alta, y la energía del fotón permanece constante, la energía máxima de los electrones 1) disminuye; 2) aumenta; 3) no cambia.

    Las respuestas a las preguntas 6 - 10 se basan en la información siguiente: una luz monocromática ilumina una superficie metálica. Cada fotón tiene una energía de 8×10^{-19} J. Ciertas partículas son emitidas por el metal.

6. Estas partículas son: 1) partículas alfa; 2) electrones; 3) neutrones; 4) protones.

7. Si la función de trabajo del metal es 3.2×10^{-19} J, la energía de las partículas emitidas es 1) 3×10^{-19} J; 2) 4.8×10^{-19} J; 3) 8×10^{-19} J; 4) 11×10^{-19} J.

8. La frecuencia de la luz incidente es 1) 1.2×10^{15} Hz; 2) 5.3×10^{-15} Hz; 3) 3.7×10^{-15} Hz; 4) 8.3×10^{-16} Hz.

9. Si solamente aumentamos le frecuencia de la luz, la tasa de emisón de las partículas 1) disminuye; 2) aumenta; 3) no cambia.

10. Si solamente aumentamos la intensidad de la luz, la energía de cada partícula emitida 1) disminuye; 2) aumenta; 3) no cambia.

Capitulo 55

Efecto Compton

El Efecto Compton. Hay tres fenómenos en el estudio de la Física que no se pueden explicar usando la teoría ondulatoria de la luz: la radiación de un cuerpo negro, el efecto fotoeléctrico y el efecto Compton.

En sus estudios de los rayos - X en 1923, el físico americano A.H. Compton, observó que cuando rayos - X de frecuencia sumamente alta chocaron con electrones en descanso se dispersaron en todas direcciones. Contrario a lo que se esperaba, los rayos - X dispersos tienen una longitud de onda más amplia y una frecuencia más baja que los originales. Este descubrimiento suguirió a Compton que parte de la energía de los rayos - X fue absorbida por los electrones, por consiguiente, los rayos - X que resultaron de este choque tuvieron una energía más baja.

Compton explicó este fenómeno aplicando la teoría cúantica de Planck. El consideró que el choque entre los rayos - X y el electrón fue completamente elástico. En el diagrama siguiente, el fotón de rayos - X, hf, choca con un electrón estacionario.

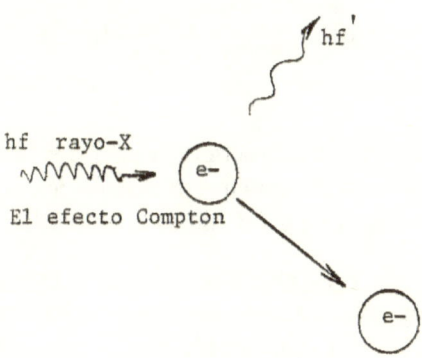

El electrón, tan pronto como el choque ocurre, adquiere energía cinética y se mueve. El fotón que queda atrás tiene una frecuencia baja y, por lo tanto, una energía más baja.

Considere esta analogía simple. Piense que el fotón y el electrón son dos bolas de billar. Cuando la bolas chocan, el momento y la energía cinética pasan de una a la otra.

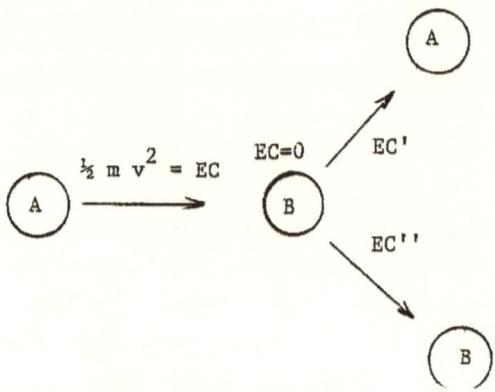

Bola A tiene una energía EC' mas pequeña que la original.

De acuerdo con la Leyes de Conservación de Energía y Momento, la energía y el momento antes del choque deben ser iguales a la energía y el momento después del choque.

Si el electrón, después del choque, retrocede con cierta energía cinética, EC, se debe a que recibió esta energía del fotón. El fotón disperso, hf', tiene una energía más baja que anteriormente. Expresando este cambio de energía en la forma de una ecuación, tenemos:

$$hf_{fotón} = hf' + 1/2\ mv^2$$

$$óE.C._{electrón} = hf_{fotón} - hf'$$

∧ ∧ ∧ ∧ ∧ ∧ ∧ ∧ ∧ ∧ ∧ ∧

Ejemplo. Un fotón con una frecuencia de 5.5×10^{14} Hz choca con un electrón. La luz dispersa tiene una frecuencia de 5×10^{14} Hz. (a) ¿Cúanta energía absorbió el electrón? (b) ¿Cúal es la velocidad del electrón?

Datos	Pregunta	Ecuación
$h = 6.6 \times 10^{-34}$ J.seg	(a) E.C. =	E.C. = hf - hf'
$f = 5.5 \times 10^{14}$ Hz	(b) vE.C. = $1/2\ m\ v^2$	
$f' = 5 \times 10^{14}$ Hz		
$m_e = 9.1 \times 10^{-31}$ kg		

Solución. Calcule la energía del fotón incidente y la del fotón disperso:

$hf = (6.6 \times 10^{-34} \text{ J.seg}) (5.5 \times 10^{14} \text{ Hz}) = 3.63 \times 10^{-19} \text{J}$

$hf' = (6.6 \times 10^{-34} \text{ J.seg}) (5 \times 10^{14} \text{ Hz}) = 3.3 \times 10^{-19} \text{ J}$

Substituyendo directamente en la ecuación, tenemos:

(a) $EC_e = 3.63 \times 10^{-19} \text{ J} - 3.3 \times 10^{-19} \text{ J}$

   $EC_e = .33 \times 10^{-19} \text{ J}$

Arreglando la ecuación y resolviendo por v:

$$v^2 = \frac{2EC}{m}$$

$$v^2 = \frac{2 \times .33 \times 10^{19} \text{ J}}{9.1 \times 10^{-31} \text{ kg}} = 7.25 \times 10^{10} \text{ m}^2/\text{seg}^2$$

$$v = 2.6 \times 10^5 \text{ m/seg}$$

2. Propiedades del Foton. El efecto Compton demostró claramente que un fotón se comporta como una partícula. Cuanta más energia tiene el fotón, más se comporta como una partícula. Este efecto es evidente cuando se usa rayos - X, en vez de fotones con frecuencias menores, particularmente fotones en el espectro visible. Por esta razón, los científicos están de acuerdo que un fotón exhibe las propiedades siguientes:

1. Energía Cinética
2. Efectos caloríficos
3. Transmisión de energía
4. Transmisión de momento
5. Ejerce una presión durante un choque.

La derivación de una ecuación que respresenta el efecto Compton, se empieza con la ecuación de Einstein de masa - energía:

$$E = mc^2 \qquad\qquad E = hf$$
$$E = E$$
$$mc^2 = hf$$

dividiendo ambos lados por la velocidad de la luz, c:

$$mc = \frac{hf}{c} \qquad \text{but} \qquad f = \frac{c}{\lambda}$$

entonces $\qquad mc = \dfrac{h}{\lambda} \qquad p = \dfrac{h}{\lambda}$

mc es el momento (p) del fotón o la masa multiplicada por la velocidad de la luz. Como se vé en la ecuación anterior el momento del fotón es inversamente proporcional a la longitud de onda, es decir que, fotones con una longitud corta exhiben un momento grande.

Resolviendo por m en la ecuación, tenemos:

$$m = \dfrac{h}{c\lambda}$$

La masa del fotón no es una masa actual o masa en descanso, pero es la energía equivalente de la masa. <u>Fotones existen solamente cuando se mueven con la velocidad de la luz, c. No existen a ninguna otra velocidad y no tienen masa actual o en descanso.</u>

Ejemplo. Calcule el momento de un fotón con una longitud de onda de 4×10^{-7} m.

Datos $\qquad\qquad$ Pregunta $\qquad\qquad$ Ecuación

$\lambda = 4 \times 10^{-7}$ m $\qquad$ p = $\qquad\qquad$ $mc = \dfrac{h}{\lambda}$

$h = 6.6 \times 10^{-34}$ J.seg

Substituyendo directamente en la ecuación, tenemos:

$$mc = \dfrac{6.6 \times 10^{-34}\, J.seg}{4 \times 10^{-7}\, m} = 1.6 \times 10^{-27}\, N.seg$$

^ ^ ^ ^ ^ ^ ^ ^ ^ ^ ^ ^

Ejemplo. Calcule la longitud de onda de un fotón con un momento de 1.23×10^{-27} N - seg. ¿Cúal es el color de esa luz?

Datos $\qquad\qquad$ Pregunta $\qquad\qquad$ Ecuación
p = 1.23×10^{-27} N.seg $\quad$ $\lambda =$ $\qquad\qquad$ $p = h/\lambda$
h = 6.6×10^{-34} J.seg

Solución. Arreglando la ecuación básica y resolviendo por tenemos:

$$\lambda = \dfrac{h}{p} \qquad \lambda = \dfrac{6.6 \times 10^{-34}\, J.seg}{1.23 \times 10^{-27}\, N.seg} = 5.36 \times 10^{-7}\, m$$

Consultando la lista de longitudes, vemos que este fotón cae en la región verde del espectro.

3. Principio de Incertidumbre. En la ecuación de De Broglie se vé que la longitud de onda es inversamente proporcional al momento de la partícula. En cualquier ocasión que queremos medir la posición y la velocidad de una partícula a cualquier instante de tiempo, tenemos el problema de la incertidumbre experimental de las medidas.

De acuerdo con la mecánica clásica de Newton, no hay un límite para la exactitud con la que medimos o construímos el aparato para efectuar el experimento. Es decir, que es posible, en principio, efectuar el experimento con una incertidumbre arbitraria pequeña o con una exactitud infinita.

Las características ondulatorias de la materia en movimiento no son importantes cuando estudiamos el comportamiento de objetos comunes. La mecánica de Newton o la mecánica clasica describe el movimiento de objetos visibles a velocidades ordinarias. La mecánica cuántica describe el comportamiento de partículas extremamente pequeñas viajando con una velocidad cerca de la velocidad de la luz.

La teoría cuántica predice que es fundamentalmente imposible medir simultaneamente la posición y la velocidad de una partícula con exactitud infinita. Esta teoría se llama el Principio de Incertidumbre formulado por el físico alemán Werner Heisenberg en 1927.

Para entender la naturaleza de la materia, debemos entender la estructura del electrón. Pero para estudiarlo debemos primero saber el lugar donde se encuentra y el lugar a donde vá. En otras palabras, se debe saber la posición y la velocidad o momento del electrón.

Estudiemos su teoría un poco más a fondo. Para localizar al electrón, es necesario verlo. Vemos a un objeto, porque el objeto refleja la luz a nuestros ojos. Lo que vemos es entonces las ondas de luz reflejadas del objeto. En otras palabras, cuando vemos un objeto, fotones deben haber chocado con ese objeto.

La mejor manera que existe para "ver" al electrón y, por supuesto determinar su posición, es el uso del electrón microscopio. Usando este aparato, se manda, por lo menos, un fotón en la dirección de un electrón, el fotón choca con el electrón y se refleja por medio del microscopio hacia el ojo.

Pero, de acuerdo con De Broglie, cuando el fotón choca con un electrón, el fotón pierde parte de su energía y momento al electrón.

Hemos encontrado la posición exacta del electrón. Pero no tenemos idea de su velocidad exacta, puesto que el choque entre ellos modificó la velocidad del electrón. Asi, sabemos la posición del electrón pero no sabemos su velocidad. En otras palabras, si sabemos la posición exacta del electrón, no sabemos su velocidad.

Heinsenberg dice que hay siempre una incertidumbre acerca de la posición y el momento del electrón. Consideremos que Δx y Δp representan la incertidumbre en las medidas de la posición y momento del electrón en un instante de tiempo. Entonces, si tratamos de localizar al electrón con exactitud, la cantidad Δx es muy pequeña, pero la incertidumbre del momento es muy grande. En otras palabras, la exactitud misma limita la exactitud con la que podemos determinar la posición y el momento del electrón, simultáneamente.

La incertidumbre del momento del electrón, depúes del choque, es igual por lo menos al momento del fotón. Es decir que $p = h/\lambda$. Además, ya que la luz tiene propiedades ondulatorias, se espera que la incertidumbre de posición del electrón es igual, por lo menos, a una longitud de onda de la luz usada para verlo, debido al fenómeno de difraccion. Entonces, $\Delta x = \lambda$

La incertidumbre de la posición y del momento de un electrón se consideran usando la ecuación de Planck. El principio de incertidumbre dice que: <u>el producto de la incertidumbre de posición y la incertidumbre de momento no es nunca menor que el valor de la constante de Planck.</u> Asi:

$$\Delta x \; \Delta p = h$$

La incertidumbre de posición y la incertidumbre de momento son inversamente proporcionales. De esta manera, es imposible predecir la posición o el momento exacto de un electrón. Si la incertidumbre de posición es pequeña, la incertidumbre de momento es grande. Estudie el diagrama siguiente.

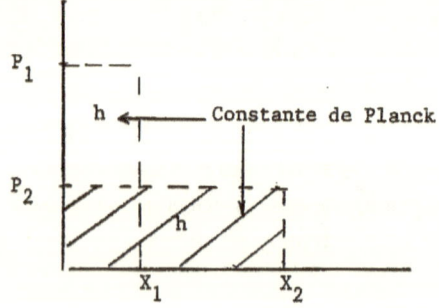

Principio de Incertidumbre de Heisenberg

El principio de Incertidumbre se expresa también en términos de las simultáneas medidas de la energía y tiempo:

$$\Delta E \; \Delta t = h/4\Pi$$

ΔE es la incertidumbre en la medida de energía y Δt es la incertidumbre en la medida del tiempo necesario para medir el tiempo necesario para efectuar la medida. Es obvio, que uno no puede medir la energía de una partícula exactamente y precisamente en un período de tiempo infinitesimal. Entonces cuando se piensa que el electrón es una partícula, el principio de Incertidumbre nos dice que la posición y la velocidad no se pueden conocer precisamente, al mismo tiempo y, que la energía es indeterminada o no se puede conservar por un período de tiempo.

Recordemos que la posición del electrón visto en el microscopio debe ser igual a la longitud de onda del fotón que se usa para ver al electrón. Este fotón viaja con una velocidad igual a c, entonces, el tiempo que necesita para viajar la distancia Δx, es igual a:

$$\Delta t = \Delta x/c = \lambda/c$$

Cuando el fotón choca con el electrón, parte o toda la energía pasa al electrón. Asi que, la incertidumbre de transfercia de energía es:

$$\Delta E = hf = hc/\lambda$$

el producto de estas incertidumbres es:

$$\Delta E \; \Delta t = h$$

El principio de Incertidumbre de Heinsenberg nos permite entender mucho más claramente el concepto de la dualidad de la materia. Hemos visto que la descripción de una onda es muy diferente de la descripción de una partícula. Entonces se debe esperar que, si un experimento es diseñado para demostrar las características de partícula del electrón, hace que sus características ondulatorias sean nebulosas. De la misma manera, si el experimento demuestra que el electrón es una onda, las características de una partícula son también nebulosas.

PROBLEMAS

1. Un rayo - X de longitud de 5×10^{-9} m choca con un electrón. El electrón se mueve con una energía igual a 2×10^{-19} J. ¿Cúal es la energía del fotón disperso?

2. Cuando un rayo - X de longitud 6×10^{-9} m se dispersa de una lámina de aluminio, la longitud de su onda es $8 \times ^{-9}$ m. ¿Cúal es la energía del electrón?

3. Un fotón violeta choca con un electrón y produce un fotón verde. ¿Cúal es la velocidad del electrón disperso?

4. Un fotón con una frecuencia de 6×10^{14} Hz choca con un electrón. El electrón se mueve con una velocidad de 2×10^6 m/seg. ¿Cúal es la longitud del fotón disperso?

5. Un fotón con una energía de 5.2 eV choca con un electrón. El foton disperso tiene una energía de 3.2 eV. ¿Cúal es la energía del electrón en joules?

^ ^ ^ ^ ^ ^ ^ ^ ^ ^ ^ ^

Selección Múltiple

1. Si el momento de un fotoelectrón aumenta, ¿qué característica de la onda disminuye? 1) la frecuencia; 2) la velocidad; 3) la amplitud; 4) la longitud de onda.

2. El resultado de un choque entre un fotón de rayos - X y un electrón, la longitud de onda del fotón 1) disminuye; 2) aumenta; 3) no cambia.

3. Comparando la energía total del sistema fotón - electrón antes del choque, la energía total del sistema despues del choque es 1) menor; 2) mayor; 3) la misma.

4. ¿Qué fenómeno se puede explicar solamente con la teoría ondulatoria de la luz? 1) reflexión; 2) difracción; 3) propagación linear; 4) efecto fotoeléctrico.

5. Si el momento de una partícula disminuye, su longitud de onda 1) disminuye; 2) aumenta; 3) no cambia.

6. Si la longitud de onda de un fotón aumenta, el momento del fotón 1) disminuye; 2) aumenta; 3) no cambia.

7. Si un fotón de rayos - X choca con un electrón, la frecuencia del fotón 1) disminuye; 2) aumenta; 3) no cambia.

Capitulo 56
Modelos del Atomo

1. Modelos Atomicos. La estructura del átomo era un misterio completo a principios del siglo XX, y presentaba una tarea muy urgente a los científicos de ese tiempo. La solución de este misterio se realizó cuando se pudo poner juntas todas la partes ya conocidas.

Puesto que el átomo no se puede ver, nunca se puede confirmar su estructura exacta. Lo mejor que se puede hacer es proponer un modelo. Este modelo se lo accepta solamente si la evidencia experimental es consistente con el modelo. Si esto no ocurre, el modelo se abandona o se modifica.

Cualquier idea de la estructura interna del átomo debia satisfacer tres consideraciones críticas: 1) ya que la materia es neutra, el número de cargas positivas debe ser igual al número de cargas negativas; 2) el modelo atómico debe ser muy consistente con las ideas del comportamiento químico de los elementos; 3) el modelo atómico debia explicar porque el espectro de los elementos no cambia cuando los elementos forman un compuesto. En estas páginas estudiaremos tres modelos que han cementado nuestra idea de la estructura atómica.

2. Atomo de Thomson. En 1897, el físico inglés J.J. Thomson descubrió la existencia de lo que llamó rayos catódicos. Estos rayos se conocen ahora como electrones. En ese tiempo Thomson midió el radio de la carga a la masa del electrón y obtuvo una carga negativa de 1.76×10^{11} Coulombios/Kg.

Por el año 1910 se conocia al electrón con mucha precisión. Se sabía también que, con la sola excepción del hidrógeno, todos los átomos contienen más de un electrón. Thomson propuso un modelo atómico que consistía de una esfera relativamente grande de carga positiva de unos 2 o 3×10^{-8}cm, dentro de la cual estaban embutidos los electrones como pasas en un pudín de arroz.

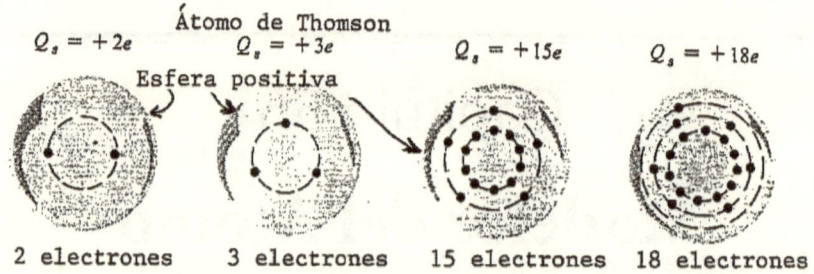

Átomo de Thomson

$Q_s = +2e$ $Q_s = +3e$ $Q_s = +15e$ $Q_s = +18e$

Esfera positiva

2 electrones   3 electrones   15 electrones   18 electrones

Thomson propuso que: 1) los electrones embutidos en la masa positiva están arreglados en círculos concéntricos. Fue fácil arreglar hasta un máximo de 5 electrones en un círculo o anillo, pero mas de cinco electrones necesitan más de un anillo. 2) los electrones están de reposo y solo vibran cuando reciben energía; 3) la vibraciones eléctricas de los electrones producen las ondas electromagnéticas responsables por el espectro del elemento. Sin embargo, este modelo no ofrecio ninguna explicación por la diferencia en las frecuencias observadas.

Una de las pruebas del modelo de Thomson envuelve el efecto del bombardeo del átomo con partículas alfa. <u>Una partícula alfa tiene dos cargas positivas y una masa cuatro veces la masa del átomo de hidrógeno.</u> Estas partículas son emitidas por la desintegración del núcleo de elementos radioactivos.

Una partícula alfa atraviesa, en linea recta, una lámina metálica muy delgada y, por consiguiente, si este modelo es correcto, la partícula alfa es capaz de penetrar, sin dificultad, las esferas de carga positiva. Si esto es posible, sería fácil calcular cualquier desviación que ocurre durante el pasaje. Además, el átomo de Thomson es electricamente neutro y, por lo tanto, el exterior del átomo no ejerce ninguna fuerza sobre la partícula alfa.

rayos alfa

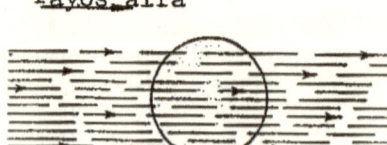

Rayos alfa pasando por el átomo de Thomson.

Dentro del átomo la fuerza eléctrica ocurre, en parte, por los electrones, y en parte por la esfera positiva. La masa de la partícula alfa es unas 7400 veces la del electrón, y aunque pueda ocurrir un pequeño movimiento debido a la atracción entre los electrones y la partícula, la desviación pequeña que ocurre se debe a la interacción entre la esfera positiva y la partícula alfa. Es suficiente decir que el átomo de Thomson fue abandonado.

3. Atomo de Rutherford. Durante los años de 1905 - 1913, mientras que J.J. Thomson trabajaba con su modelo atómico, Sir Ernest Rutherford y sus colegas, Hans Geiger y Ernest Marsden, estudiaron la desviación de partículas alfa cuando pasan por una lámina metalica delgada.

Rutherford y sus colegas taladraron un pequeño orificio en un bloque de plomo, dentro de este pequeño hueco colocaron una pequeña cantidad del elemento radioactivo radón. Las partículas alfa salen del elemento radón con una velocidad de 1×10^9 cm/seg.

El rayo que emerje de este bloque es muy estrecho, definido por la abertura en el plomo. El rayo pasa a travéz de una laminita de oro muy delgada, F. Vease el diagrama siguiente.

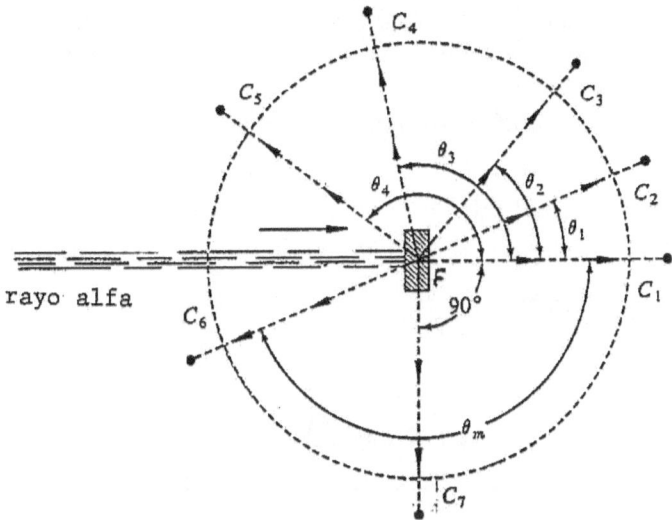

Un contador eléctrico C, se mueve a varios ángulos θ. El número de partículas alfa que se dispersan se registran en el contador. Las observaciones y las medidas obtenidas en este experimento consisten de contar el número de partículas que muestran una desviación a cualquier ángulo. Mientras la mayoría de las partículas pasan directamente en linea recta como si pasaban por un vacio, indicado por la posicion C_1, algunas de ellas se desvian a un ángulo. Por ejemplo, los desvios a los angulos θ_1 y θ_2 se cuentan con el contador en las posiciones C_2 y C_3. Note que los desvios son trayectorias hiperbólicas.

Estudiando el resultado de todas estos experimentos, Rutherford concluyó que:

1) el átomo es esencialmente vacio, ya que más del 99% de las partículas no se desvian.

2) las trayectorias C_2, C_3, C_4 y C_7 indican que toda la carga positiva de un átomo se encuentra en una parte muy pequeña del átomo con un diametro de 1×10^{-12}cm, llamado el núcleo.

3) las trayectorias C_5 y C_6 indican que estas partículas chocaron con algo muy pesado dentro del nucleo. Entonces, toda la masa del átomo se encuentra en el núcleo.

4) la cantidad de la carga positiva en unidades de masa atómica es igual a la mitad del peso atómico del elemento.

Del estudio de estos experimentos, Rutherford dedujo qué la carga positiva y la masa del átomo están encajadas en una porción del átomo más pequeña que 1×10^{-12} cm en diámetro. Experimentos repitiendo esto con láminas hechas de cobre, plata y oro, demuestran que el número relativo de ángulos anchos aumenta con un aumento en el peso atómico del elemento.

El comportamiento de las partículas alfa cuando entran en la lámina metálica se ilustran en el diagrama siguiente.

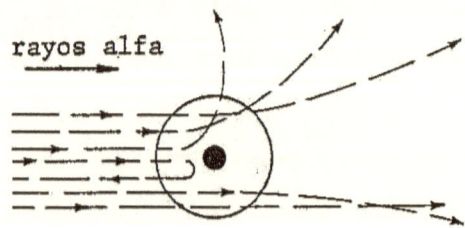

rayos alfa

Rayos alfa pasando por el átomo de Rutherford

La magnitud de la fuerza repulsiva se calcula usando la ley de Coulomb. La fuerza repulsiva es inversamente proporcional al cuadrado de la distacia hacia el nucleo. Entonces a una distancia sumamente pequeña, la repulsión es tan fuerte que el núcleo, siendo más pesado, empuja a la partícula casi directamente hacia atrás con la misma velocidad. En todo caso la trayectoria es una curva hiperbólica con el núcleo en el centro. Vea el diagrama para enterarse de la proporcionalidad entre la fuerza de repulsión y la distancia.

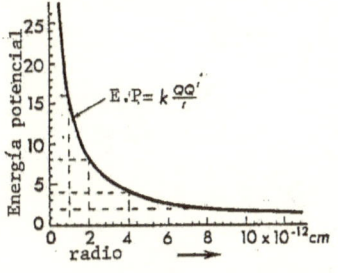 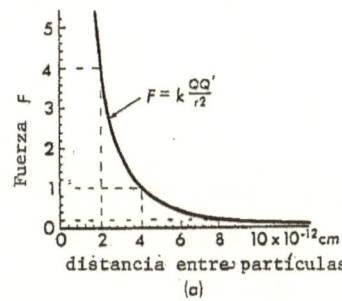

(a)

4. Atomo de Bohr. Como es natural en todo modelo hay partes teoréticas que no corresponden con lo observado en el laboratorio. Este fué el caso de los modelos del átomo.

Una explicación satisfactoria del espectro producido por el átomo no existía a fines del siglo XIX. En 1885, el físico Johann J. Balmer habia propuesto una fórmula para explicar las lineas en el espectro visible del hidrógeno. Esta fórmula establecía una relación entre la frecuencia de las lineas y ciertos grupos de números íntegros, la fórmula de Balmer es:

$$\frac{1}{\lambda} = R\left[\frac{1}{n_2^2} - \frac{1}{n_1^2}\right]$$

En 1912, el físico danés Niels Bohr, trabajando en el laboratorio de Rutherford se interesó en la paradoja de la estabilidad de un sistema de cargas negativas alrededor de un núcleo positivo. La paradoja en el arreglo de los electrones en el átomo es esta: el electrón podía estar en reposo afuera del núcleo o se podía mover en órbitas circulares. En el primer caso, si el electrón está en reposo afuera del núcleo, la ley electrostática declara que este electrón será atraído por el núcleo positivo. El electrón será absorbido por el núcleo y la existencia de la materia no es posible.

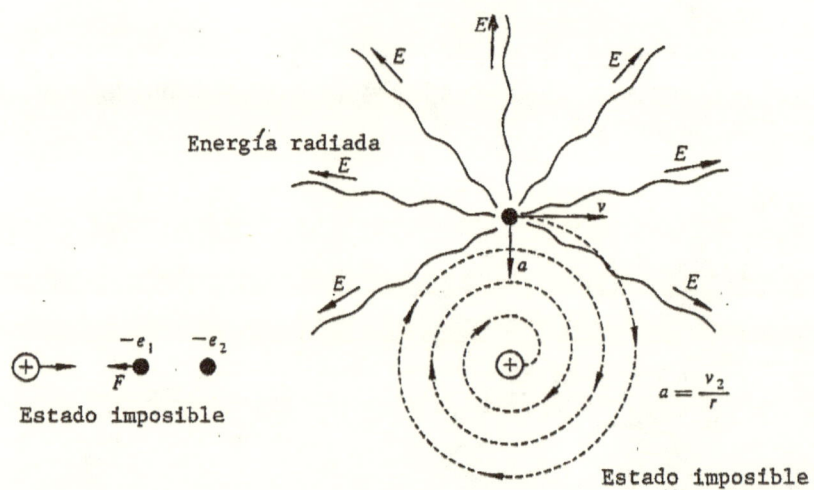

Energía radiada

Estado imposible

$$a = \frac{v_2}{r}$$

Estado imposible

En el segundo caso, si el electrón se mueve en círculos alrededor del núcleo, las leyes de Newton dicen que una partícula en movimiento circular cambia de dirección constantemente y por consiguiente acelera. Un electrón con aceleración circular constante emite energía y pierde velocidad. El electrón con velocidad baja caerá al núcleo y, de nuevo, la materia no puede existir. <u>El electrón, entonces ni puede permanecer fijo afuera del núcleo, ni puede moverse en una trayectoria circular.</u>

Entonces, el electrón no podia simplemente caer en el núcleo, esta caída era prohibida por la física clásica y la ecuacion de Balmer. Bohr propuso dar un valor cuántico al momento angular del electrón. La energía sería limitada a números íntegros que los llamó <u>números cuánticos con el valor de n.</u> Una orbita amplia requiere un valor de n alto. El electrón puede saltar entre los estados estacionarios cambiando, en efecto, el tamaño de la orbita. pero valores intermedios de energia y de radio de orbitas son prohibidos. Entonces, un salto hacia el centro del núcleo no es permitido, ya que hay un límite mínimo de energía que también limita el tamaño de la orbita.

Su teoría se arregla en cuatro postulados:

1. Un sistema atómico tiene cierto número de <u>estados estacionarios</u> en los cuales no es posible emitir radiación, aún cuando el electrón este en movimiento, en relación con el protón. Por ejemplo, en el diagrama vemos que las lineas r_1, r_2 y r_3 son radios de los estados estacionarios, en los cuales el electrón esta acelerando pero no emite energía. Muchos estados estacionarios pueden existir en el mismo átomo.

$r_1, r_2, r_3, \cdot$.
radios de estados estacionarios

2. Cualquier emisión o absorción de energía corresponde solamente al movimiento electrónico entre dos estados estacionarios, es decir que, un electrón ha pasado de un estado o nivel energético a otro y que el átomo ha emitidido, o bien absorbido, energía. La radiación emitida o absorbida, en estos casos es homogénea, es decir, la frecuencia es constante y se determina por medio de:

Energía = energía inicial - energía final

$$hf = E_i - E_f$$

Como se vé, Bohr adoptó la teoría de energía cuántica, hf. En el diagrama siguiente, vemos que un átomo tiene 3 estados estacionarios correspondiendo a las energías E_1, E_2 y E_3. Un electron en el estado E_2 salta al estado E_1 emitiendo una energía igual a:

$$\Delta E = hf$$

Otro electrón en el estado E_3 salta al estado E_1 emitiendo una energía igual a:

$$\Delta E' = hf'$$

Un tercer electrón en el estado E_3 salta al estado E_2 emitiendo la energía igual a:

$$\Delta E'' = hf''$$

Aplicando la ecuación de Bohr a estas emisiones tenemos:

$$\Delta E = E_i - E_f$$
$$\Delta E = E_2 - E_1$$
$$\Delta E = E_3 - E_1$$
$$\Delta E = E_3 - E_2$$

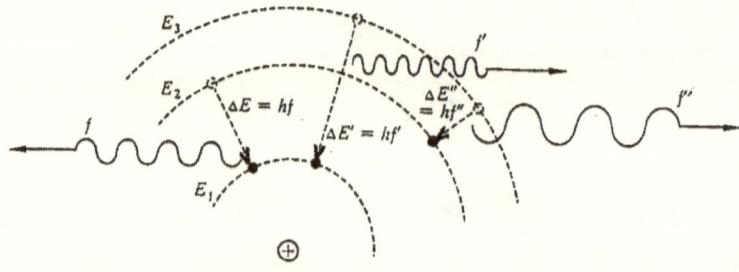

3. El equilibrio dinámico del sistema en los estados estacionarios obedece a las leyes ordinarias de la mecánica clásica. Estas leyes no se obedecen durante la transición entre un estado y otro.

4. El electrón, puesto que se mueve en orbitas circulares, tiene un momento angular restrictivo. El electrón en órbita puede tener estados estacionarios solamente a ciertas magnitudes cuánticas de su momento angular. El momento angular, <u>mvr</u>, del electron puede tener magnitudes cuánticas basadas en la constante de Planck. La ecuación para este postulado es:

$$mvr = n(h/2\Pi) \qquad n = 1, 2, 3, etc.$$

En esta ecuación, <u>el número n, se llama el número cuántico principal</u> y, puesto que es un íntegro determina el tamaño de la órbita del electrón.

En el diagrama vemos que cuando el electron se halla en:

primer niveln = 1 $mvr = h/2\Pi$
segundo niveln = 2 $mvr = 2(h/2\Pi)$
tercer niveln = 3 $mvr = 3(h/2\Pi)$

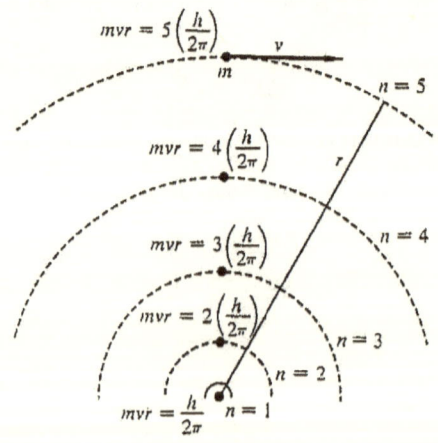

Capitulo 57
Saltos Cuánticos

1. Saltos Cuanticos. El electrón puede saltar de una órbita baja a una más alta solamente si absorbe energía del exterior del átomo. Esa energía puede ser obtenida por un choque con otra partícula o con otro átomo. Pero puede también adquirirla por la absorcion de luz. Un corto tiempo después de que el electrón es excitado, la cantidad de energía extra se emite porque el átomo puede chocar o puede emitir energía en la forma de luz. Cuando el hidrógeno emite energía, la energía se vé en el espectro visible del hidrógeno.

2. Radio de un Nivel de Energia. La teoría de Bohr asume que los radios de las órbitas de los electrones tienen magnitudes precisas y el cuarto postulado explica la emisión de luz y calor por un cuerpo incandescente. Usando la igualdad entre la fuerza centrípeta del electrón y la fuerza electrostática ejercida por el núcleo positivo, Bohr obtuvo valores precisos para los radios del electrón:

$$r_n = \frac{n^2 h^2}{4\pi^2 m k e^2}$$

$e = 1.6 \times 10^{-19}$ C $m_e = 9.1 \times 10^{-31}$ kg
$h = 6.62 \times 10^{-34}$ J.seg $k = 9 \times 10^9$ N.m^2/C^2
$\Pi = 3.1416$

Los valores h, k, e y Π son constantes y el valor del radio de la primera orbita, n = 1, es:

$$r_1 = 5.3 \times 10^{-11} \text{ m}$$

La orbita o nivél n = 1 se llama el estado fundamental y se encuentra lo mas cerca posible del núcleo.

Otros radios se calculan usando una modificación de la ecuación original:

$$r_n = n^2 \, r_1$$

Ejemplo. Calcule el radio de los niveles de energía n=2 y n=3.

Datos	Pregunta	Ecuación
$r_1 = 5.3 \times 10^{-11}$ m		
	$r_2 =$	$r_n = n^2 \, r_1$
	$r_3 =$	

Solución: Substituyendo directamente en la ecuación, obtenemos:

a) $r_2 = 2^2 \times 5.3 \times 10^{-11}\text{m} = 2.12 \times 10^{-10}\text{m}$

b) $r_3 = 3^2 \times 5.3 \times 10^{-11}\text{m} = 4.77 \times 10^{-10}\text{m}$

3. Energía en un nivel. Recordemos que Bohr, en su teoría, mantiene que radiaciones electromagnéticas, luz y calor, no son emitidas cuando el electrón se encuentra en un estado estacionario, sino cuando el electrón salta de un nivél alto a un nivel más bajo. La frecuencia de esta luz no se determina por las revoluciones del electrón, sino por la diferencia en energía entre el nivel inicial y el nivel final.

$$E = E_i - E_f$$

La energía contenida dentro de un nivél depende de la distancia de este nivél al núcleo del átomo. Hay menos energía en n=1 que en n=5. Un electrón que se encuentra en un nivél más alto que n=1 está excitado puesto que ha recibido extra energía y ha saltado a otro nivel. La energía total de un electrón en un nivél es simplemente la suma de la energía potencial y la energía cinética:

$$E_t = \text{E.C.} + \text{E.P.}$$

En esta ecuación, se reemplaza:

$$\text{E.C.} = 1/2 \, mv^2 \qquad y \qquad \text{E.P.} = F \, r$$

$$\text{E.P.} = \frac{kQ^2}{r^2} \times r$$

La energía potencial es negativa puesto que es necesario añadir energia para alejar el electrón de la vecundad del núcleo. Trabajando con estas ecuaciones es posible obtener esta ecuación:

$$En = \frac{kQ^2}{2r_n} \qquad \text{pero} \qquad r_n = n^2 r_1$$

$$En = \frac{1}{n^2} \times \frac{kQ^2}{2r_1}$$

k, Q y r_1 son constantes y si n = 1, obtenemos:

$$E_1 = -2.2 \times 10^{-18} \text{ J}$$

Usando este valor se modifica la ecuación así:

$$En = \frac{E_1}{n^2}$$

Ahora se convierte la energía en joules a energía en electrón-voltios:

$$-2.2 \times 10^{-18}\text{J} / 1.6 \times 10^{-19}\text{J/eV} = -13.6 \text{ eV}$$

Ejemplo: Calcule la energía, en electrón - voltios cuando n = 2 y n = 3.

Datos	Pregunta	Ecuación
	$E_2 =$	$E_n = E_1 / n^2$
$E_1 = -13.6$ eV	$E_3 =$	

Solución: Substituyendo directamente en la ecuación, obtenemos:

$$E_2 = -13.6 \text{ eV} / 4 = -3.40 \text{ eV}$$

$$E_3 = -13.6 \text{ eV} / 9 = -1.51 \text{ eV}$$

El diagrama siguiente es el diagrama de niveles de energía para el átomo de hidrógeno, usando los valores obtenidos por Bohr.

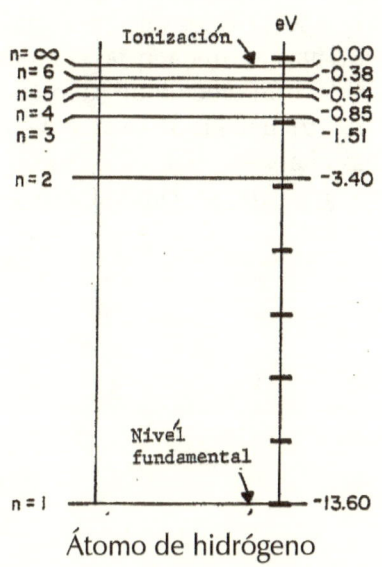

Átomo de hidrógeno

469

El nivel más bajo, es el nivél fundamental, n=1. Los otros niveles tienen valores de n más altos. Estudie el diagrama. Aplicando la ecuación de Bohr se calcula facilmente la energía de los niveles n= 2 hasta el nivel infinidad. En este nivel el electrón no siente la atracción del núcleo y abandona al átomo, produciendo un ión.

4. Espectro del Hidrógeno. La emisión de luz y calor por un cuerpo incandescente se comprende bien si estudiamos el diagrama siguiente. La fórmula de Balmer en su forma original cubrió los niveles desde el n=2 hasta el nivél de infinidad o nivél de ionización. Por ejemplo, si un electrón se excita y salta hasta el nivél tercero, n = 3, pronto pierde energía saltando hacia los otros dos bajos niveles.

Suponga que salta hasta el segundo nivel, n = 2. El electrón emite una cantidad de energía igual a un cuanto. Este cuanto es la diferencia entre el segundo y el tercer nivel.

$$hf = E_i - E_f \quad hf = (-1.51 \text{ eV}) - (-3.40 \text{ eV}) = 1.89 \text{ eV}$$

Un cuanto con una energia de 1.89 eV tiene una longitud de onda igual a:

$$\lambda = \frac{hc}{E} \qquad \lambda = \frac{6.6 \times 10^{-34} \text{ J.seg} \times 3 \times 10^8 \text{ m/seg}}{1.89 \text{eV} \times 1.6 \times 10^{-19} \text{ J/eV}}$$

$$\lambda = 6.54 \times 10^{-7} \text{ m}$$

El resultado de esta emisión aparece en el espectro como una luz roja. Si los átomos del hidrogeno se excitan, varias longitudes de onda aparecen. Lo interesante aqui es que solo ciertos valores de ondas se permiten. En la parte visible del espectro hay tres frecuencias además del color rojo, cada una ocurre cuando el electrón efectúa un salto cuántico. Una longitud verde viene del nivél cuarto, una luz azul viene de nivél quinto y una luz azul de frecuencia más alta viene del sexto. Todas estas emisiones son visibles. Estas series de emisiones se llaman las series de Balmer.

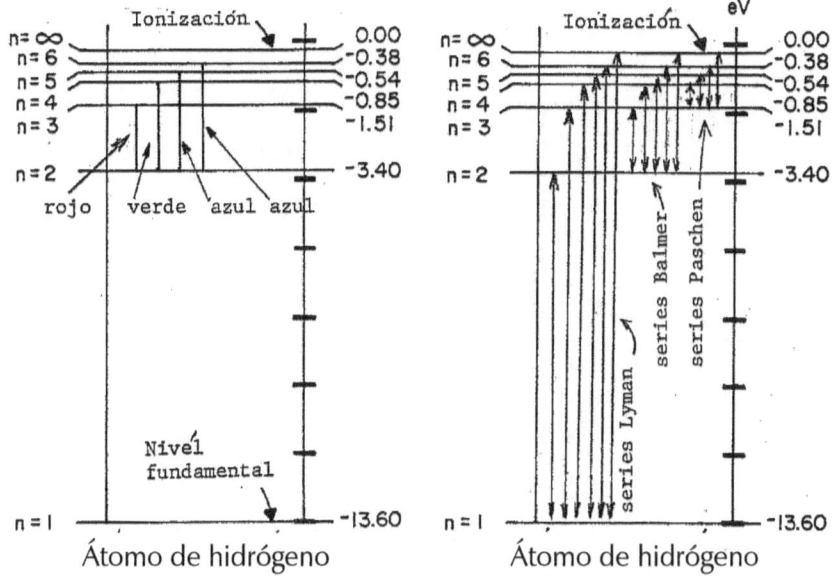

Átomo de hidrógeno   Átomo de hidrógeno

Si el electrón cae hasta el nivel primero las emisiones tienen más energía y son del espectro ultravioleta, llamadas las series de Lyman. Emisiones con una energía menor que las energías de Balmer, producen un espectro infrarrojo, llamadas las series de Paschen.

Recordemos que los valores obtenidos para el átomo de hidrógeno solo pertenecen a este átomo y deben ser iguales a E_1/n^2.

Emisión de energía ocurre cuando el electrón salta de un nivél alto a uno más bajo. Absorción de energía es necesaria cuando el electrón salta de un nivél bajo a uno más alto.

Examine también el diagrama de niveles de energía para el átomo de mercurio y note que este elemento tiene más niveles, los cuales se encuentran más cerca del núcleo que los electrones del hidrógeno.

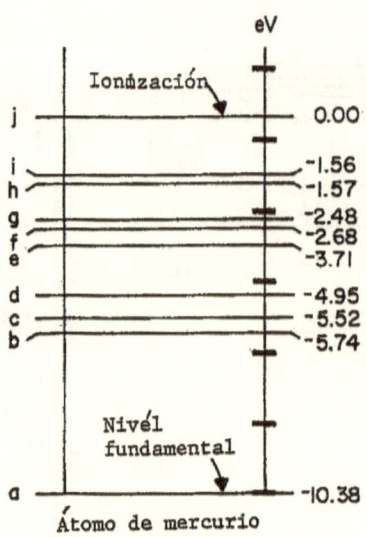

Átomo de mercurio

Átomo de mercurio

El átomo de Bohr era revolucionario porque introdujo el cuanto al movimiento y la energía del átomo, pero estaba en error. La coincidencia entre las emisiones predecidas y las observadas en el hidrógeno fueron accidentales. Este modelo asume que el electrón solo existe en orbitas circulares, pero como se descubrió más tarde, existen otros tipos de orbitas.

Modelo de nubes.

5. Modelo de nubes. Nubes electrónicas. Diez años después de la teoría de Bohr, la teoría de la estructura del átomo avanzó a saltos cuando DeBroglie suguirió, que así como la luz parece tener una dualidad en su naturaleza, comportándose como onda unas veces y en otras como partículas, podia suceder lo mismo con la materia. Esto es, los electrones y los protones que hasta entonces se habian imaginados puramente como pequeñísimas bolas, podian comportarse, en ciertas circunstancias, como ondas. Esta idea se desarrolló rapidamente cuando los físicos Heisenberg y Schrodinger formularon la teoría llamada mecánica cuántica o mecánica ondulatoria, que ha dado a la teoría atómica una fundación muy firme.

De acuerdo con la mecánica cuántica, las partículas materiales exhiben tambien propiedades ondulatorias. Entonces, un electrón puede ser considerado como una especie de onda, más o menos diseminada en el espacio alrededor del núcleo, y no localizada en un punto particular. Se abandonó la idea de que los electrones del átomo se mueven en órbitas determinadas por el modelo de Bohr.

En lugar de esto, la nueva teoría establece simplemente que hay ciertas regiones en el átomo en las cuales hay una gran <u>probabilidad</u> de encontrar un electrón. La matemática de esta teoría es muy complicada y, por consiguiente, no suministra una idea simple de un átomo planetario como se lo imaginó Bohr. En particular el radio del átomo no se puede medir con precisión como se lo mide el radio de la orbita de un planeta.

El modelo de Bohr del átomo de hidrógeno con el electrón en una orbita de 5.3×10^{-11}m alrededor del protón, tiene ahora un significado diferente. Se dice que el electrón está en la vecindad del protón, a cualquier distancia, pero la posición más probable está a 5.3×10^{-11}m. El diagrama siguiente muestra que, en un átomo de hidrógeno normal, el electrón probablemente se encuentra a la distancia calculada por Bohr.

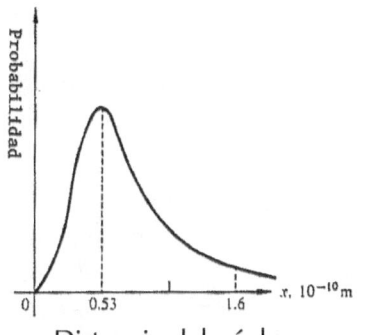

Distancia del núcleo   Nube de probabilidad

En el diagrama B se vé la nube electrónica alrededor del núcleo. Cada punto representa la posición del electrón medida en experimentos diferentes. El anillo oscuro con la mayor densidad de puntos, representa la probabilidad de que se encontrará un electrón en esa vecindad.

Recordemos que la teoría ondulatoria de la materia, en el principio de incertidumbre, dice que es imposible conocer la posición y el momento de un electrón simultaneamente. Por esta razón, la nueva teoría predice solamente la probabilidad de encontrar a un electrón en una región particular.

Sin embargo, la nueva teoría asigna niveles de energía precisos a un átomo y en el átomo de hidrogeno, los valores de los niveles de energía son idénticos a los valores calculados por Bohr pero, en el estudio de átomos más complejos, con una masa atómica más grande, donde la teoría de Bohr falla, la mecánica ondulatoria está de acuerdo con la observación.

Para mejor entender la teoría cuántica ondulatoria, imaginemos un electrón como una onda. La longitud de onda mínima debe ser igual al radio de la orbita que se extiende en un círculo alrededor del núcleo.

Si el electrón salta a niveles más altos, la circumferencia de cualquier de estos niveles debe contener un número entero de longitudes de onda.

La longitud de onda de una partícula de masa m, que se mueve con la velocidad v, de acuerdo con DeBroglie, es:

$$\lambda = h/mv$$

Entonces, en la orbita si r es el radio y 2 Π r la circumferencia del círculo ocupado por la onda, se ha de tener:

$$2 \,\Pi\, r = n\lambda \qquad \text{en la qué} \qquad n = 1, 2, 3$$

puesto que $\lambda = h/mv$, esta ecuación se convierte en

$$2 \,\Pi\, r = n\, h/mv$$
$$\text{o sea} \qquad mvr = nh/2\Pi$$

pero mvr es el momento angular cinético del electrón, y vemos que la mecánica ondulatoria naturalmente está de acuerdo con el postulado de Bohr, que dice que el momento cinético es igual a un múltiplo entero de h/2 Π.

6. Espectros luminosos de emision. Un problema fundamental en el estudio del átomo fué el determinar los niveles de energía de un átomo cuando el átomo emite rayas espectrales. Sin embargo, en el curso de muchos años casi todos los espectros atómicos han sido analizados y los niveles de energía resultantes han sido tabulados y representados con ayuda de diagramas.

El espectro de emisión muestra la luz emitida por los electrones que saltan de niveles altos a niveles más bajos. después de ser excitados por la absorción de energía, solamente frecuencias específicas se emiten resultando en rayas de luz.

Uno de los medios comunes usados para elevar el átomo de un estado normal a un estado excitado, ha sido utilizar una descarga eléctrica. Suponga que conectamos una lámpara de sodio a una fuente de alto potencial eléctrico. Ahora, si se descarga una corriente eléctrica dentro del gas sodio, la lámpara emite una luz amarilla que es el color característico del gas. Si una raya delgada de esta luz se analiza pasandolo por un electroscopio, una series de lineas discretas se observan, cada linea corresponda a una frecuencia o color particular. Esta serie de lineas se llama un espectro de rayas.

Tan pronto como la energia eléctrica excitó a los electrones ellos saltaron a niveles más altos y, un poco tiempo después, saltaron a niveles bajos emitiendo la luz observada. Recordemos que el espectro de rayas del hidrógeno se compone de cuatro lineas, roja, verde y dos azules.

7. Espectros de Absorcion. Ademas de emitir luz con longitudes específicas, un elemento tambien puede absorber luz con longitudes específicas. Las rayas espectrales correspondientes a este fenómeno se llaman el <u>espectro de absorción.</u>

Un átomo de sodio emite una luz amarilla de ondas de 5.890×10^{-7}m y 5.896×10^{-7}m, cuando pasa del estado excitado al estado normal. Un átomo de sodio en el estado normal puede absorber energía radiante de distintas longitudes de onda solo si esas longitudes corresponden a la diferencia entre niveles. En otras palabras, cualquier longitud de onda que corresponde a una raya espectral emitida cuando al átomo de sodio vuelve al estado normal, puede ser absorbida. Se puede obtener este espectro de absorción si se pasa una luz que contiene todas las longitudes, tales como la luz del Sol, por un vapor del elemento que se analiza, por ejemplo, vapor de sodio, y si se examina después con un espectroscopio, habrá <u>una serie de rayas oscuras correspondientes a las longitudes de onda absorbidas. Este espectro se denomina espectro de absorción. El espectro de absorción consiste de rayas negras superimpuestas en el espectro contínuo.</u>

El espectro solar es un espectro de absorción. El núcleo del Sol emite un espectro continuo, mientras que los vapores más frios de la atmósfera solar emiten rayas espectrales correspondientes a todos los elementos presentes. Cuando la luz intensa del núcleo del Sol atravieza los vapores más frios en la atmósfera solar, las rayas de los elementos en el núcleo son absorbidas. La luz emitida por los vapores más frios es tan pequeña, comparada con el espectro continuo no absorbido, que este aparece cruzado por un gran número de débiles rayas oscuras. Estas se denominan <u>rayas de Fraunhofer.</u> Se pueden contemplarse con un espectroscopio escolar dirigido a una parte cualquier del cielo.

Se ha observado también que cada raya de absorción de un elemento corresponde a cada raya en el espectro de emisión de ese elemento.

Espectros del Hidrógeno

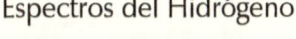

Emisión

Absorción

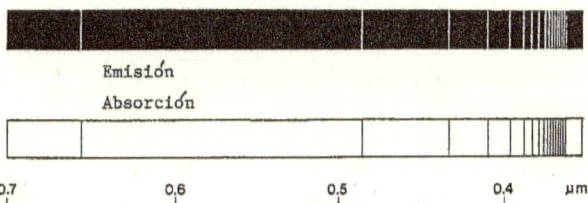

0.7   0.6   0.5   0.4   μm

En el diagrama anterior vemos los dos espectros del hidrógeno, el espectro de absorción y el espectro de emisión. El espectro de absorción muestra la luz que ha sido absorbida por los electrones de los átomos de hidrógeno cuando se lo ilumina con una luz blanca. Solamente frecuencias especificas son absorbidas. El espectro de emisión consiste de colores brillantes en un fondo negro. El espectro de absorción consiste de lineas negras en un fondo rojo - azul.

8. El Laser. Se vió que un átomo emite energía solo de ciertas frecuencias que corresponden a la diferencia en energía entre los niveles de energía del átomo, tal como lo explica la teoría de Bohr.

$$hf = E_i - E_f$$

Considere cualquier átomo con sus electrones en el estado fundamental de reposo. Cuando una luz es incidente a este átomo, solo el fotón cuya energía, hf, corresponde a la separación ΔE entre dos niveles es absorbido por el átomo causando que el electrón salte al nivél más alto.

El diagrama siguiente explica como este proceso de absorción estimulada ocurre en el átomo. A temperaturas ordinarias, la mayoría de los electrones en un átomo se encuentran en el estado fundamental de reposo, y es en este estado que los átomos son iluminados con una luz blanca, compuesta de todas las frecuencias. Los fotones absorbidos llevan una energía correspondiente a a $E_2 - E_1$, $E_3 - E_1$, $E_4 - E_1$, etc.

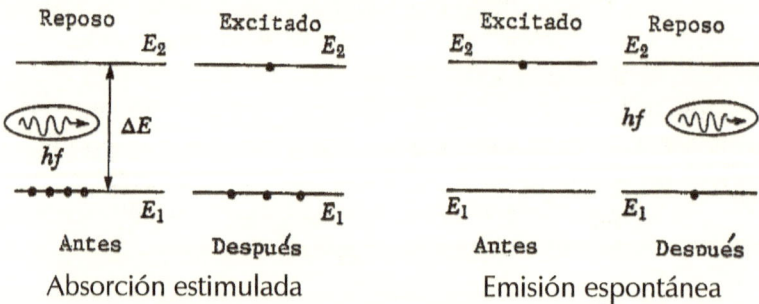

Absorción estimulada   Emisión espontánea

El átomo está ahora en un estado excitado puesto que sus electrones ocupan niveles energéticos altos.

Existe la posibilidad de que los electrones salten espontáneamente a un nivél más bajo. Esta se llama emisión espontánea. Tipicamente, un átomo permanece en un estado excitado solo por 1×10^{-8} segundos.

El átomo puede emitir energía por medio de otro proceso llamado emisión estimulada. Este tipo de emisión es importante en la fabricación de los lasers. Suponga que un átomo se encuentra en un estado excitado

476

E_2 y un fotón con una energía hf = E_2 - E_1 es incidente a él. Es posible que este fotón chóque con el electrón excitado empujándolo al nivél fundamental, lo que resulta en la emisión de un fotón con una energía, hf, idéntica. Existen, entonces, dos fotones, el incidente y el emitido.

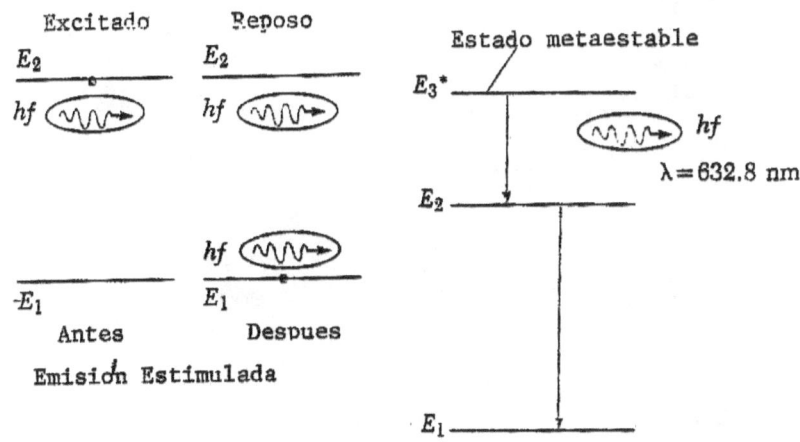

Emisión Estimulada

Este proceso de causar o estimular emisiones energéticas de niveles altos a más bajos se llama emisión estimulada. Recordemos que hay dos fotones en este caso, el fotón incidente y el fotón de la misma frecuencia, que es emitido durante el salto. Estos fotones, en turno, estimulan otros átomos los cuales emiten más y más energía. Esta energía es intensa y coherente.

Considere, por un momento, que esta situación es normal, que hay más átomos en estados excitados que hay en estados de reposo y estan listos a emitir fotones. Esta condición se llama población invertida, y es el concepto detrás de la operación de un laser o "Light Amplification by Stimulated Emission of Radiation".

Hay tres factores considerados en el laser:

1. El sistema debe encontrarse en un estado de población invertida, es decir, debe haber más átomos excitados que en reposo.

2. El estado excitado debe ser un estado metaestable, es decir, su duración de existencia debe ser grande comparada con el estado normal de un átomo excitado. Cuando esto ocurre, la emisión estimulada ocurre antes de la emisión espontánea.

3. Los fotones emitidos permanecen dentro del cuerpo del laser por un período de tiempo necesario para que estimulen emisiones por otros átomos excitados.

El cuerpo del laser es esencialmente un tubo sellado con espejos en los fondos. Un espejo es completamente reflectivo y el otro es en parte reflectivo para permitir que la luz salga del sistema. Estudie el diagrama siguiente que muestra un laser de neón. En el primero, (a), los átomos del neón suben al estado

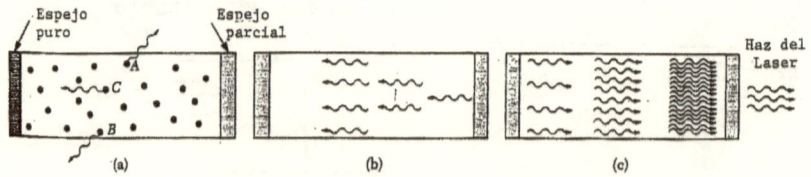

metaestable cuando chocan con electrones y con los átomos excitados de neón. Los átomos de neón regresan a su estado de reposo emitiendo fotones. Algunos fotones salen del tubo por los lados y se pierden en el ambiente, pero hay otros que chocan con el espejo en el fondo del tubo.

En el diagrama, b, un fotón moviendose de derecha a izquierda, en la dirección de las ejes del tubo encuentra otros átomos y causa que estos emitan más fotones produciendo más emisiones. El número de fotones se multiplica cuando el proceso continúa. En el último diagrama, c, el rayo de fotones se refleja del espejo a la izquierda y viaja hacia el espejo parcial en el lado derecho. El proceso de emisión estimulada continúa y el número de fotones aumenta geometrícamente. Solo se necesita un período de tiempo pequeño para producir una gigante cantidad de emisiones. Estas emisiones salen del tubo por medio del espejo parcial en la forma de un rayo de luz intensa. Estos son los fotones que constituyen el rayo de laser.

Desde su invención en 1960, el laser se ha transformado en un aparato muy necesario en el mundo moderno. Hay ahora lasers que producen ondas infrarojas, ondas visibles y ondas ultravioletas. Las aplicaciones incluyen cirugía de retinas, medidas precisas en el laboratorio y la industria, posible uso en la producción de fusión nuclear y comunicaciones telefónicas por medio de fibras ópticas. Estos usos son posibles porque el laser es una luz monocromática, intensa y coherente y al mismo tiempo es muy direccional y cuando propiamente enfocada produce regiones de calor y luz muy intensas.

Selección Múltiple.

1. La trayectoria de las partículas alfa dispersas es 1) hiperbólica; 2) circular; 3) parabólica; 4) elíptica.

2. Algunas de la partículas alfa rebotaron. La explicación de este fenómeno es qué 1) los electrones tienen una masa pequeña; 2) los electrones tienen una carga pequeña; 3) la lámina de oro tiene solo unos átomos de espesor; 4) la masa y la carga nuclear estan concentrados en una parte pequeña.

3. Las partículas alfa se dispersaron debido a 1) las fuerzas gravitatorias; 2) las fuerzas de Coulomb; 3) las fuerzas magnéticas; 4) las fuerzas nucleares.

4. Cuando la distancia entre el núcleo y la trayectoria de las partículas alfa aumenta, el ángulo de desviación de estas partículas 1) disminuye; 2) aumenta; 3) no cambia.

5. Si el metal usado en la láminas hubiera sido hecho de un elemento más pesado, el ángulo de desviación hubiera 1) disminuído; 2) aumentado; 3) no hubiera cambiado.

6. Cuando un electrón salta de un nivél alto a uno más bajo dentro del átomo, un cuanto de energía se 1) quiebra; 2) pega; 3) emite; 4) absorbe.

7. Radiación electromagnética se produce por 1) los neutrones moviendose con velocidad constante; 2) electrones moviendose con velocidad constante; 2) neutrones acelerados; 4) electrones acelerados

8. La probabilidad de un choque directo entre una partícula alfa y el núcleo de un átomo es 1) muy pequeña; 2) muy alta; 3) casi 50%; 4) cero.

9. Si un átomo de hidrógeno salta del nivél $n = 4$ al nivél $n = 1$ en dos saltos, el fotón emitido tiene una energía de 1) 2.55 eV; 2) 10.0 eV; 3) 12.75 eV; 4) 13.6 eV.

10. El hecho de que la mayoría de las partículas alfa pasan por la lámina metálica sin desviación, indica que el átomo es 1) lleno de electrones; 2) lleno de neutrones; 3) un vacio; 4) lleno de protones.

11. Si un átomo de hidrógeno se encuentra en el nivél $n = 5$, ¿cúal es la energía mínima necesaria para ionizar el átomo? 1) 0.54 eV; 2) 13.1 eV; 3) 13.6 eV; 4) 14.1 eV.

12. ¿Qué fotón emite un átomo de hidrógeno cuando cambia del nivél $n = 5$ a $n = 2$? 1) 13.6 eV; 2) 3.4 eV; 3) 2.86 eV; 4) 0.54 eV.

13. Un elemento emite su espectro característico si 1) los átomos se ionizan; 2) los núcleos emiten protones y neutrones; 3) los electrones saltan de niveles de energía altos a los más bajos. 4) los electrones salta de niveles de energía bajos a los más altos.

14. El potencial de ionización del átomo de hidrógeno es 1) 10.2 eV; 2) 12.1 eV; 3) 13.1 eV; 4) 13.6 eV.

15. El átomo de Rutherford se basa en los estudios 1) del efecto fotoeléctrico; 2) de la radiación de un cuerpo negro; 3) la dispersión de la partículas alfa; 4) los espectros de emisión y absorción.

Las preguntas 16 - 18 se basan en el diagrama siguiente que muestra tres rayas visibles del espectro del hidrógeno. La energía en Ev o la frecuencia en Hz, se ven debajo de las líneas.

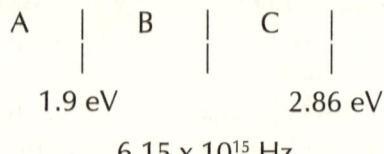

16. ¿Cúal es la energía de los fotones que producieron la raya B? 1) 3.23 x 10^{-19}J; 2) 4.07 x 10^{-19}J; 3) 9.28 x 10^{-19}J; 4) 9.85 x 10^{-19}J.

17. ¿Qué salto cuántico produjo la raya A? 1) n = 2 a n = 1; 2) n = 3 a n = 2; 3) n = 4 a n = 3; 4) n = 5 a n = 2.

18. Si el diagrama representa un espectro de absorción, ¿que salto cuántico habia producido la raya A? 1) n = 2 a n = 3; 2) n = 2 a n = 1; 3) n = 3 a n = 2; 4) n = 4 a n = 2.

Las preguntas 19 - 23 se basan el la información siguiente: Un fotón de 14.6 eV de energía choca con un átomo de hidrógeno en su nivel n = 1.

19. ¿Cúal es la energía del fotón en joules? 1) 1.5 x 10^{-18}; 2) 2.3 x 10^{-18}; 3) 6.3 x 10^{-18}; 4) 9.1 x 10^{-18}.

20. ¿Cúal sería la energía potencial máxima que el átomo gana sin llegar a ionizarse? 1) 0 eV; 2) 1 eV; 3) 13.6 eV; 4) 14.6 eV.

21. ¿Cúal es la energía emitida por un átomo de hidrógeno cuando el electrón salta de n = 3 a n = 2? 1) 1 eV; 2) 1.5 eV; 3) 1.9 eV; 4) 12.1 eV.

22. ¿Cuantos electron - voltios de energía se necesitan para ionizar a un átomo de hidrógeno cuando el electrón está en el nivél n = 3? 1) 1.5; 2) 1.02; 3) 1.21; 4) 1.36.

23. ¿Cuanta energía se necesita para ionizar un átomo de hidrógeno en el nivél n = 1? 1) 0.03 eV; 2) 1.5 eV; 3) 3.4 eV; 4) 13.6 eV.

Capitulo 58
Estado Sólido

Física del estado sólido

1. Conduccion en Solidos. Un sólido se clasifica como un conductor, un aislador o un semiconductor de acuerdo con la abilidad de conducir una corriente eléctrica.

Conductores. Metales tales como el hierro, el cobre, el oro y la plata son buenos conductores de electricidad. Esta abilidad se basa en el número enorme de electrones alrededor de los átomos que se mueven libremente entre los átomos.

Aisladores. El vidrio y el caucho son ejemplos de sólidos no - metálicos que no conducen electricity. Generalmente un aislador no tiene un número suficiente de electrones alrededor de los átomos que se mueven libremente. Estos electrones son atraídos muy fuertemente por el núcleo positivo del átomo.

Semiconductores. Metaloides tales como el germanio o el silicio poseén un número limitado de electrones en sus átomos. En su capacidad de conducir una corriente eléctrica, los semiconductores caen entre los conductores puros y los aisladores.

Conducción es la abilidad que una sustancia tiene para conducir una corriente eléctrica. Esta abilidad es contraria a la resistividad eléctrica. Cuanto más baja la resistividad de un conductor, mas mejor es la abilidad de la sustancia de conducir una corriente. Resistividad mide la abilidad relativa de una sustancia para oponer el flujo de electricidad, a una temperatura específica, dependiendo de la naturaleza de la sustancia. Conocemos que la resistencia de un conductor es proporcional a la longitud e inversamente proporcional al area de la sección transversal:

$$R \propto \frac{L}{A} \qquad R = p\frac{L}{A} \qquad p = \frac{RA}{L}$$

R = Resistencia en ohmsL = Longitud en metros

A = Area en m^2p = Constante de resistividad en ohms. metros.

3. Teorías of conducción sólida. El modelo mar - de - electrones

Este modelo describe la conducción de un sólido en términos del número grande de electrones que se mueven libremente dentro del cristal metálico. Los electrones libres son electrones de valencia responsable por las reacciones químicas.

Se puede decir que en un número de cristales metálicos, los electrones de uno y todos los átomos se comparten igualmente por todos los átomos. Literalmente, entonces los átomos se encuentran sumergidos en un "mar de electrones". Esta condición dá al metal, una abilidad excellente de conducción.

3. Modelo de Bandas. El físico, Niels Bohr, usando la teoría cuántica de Max Planck, formulá un modelo para el átomo del hidrógeno. Este modelo dice que los electrones del hidrógeno se encuentran solamente dentro de niveles o estados de energía. La cantidad de energía en un nivel corresponde a la distancia relativa desde el núcleo. Estos niveles crecen desde el más bajo, cerca del núcleo, hasta el más alto, donde el electrón salta del átomo creando un ión. El nivél de energía más bajo se llama el estado fundamental. El nivél más alto es el estado de ionización.

El electrón no puede absorber ni emitir energía cuando se halla en un nivél de energía. Hay transferencia de energía, en la forma de fotones, solamente cuando el electrón se mueve entre niveles. La cantidad de energía ganada o perdida es igual a la diferencia entre la energía inicial y la energía final:

$$E = E_i - E_f$$

Los niveles de energía se llaman también Bandas de energía. La región entre estas bandas, donde no se encuentra ningún electrón, se llama la Brecha o el Ajugero de Energía.

Considere esto, si dos átomos del mismo elemento se encuentran muy próximos, los electrones en las orbitas más afuera están tan cercanos que los niveles de energía se mezclan y se juntan. Un nivél de energía no puede tener sino el número exacto de electrones, por consiguiente, los niveles de energía de los dos átomos se mueven algo poco, creando un nivél algo más alto en uno que en el otro. Entonces, en un átomo con un número de atomos muy juntos, un nivél de energía no es solo una banda simple, pero una banda compleja compuesta de un grupo de bandas con energías similares. Los electrones se mueven libremente dentro de las bandas si hay lugares vacios en la bandas.

Si la banda de energía está llena de electrones de valencia, la banda es la banda de valencia. Ahora, si la banda de valencia no puede admitir más electrones, estos electrones extras migran a una banda de energía más alta que la llamamos la banda de conducción. Esta banda permite que los electrones se muevan libremente por el cristal y asi llevar corrientes eléctricas.

En el caso de conducción eléctrica, la banda de energía inicial es la banda de valencia y la banda de energía final es la banda de conducción, separadas por una brecha de energía.

E_i = Banda de valencia E_f = Banda de conducción

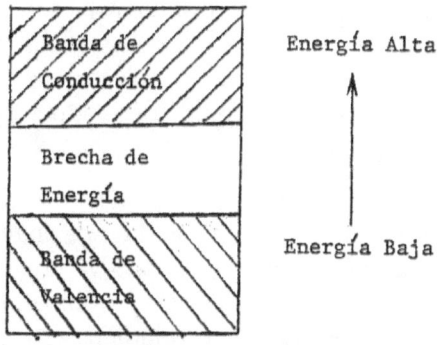

Modelo de bandas

Recordemos que la banda de valencia contiene electrones en el nivél más afuera del átomo y la banda de conducción es ocupada por electrones que transmiten la corriente eléctrica.

4. Sólidos como conductores. De acuerdo con el modelo de bandas, los conductores tienen bandas de conducción que se sobreponen sobre bandas de valencia. El resultado de esto es la abilidad de movimiento libre de numeros enormes de electrones. En algunos metales muy activos, como el litio o el sodio, las bandas de valencia sirven también como bandas de conducción porque estas bandas no están completamente llenas de los electrones requeridos. Los electrones se mueven muy facilmente en un camino electrónico entre estas bandas no rellenas. En otras palabras, las bandas de valencia y las bandas de conducción se sobreponen, de tal manera que no hay una brecha de energía entre ellas. En este caso, tenemos un conductor de energía típico. Los metales exhiben estas propiedades.

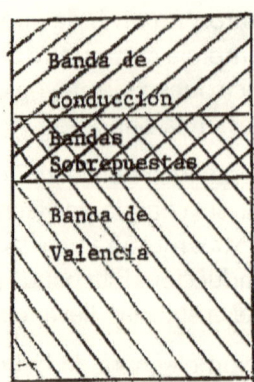

Modelo de bandas para conductores

Cuando la temperatura del conductor aumenta, aumenta también el número de choques entre los electrones y los átomos. Los choques convierten la energía cinética del electrón a calor. Este calor extra aumenta la temperatura y es necesario, por supuesto, suministrar un voltage más alto para mantener el flujo constante de electrones en él alambre. Un aumento en la temperatura del conductor produce un aumento en la resistencia de dicho conductor.

5. Solidos como Aislantes. Encontramos que en los aislantes, las bandas de conducción y de valencia están separadas por una brecha de energía ancha la cual sirve como barrera muy efectiva contra el pasaje de la corriente. Las bandas de valencia no sirven como bandas de conducción porque muy a menudo ellas estan completamente llenas de electrones. Es por esta razón que los electrones tienen poca mobilidad y no pueden migrar de un átomo a otro porque no hay espacio vacio en los otros átomos.

```
┌─────────────────┐
│ Banda de        │
│ Conducción      │
│                 │
│                 │
├─────────────────┤
│ Brecha   ancha  │
│ de energía      │
├─────────────────┤
│ Banda de        │
│ Valencia        │
│                 │
│                 │
└─────────────────┘
```

Aunque la banda de valencia no este llena, hay una probabilidad pequeña de que los electrones viajen de una banda a otra, puesto que arriba de la banda de valencia hay otra banda de energia que se encuentra vacia. Si los electrones absorben energía, pueden saltar a la banda más alta, pero el número es muy pequeño. La probabilidad del electrón saltando de una band a otra depende de lo ancho que es la brecha de energía, si esta brecha es muy ancha la probabilidad es casi cero.

Solidos como semiconductores. Los semiconductores tienen una brecha de energía muy angosta entre las bandas de conducción y de valencia. En algunas sustancias, por ejemplo, en el silicio y el germanio, la brecha de energía es comparativamente muy angosta y hay una probabilidad muy alta que los electrones salten de una banda a otra. Por esta razón, <u>estas sustancias no son ni buenos conductores ni buenos aislantes de electricidad.</u> Tienen propiedades entre ellas, o son <u>semiconductores</u>.

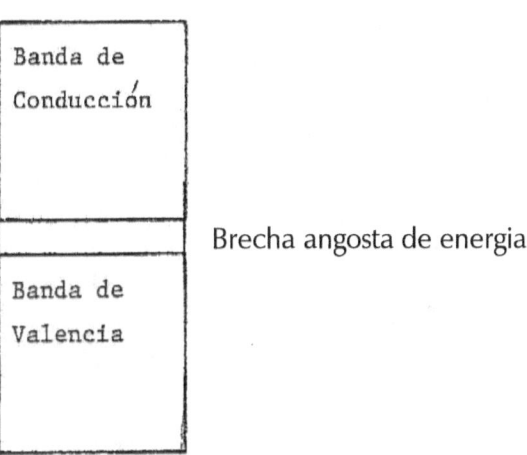

Brecha angosta de energia

Muchos materiales se encuentran entre estos dos extremos. Los elementos semiconductores son miembros del mismo grupo químico, el grupo 14 en la Tabla Periódica de los Elementos. Sus propiedades comunes se relacionan con su estructura atómica. El silicio y el germanio son los más tipicos y los más usados. Ambos tienen cuatro electrones de valencia en la orbita más exterior.

Los electrones orbitales o planetarios, se hallan distribuídos en varios niveles de energía o capas concéntricas. La capa más interior, o nivel de energía mínima, tiene lugar para dos electrones y la segunda tiene sitio para ocho. Por ejemplo, en el cristal de germanio, en el diagrama siguiente, vemos cuatro enlaces covalentes.

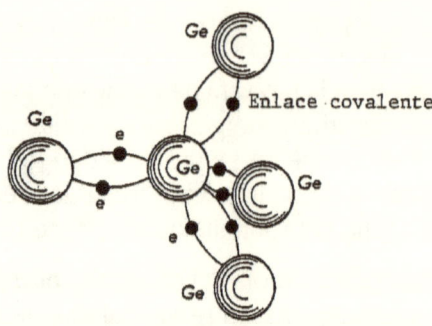

Enlace covalente

Los elementos semiconductores tienen todos ellos cuatro electrones en la capa exterior. Cuando un elemento semiconductor, como el germanio, está en forma cristalina, los cuatro electrones son compartidos por los átomos vecinos, formandose asi enlaces covalentes y llenando totalmente las capas exteriores. Cada átomo contribuye un electrón al enlace químico, de esta manera cada átomo de germanio tiene ocho electrones en su capa exterior. Cada átomo de germanio en un cristal de germanio está enlazado en el centro de una configuración tetrahédra formada por los cuatro átomos vecinos. Esta configuración garantiza que los electrones no tienen libertad de moverse.

6. Semiconductores Intrinsicos. Cuando se calienta un cristal semiconductor, las vibraciones atómicas son suficientemente fuertes para quebrar los enlaces y permitir que los electrones se muevan entre los átomos. De esta manera, un número mayor de <u>electrones pasa de la banda de valencia a la banda de conducción</u>. Sin embargo, si la temperatura se baja casi cerca del cero absoluto, los semiconductores se comportan como aisladores.

Cuando un electrón sale de la configuración atómica, deja detrás un <u>agujero</u>. Si el electrón tiene una carga negativa, el <u>agujero, en la ausencia del electrón se considera positivo</u>.

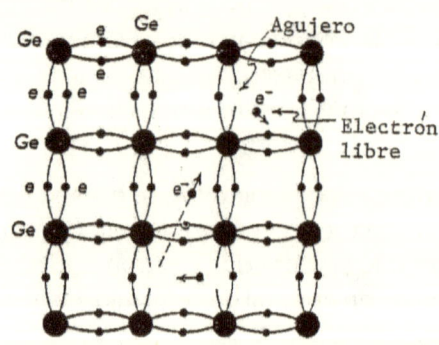

Ahora, el electrón libre, ocupará el agujero creado por otro electrón. El resultado de este movimiento es: <u>los electrones se mueven en una dirección y los agujeros se mueven en dirección opuesta. El movimiento de un agujero es equivalente al movimineto de una carga positiva.</u> En estos cristales, los portadores de electricidad son los electrones y los agujeros, por esto se llaman semiconductores intrínsicos. Recordemos que en los conductores, los portadores de la corriente son solamente los electrones.

7. Semiconductores Extrinsicos. Contaminacion. Un semiconductor intrínsico, como el germanio, se puede convertir a un semiconductor extrínsico se si añade una impureza al cristal. El proceso de añadir impurezas se llama contaminación.

Un centímetro cúbico de germanio puro tiene una resistencia eléctrica de cientos de miles de ohms. Sin embargo, si se añade una traza pequeña de una impuridad, como arsénico o aluminio, la resistencia será menos de cien ohms. Evidentemente, algo sucedió en la estructura atómica que permite un número enorme de electrones libres.

La técnica común para contaminar una cristal es poner trazas de la impuridad en la superficie del cristal y añadir calor. Este método disemina los átomos de la impuridad hacia el interior del cristal. El radio de los átomos impuros a los átomos del semiconductor es muy pequeño, talvéz en la vecindad de $1 : 10^8$.

8. Semiconductores del tipo N. Considere un cristal de germanio al cual se añadió arsénico como la impureza. El átomo de arsénico suministra cinco electrones al sistema, cuatro de los cuales se usan en la configuracion tetrahédra y el electrón libre pasa de un átomo a otro, reduciendo la resistencia del cristal.

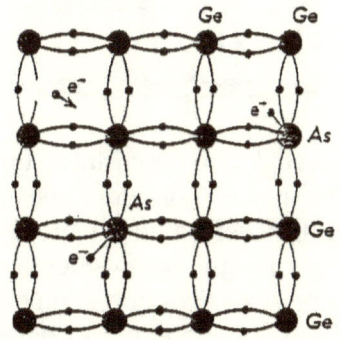

Notese que existe un electrón que no tiene lugar en la estructura cristalina, pero que tiene libertad relativa para moverse dentro del cristal. Es decir, se comporta como un electrón libre. Esto convierte al germanio contaminado en un conductor moderamente bueno de la corriente eléctrica, puesto que el arsénico ha cedido un electrón al sistema.

Un semiconductor con una exceso de electrones libres se llama un semiconductor del tipo N ya que los electrones tienen una carga negativa. Las impurezas que proporcionan electrones suplementarios se llaman donadores.

Recordemos que cuando el elemento donador contribuye el electrón extra al sistema, este electrón se mueve más cerca de la banda de conducción dejando detrás un agujero positivo. Si conectamos este cristal a una pila seca, los electrones salen de la pila y entran en el cristal. Al mismo tiempo, los electrones en el cristal son atraídos al polo positivo de la bateria. Dentro del cristal, los electrones se mueven del lado negativo al lado positivo. En un semiconductor tipo N, los portadores de corriente son los electrones.

9. Semiconductores del tipo P. Si se contamina el semiconductor con un elemento que tenga solo tres electrones en su capa exterior, por ejemplo, el aluminio o el galio. En el diagrama siguiente, vemos que el átomo de aluminio deja el germanio con agujeros. Estos agujeros actúan como portadores eléctricos de modo similar al exceso de electrones.

El aluminio o el galio se llaman elementos aceptores Un semiconductor con una deficiencia de electrones es un semiconductor del tipo P.

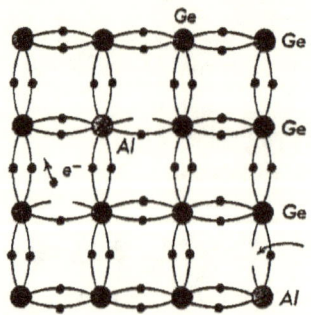

Los agujeros se mueven dentro del cristal en una dirección opuesta al movimiento de los electrones. Se considera que los agujeros tienen una carga positiva. Si un electrón llena a un agujero, el lugar que el electrón ocupó es ahora un agujero y asi sucesivamente. Los semiconductores del tipo P tienen portadores positivos que se mueven hacia un potencial negativo, al contrario de los portadores negativos del tipo N, que avanzan hacia un potencial positivo.

Si se conecta este cristal a una pila seca, los electrones llenarán los agujeros y cada agujero aparece como si se mueve hacia el potencial negativo.

Por cada electrón que entra al cristal del lado negativo, otro electrón sale del cristal y se mueve hacia el lado positivo.

Notese que el flujo de electricidad es el flujo de electrones en el cristal y que el flujo de agujeros es contrario al flujo de electrones. La resistencia eléctrica se reduce puesto que hay un número considerable de agujeros que facilitan el flujo de electrones. Un agujero se debe considerar como un electrón positivo. En un cristal tipo P, el portador eléctrico es el agujero.

Recordemos que estos cristales no son cargados. En otras palabras, cada átomo del semiconductor y de la impureza es neutro.

10. La Union PN. Supongamos que un trozo de germanio tipo N y otro de tipo P están en íntimo contacto eléctrico, como se muestra en el diagrama.

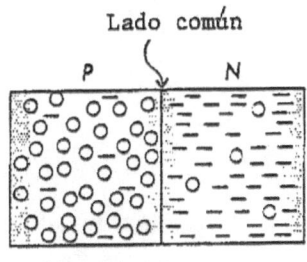

Unión PN

Una unión PN o un diodo se forman cuando un cristal N se junta con un cristal P. En la región de empalme, los electrones libres del cristal N pasan por la unión y llenan los agujeros en el cristal P

En el lado común, los electrones libres del cristal N pasan atravéz de la unión y llenan los agujeros en el cristal P, casi de la misma manera que los átomos de una sustancia pasan por una membrana porosa. Ya que los electrones salen del cristal N, ese lado de la unión adquiere un potencial positivo, mientras que el cristal P, recibe electrones y adquiere un potencial negativo. En efecto, los agujeros se mueven hacia un lado de la unión y los electrones se mueven al lado opuesto.

Un diodo se representa con el símbolo siguiente:

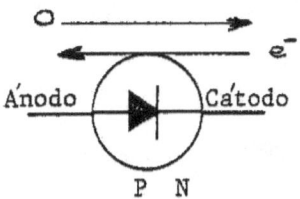

La flecha siempre apunta del lado P al lado N é indica el flujo de los agujeros. El flujo de los electrones o la corriente eléctrica ocurre en la dirección opuesta.

11. Corriente Electrica en la union PN. Hay dos modos de conectar un diodo a una fuente de potencial eléctrico:

1. Tipo P al polo positivo

    Tipo N al polo negativo

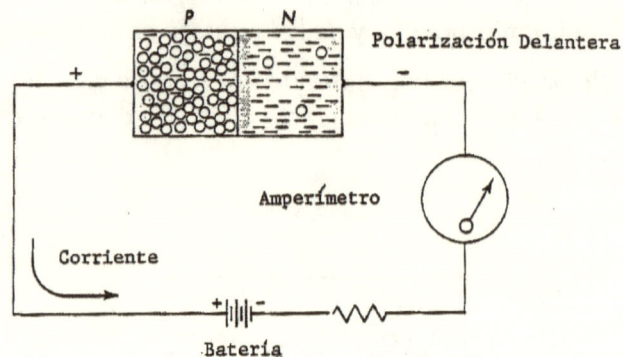

Si se conecta el lado N al terminal negativo de una pila seca y el lado P al positivo; los portadors negativos, los electrones y los portadores positivos, los agujeros, se mueven hacia la unión PN. En la sección del empalme, los electrones saltan dentro de los agujeros de la sección P. Una unión PN conectada de esta manera se dice que esta polarizada hacia adelante, o con polarizacion delantera. En esta unión los electrones fluyen desde el lado N al P. Este flujo es una corriente eléctrica.

2. Tipo P al polo negativo

    Tipo N al polo positivo

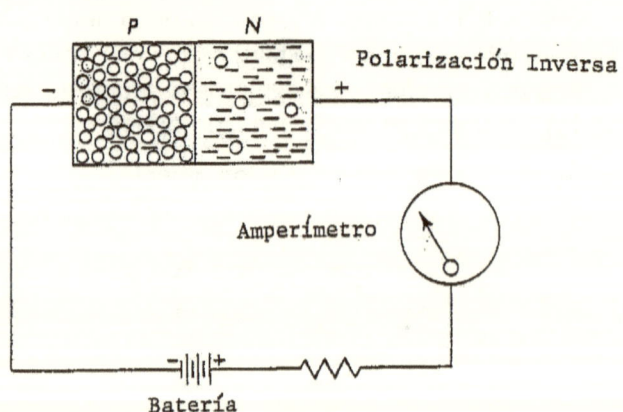

Si en cambio, las conecciones se invierten, los electrones tanto como los agujeros se alejan de la unión PN. Ni los electrones ni los agujeros pueden cruzar la división entre las cristales y, la corriente, es esencialmente nula. Una unión PN, conectada de esta manera, se dice que esta polarizada hacia atrás o en polarización inversa.

El diodo ilustra el más simple y más fundamental uso de un semiconductor en la electrónica. Se usa comunmente como una valvula que permite el flujo de corriente solamente en una dirección. Este principio de corriente en un solo sentido es la base del funcionamiento de rectificación de semiconductores, que se fabrican con dos trozos de cristal semiconductor, tipos N y P, en íntimo contacto.

12. Caracteristicas de la corriente. Vimos que el diodo en polarización inversa se comporta como una resistencia alta. Se opone efectivamente al flujo de corriente y en efecto amplia la distancia entre el cristal N y el P, en términos de la corrriente que fluye entre ellos. Bajo estas condiciones, la corriente para completamente. Sin embargo, solamente una corriente muy pequeña fluye del P al N, porque hay siempre unos electrones en la banda de conducción del cristal P y unos pocos agujeros en el cristal N.

El diagrama siguiente muestra la curva de la corriente que fluye por la unión PN cuando el voltaje suministrado al cristal cambia de valor. En la gráfica, las ejes Y representa la corriente y las ejes X representa el voltaje aplicado el circuíto.

En la polarización delantera, un voltaje suministrado de 0. voltios, produce una corriente de miliamperios. Con 0.2 voltios, la corriente producida es miliamperios. En la gráfica de la corriente vs el voltaje, la curva no es linear, puesto que en un diode la corriente no es proporcional al voltaje aplicado al circuíto. Este es un aparato no - linear que no obedece la ley de Ohm.

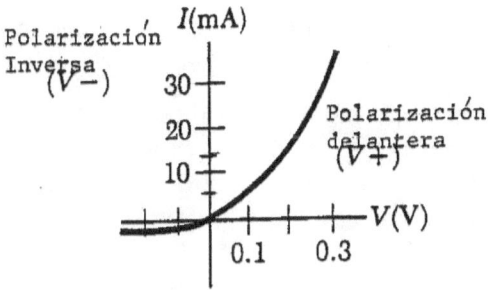

El voltaje en el diodo se mantiene dentro de unos límites moderados, en general menos de un voltio. Cuando el diodo se conecta en el modo reverso, la corriente presente es muy pequeña si el voltaje es menor que 1 voltio. Sin embargo, si el voltaje en el diodo es en la vecindad de 200 - 300 V, la ionización de los átomos en el cristal ocurre de repente, ya que los electrones adquieren una energía cinética suficiente para salir del átomo. La propiedad del diodo de mantener un voltaje estable sobre un número diverso de corrientes, es muy útil en el diseño de reguladores de voltaje.

13. Rectificacion por un diodo. <u>Rectificación es la conversión de una corriente alterna a corriente directa.</u> La unión PN se usa como un rectificador porque mantiene una corriente solo en el modo delantero. Además solo usa una potencia pequeña y produce muy poco calor.

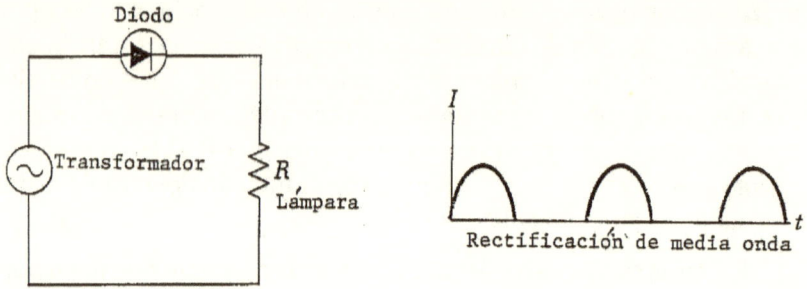

El diagrama muestra un diodo rectificador conectado en un circuíto muy sencillo. Un transformador suministra la potencia electrica alterna que cambia de polaridad dos veces en cada ciclo. La corriente fluye por el diodo, solo este está funcionando en el modo delantero, lo que ocurre solo una vez en cada ciclo. En este tiempo y solo en este tiempo, la corriente pasa por el diodo. Durante la parte reversa del ciclo, no corriente pasa por el diodo.

Una corriente alterna normal produce una curva sinuosa como curva en el diagrama A, pero en el diodo rectificador, la parte baja de la curva o la parte negativa, se corta, como se ve en el diagrama B. Este tipo de rectificación se llama <u>rectificación de media onda.</u>

El diagrama siguiente muestra dos diodos conectados a una fuente de corriente alterna. <u>Estos dos diodos producen una rectificación de onda completa.</u> Usando un transformador como la fuente de potencia, se puede cambiar la magnitud de la potencia. Durante cada mitad del ciclo, uno de los diodos conduce y el otro no. Durante el otro medio ciclo ocurre lo contrario, de modo que durante cada medio ciclo existe una corriente en la lámpara.

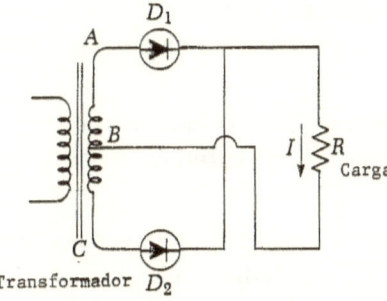

Transformador

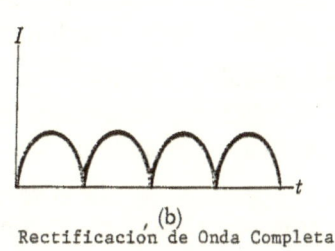

(b)
Rectificación de Onda Completa

Usos de los diodos. Los diodos son extremadamente útiles en aplicaciones electrónicas, por ejemplo:

1. Termistor. Se usan en controles automáticos de temperatura, puesto que la conductividad aumenta con un aumento en temperatura.

2. Diodo Zener. Un diodo en polarización inversa deja de trabajar con un voltage tan pequeño como 3.4 voltios. Por esta razón, el diodo Zener se usa para ajustar fuentes de potencia y proteger automaticamente circuitos sensitivos tales como los que existen en los computadores.

3. Rectificador. Convierte una corriente alterna a una corriente directa de onda media. Usados en circuítos electrónicos de radios y televisores.

4. Diodo de cristal líquido. (LCD). Un diodo cambia su abilidad en reflejar la luz dependiendo en la dirección de la corriente exterior. Se usa en las pantallas de calculadoras y relojes digitales.

5. Diodo emitidor de luz. (LED). Este diodo emite luz cuando se conecta en polarización inversa. Los electrones en la banda de conducción saltan a la banda de valencia y la energía emitida se ve en la forma de luz. Se usa en las pantallas de calculadoras, relojes y otros aparatos electrónicos.

6. Bateria solar. El diodo suministra un voltage a travéz de los del ánodo y el cátodo en un cristal fotoeléctrico.

Selección Múltiple.

1. El núcleo de un átomo contiene 1) solo protones; 2) solo electrones; 3) solo neutrones; 4) neutrones y protones.

2. Los elementos que muestran una conductividad entre los metales y los aisladores son 1) conductores; 2) no - conductores; 3) semiconductores; 4) superconductores.

3. Un material que suministra electrones al semiconductor recibe el nombre de 1) material transistor; 2) material tranducer; 3) material aceptor; 4) material donador.

4. Materiales donadores y aceptadores se llaman tambien 1) materiales metálicos; 2) materiales contaminantes; 3) materiales conductores; 4) materiales aislantes.

5. Un pedazo de silicio se contamina con átomos que solo tienen tres electrones de valencia. Esta contaminacion forma 1) un semiconductior tipo P; 2) un semiconductor tipo N; 3) una unión PN; 4) un transistor.

6. Cuando se junta dos semiconductores, uno del tipo P y el otro del tipo N, se forma 1) un superconductor; 2) un termistor; 3) un conductor de protones; 4) una barrera eléctrica.

7. El voltaje aplicado atravéz de una unión PN se llama 1) un emisor; 2) un contaminador; 3) un colector; 4) un transistor.

8. ¿Cúal diagrama siguiente representa una unión PN conectada hacia adelante?

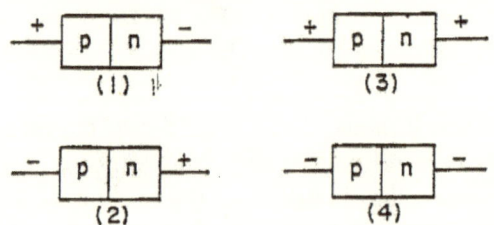

9. ¿Qué función causa que la mayoría de los electrones libres en un semiconductor se muevan en la misma dirección? 1) calentar el conductor; 2) cargar el conductor; 3) mantener un voltaje atravéz del conductor; 4) poner el conductor entre los polos de un imán.

10. El germanio es contaminado con arsénico para formar un cristal de tipo N. Las cargas eléctricas se llevan por medio de 1) electrones; 2) agujeros; 3) iones - P; 4) protones.

11. Un contaminante que tiene menos electrones que el semiconductor se clasifica como 1) un donador; 2) un aceptor; 3) un aislador; 4) un emisor.

Las preguntas 12 - 14 se basan en el diagrama siguiente.

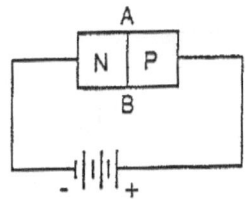

12. ¿Qué tipo de aparato semiconductor se muestra? 1) un emisor; 2) un resistor; 3) un diodo; 4) un transistor.

13. El el diagrama, la línea AB identifica 1) el emisor; 2) la base; 3) el colector; 4) la unión.

14. Tal como es trazado, este aparato está 1) polarizado hacia adelante; 2) polarizado inverso; 3) está enterrado; 4) esta abierto.

15. Una sección de un semiconductor de tipo P se conecta a una fuente de potencia, como se ve a la derecha. ¿Cúal frase describe lo que actualmente ocurre en este semiconductor?
    1) Agujeros se mueven hacia el terminal positivo;
    2) Agujeros se mueven hacia el terminal negativo;
    3) Protones se mueven hacia el terminal positivo;
    4) Protones se mueven hacia el terminal negativo.

16. Un contaminante que añade electrones al material semiconductor, se llama 1) un semiconductor de tipo N; 2) un semiconductor de tipo P; 3) un donador; 4) un aceptor.

17. Comparando el número de electrones libres en un aislador, el número de electrones en un conductor del mismo tamaño es 1) menor; 2) mayor; 3) el mismo.

18. De acuerdo con los modelos atómicos, los metales son buenos conductores porque sus átomos 1) tienen más electrones que protones; 2) tienen un núcleo no estable que emite electrones; 3) tienen electrones negativos que atraen a protones positivos; 4) tienen un número de electrones de valencia que se mueven libremente.

Capitulo 59

Transistores

1. Transistores. Ya vimos como una unión PN se puede usar como un rectificador. Ahora si tomamos dos uniones PN y las juntamos de tal manera que los cristales P se funden y se comprimen en una lámina muy delgada como se ve en el diagrama siguiente, hemos hecho un <u>transistor</u> básico.

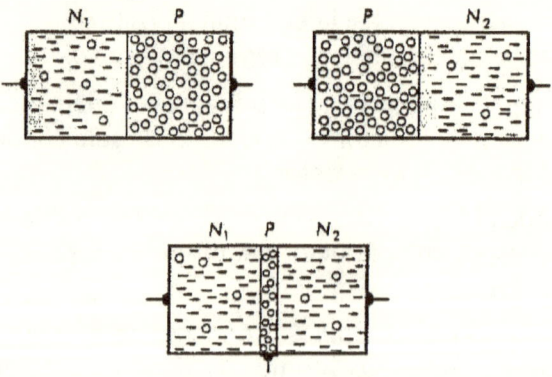

Por supuesto que los transistores no se fabrican de esta manera, nos facilita nuestro estudio de transistores si pensamos que ellos no son nada más que dos diodos de espalda a espalda. Esencialmente, hay dos tipos posibles de transistores; <u>si los cristales P se funden entre los diodos, el transistor es del tipo NPN. Si por el contrario, los cristales N se funden entre los diodos, el transistor es del tipo PNP.</u>

La estructura de un transistor ordinario se muestra en la figura siguiente. Observese que tiene tres secciones:

1. Emisor. El emisor es la fuente primaria de las cargas eléctricas, sean estos electrones o agujeros. <u>Si las cargas son electrones</u>

tenemos un NPN transistor, si las cargas son agujeros, tenemos un PNP transistor. El emisor tiene más contaminación que las otras partes.

2. Base. La base es la lámina delgada de cristal común a los dos diodos. La lámina base tiene unos 100 nanometros de espeso.

3. Colector. El colector recibe las cargas eléctricas del emisor y la base.

Aunque el emisor y el colector se ven semejantes en el diagrama siguiente, generalmente difieren en el modo exacto como fueron contaminadas y, por lo tanto, no son intercambiables. Los diagramas siguientes indican la configuración de los transistores. Debajo de la figura vemos el símbolo usado para indicar el tipo de transitor usado en circuítos comunes.

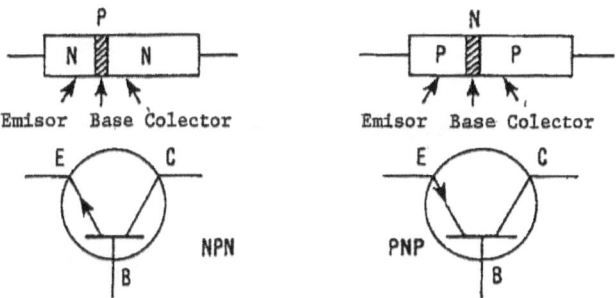

2. Operacion de un transistor. La figura indica como se conecta el transitor a un circuíto sencillo, en este caso el transistor es del tipo NPN. Este transistor es una unión NP conectada a una unión PN. La mitad emisor - base se conecta en el modo de polarización hacia adelante. La corriente que entra en el emisor se separa en dos partes, una parte entra en la base y el resto continúa hasta el colector. La base es muy delgada y no es muy contaminada, solo contiene un número pequeño de agujeros y una corriente pequeña fluye dentro de ella.

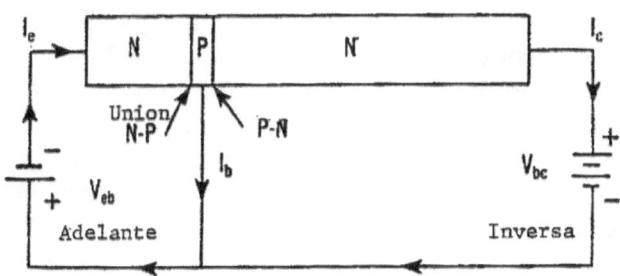

El circuíto del colector es polarizado hacia atrás y permite que una corriente muy pequeña fluje por él. Pero como ya lo dijimos, la base no es muy contaminada y tiene una corriente muy pequeña. Debido a que el emisor - base circuito está polarizado hacia adelante, los electrones le cruzan pasando a la base. Una vez en esta, estos electrones quedan muy próximos al colector. El lado positivo de la bateria del colector atrae la mayoría de los electrones del emisor causando que una corriente grande pase por el circuíto del colector. Examine el diagrama esquemático de tal circuito.

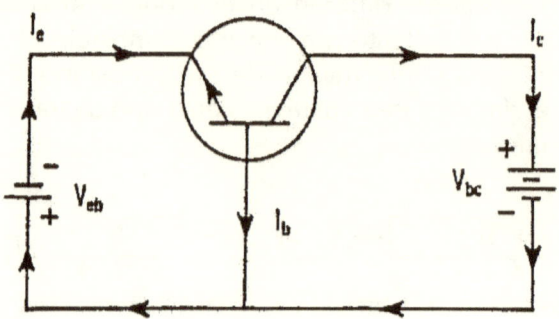

Diagrama Esquemático

Aproximadamente un 95% de la corriente que viene de la fuente pasa del emisor por la base hasta el colector. El resto o el 5% pasa por la base y regresa a la bateria. Esto se debe a la delgadéz de la base y la poca contaminación de ella. El resultado es que la corriente del colector, I_c, es algo mas pequeña que la corriente del emisor, I_e. La corriente pequeña de la base resulta de la combinación electrón - agujero dentro de la base.

En un transistor común, la resistencia de la unión base - colector es en la vecindad de 10^5 ohms; la resistencia de la unión emisor - base es en la vecindad de 10^2 ohms. La operación de un transistor PNP es esencialmente la misma que en el NPN transistor con la polaridad en reverso y corriente de agujeros reemplazando el flujo de electrones.

3. Propiedades amplificadoras. Recordemos que estas conecciones permiten que el emisor pase los electrones a la base porque la unión es polarizada hacia adelante. De la misma manera el colector no puede pasar la corriente a la base puesto que es conectado en polarización inversa. Sin embargo, el colector positivo puede atraer a los electrones que entran a la base desde el emisor, de esta manera creando una corriente de salida en el circuito.

La corriente en el emisor controla la corriente en el colector, produciendo una corriente en el colector que es algo más pequeña que la corriente en el emisor, pero la resistencia muy grande del colector hace posible que se use más energía en este punto, con el resultado que se produce lo que se llama una amplificación.

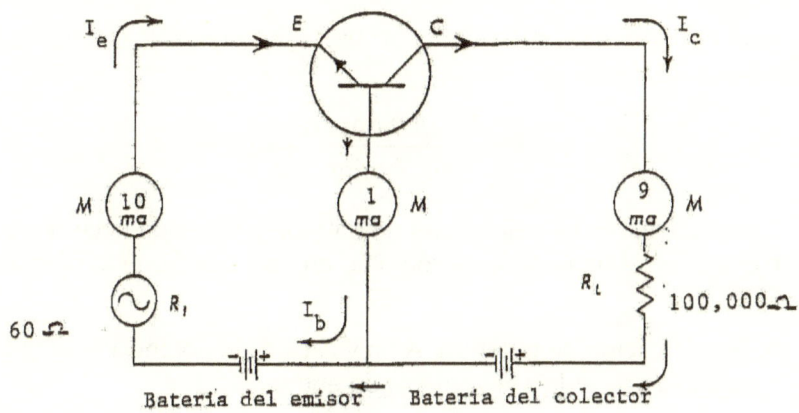

Amplificador NPN

Suponga que en un transistor circuito típico la corriente en la base es un 10% de la corriente total, entonces el circuíto del colector recibe el otro 90%. Si la corriente total que entra es de 10 ma, la corriente en la base es 1.0 ma y la corriente en el colector debe ser 9.0 ma. El radio del cambio de corriente en el colector al radio de cambio de corriente en el emisor se llama el factor alfa.

4. Amplificacion del voltaje. Un transistor circuíto típico puede tener los siguientes componentes: 1) Una corriente de entrada de 10 ma; (2) Una resistencia en este circuíto de 60 ohms; (3) un factor alfa de 0.90; (4) una resistencia en el circuito colector, Rc, de 100 000 ohms.

La amplificación de voltaje se defina como el radio del cambio en el voltaje de salida al cambio de voltaje de entrada.

$$\text{Amplificacion de voltaje} = \frac{\text{Voltaje de salida}}{\text{Voltaje de entrada}} \qquad VA = \frac{Vs}{Ve}$$

Usando la ley de Ohm, encontramos que el voltaje es:

V = IR Vc, Ic, Rc = voltaje, corriente y resistencia del colector. Ve, Ie, Re = voltaje, corriente y resistencia del emisor.

entonces Vc = IcRc and Ve = IeRe

$$VA = \frac{IcRc}{IeRe}$$

pero alfa $\quad a = \frac{Ic}{Ie} \quad$ entonces, $\qquad VA = a\frac{Rc}{Re}$

Refiriendonos a los datos dados arriba, substituímos los valores de la resistencias Rc y Re.

$$VA = .90\frac{100,000 \text{ ohmios}}{60 \text{ ohmios}} = 1500$$

La diferencia en las resistencias de entrada y de salida hace posible la producción de una amplificación alta, en este caso, un radio de 1 a 1500.

5. Amplificacion de potencia. Amplificación de potencia <u>es el radio de la potencia de salida a la potencia de entrada.</u>

$$\text{Amplificacion de potencia} = \frac{\text{Potencia de salida}}{\text{Potencia de entrada}} \qquad PA = \frac{Pc}{Pe}$$

Pc = potencia del colector $\qquad$ Pe = potencia del emisor

Recordemos que la potencia es igual a:

$P = I^2R$ entonces $\qquad Pc = I^2cRc \qquad\qquad Pe = I^2eRe$

$$PA = \frac{I^2cRc}{I^2eRe}$$

$$a^2 = \frac{I^2c}{I^2e}$$

$$PA = a^2\frac{Rc}{Re}$$

Usando los datos dados arriba y substituyendo, obtenemos:

$$PA = (.90)^2\frac{100,000 \text{ ohmios}}{60 \text{ ohmios}} = 1350$$

El transistor es una válvula por la cúal una cantidad pequeña de potencia de la bateria del emisor controla una cantidad grande de potencia de la bateria del colector.

Selección Multiple

1. En el circuíto a la derecha, el circuíto colector está abierto, el transistor 1) se dañara; 2) funciona como un diodo; 3) no funciona totalmente; 4) funcionará como un amplificador.

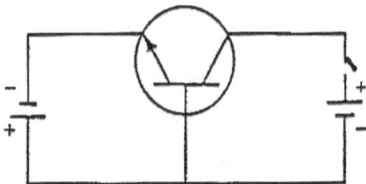

2. Un transistor aislado tiene siempre números iguales de 1) agujeros y electrones; 2) iones positivos y negativos; 3) llevadores de carga positivos y negativos; 4) átomos de donadores y aceptores contaminantes.

3. Si la magnitud de la corriente emisor - base aumenta, la magnitud de la corriente base - colector 1) aumenta; 2) disminuye; 3) no cambia.

4. ¿Cúal de los símbolos siguientes representa un transistor PNP?

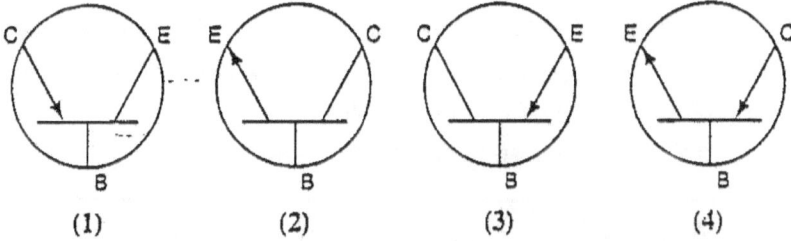

(1)   (2)   (3)   (4)

5. La corriente que pasa por el colector de un transistor circuíto es 24 ma y la corriente que pasa por el emisor es 26 ma. La corriente que pasa por la base es 1) 24 ma; 2) 2 ma; 3) 26 ma; 4) 28 ma.

6. En los circuitos NPN, la polarización debe ser 1) negativa con respecto al emisor y negativa con respecto al colector; 2) negativa con respecto al emisor y positiva con respecto al colectro; 3) positiva con respecto al emisor y positiva con respecto al colector; 4) positiva con respecto al emisor y negativa con respecto al colector.

La preguntas 7 - 8 se basan en el diagrama siguiente:

7. El aparato representado es 1) un transistor; 2) un diodo; 3) un amplificador; 4) un cristal semiconductor intrínsico.

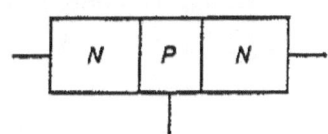

8. El número de uniones PN en este aparato es 1) 1; 2) 2; 3) 3; 4) 0.

Las preguntas 9 - 14 se basan en el diagrama siguiente que muestra un circuito con un semiconductor.

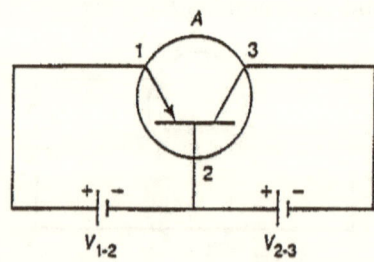

9. El aparato representado por el símbolo A es 1) un diodo; 2) un tubo triodo; 3) un transistor PNP; 4) un transistor NPN.

10. El emisor, la base y el colector estan numerados, respectivamente 1) 3,2,1; 2) 1,2,3; 3) 1,3,2; 4) 2,1,3.

11. La cabeza de la flecha en el diagrama indica 1) el flujo de la corriente de electrones; 2) la plarización inversa en la base; 3) la dirección del campo eléctrico; 4) el flujo de los agujeros positivos.

12. Los agujeros se mueven del 1) 2 al 1; 2) 1 al 3; 3) 3 al 2; 4) 2 al 3.

13. Si el voltaje, V_{1-2}, se disminuye, la corriente en el circuito colector 1) aumenta; 2) disminuye; 3) no cambia.

14. El símbolo A tambien se puede representar por:

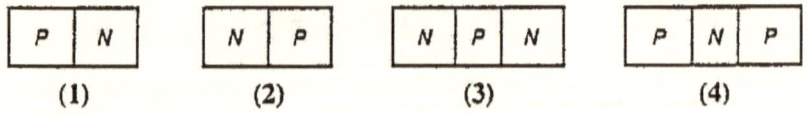

15. Las partículas que existen en la cantidad más grande en un transistor son 1) los agujeros; 2) los iones; 3) los electrones libres; 4) los átomos neutros.

16. En un transistor NPN aislado, habrá más agujeros que electrones 1) solo en la base y el emisor; 2) solo en el emisor y el colector; 3) solo en la base; 4) en todos las partes del transistor.

17. Cuando se aumenta el voltaje en la bateria B en el diagrama a la derecha, la corriente aumenta 1) solo en el emisor; 2) solo en la base; 3) solo en el colector; 4) en la base, el emisor y el colector.

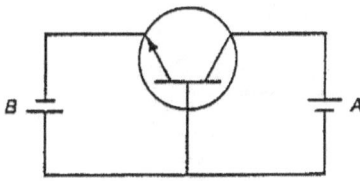

18. En un circuito transistor, los llevadores de carga viajan la menor distancia cuando pasan por 1) el emisor; 2) la base; 3) el colector; 4) el circuito externo.

19. Los llevadores de electricidad en el transistor NPN son 1) los electrones en el emisor y los agujeros en el colector; 2) los electrones en ambos el emisor y el colector; 3) agujeros en el emisor y electrones en el colector; 4) agujeros en ambos el emisor y el colector.

20. En la operación de un transistor NPN, la recombinación de los agujeros y los electrones ocurre 1) solo en el emisor; 2) solo en la base; 3) solo en el colector; 4) en cada parte del transistor.

21. Un cambio pequeño en la corriente del emisor - base circuito resulta en un cambio grande en la corriente del circuito colector. Esta propiedad del transistor se llama 1) amplificación; 2) polarización; 3) Ley de Ohm; 4) rectificación.

22. ¿En qué tipo de material sólido aumenta la conductividad eléctrica cuando la temperatura baja? 1) conductor; 2) semiconductor extrínsico; 3) seminductor intrínsico; 4) aislador.

23. El diagrama siguiente representa un circuito transistor NPN. El amperímetro Ac lee la corriente del colector y el amperímetro Ab lee la corriente de la base.

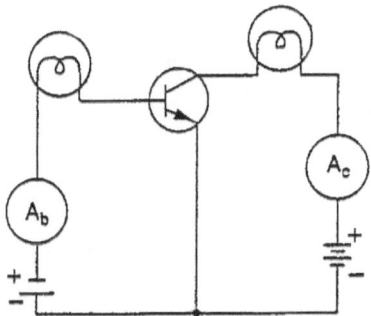

Comparando el amperímetro Ac, el amperímetro Ab 1) muestra menos corriente; 2) muestra más corriente; 3) muestra la misma corriente.

Las preguntas 24 - 25 se basan en el diagrama siguiente.

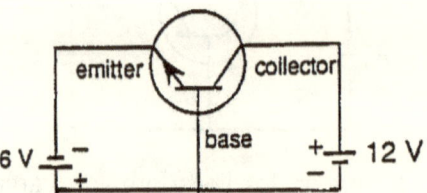

24. Comparando la corriente en el emisor - base circuito, la corriente en el base - colector circuito es 1) menor; 2) mayor; 3) la misma.

25. Una corriente muy alta existe en un transistor polarizado hacia atrás solamente despues de la aplicación de 1) una corriente del colector muy alta; 2) un voltaje alto; 3) una resistencia externa alta; 4) una resistencia interna alta.

Capitulo 60
El Nucleo

Física Nuclear

El Nucleo. La estructura del núcleo.

Los experimentos de Rutherford demonstrarón que el núcleo del átomo es muy pequeño, en comparación con el volumen total del átomo y contiene la mayor parte de la masa atómica.

1. Nucleones. Con la excepción del hidrógeno, el núcleo de cualquier elemento consta de dos clases de partículas, protones y neutrones. Se dá el nombre de nucleones a las partículas fundamentales que constituyen el núcleo, los protones y los neutrones. Estos tienen forma y masa similar, la única diferencia esta en la carga eléctrica de cada uno, el protón es positivo y el neutrón es neutro. Las características del núcleo dependen del número relativo de nucleones dentro de él. El número de protones en el núcleo es el número atómico del elemento y defina las propiedades químicas de tal elemento. Por ejemplo:

Carbono, (C), 6 protones. Sólido, color negro, baja reactividad.

Nitrógeno, (N), 7 protones. Gas sin color, baja reactividad.

Oxígeno, (O), 8 protones. Gas sin color, muy reactivo.

Fluór, (F), 9 protones. Gas sin color, extremadamente reactivo.

Hay solo la diferencia de un protón entre los elementos en la lista, pero las características químicas cambian de un sólido casi no reactivo a un gas venenoso y muy reactivo.

El protón es una partícula positiva con una carga igual pero opuesta a la carga del electrón. Sin embargo la masa de descanso de un protón es 1.7×10^{-27} kg ó unas 1868 veces mas pesado que el electrón. El símbolo para el número atómico es Z. Un átomo neutro tiene tambien un número Z de electrones.

El neutrón es una partícula que tiene una masa casi idéntica a la del protón pero no tiene una carga eléctrica. La masa de descanso del neutrón es 1.71×10^{-27} kg. El símbolo para el neutron es N.

2. Número de masa. El número de masa de un átomo es el número total de nucleones o sea el número de protones y el número de neutrones en el núcleo. El símbolo de la masa atómica es A.

Ejemplo; $_6C^{12}$ es el símbolo del carbono con una masa atómica de 12 y un número atómico de 6.

$_{20}Ca^{40}$ es el símbolo del calcio con una masa atómica de 40 y un número atómico de 20.

El número de neutrones en el núcleo se calcula simplemente restando el número atómico de la masa atómica, o el símbolo Z del símbolo A, asi:

$$N = A - Z$$

No. de neutrones = Masa atómica - número atómico

El número de neutrones en un átomo de calcio es:

$$_{20}Ca^{40}N = 40 - 20 = 20 \text{ neutrones}$$

en un átomo de uranio $_{92}U^{238}N = 238 - 92 = 146$ neutrones

3. Fuerzas Nucleares. El átomo de uranio con una masa atómica de 238 tiene 92 protones y 146 neutrones. Debido a este gran número de nucleones, el núcleo es muy denso y las partículas están muy apretadas. La atracción electrostática no es suficientemente fuerte para prevenir que los neutrones salgan del núcleo. Además, puesto que los protones son positivos, la fuerza de repulsión es bastante fuerte para que ellos se dispersen. La fuerza de gravitación es muy débil para mantener estas partículas en el núcleo. Entonces, la fuerza que mantiene la integridad del núcleo es la fuerza nuclear. Es muy efectiva solamente a distancias muy cortas, casi igual al radio del núcleo, (1×10^{-15}m).

Entonces, las fuerzas nucleares no son ni fuerzas electrostáticas ni fuerzas gravitatorias. Los científicos están de acuerdo que:

1. los nucleones tiene la propiedad de girar en una eje como un tope.

2. El núcleo, bajo ciertas circustancias emite electrones, aunque no hay electrones dentro de él.

3. Las fuerzas nucleares son fuerzas de atracción.

4. Las fuerzas nucleares no dependen de la naturaleza del nucleón. La fuerza existe entre un protón y un neutrón tanto como entre dos nucleones idénticos.

5. Tienen una trayectoria corta. Las fuerzas disminuyen en magnitude con un aumento en la distancia y se agotan a distancias más largas que 10^{-15} m.

4. Particulas subatomicas. Las partículas que componen los átomos son partículas subatómicas. Experimentos realizados en los aceleradores de partículas confirman la existencia de estas partículas. Los científicos dividen estas partículas en dos campos, los leptones y los hadrones.

El electrón es un leptón y el protón y el neutrón son hadrones.

Por cada partícula que existe, o se cree que existe también, una partícula llamada anti - partícula. Hay un anti - electrón, llamado positrón, que es tal como un electrón pero tiene una carga positiva. Positrones no son muy comunes, pero si existen en nuestro mundo. Cuando un positrón choca con un electrón, ambas partículas se destruyen y una cantidad equivalente de energía se produce.

Para explicar ciertos tipos de desintegración radioactiva se formuló una partícula llamada el neutrino. Esta partícula casi no tiene masa. El muón y el tau, ambos más masivos que el electrón, son también miembros de la familia de leptones.

5. Quarks y el Nucleo. Los hadrones se dividen en dos grupos, los mesones y los baryones. Mesones y baryones se componen de quarks. El físico Murray Gell - Mann de Caltech, formuló y confirmó la existencia de "quarks" en el núcleo atómico. De acuerdo con él, hay seis variedades o "sabores" de quarks y cada uno puede ser azul, rojo o verde. La carga eléctrica de cada quark es medida en términos de la carga del electrón. Asi:

1. Arriba (up), $+ 2/3$ e⁻
2. Abajo (down), $- 1/3$ e⁻
3. Extrano, (strange), $- 1/3$ e⁻
4. Encantado (charmed), $+ 2/3$ e⁻
5. Fondo (bottom), $- 1/3$ e⁻
6. Tope (top), todavía no descubierto.

Se debe notar que los nombres y los colores solo son designaciones y no significan más que el nombre y la clase. Baryones se componen de tres quarks, cada uno con un color diferente. Los protones y los neutrones son baryones. El proton consiste de 3 quarks, 2 arriba y 1 abajo; el neutron consisten tambien de 3 quarks, 1 arriba y 2 abajo. La carga eléctrica se calcula asi:

Protón. $2(+2/3) + -1/3 = +1$

Neutrón. $+2/3 + 2(-1/3) = 0$

Mesones se componen de un quark y un antiquark de color complimentario. El gluón es una partícula que mantiene unidos a los mesones. Se cree que hay ocho gluones, cada uno tiene un color y un anticolor. De la misma manera, los nucleones en el núcleo se encuentran unidos por la presencia de otro mesón, el pión.

El mesón, tiene una masa de cerca de 200 veces la masa del electrón y su carga puede ser negativa o positiva. El mesón puede cambiar identidades eléctricas. Por ejemplo, cuando un neutrón pierde un mesón negativo se transforma en un protón, y si un protón pierde un meson positivo, se convierte en un neutrón. En esta manera habrá siempre un equilibrio entre las fuerzas que contienen el núcleo. Las fuerzas nucleares son las fuerzas más fuertes en el universo.

6. Unidad de masa atomica. La masa de un átomo se expresa en términos de la unidad de masa atómica, en vez del kilogramo.

Una unidad de masa atómica es equivalente a 1.66×10^{-27} kg o 1/12 de la masa de un átomo de carbono - 12.

$$1 \text{ uma} = 1.66 \times 10^{-27} \text{kg}$$

$$\text{masa}_{carbono} = 12.000 \text{ uma}$$

$$\text{masa}_{protón} = 1.0073 \text{ uma}$$

$$\text{masa}_{neutrón} = 1.0087 \text{ uma}$$

$$\text{masa}_{electrón} = 0.0005 \text{ uma}$$

De acuerdo con la Tabla Periódica de los Elementos, las masas de los átomos individuales de un elemento no se expresan en números enteros, puesto que en verdad son el promedio de las masas de todos los isótopos de ese elemento.

$K^{39.0983}$ $\qquad$ $Fe^{55.847}$ $\qquad$ $Zn^{65.39}$ $\qquad$ $Cl^{35.453}$

El término isótopo se dá a los átomos de un elemento que tienen un número diferente de neutrones, es decir, tienen una masa atómica diferente. Los isótopos del mismo elemento exhiben propiedades químicas idénticas. El ejemplo más simple de isótopos es el átomo de hidrógeno; la forma más comun es el protio, con un protón; el deuterio, con un protón y un neutrón y el tritio, con un protón y dos neutrones.

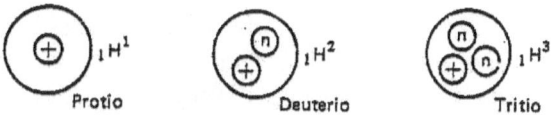

$_{92}U^{235}$ y $_{92}U^{238}$143 y 146 neutrones respectivamente

$_{7}N^{14}$ y $_{7}N^{16}$7 y 9 neutrones respectivamente

$_{15}P^{31}$ y $_{15}P^{32}$16 y 17 neutrones respectivamente

En cada caso, el número atómico no cambia, solo cambia el número de neutrones y, por consiguiente, la masa atómica.

7. Ecuacion de masa - energia. En el año 1905, Einstein dió al mundo científico la relación entre la energía, E, la masa, m, y la velocidad de la luz, c, en la ecuación famosa de energía - masa:

$$E = mc^2$$

La interpretación correcta de esta formula dice qué: si un cuerpo absorbe cierta cantidad de energía E, su masa aumenta por un factor igual a E/c^2; es decir, la masa de un cuerpo no es constante, pero cambia de acuerdo con las cambios de energía en el cuerpo. La masa de un cuerpo se considera como la medida de la energía de ese cuerpo.

De esta manera la ley de conservación de la materia es idéntica a la ley de conservación de energía. Esto es cierto aun cuando el cuerpo no emite ni recibe energía. Entonces el término mc^2 es solamente la energía intrínseca del cuerpo antes de que este reciba una energía externa, E.

Considere lo siguiente: Una bala de artillería se dispara por un cañón, con una energía cinética de 1.8×10^8 joules. Aplicando la ecuación de energía - masa, el aumento de masa es:

$$m = \frac{E}{c^2}$$

$$m = \frac{1.8 \times 10^8 \, J}{(3 \times 10^8 \, m/seg)^2} = 2 \times 10^{-9} \, kg$$

Se puede decir que la bala recibió 2×10^{-9}kg de energía. En este sentido, c^2 se considera como el factor de conversión entre las unidades de masa y las unidades de energía.

La masa de una partícula moviendose con una velocidad de 2.7 x 10^8m/seg o 0.9 veces la velocidad de la luz tiene una masa de 2.3 veces su masa de descanso. Por ejemplo: si la masa de descanso de un cuerpo es 3.16 kg, su masa nueva a 0.9c será 10 kg o 2.3 veces la masa original. Esta es la verdadera medida de la inercia o la resistencia al cambio de movimiento. La masa de un cuerpo aumenta tanto como la velocidad de la partícula se acerca a la velocidad de la luz

Einstein formuló que la masa y la energía son equivalentes, aunque a menudo usamos unidades diferentes para expresar la magnitud; kilogramos para la masa y Joules para la energía. En la física nuclear, la masa se expresa a menudo en electrón - voltios, eV. Un electrón - voltio es la energía ganada por una partícula fundamental, un protón o un electrón, cuando pasan por un campo eléctrico con una diferencia potencial de 1 voltio.

$$1 \text{ eV} = 1.6 \times 10^{-19}\text{J}$$

$$1 \text{ MeV (millón electrón - voltios)} = 1.6 \times 10^{-13}\text{J}$$

La ecuación $E = mc^2$ se usa para calcular la energía equivalente a una unidad de masa atómica, uma:

$$E = 1.66 \times 10^{-27}\text{kg } (3 \times 10^8\text{m/seg})^2$$

$$E = 1.49 \times 10^{-10} \text{ J}$$

$$E = 1.49 \times 10^{-10} \text{ J}/(1.60 \times 10^{-13}\text{J}/\text{MeV}) = 931 \text{ MeV}$$

$$\text{Mass of 1 amu} = 931 \text{ MeV}$$

8. Defecto de masa y energia de union. Ya que sabemos la masa de cada nucleón, será fácil predecir la masa total del átomo y esta figura estará de acuerdo con la masa atómica del elemento. Desafortunadamente esto no ocurre. La masa del núcleo es siempre menor que la masa total de los nucleones que lo forman. La diferencia entre la masa de los nucleones separados y la masa del nucleo completo es el defecto de masa.

Ejemplo. Estudiemos el átomo de helio. La Tabla Periódica nos dá su masa atómica como 4.00260 uma, pero el núcleo contiene 4 nucleones (2 protones y 2 neutrones).

Masa de 2 protones = 1.0073 uma x 2 = 2.0146 uma

Masa de 2 neutrones = 1.0087 uma x 2 = 2.0174 uma

Masa total de los nucleones = 4.0320 uma

Defecto de masa = Masa de los nucleones - masa atómica

Defecto de masa = 4.0320 uma - 4.0026 uma = 0.0294 uma

El defecto de masa es equivalente a la cantidad de energía que sería emitida si los nucleones se juntan para formar el núcleo. Esta energía se llama la energía de unión. <u>La energía de unión es equivalente al defecto de masa.</u>

Energía de unión = Defecto de masa x 931 MeV/uma

Energía de unión en el helio:

E = 0.0294 uma x 931 MeV/uma = 27.3714 MeV/núcleo

Si 1 MeV es equivalente a 1.6×10^{-13}J, entonces encontramos:

$$27.3714 \text{ MeV}(1.6 \times 10^{-13}\text{J}) = 4.38 \times 10^{-12}\text{J/núcleo}$$

$$o, 4.38 \times 10^{-12}\text{J/núcleo } (6.02 \times 10^{23}\text{núcleos/mol})$$

$$E = 2.64 \times 10^{12}\text{J/mol}$$

Energías de unión se comparan en términos de energía de unión per nucleón.

$$E = \frac{27.3714\,\text{MeV/nucleo}}{4\,\text{nucleones}} = 6.842\ \text{MeV/nucleon}$$

6.842 MeV es la energía de unión del helio.

La energía de unión más alta se encuentra en los átomos cuyas masas atómicas están cerca de 60. Para los elementos más grandes que el carbono, la energía de unión/nucleón es cerca de 8.5 MeVs. En la gráfica vemos la distribución de la energía de unión contra la masa atómica.

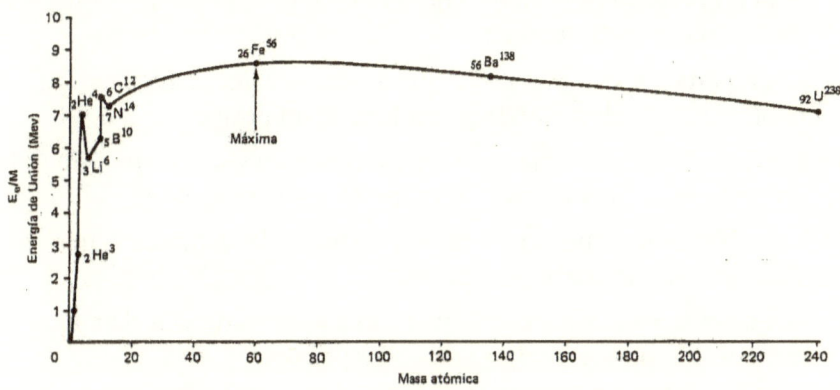

Curva de energias de unión de varios elementos.

PROBLEMAS

1. Calcular la energía de unión, en joules y eV, de un átomo de tritio.

2. Calcular la energía de unión, en joules y eV, de un átomo de oxígeno.

3. Si 4.19 joules de energía producen una caloría, calcule el calor producido por un defecto de masa de 0.456 uma.

4. ¿Qué es la energía de unión?

5. ¿Qué es el defecto de masa?

6. Compare la tres partículas fundamentales en términos de masa, carga eléctrica y velocidades.

7. Explique el defecto de masa en un átomo de Cu - 65.

Seleccion Multiple

1. Si un átomo se representa como $_{84}X^{211}$ y otro átomo se representa como $_{84}Y^{213}$, estos átomos son 1) isótopos del mismo elemento; 2) isótopos de elementos diferentes; 3) alótropos del mismo elemento; 4) alótropos de elementos diferentes.

2. Si un elemento tiene un número atómico de 9 y una masa atómica de 19. El número de electrones es 1) 1; 2) 10; 3) 9; 4) 26.

3. Un elemento con un número atómico de 53 contiene 1) 53 neutrones; 2) 53 protones; 3) 26 protones y 27 neutrones; 4) 26 protones, 26 electrones y 1 neutrón.

4. El número atómico esta relacionado con 1) el número de electrones; 2) el número de electrones y protones; 3) el número de neutrones; 4) el número de protones.

5. ¿Qué partícula se forma por 2 quarks arriba y un quark abajo? 1) un neutrón; 2) un electrón; 3) un protón; 4) un positrón.

6. ¿Qué partícula se forma por dos quarks abajo y un quark arriba? 1) un neutrón; 2) un electrón; 3) un protón; 4) un positrón.

7. Los protones pertenecen a la familia de partículas llamadas 1) mesons; 2) baryones; 3) quarks; 4) leptones.

8. Los electrones pertenecen a una familia de partículas llamadas 1) mesones; 2) baryones; 3) quarks; 4) leptones.

9. Una masa de 3.32×10^{-27} kg es equivalente a 1) 1 uma; 2) 2 uma; 3) 3 uma; 4) 4 uma.

Capitulo 61
Radiactividad.

1. Radioactividad natural.

Radioactividad natural es la desintegración espontánea del núcleo atómico de ciertos nucleos pesados acompañada de una emisión de partículas y rayos. Este proceso resulta en la formación de otro elemento con una masa atómica más baja. Este es el proceso de transmutación o decaímiento radioactivo natural.

Este fenómeno fué descubierto el 1896 por el francés Henri Becquerel y se encuentra principalmente en los elementos con un número atómico mayor que 83. Lo que Becquerel descubrió es que el elemento uranio emite cierto tipo de rayos que penetran muchas hojas de papel grueso y afectan láminas fotográficas en la obscuridad.

2. Descubrimiento del Radio. Los científicos Pierre y Marie Curie, en 1898, diseñaron un estudio sistemático de varios elementos y compuestos que los llego a la conclusión de que la actividad radioactiva no pertenecía solamente al uranio sino que se encuentra también en otros dos elementos, el radio y el polonio. Se encontró que la actividad del radio era más de un millón de veces la del uranio.

3. Estabilidad del Nucleo. Muchos elementos naturales, con un número atómico mayor que 83, tienen isótopos radioactivos. Estos isótopos son inestables y se desintegran espontáneamente. La estabilidad de un núcleo depende de los factores siguientes:

1. El valor de la energía de unión. El núcleo es más estable cuando más grande sea la cantidad de energía necesaria para romperlo en partículas individuales.

2. El radio de protones a neutrones. Cuando el número de protones y neutrones es par, 2, 4, 6 etc. la estabilidad atómica es mayor. Si el

número es non, 1, 3, 5 etc. la estabilidad es menor. Esto suguiere que los neutrones, como los electrones, se aparean. Por ejemplo:

Protones	Neutrones	
par	Par	Estable
par	non	50% estable
non	par	50% estable
non	non	Inestable

El radio n/p, neutrones a protones, es sumamente importante para la estabilidad del nucleo. Un radio de 1:1 (un protón a un neutrón) es óptima en los elementos livianos, hasta el elemento 20. De alli en adelante, el radio aumenta de 2:1 hasta 6:1. La gráfica muestra la zona de estabilidad y representa la relación n/p. La pendiente recta muestra un radio óptimo de 1:1. Es evidente que cuando el peso atómico aumenta, el radio n/p se desvía de la curva ideal. Lo mayor la desviación de la linea ideal lo más inestable es el elemento.

3. Transferencia del mesón. El japonés Hideki Yukawa propuso que la transferencia de un mesón positivo a un neutrón hace que el neutrón adquiera una carga positiva y la transferencia de un mesón negativo a un protón produce una partícula neutra, de esta manera, el número de partículas cargadas permanece estable y constante. El mesón con una masa casi unas 200 veces la masa del electrón actúa como un intermediario entre los protones y los neutrones.

4. Propiedades de los Rayos Radioactivos. El inglés, Ernest Rutherford, estudió a fondo la naturaleza de los rayos emanados por el uranio y el radio y descubrió que estos rayos son de tres tipos diferentes. La figura siguiente muestra un bosquejo del experimento de Rutherford.

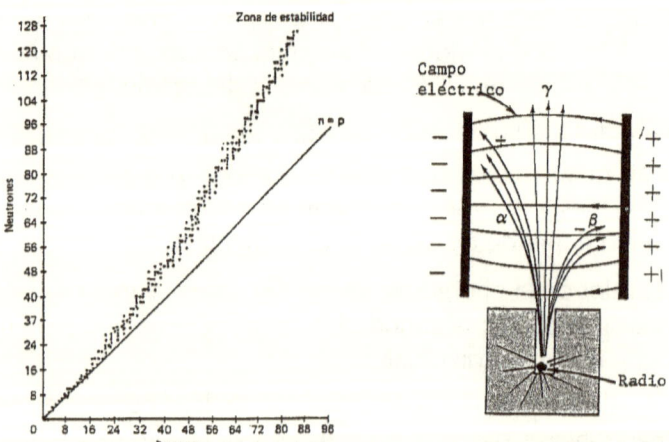

Una cantidad pequeña de radio se coloca en el fondo de un profundo orificio taladrado en un bloque de plomo. Los rayos que emanan de esta abertura se dirigen entre dos láminas cargadas. Se observa que algunos rayos no se desvian, otros se desvian hacia la izquierda y otros hacia la derecha. Los que van a la izquierda atraídos por la placa negativa, tienen una carga positiva y se los llama partículas alfa. Los desviados a la derecha, atraídos por la placa positiva, son negativos y se llaman partículas beta. Los rayos no desviados, que pasan derecho, no tienen carga y se llaman rayos gamma.

Estas tres radiaciones no son emitidas simultáneamente por todas las sustancias radioactivas. Algunos elementos emiten partículas alfa, otros emiten partículas beta, mientras que los rayos gamma acompañan algunas veces a unas y otras veces a la otra. Ademas ningún proceso físico o químico, temperatura o combinación química, altera en ninguna forma la actividad radioactiva de la sustancia.

La tabla siguiente nos dá los símbolos usados en la física nuclear.

Símbolos usados en química nuclear		
Partícula alfa	^4_2He	α
Partícula beta electrón	$^0_{-1}e$	β^-
Radiación gamma		γ

Neutrón	^1_0n	n
Protón	^1_1H	p
Deuterio	^2_1H	
Tritio	^3_1H	
Positrón	$^0_{+1}e$	β^+

1. Partícula Alfa. (α) Rutherford demostró cón una serie de experimentos que, en realidad, una partícula alfa es el núcleo de un átomo de helio, es decir, un átomo de helio sin sus dos electrones. Esta partícula tiene una carga positiva de 3.16×10^{-19} coulombios o sea dos veces la carga de un electrón. La masa de la partícula alfa es 6.62×10^{-27} kg o sea cuatro veces la masa del átomo de hidrógeno. Entonces, la partícula alfa tiene una carga de 2 y una masa de 4 unidades.

El núcleo la emite con una velocidad de 1.4×10^7 m/seg a 2.2×10^7 m/seg. Estas partículas penetran solo unos pocos centimetros de aire. Una lámina delgada de aluminio o una hoja de papel también las paran en su trayectoria. Debido a su carga eléctrica positiva, cuando chocan con moléculas de un gas, las partículas alfa ionizan a las moléculas.

2. Partícula Beta. (β) Los experimentos con desviaciones eléctricas y magnéticas han comprobado que una partícula beta tiene la misma carga y la misma masa que los electrones. Estas partículas son emitidas por los

núcleos de los elementos radioactivos con velocidades enormes, algunas de las cuales pueden alcanzar 0.9995 veces la velocidad de la luz. La partícula beta tiene una masa igual a 1/1840 veces la masa del protón o 1/7360 veces la masa de una partícula alfa. Estas partículas pueden ser un electrón negativo o un electrón positivo, el positrón.

3. Rayos Gamma. (γ) Puesto que los rayos gamma no son desviados por campos magnéticos ni eléctricos, no pueden estar formados por partículas cargadas. La radiación gamma consiste de fotones de alta energía que se originan en la reacciones nucleares. Sus longitudes de onda van de 10^{-9}m a 10^{-14}m y sus frecuancias van de 10^{19}Hz a 10^{24}Hz. Estos fotones no tienen una masa de reposo, son ondas electromagnéticas y viajan con la velocidad de la luz. Tienen la potencia de penetración más alta de las tres emanaciones.

5. Transmutacion Natural. Emisión alfa. Estudios han comprobado que la emanación de las partículas y rayos radioactivos se origina en el núcleo del átomo. Cuando un átomo de radio emite una partícula alfa y se desintegra, el núcleo pierde una carga de 2. Puesto que el número de cargas positivas en el núcleo determina el número de electrones afuera del núcleo y esto, determina la composición química del elemento, se vé que la pérdida de una partícula alfa con dos cargas positivas, crea un elemento nuevo. Este fenómeno se llama transmutación. Asi, un átomo de radio se desintegra creando un átomo de radón.

La emissión de una partícula alfa por un núcleo de radio se representa con la ecuación nuclear siguiente:

$$_{88}Ra^{226} - \, _2He^4 = \, _{86}Rn^{222}$$

Se vé que la emisión de una partícula alfa reduce el número atómico por dos unidades y la masa atómica por cuatro unidades.

Emision beta. Cuando el núcleo se desintegra arrojando una partícula beta, (electrón), la carga positiva del núcleo aumenta por una unidad. Esta transmutación produce un elemento con un número atómico más alto. Por supuesto que la masa del elemento nuevo no cambia ya que el electrón representa solo una parte pequeñísima de la masa de un protón.

La emisión de una partícula beta se representa asi:

$$_{90}Th^{234} - \, _{-1}e^0 = \, _{91}Pa^{234}$$

Se vé qué la emisión de una partícula beta aumenta el número atómico por una unidad pero no cambia la masa atómica.

Emisión gamma. La radiación gamma se emite cuando el núcleo de un átomo cambia de un estado excitado a uno más estable. Esta radiación es una indicación de la existencia de niveles de energía en el núcleo, similares a los niveles de energía electrónicos. Si el núcleo emite una partícula alfa o una beta, el núcleo queda en un estado excitado y es ahora cuando la radiación gamma se emite para que el núcleo regrese a un nivel de energía más bajo.

Un núcleo tiene energías pequeñas que son determinadas por la estructura nuclear, por consiguiente, el solo pude emitir rayos gamma que corresponden a la diferencia de energía entre dos niveles nucleares. Considere el diagrama siguiente:

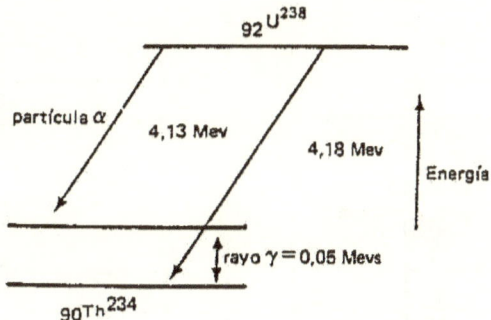

La partícula alfa emitida puede tener una energía de 4.13 Mev o de 4.18 Mev. Es evidente que cuando el U - 238 emite una partícula con una energía de 4.13 Mev formando un núcleo de torio, el núcleo del torio - 234 se encuentra en un nivel de energía más alto que cuando se emite la partícula alfa con una energía de 4.18 Mev. Entonces la energía de excitación o la energía emitida por esta transmutación es la diferencia entre las dos energías:

4.18 Mev - 4.13 Mev = 0.05 Mev

0.05 Mev es la energía de los rayos gamma.

La tabla siguiente nos muestra las propiedades de las partículas radioactivas:

Símbolo	Nombre	Masa	Carga	Identidad
α	Partícula alfa	4	+2	Núcleo de helio
β	Partícula beta	0	- 1	Electrón veloz
γ	Rayos gamma	0	0	Fotones de gran energía

6. Potencia de Penetracion. Cada vez que una partícula radioactiva choca con un átomo, la partícula pierde, en un promedio, una cantidad

pequeña de energía. Generalmente una partícula alfa o una beta choca miles de veces antes de perder toda la energía y parar completamente. Una parte de esta energía dispersada se usa en la ionización del átomo y en un aumento en la energía cinética del mismo. Puesto que las partículas alfa producen el número más grande de iones en su trayectoria, ellas tienen la potencia de penetración más baja de las tres. Las potencias de penetración de estas partículas son inversamente proporcionales a su potencia de ionización.

Potencia de ionización.10 0001001

Potencia de penetración110010 000

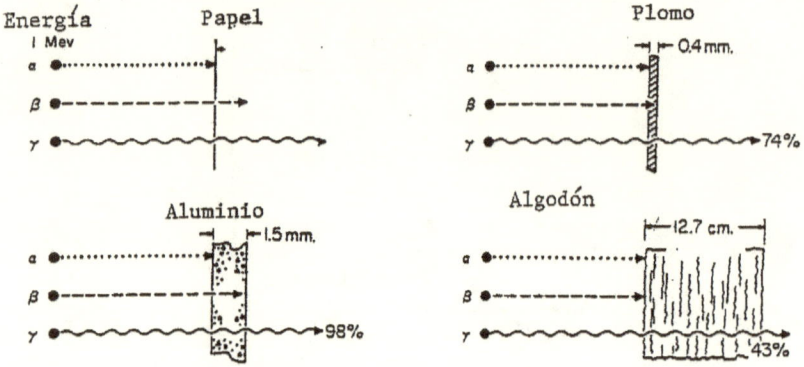

7. Leyes de Conservacion. La mayoría de las leyes físicas se expresan en términos de las cantidades que se conservan durante una reacción. Los subscriptos en los isotopos se refieren a la carga eléctrica del núcleo. Cuando se dice que la carga es igual en ambos lados de la ecuación es equivalente a decir que las cargas eléctricas no cambian. Esta es la ley de conservación de carga. De la misma manera, la suma de los superscriptos es igual en ambos lados y se llama la ley de conservación de masa. Entonces, cuando el núcleo se rompe, la carga (número atómico) total antes de la desintegración es igual a la carga total de los productos. La masa atómica total antes de la desintegración debe ser igual a la masa atómica de los productos. La mayoría de los isótopos radioactivos caen en tres series radioactivas, el uranio, el torio y el actinio.

9. Las series de desintegracion del Uranio. La tabla siguiente muestra la series de desintegración del uranio. La masa atómica versus el número atómico del elemento. La desintegración alfa se muestra con la flecha larga y la desintegración beta con la flecha corta.

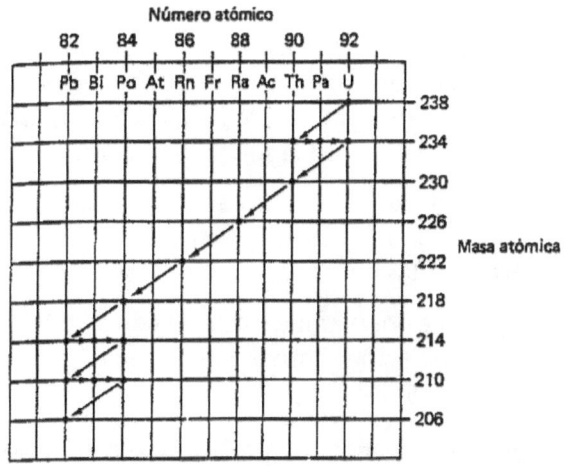

Series de desintegración U - 238

La desintegración de U^{238} a Pa^{234} prosigue de esta manera:

$$_{92}U^{238} - _2He^4 = _{90}Th^{234}$$
$$_{90}Th^{234} - _1e^° = _{91}Pa^{234}.$$

Como ya se dijo, la emisión de una partícula alfa disminuye el número atómico por 2 unidades y la masa atómica por 4 unidades. La emisión de una partícula beta aumenta el número atómico por 1 unidad, pero no cambia la masa atómica. Debemos recordar que la masa total de los reactantes es igual a la masa total de los productos y que en las series del uranio, la desintegración ocurre por la emisión de partículas alfa y beta.

9. Media Vida. La duración de la emisión radioactiva se mide en términos de la media - vida de la sustancia. Se llama media - vida al tiempo que se necesita para que la mitad de una masa radioactiva se desintegre a una sustancia estable. Se entiende aquí que el término "desintegrar" no quiere decir que la sustancia desaparece, sino que la sustancia radioactiva se convierte en un isótopo no - radioactivo.

En cualquier caso de desintegración nuclear, el proceso ocurre a una velocidad definida, es decir, que cada segundo se desintegra un porcentaje determinado en una muestra del elemento. Entonces el número de átomos presente en el núcleo disminuye en cada segundo y la muestra del elemento se hace mas pequeña.

La velocidad de desintegración sirve como medida de la estabilidad nuclear. La ley de desintegración radioactiva establece que "una cantidad constante de una muestra radioactiva desaparece en un período de tiempo definido". La unidad de la media vida se representa con el símbolo $t_1/2$. Por ejemplo la media vida del I - 131 es 8 dias. Si la muestra de este elemento pesa 10 gramos, de acuerdo con la ley de desintegración radioactiva, al fin de los 8 dias habrá solo 5 gramos de I - 131. No todas las sustancias radioactivas se descomponen con la misma velocidad

La vida - media del C - 14 es 5730 años. Es quiere decir que al fin de 5730 años, habrá solo la mitad de la masa original que permanece todavia radioactiva. La otra mitad es estable.

La ecuación siguiente nos permite calcular la masa que resulta despues de una serie de desintegraciones nucleares.

$$m_f = \frac{M_i}{2^n} \quad n = \text{número de períodos de media vida.}$$

Ejemplo. La media vida de una sustancia radioactiva es 10 años. Si la masa original es 2 kg. ¿Qué cantidad de la sustancia permanece despues de 30 años?

Datos   Pregunta   Ecuación
m = 2 kg   m = $m_f = m_i/2^n$
n = 3

Solución. La media - vida de la sustancia es 10 años. En los 30 años, hay 3 períodos de media - vida, y una substitución directa, nos dá:

$$m_f = \frac{m_i}{2^n} = \frac{2kg}{2^3} = 0.25kg$$

Hay otro método para calcular la masa despues de la desintegración nuclear. Por ejemplo: la media - vida del I - 131 es 8 dias. Si la masa original era 40 gramos, ¿cúantos dias tomará para que queden solo 2.5 gramos?

Empezamos con la masa original:

```
40 gramos
          8 dias
20 gramos
          8 dias
10 gramos
          8 dias
 5 gramos
          8 dias
2.5 gramos
          -----------
Tiempo    32 dias
```

La tabla siguiente nos dá la vida - media de algunos elementos comunes:

Radioisótopos selectos		
Núcleo	Media - vida	Emisión
^{198}Au	2.69 d	β^-
^{14}C	5730 y	β^-
^{60}Co	5.26 y	β^-
^{137}Cs	30.23 y	β^-
^{220}Fr	27.5 s	α
^{3}H	12.26 y	β^-
^{131}I	8.07 d	β^-
^{37}K	1.23 s	β^+
^{42}K	12.4 h	β^-
^{85}Kr	10.76 y	β^-
^{85m}Kr*	4.39 h	γ

^{16}N	7.2 s	β^-
^{32}P	14.3 d	β^-
^{239}Pu	2.44×10^4 y	α
^{226}Ra	1600 y	α
^{222}Rn	3.82 d	α
^{90}Sr	28.1 y	β^-
^{99}Tc	2.13×10^5 y	β^-
^{99m}Tc*	6.01 h	γ
^{232}Th	1.4×10^{10} y	α
^{233}U	1.62×10^5 y	α
^{235}U	7.1×10^8 y	α
^{238}U	4.51×10^9 y	α
a = años; d = días; h = horas; s = segundos		

La media - vida de los isótopos se usa para determinar el tiempo que se requiere para la desintegración de la mitad de un material radioactivo a un material estable. Por ejemplo: Si la media - vida del U - 238 es 4.5 mil millones de años, el radio del U - 238 al Pb - 204, una forma no radioactiva del plomo, en una muestra mineral se usa para determinar la edad de la muestra. Es posible determinar la abundancia relativa de los isótopos de plomo que se encuentran en minerales no radioactivos. Estas muestras de plomo contienen cuatro isótopos de plomo, Pb - 204, Pb - 206, Pb - 207 y Pb - 208. Sin embargo, el Pb - 204 se encuentra solo como 1.48% o de la cantidad total. El Pb - 204 no es un producto de la desintegración radioactiva del U - 238. Una véz que se determina el contenido de Pb - 204 en la muestra mineral, se deduce que la cantidad de plomo mayor que esta cantidad calculada debe haber sido producida por el decaímiento nuclear del U - 238.

En el caso del C - 14, el radio de este isótopo radioactivo al carbono común en una muestra se puede comparar con el porcentaje en la atmósfera, de esta manera calculando la edad de la muestra. La gráfica siguiente muestra una curva típica de la desintegración de un isótopo radiactivo.

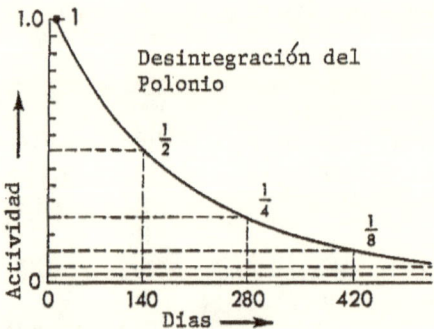

1.0 ← 1

Desintegración del
Polonio

$\frac{1}{2}$

$\frac{1}{4}$

$\frac{1}{8}$

Actividad

0

0   140   280   420

Días ⟶

Selección Múltiple

1. La partícula que tiene un poder mayor de penetración es 1) la alfa; 2) la beta; 3) el deuterón; 4) el neutrón.

2. Durante la emisión alfa, el elemento nuevo 1) aumenta en su número atómico; 2) disminuye en su masa atómica; 3) aumenta ambos el número atómico y la masa atómica; 4) disminuye en ambos el número atómico y la masa atómica.

3. La partícula no desviada por un campo eléctrico es 1) la alfa; 2) la beta; 3) el neutrón; 4) el protón.

4. El elemento con el número atómico 12 es más estable cuando 1) el número de protones es igual al número de neutrones; 2) el número de neutrones es más grande que el número atómico; 3) el número de electrones es igual al número atómico; 4) el número de neutrones es menor que el número atómico.

5. La emanación radiactiva con más potencia de penetración es 1) la alfa; 2) la beta; 3) la gamma; 4) el neutrón.

6. La desintegración espontánea de un núcleo produce 1) un isótopo menos estable; 2) un isótopo más estable; 3) un isótopo que varía en estabilidad; 4) un isótopo de uranio.

7. La vida - media del radón - 222 es 1) 12.26 años; 2) 3.8 dias; 3) 3.1 minutos; 4) 24.1 dias.

8. Un factor que influye la media - vida de un isótopo inestable es 1) la temperatura; 2) la presión; 3) ambas; 4) ninguna de estas.

Las preguntas 9 - 14 se basan en las ecuaciones nucleares siguientes:

A) $_{90}Th^{230} \rightarrow {}_2He^4 + {}_{88}Ra^{226}$

B) $_7N^{14} + {}_2He^4 \rightarrow {}_8O^{17} + {}_1H^1$

C) $_1H^3 + {}_1H^1 \rightarrow {}_2He^4 + Energía$

D) $_{92}U^{235} + {_0}n^1 \rightarrow {_{38}}SR^{90} + {_{54}}XE^{140} + X_o n^1$

9. ¿Qué reacción representa un decaímiento alfa? 1) A; 2) B; 3) C; 4) D.

10. ¿Qué reacción es parte de la serie de desintegración del uranio? 1) A; 2) B; 3) C; 4) D.

11. En la reacción D, la X representa el número 1) 1; 2) 6; 3) 8; 4) 4.

12. El número de neutrones en un átomo de Th - 230 es 1) 90; 2) 140; 3) 230; 4) 320.

13. ¿Qué reacción es un ejemplo de transmutación natural? 1) A; 2) B; 3) C; 4) D.

14. En la reacción C, la partícula producida es 1) un protón; 2) un neutrón; 3) una partícula beta; 4) una partícula alfa.

Las preguntas 15 - 18 se basan en la siguiente información:

$_1H^1 + {_{52}}Te^{130} \rightarrow {_{53}}I^{130} + Y$

$_{53}I^{130} \rightarrow {_{54}}Xe^{130} + {-_1}e^0$

La media vida del I - 130 es 12.6 horas.

15. El número de neutrones en el núcleo de Te - 130 es 1) 52; 2) 78; 3) 130; 4) 182.

16. La partícula Y es 1) un protón; 2) un neutrón; 3) un positrón; 4) un electrón.

17. La primera ecuación representa un ejemplo de 1) transmutación artificial; 2) radiactividad natural; 3) fissión nuclear; 4) fusión nuclear.

18. Una muestra de I - 130 con una masa de 2.4×10^{-5} kg se abandona. Despúes de unas 37.8 horas, la cantidad del yodo presente es 1) 8×10^{-6} kg; 2) 2×10^{-5} kg; 3) 3×10^{-6} kg; 4) 4×10^{-6} kg.

Capitulo 62

Transmutacion artificial

1. Transmutacion artificial. Como ya sabemos, transmutación es un cambio de un elemento a otro diferente por la emisión ó la absorpción de una partícula radiactiva. Pero solo hemos considerado las desintegraciones nucleares originadas exclusivamente en la emisión natural de una partícula alfa ó de una partícula beta.

2. Choques elasticos entre atomos. Los choques elásticos entre partículas atómicas libres fueron estudiados por Rutherford con el aparato ilustrado en la figura siguiente:

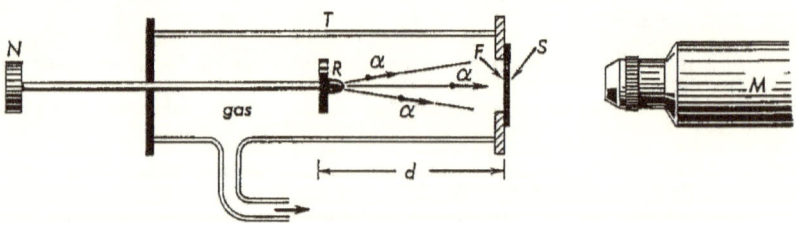

El aire en el cilindro de vidrio, T, se sacó y se lo reemplazó con un gas de composición conocida. Dentro del cilindro se colocó una muestra pequeña de un elemento radiactivo R. Las partículas alfa emitidas por la muestra pasan por una lámina delgada de aluminio, F, y de allí a una pantalla flurescente, S. Los estrellos producidos por las partículas alfa se observan por medio del microscopio, M. El piston, N, permite ajustar la distancia entre R y S.

Cuando el gas en el cilindro es aire y la muestra radiactiva es Po - 214, los estrellos se veían unos 7 centímetros atrás. Si el gas es hidrógeno, se encontró que la distancia, d, podia llegar a 28 cm. Rutherford explicó estos resultados diciendo que una partícula alfa algunas veces choca con un átomo de hidrógeno, transferiendo al núcleo del hidrógeno, (protón) una velocidad igual. El protón, con una carga menor, tiene una potencia de penetración más grande.

3. Bombardeo del Nitrogeno. En 1919, Rutherford propuso que sería talvéz posible penetrar el núcleo de un gas más pesado, en el tubo, T. Cuando se usó el gas nitrógeno, con un peso de 14 umas, los estrellos se observaban a unos 40 cm de la muestra. La explicación de Rutherford fué qué la partícula alfa, al principio de su trayectoria, tiene una velocidad muy alta y cuando choca con el núcleo del nitrógeno, es capturada. Esta captura produce un elemento medio muy inestable el cúal muy prontamente se desintegra formando un isótopo de oxígeno y emitiendo un protón velóz. El elemento medio, indicado en el diagrama es F - 18:

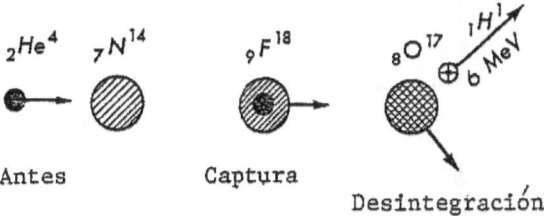

La transformación del nitrógeno al oxígeno se representa con la ecuación:

$$_7N^{14} + {}_2He^4 = {}_9F^{18} = {}_8O^{17} + {}_1H^1$$

Vemos que el átomo de nitrógeno absorbe una partícula alfa y produce un protón, $_1H^1$. Obsérvese que la suma de los números atómicos iniciales es igual a la suma de los números atómicos finales, de acuerdo con la conservación de carga. La suma de los números de masa iniciales es también igual a la suma de los números de masa finales.

Rutherford notó que este proceso absorbe energía. Como se vé en la ecuación esta reacción actualmente se efectúa en dos pasos: primero, el nitrógeno se cambia a una forma inestable de F - 18, y segundo, este isótopo se decae produciendo el isótopo estable O - 17 y un protón. La masa de los reactantes en reposo no es igual a la masa de los productos en reposo. La diferencia entre las masas en reposo es igual a la energía de la reacción nuclear, y se puede calcular utilizando la ecuación de Einstein, $E = mC^2$.

La reacción absorbe energía si la suma de las masas en reposo finales excede a la suma de las masas en reposo iniciales. De la misma manera, una reacción emite energía si la suma final es menor que la suma inicial. Esta energía extra se convierte en energía cinética de las partículas emitidas.

En la reacción de Rutherford, la suma de las masa iniciales es 18.01139 uma y la suma de las masas finales es 18.01263 uma. Las masas finales exceden las iniciales por 0.00124 umas. La ecuación de Einstein dice que esta diferencia es equivalente a 1.155 MeV. Esta cantidad de energía se absorbe en la reacción y viene de la gran velocidad con la que las partículas alfa chocaron con el núcleo del nitrógeno. Sin esta energía, la reacción no es posible.

4. Descubrimiento del Nucleo. El 1932, el inglés, James Chadwick performó un experimento que le ganó el Premio Nobel en 1935. El bosquejo de este experimento se vé en la figura siguiente:

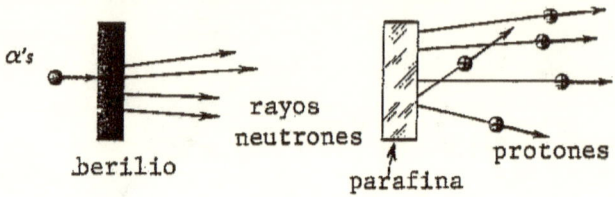

Esta experimento usa una lámina de berilio, a la cual se disparan partículas alfa. Al salir del berilio, los rayos de partículas entra en un bloque de parafina. De este bloque salen protones con grandes velocidades. Usando calculaciones complejas de energía, Chadwick propuso que los rayos que salen del berilio son partículas con la masa de un protón, pero sin carga. A estos les dió el nombre de neutrones. La desintegración nuclear en la lámina de berilio se representa así:

$$_2He^4 + _4Be^9 = _6C^{12} + _0n^1$$

El choque nuclear entre el berilio y la partícula alfa produce el neutrón velóz y el isótopo estable de C - 12. Cuando los neutrones entran en el bloque de parafina, chocan de frente con átomos de hidrógeno, este choque entre partículas iguales resulta en la transferencia total de momento de una a otra. El neutrón se para completamente y el protón sale de la parafina. Este protón, ya que es cargado, deja huellas en una cámara de niebla.

La razón por la que los neutrones veloces tienen un poder de penetración enorme es que los iones producidos por partículas cargadas no tiene ninguna influencia en el neutrón, ya que este no tiene carga. Para disminuír su velocidad o para pararlo completamente es necesario que el neutrón choque de frente con otra partícula.

Bombardéo del litio.

5. Bombardeo del Litio. En 1930, Rutherford propuso la posibilidad de construír un generador de voltage alto y usarlo para bombardear el núcleo atómico con partículas que no son partículas alfa. Pero este proyecto fue muy dificil de ejecutar y Rutherford cambió de idea y suguirió una generador de voltaje bajo. En 1932, los físicos Cockcroft y Walton anunciaron que habían acelerado el núcleo de hidrógeno o, sea un protón, a velocidaes muy altas en un generador de voltaje bajo. Su experimento desintegró un núcleo de litio con un protón acelerado a velocidades altas por un voltaje relativamente bajo. El esquema del aparato se vé en la figura siguiente:

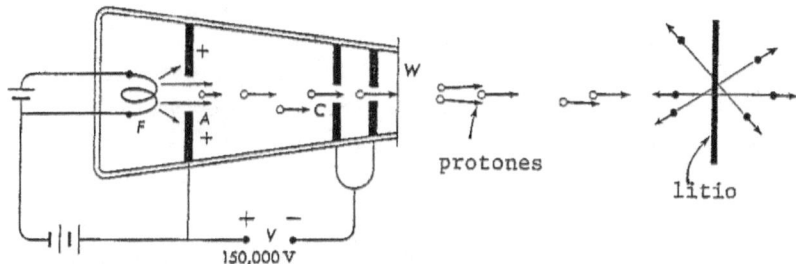

Los electrones producidos por un filamento incandesciente, F, pasan por medio de una atmósfera de hidrógeno en la región A ionizando millones de átomos del gas. Estos protones con su carga positiva, se aceleran en turno hacia el otro extremo del cilindro con un voltaje de 150 000 voltios. Pasando por el agujero C y por la ventana W, salen del cilindro como un rayo angosto de protones. Este rayo se lo apunta a una lámina del metal litio. La reacción del bombardéo del litio por protones y la formación de dos partículas alfa, prosigue asi:

$$_1H^1 + {}_3Li^7 + 0.15\ MeV = {}_2He^4 + {}_2He^4 + 2(8.5\ MeV)$$

Se observó que la partículas alfa que emergen de estos choques tienen una trayectoria de 8 centímetros y una energía de 8.5 MeV. Si se tiene en cuenta que los protones salen con una energía relativamente pequeña, solo de 0.15 MeV, hay entonces una aumento estupendo de energía nuclear. En esta reacción se vé que cada partícula alfa producida tiene una energía de 8.5 MeV, dando una energía total de 17 MeV. La fuente de esta energía se encuentra en la conversión de la materia a energía.

La suma de las masas en reposo finales es menor que la suma de las masas en reposo iniciales. Por consiguiente, la energía emitida en esta reacción es 17.48 millones de electron - voltios, energía que se convierte en energía cinética de las partículas alfa expulsadas. El defecto de masa entre las masas iniciales y las masa finales es igual a:

$$8.02652 - 8.00774 = 0.01878 \text{ umas}$$

$$0.01878 \text{ uma} \times 931 \text{ MeV/uma} = 17.48 \text{ MeV}$$

6. Aceleradores de Particulas. Las partículas subatómicas de alta energía moviendose con velocidades muy rápidas ayudan en el descubrimiento y estudio de otras partículas. La técnica común usada en los laboratorios consiste en bombardear a los núcleos atómicos con proyectiles cuya energía sea suficientemente grande para quebrar el núcleo. Estos proyectiles pueden ser protones, neutrones, deuterones, partículas alfa, etc.

Se necesita también una pistola o un cañón para disparar los proyectiles, esto es, un acelerador que dirija las partículas subatómicas a grandes velocidades hacia un blanco, el núcleo. Un acelerador es un aparato diseñado para acelerar partículas subatómicas a velocidades enormes y dirigirlas al núcleo bajo condiciones controladas.

7. El generador Van de Graaf. Este aparato fue inventado por R. Van de Graaf en 1932 y usa el principio del generador electrostático. La figura siguiente es un bosquejo de un generador típico.

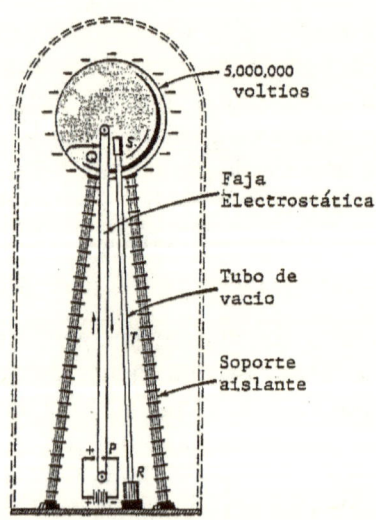

Se vé que este aparato consiste de una esfera metálica hueca soportada por una columna aisladora. Dentro del aparato hay una una banda sin fin hecha de hule o de plástico, que se mueve de 80 a 100 m/seg. Como se indica en la figura, la carga inicial la suministra la bateria, o alguna otra fuente, con un potencial de unos 1 000 a 50 000 voltios.

La banda pasa entre la superficie metálica y un grupo de puntas metálicas aguzadas, P, que no llegan a tocar dicha banda. Los electrones con alto potencial, tienden a escapar hacia la banda desde las puntas y esta los lleva hacia arriba, donde son extraídas por el grupo superior de puntas metálicas, Q. Al llegar al interior de la esfera las cargas pasan a la superficie exterior donde se almacenan.

Si la esfera es muy grande y muy pulida, la diferencia de potencial entre ella y la parte inferior del generador, puede llegar a ser tan grande como 6 ú 8 millones de voltios, sin que salte una chispa incontrolada desde el exterior de la esfera.

Dentro de la esfera se encuentra un tubo de vacio con una fuente de partículas, S. Las partículas empiezan su movimiento en el tope del tubo, T, y aceleran hacia el fondo donde adquieren la potencia máxima del potencial eléctrico. Estas partículas, con alta energía bombardean cualquier partícula que se estudia. Si un electrón o cualquier otra partícula, positiva o negativa, se acelera a travéz de una diferencia de potencial de 1 000 000 de voltios, adquirirá una energía de 1 000 000 de electron - voltios.

8. Acelerador Lineal. Usando los principios de guias undulatorias cilíndricas y huecos resonantes, L. Alvarez y sus colegas construyeron el primero acelerador lineal en 1945 - 46. Este acelerador recibió el nombre de linac.

Un bosquejo de la máquina se vé en la figura siguiente. El acelerador consiste de un tubo de unos 15 metro de longitud, dentro del cual se colocan pequeños anodos cilíndricos huecos, cuyas longitudes aumentan desde un pequeño al principio del cilindro hasta el más largo al fin del cilindro.

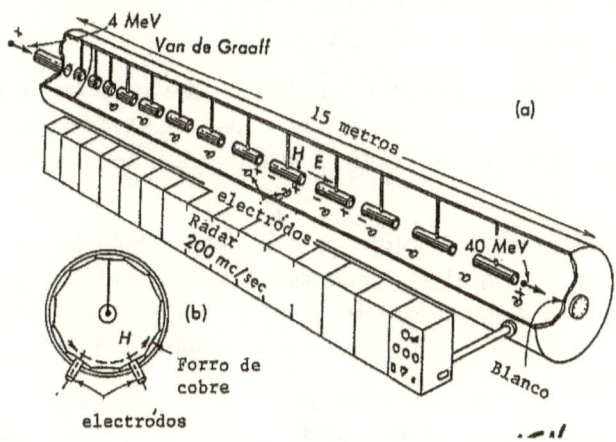

Los protones son producidos y acelerados a una magnitud de 4 MeV por la presión de un generador de Van de Graaf. Esto es necesario para acelerar las partículas hasta velocidades muy altas, la diferencia de potencial muy grande se encuentra entre el cátodo y el primer ánodo cilíndrico hueco.

Es importante darse cuenta que la partícula acelerada recibe auna fuerza aceleradora solo cuando se encuentra entre la fuente de partículas y el electródo acelerador. Una véz que está dentro del cilindro avanza uniformemente. El potencial del cilindro puede reducirse o, invertirse sin afectar a la partícula. En el acelerador lineal esto es lo que ocurre: Se supone que la diferencia de potencial disponible es de 4 000 000 voltios. Al acelerarse el protón entre la fuente y el primer cilindro 1, adquiere una energía de 4 000 000 de electron - voltios.

Mientras la partícula está dentro del primer cilindro, la polaridad del cilindro se invierte, porque la diferencia de potencial se obtiene de una fuente alterna, un oscilador de alta frecuencia que produce ondas electromagnéticas de radar. El forro del tubo es de cobre y resuena con frecuencia de 200 MHz. Las condiciones ondulatorias producen un campo eléctrico, E, que es paralelo al tubo y sube y baja de acuerdo con la frecuencia. La longitud de los cilindros aumenta gradualmente asi que los protones saltan entre ellos solo cuando el campo E está a la derecha y las partículas están dentro de los cilindros.

Ahora, el primer cilindro es 4 000 000 de voltios positivo con respecto al segundo. Al avanzar el electrón fuera del primer cilindro es acelerado otra vez por un potencial de 4 000 000 voltios. Cuando el electrón esta dentro del segundo cilindro ha adquirido la velocidad correspondiente a 2 MeV. Este proceso se repite a lo largo de la linea de cilindros, cuyo potencial se ha invertido constantemente y la partícula que emerge del tubo tiene una energía de 40 MeV.

Los aceleradores lineales pueden usarse para comunicar altas velocidades a cualquier clase de partículas cargadas. El rayo resultante de estas partículas puede controlarse y concentrarse facilmente sobre un blanco.

9. El Ciclotron. El ciclotrón, inventado por Ernest O. Lawrence y M. Stanley Livingston, de la Universidad de California, en 1930, fué el primero de los desintegradores de átomos, usando una haz de partículas atómicas cargadas que se mueven con gran velocidad.

La parte principal del ciclotrón es un par de cámaras metálicas huecas que son, en efecto, dos electrodos con la forma de medias cajas de píldoras, y que reciben el nombre de des, debido a su semejanza con la letra D. El bosquejo de un ciclotrón se muestra en la figura siguiente.

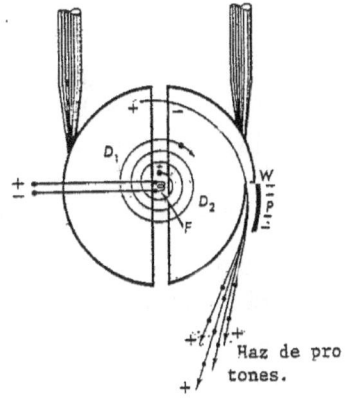
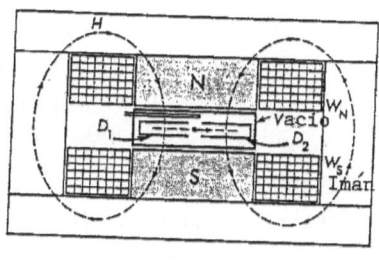

Esta aparato acelera partículas positivas, generalmente los núcleos del hidrógeno pesado (deuterones), de un electródo cargado al otro. La fuente de las partículas se coloca en el centro del espacio entre las dos des. Estas se conectan a un oscilador eléctrico del mismo tipo usado en una transmisora de radio. Este oscilador permite que el potencial entre las des cambie varios millones de veces por segundo. De esta manera, el campo eléctrico se dirige primero a una y luego a la otra. El espacio entre ellas permanece neutro. Las des son huecas y encerradas dentro de una vasija metálica. El aparato completo se coloca dentro de un potente electroimán cuyo campo magnético es perpendicular al campo eléctrico en las des.

Cada una de las des, o electrodos, dá a las partículas golpes repetidos llevándolas de un electródo a otro. Aunque la aceleración se produce por las cargas que tienen los electródos, las partículas cargadas son guiadas por el campo magnético. En un instante indicado, un deuterón se acelera hacia la de negativa, sin embargo, dentro de la de existe un campo magnético intenso perpendicular a ella, de modo que el deuterón sigue un camino circular de radio pequeño hasta girar 180° y está ahora listo para atravesar el espacio entre las des.

Mientras tanto, se ha invertido el potencial entre las des, asi que la que era negativa es ahora positiva, lo que obliga a la carga a acelerarse cuando cruza el espacio vacio. Como ahora tiene una velocidad mayor, se moverá describiendo una circumferencia de radio algo más grande. A cada media revolución el mismo proceso se repite, por lo que la partícula se mueve formando una espiral de radio más y más grande.

La diferencia de potencial entre las des puede ser de unos 100,000 voltios o más. Asi cuando la partícula ha dado muchas vueltas, tiene una energía de muchos millones de electron - voltios. Los ciclotrones pueden acelerar partículas hasta velocidades equivalentes a unos 500 MeV.

10. El Betatron. El betatrón es un tipo especial de tubo de vacio, bajo de inducción magnética, diseñado para acelerar partículas cargadas, para alcanzar gran velocidades. Fué inventado en 1941 por Donald W. Kerst, de la Universidad de Illinois. No es tan potente como los ciclotrones, pero reciente versiones del aparato pueden acelerar los electrones a más de 100 MeV. Su nombre viene de qué acelera electrones o partículas beta.

El betatrón es un tubo de vidrio de forma toroidal y sección elíptica colocado horizontalmente en el espacio entre los polos de un electroimán. Por los devanados o bobinas del imán pasa una corriente de 60 ciclos/seg, de modo que el campo magnético que atravieza el plano del tubo cambia, desde su valor máximo en una dirección hasta su valor máximo en la dirección opuesta, en 1/120 seg. Este acelerador funciona como un transfomador ordinario en el cual las bobinas del secundario de muchas vueltas han sido reeplazados por los electrones del tubo vacio. El funcionamiento de un betatrón se indica en la figura siguiente.

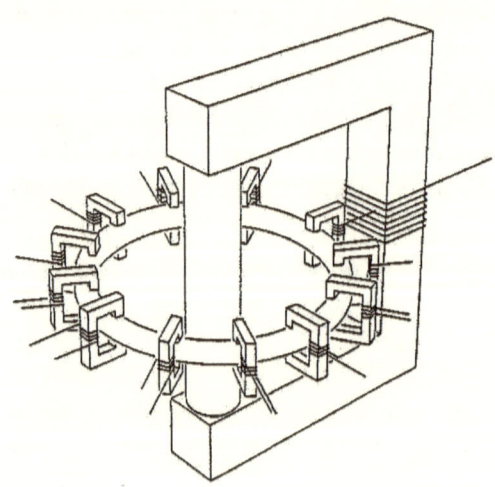

Los electrones se inyectan dentro del betatrón a una velocidad correspondiente a unos 50 000 eV. Electrones acelerados por un potencial de 50 000 voltios se mueven en linea tangente dentro del tubo y debido a la influencia del campo magnético, describen en su interior una orbita circular. Un potencial constante de 400 voltios acelera a los electrones.

Entendamos que los electrones son acelerados por el campo magnético variable y al mismo tiempo obigados a moverse en una órbita circular por la existencia del mismo campo magnético. Los electrones completan por lo menos unas 250 000 revoluciones en el betatrón durante el tiempo que se necesita para que el flujo magnético aumente desde cero hasta su valor máximo. Entonces, si se vé que la velocidad de los electrones es inmensa. Ya que el electrón pasa por un potencial de 400 voltios en cada revolución para una energía de 400 electron - voltios, en las 250 000 revoluciones, la energía total desarrollada será en la vecindad de 100 MeV.

El factor relativista de aumento de masa con la velocidad, que impide la aceleración de los electrones en el ciclotrón no afecta la aceleración en este aparato, puesto que adquiere su energía final en menos de un ciclo de variación del campo magnético y no tiene que permanecer en fase con el campo en un gran número de vueltas.

11. El Sincotron. Recordemos que en el ciclotrón la aceleración se produce por electrodos cargados; en el betatrón la aceleración se debe a un campo magnético variable dentro del tubo del betatrón. El sincotrón es un aparato más moderno que combina estos dos técnicas de aceleración para controlar las partículas: electrodos cargados y campos magnéticos variables.

En este aparato los electrodos cargados aceleran las partículas en una trayectoria casi circular, mientras un campo magnético variable las mantiene en el mismo camino, revolución tras revolución. Pero en el sincotrón, como en el ciclotrón, se debe estimar el efecto relativista de las partículas: al aproximarse a la velocidad de la luz, la masa de las partículas aumenta de acuerdo con la teoría de relatividad. Por consiguiente, la energía suministrada a ellas por los aceleradores no se convierte por completo en un incremento de velocidad, sino que resulta en un aumento de masa. Es decir, el aumento en la velocidad de las partículas es pequeño debido al aumento en la masa de ellas.

El sincotrón recibe su nombre porque se debe sincronizar la frecuencia con que cambia la diferencia de potencial en los electrodos aceleradores, con la disminución de la misma cuando la partícula se acerca cada vez más a la velocidad de la luz.

PROBLEMAS

1. Escriba la ecuación nuclear para la transmutación de un isótopo de uranio - 238 a un isótopo de torio - 234.

2. Un isótopo radiactivo de polonio, Po - 214, emite partículas alfa y se convierte en plomo común. Escriba la ecuación nuclear.

3. Escriba las ecuaciones nucleares para la desintegración de los siguientes isótopos por la emisión de partículas beta:

   a) Pb - 210; b) Bi - 210; c) Th - 234; d) Np - 239

4. Cuando se bombardea un isótopo de B - 10, con un neutrón, se absorbe el neutrón y se emite una partícula alfa. a) ¿que elemento se formó? 2) escriba la reacción nuclear.

5. Un isotópo de carbono, C - 12, tiene una masa nuclear de 12.00 umas. a) Calcule el defecto de masa; b) Calcule la energía equivalente en joules y en electrón - voltios.

6. Repita el problema anterior usando un átomo de deuterio, masa = 2.0140 umas.

7. a) ¿Qué es el ciclotrón?; b) ¿Cúal es su función? c) ¿Qué es lo que acelera?

8. ¿Cúal el factor que lmita la velocidad de las partículas en los aceleradores? Explique.

9. a) ¿Qué es un deuterio?; b) ¿Es un deuterio lo mismo que un átomo de hidrógeno?

10. ¿Cúal es la razón por la que se usa deuterio en vez de protones en un ciclotrón?

11. a) ¿Qué significa la abreviación MeV? b) ¿Qué significa la abreviación BeV?

12. Explique porque un acelerador de voltaje alterno es más poderoso que un acelerador de alto voltaje.

Selección Múltiple.

1. El acelerador que usa el principio de un generador electrostático es 1) el ciclotrón; 2) el betatrón; 3) el Van de Graaf; 4) la cámara de niebla.

2. ¿Qué partícula no se acelera en un acelerador de partículas? 1) el electrón; 2) el neutrón; 3) el núcleo del helio; 4) el núcleo del hidrógeno.

3. Los aceleradores de partículas se usan principalmente para 1) hallar partículas radiactivas; 2) identificar partículas radiactivas; 3) aumentar la energía cinética de una partícula; 4) aumentar la energía potencial de una partícula.

4. Comparando con una reacción nuclear, una reacción química produce energía primeramente por 1) conversión de una parte de los reactantes; 2) una pérdida de energía potencial por los reactantes; 3) la fusión de dos núcleos; 4) la fisión de un núcleo.

5. La reacción nuclear por la cual un átomo de aluminio se bombardea con una partícula alfa para producir un átomo de fósforo, es un ejemplo de 1) la fusión nuclear; 2) la fisión nuclear; 3) la transmutación natural; 4) la transmutación artificial.

6. Aceleradores de partículas se usan para aumentar la energía cinética de 1) el deuterio; 2) el neutrón; 3) el protón; 4) el tritio.

7. ¿Qué partícula no se puede acelerar por los campos electricos y magnéticos de un acelerador? 1) el neutrón; 2) el protón; 3) una partícula alfa; 4) una partícula beta.

8. Los átomos de algunos elementos se vuelven radiactivos si se 1) los coloca en una campo magnético; 2) los bombardea con partículas de energía alta; 3) los separa en sus isótopos; 4) si se los calienta a temperaturas altas.

9. El ciclotrón y el sincotrón son ejemplos de 1) partículas de energía alta; 2) detectores de radiación; 3) núcleos que emiten partículas beta; 4) aceleradores de partículas.

10. Neutrones se usan en como balas nucleares en algunas reacciones porque 1) tienen cargas positivas y son repelidos por el núcleo; 2) no tienen carga y no son repelidos por el núcleo; 3) tienen carga negativa y son atraídos por el núcleo; 4) no tienen carga y tienen una masa muy liviana.

Capitulo 63

Fisión Nuclear

1. Energia Nuclear de Fision. Las reacciones nucleares estudiadas son el resultado de la expulsión de partículas relativamente livianas, tales como partículas alfa, partículas beta, protones o neutrones. Pero no sucede siempre asi; <u>El núcleo de algunos elementos pesados se puede quebrar para formar nucleos de elementos más livianos con un número atómico más pequeño</u>. Este proceso se llama fisión nuclear.

La fisión nuclear resulta cuando el núcleo captura un neutrón, como lo hicieron Hahn y Strassman en Alemania en 1939. Fisión nuclear produce fragmentos nucleares, cantidades enormes de energía y dos ó más neutrones son emitidios. En su experimento estos físicos bombardearon uranio con neutrones y descubrieron que los fragmentos de la reacción eran <u>bario</u> y <u>criptón</u>.

La cámara de niebla mostró que estas partículas, aunque pesadas, eran más ligeras que el uranio y se movian en sentidos opuestos con enorme velocidad. Cuando el uranio se rompe de ese modo queda libre una enorme cantidad de energía, 200 millones de electron - voltios. De acuerdo con la ecuación de masa - energía de Einstein se deduce que la masa de reposo del nucleo del uranio es mayor que la suma de las masas en reposo de los productos, el bario y el cripton. La energía asi transformada se convierte en energía cinética de los fragmentos. La fisión del uranio puede realizarse por neutrones rápidos o por neutrones lentos. De los dos isotopos más abundantes, el U - 235 y el U - 238, ambos se pueden quebrar por un neutrón rápido mientras que solo el U - 235 se fragmenta con un neutrón lento.

2. Fision Nuclear. Entonces, la energía emitida por cada nucleón cuando se rompe es la energía cinética de los fragmentos y la radiación

gamma. Esta energía es la diferencia entre la energía de unión del nucleón original y la energía de unión de los nucleones nuevos.

La ecuación que representa esta reacción nuclear es:

$$_{92}U^{235} + {}_0n^1 = {}_{56}Ba^{141} + {}_{36}Kr^{92} + 2{}_0n^1 + Q$$

Q representa las cantidades grandes de partículas beta, rayos gamma y energía calorífica calculada usando la ecuación de Einstein, $E = m\,c^2$.

Estudie el diagrama siguiente: un neutrón choca con un núcleo de U^{235}. El núcleo se rompe produciendo bario y criptón y algunos neutrones libres. Uno de estos penetra el nucleo de otro átomo de uranio quebrandolo también y causando la creación de átomos de bario y criptón y neutrones adicionales. Estos neutrones quebrarán otros nucleos de uranio produciendo resultados semejantes.

Entonces, la fisión nuclear continúa sin la ayuda de fuerzas exteriores. Este tipo de reacción se llama reacción en cadena.

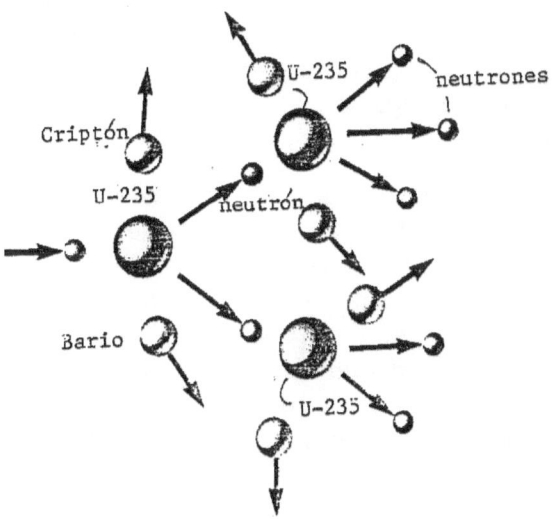

La razón porqué el neutrón libre es la causa de la fisión nuclear es la neutralidad eléctrica de esta partícula. El neutrón no es repelido por el nucleo positivo y es capturado por él con mucha facilidad. El uranio común, que es el material fisionable más usado contiene cerca de 99.3% o 140 partes de uranio - 238 por cada parte de uranio - 235 ó 0.7%. El uranio enriquecido es uranio - 238, mezclado con un 3 a 4% con uranio - 235. En esta mezcla solo el uranio - 235 se quiebra, fisión nuclear no ocurre en el uranio - 238 aunque este también captura y absorbe neutrones.

Existe la probabilidad de que un neutrón libre choque con cualquier átomo de uranio. Entonces, debido a la saturación de estos átomos, hay un chance en 140 que un átomo de uranio - 235 chocará con un neutrón originando una fisión nuclear. La separación de estos isótopos es una operación muy complicada, pero existe un método basado en la minúscula diferencia entre las masas. Este modo envuelve la preparación de compuestos gaseosos de uranio forzados a pasar por una serie de filtros porosos; las moléculas que contienen U - 235, siendo un poco más livianas, se mueven más rápido y atraviezan más pronto las barreras. De esta manera, el gas que pasa primero es rico en U - 235. Este método se repite muchas veces hasta el punto en el que el gas que pasa por el último filtro no contiene U - 238.

3. Reactor Nuclear. Un reactor nuclear o pila nuclear es un aparato muy grande, en el cual una reacción en cadena, lenta y muy controlada, produce energía en la forma de calor y radiación. Se sabe que si los neutrones disminuyen en velocidad bajo cierto límite, los átomos de uranio - 238 no los capturan. Por el contrario, estos neutrones lentos chocan más a menudo con átomos de uranio - 235 y causan fisión. Examinando el diagrama de un reactor, vemos que está compuesto de ciertas partes, cada una de ellas es importante en el funcionamiento propio de este aparato complicado.

1. Barra de combustible. El combustible nuclear se produce en la forma de bolitas, las cuales se encierran en cilindros hermeticamente sellados. Cada bolita de combustible tiene un volumen de 3 cm³ y su energía es equivalente a una tonelada de carbón. Los cilindros del combustible se colocan en el centro del reactor. El combustible más común es el U - 235 o el uranio enriquecido. Sin embargo, otros isótopos del uranio, tales como el U - 233 que viene de la captura de un neutrón por el Th - 232 y el Pu - 239 producido por la captura de un neutrón por el U - 238, se usan muy a menudo como combustibles.

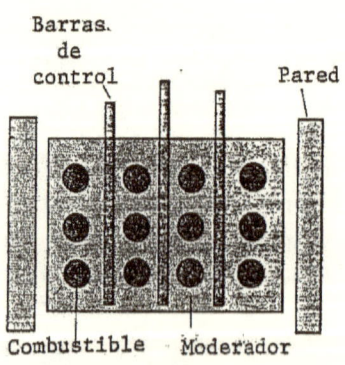

Barras de control   Pared

Combustible   Moderador

2. Moderador. El centro del reactor consiste de bloques de grafito en las cuales se coloca los cilindros del uranio. Es necesario mantener neutrones lentos dentro del reactor para controlar la eficiencia de la fisión nuclear. El moderador es una sustancia que tiene la abilidad de disminuír la velocidad de los neutrones, de una velocidad de 4×10^6 m/seg hasta unos 2×10^3 m/seg, sin ninguna tendencia para absorberlos. El grafito es tal sustancia, es barata, fácil de formar y tiene una estructura fuerte. Sin embargo, es muy frágil, se combina con el oxígeno y sufre daño radiactivo a una temperatura más baja que 250°C.

Unas partículas de masa liviana, semejantes al neutrón, tales como el hidrógeno y el deuterio, son también moderadores efectivos. El agua común es una fuente de átomos de hidrógeno, pero no se usa debido a que el hidrógeno absorbe muchos neutrones. El agua pesada es una fuente del deuterio puesto que este isótopo no absorbe neutrones. Los neutrones rápidos se frenan al chocar con los átomos del moderador.

3. Barras de control. El proceso de fisión nuclear se puede controlar si se controla el número de neutrones en la pila con el uso de barras de control. Una barra de control es una barra construída de una sustancia que absorbe neutrones. La sustancia más común es el boro o el cadmio. Ests elementos tienen la propiedad de absorber neutrones con facilidad, de tal manera que la reacción en cadena para completamente ya que no hay neutrones disponibles para dividir el nucleo. Se controla la reacción metiendo o sacando la barra de control. En el primer caso, las barras capturan neutrones casi tan rápido como son producidos. Si ahora las barras son sacadas, más y más neutrones alcanzan los átomos de uranio y la reacción en cadena crece.

Si se introduce o se saca la barra gradualmente, la rapidéz de la reacción se controla completamente. Si las barras se sacan, la reacción en cadena sigue creciendo, con el reactor cada vez más caliente. Para evitar esta situación, cuando el reactor se ha calentado hasta la temperatura deseada, las barras son ligeramente introducidas, para ajustar la reacción, de modo de que, en promedio, un neutrón por fisión alcanzara otro átomo de uranio causando una división. Entonces el reactor produce calor a un ritmo constante sin recalentarse ni enfriarse. Si se sacan las barras totalmente afuera de la pila, la reacción procede sin dificultad produciendo una reacción incontrolada, llamada una explosión atómica.

4. Refrigerante. Sustancias refrigerantes se usan para enfriar las temperaturas dentro del reactor y para llevar el calor desde el reactor hasta un intercambiante de calor y las turbinas. Las sustancias más usadas como refrigerantes son agua pesada, aire, helio, dioxodo de carbono,

sodio líquido y litio líquido. La figura siguiente muestra un reactor nuclear que usa sodio líquido como el refrigerante.

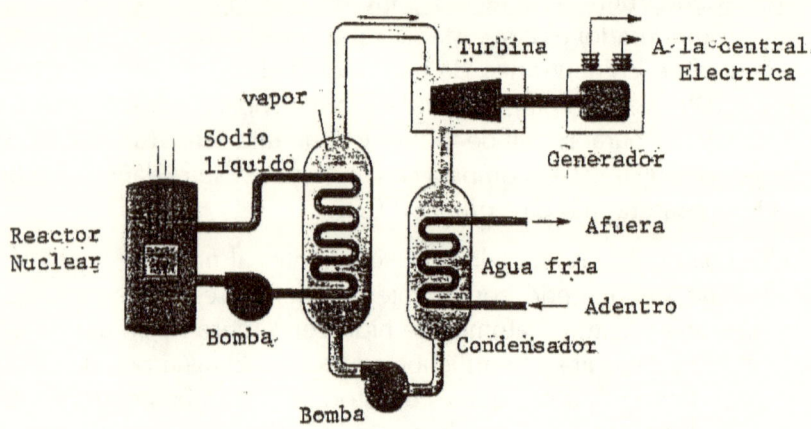

Un reactor nuclear produce una gran cantidad de calor, que se usa para la producción de otras formas de energía. En los barcos y submarinos nucleares, este calor se usa para mover turbinas de vapor. En los reactores comerciales este calor se usa para funcionar una central eléctrica. La construcción de reactores nucleares para uso comercial es muy lenta debido a los peligros intrínsecos existentes con la fisión nuclear. Los peligros pueden ser una fuente de calor incontrolada que derritirá el reactor produciendo explosiones, radiación inmediata y, por seguro, radiación diferida o lo que llamamos lluvia radiactiva.

5. Paredes protectoras. Hay dos tipos de paredes protectoras, las internas que protegen al reactor de la radiación y las externas que protegen a la gente que trabaja en el reactor. Las parades internas son bloques de acero y las exteriores son bloques macizos de concreto, forrados con plomo.

4. Masa Critica. A Masa crítica es la cantidad mínima de material fisionable necesario para sostener una reacción en cadena.

Si el tamaño del material fisionable es menor que el de la masa crítica, hay pocos neutrones para iniciar la reacción. Para mantener una reacción en cadena, el número de neutrones emitidos debe ser mayor que el número de neutrones inicial. Entonces, la magnitud de la masa fisionable debe ser bastante grande para que suministre el número de neutrones necesario.

5. Bomba Atomica. Una reacción en cadena incontrolada resulta en una explosión atómica ó bomba atómica. El combustible en la bomba atómica es puro uranio - 235 o plutonio - 239. Si los neutrones

bombardean a este material, la reacción nuclear es violenta e incontrolada. Sin embargo, es necesario que la masa del combustible nuclear sea mayor que la masa crítica.

Supongamos que el material fisionable se mantiene en dos pedazos iguales, cada uno de ellos con una masa subcritica. Para iniciar una explosión atómica se necesita juntar a las dos mitades con una implosión, o sea una explosión hacia adentro. De esta manera, la masa total excede la masa crítica y la explosión nuclear procede sin control.

Selección Múltiple

1. ¿Qué sustancia se puede usar como un moderador y refrigerante al mismo tiempo? 1) dióxido de carbono; 2) boro; 3) grafito; 4) agua pesada.

2. El procesó de fisión nuclear se controla por medio del uso de 1) moderadores; 2) barras de control; 3) refrigerantes; 4) paredes.

3. Cuando un núcleo de uranio se quiebra en varios fragmentos, que tipo de reacción ocurre? 1) fusión; 2) fisión; 3) endotérmica; 4) redox.

4. El propósito de un moderador en el reactor nuclear es 1) sacar el calor; 2) producir el calor; 3) convertir neutrones lentos a neutrones veloces; 4) convertir neutrones veloces a neutrones lentos.

5. ¿Qué isótopo se puede usar como un combustible en un reactor? 1) hidrógeno; 2) carbon; 3) litio; 4) plutonio.

6. ¿Qué sustancia se usa en las barras de control de un reactor nuclear? 1) el boro; 2) el helio; 3) el dióxido de carbono; 4) el berilio.

7. La quiebra de un núcleo pesado para producir nucleos livianos se llama 1) fusión; 2) fisión; 3) emisión alfa; 4) emisión beta.

8. El proceso nuclear en un reactor se controla si controlamos el número de 1) electrones; 2) neutrones; 3) protones; 4) positrones.

9. En un reactor nuclear, el isótopo de U - 235 sirve como 1) una pared; 2) un refrigerante; 3) un absorbente; 4) una material fisionable.

10. Comparado con el U - 238, el U - 235 es 1) más pesado; 2) más radioactivo; 3) menos reactivo; 4) más abundante.

Capitulo 64

Fusión Nuclear

1. Fusion Nuclear. Fusión nuclear <u>es el proceso de combinar dos nucleos livianos para formar uno más denso.</u>

Cuando dos nucleos livianos se juntan formando un núcleo más pesado, ellos forman un núcleo más estable con una energía de unión per nucleon más alta. La masa del núcleo pesado es menor que la suma de las masas de los núcleos livianos. La diferencia en masa da orígen a la energía emitida durante la reacción. Se ha medido que la energía emitida en una reacción de fusión nuclear es mucho mayor que la energía producida en una reacción de fisión nuclear.

Los átomos livianos usados son dos isótopos del hidrógeno, el deuterio $_1H^2$ y el tritio $_1H^3$. Juntos producen un átomo de helio. Asi:

$$_1H^2 + {}_1H^2 = {}_1H^3 + {}_1H^1 \quad E = 4.0 \text{ MeV}$$

$$_1H^2 + {}_1H^3 = {}_2He^4 + {}_0n^1 \quad E = 17.6 \text{ MeV}$$

La fuente de deuterio es el agua pesada, óxido de deuterio. Aunque solo se encuentran trazas de este material en los oceanos, es fácil concentrar estas cantidades pequeñas y producir gran cantidades del material. El tritio se produce por el bombardeo de litio con un neutrón. La reacción es:

$$_3Li^6 + {}_0n^1 = {}_1H^3 + {}_2He^4$$

Tengamos en cuenta que los nucleos tienen una carga positiva y la fuerza de repulsión entre ellos aumenta con un aumento en la carga nuclear. Es por esta razón que solo los átomos más livianos, con la carga más baja, tal como el hidrógeno, se usan en la fusión nuclear. Existe una posibilidad baja de que la fusión nuclear ocurra usando ordinario hidrógeno puesto que este elemento tiene una baja probabilidad de reacción. La fusión nuclear entre deuterio y tritio tiene una alta probabilidad de ocurrir.

Fusión nuclear es la unión de dos átomos livianos, mientras que fisión nuclear es la quiebra de un núcleo pesado. Recordemos también que sustancias radiactivas no se producen durante la fusión nuclear tal como ocurre en la fisión nuclear. Sin embargo, para efectuar una fusión nuclear es necesario generar temperaturas inmensamente altas. Para unir a los dos atomos livianos se debe darles alta velocidad y energía con las cuales los nucleos sobrepasan las fuerzas repulsivas.

El estudio de la fusión nuclear nos dá una idea muy clara de lo que sucede en el sol. Todas la estrellas producen su energía por el proceso de fusión nuclear. En nuestro sol, la fusión es entre átomos de hidrógeno. Se necesita que 1) la temperatura sea en la vecindad de 1×10^7 grados Kelvin, para separar al protón del electrón en el hidrógeno y 2) que la densidad de los nucleos sea tan alta para asegurar la probabilidad de unos choques.

El ciclo protón - protón que ocurre en el sol es una serie de tres reacciones nucleares que se cree son la reacciones productivas de la energía solar. Este ciclo envuelve el choque entre cuatro protones con la formación de una partícula alfa y dos positrones, con una energía total emitida de 25 MeV.

$$_1H^1 + {}_1H^1 \rightarrow {}_1H^2 + {}_1e^0 + E$$

$$_1H^1 + {}_1H^2 \rightarrow {}_2He^3 + E$$

Esta reacción se sigue con una de las siguientes reacciones:

$$_1H^1 + {}_2He^3 \rightarrow {}_2He^4 + {}_1e^0 + E$$

$$_2He^3 + {}_2He^3 \rightarrow {}_2He^4 + {}_1H^1 + {}_1H^1$$

La energía liberada en estas reacciones sale en la forma de rayos gamma, positrones y neutrinos. Los rayos gamma se absorben en la atmósfera solar aumentando su temperatura. Los positrones se combinan con los electrones, destruyendose en reacciones de antimateria y creando más rayos gamma. Los neutrinos salen del sol llevando con ellos por lo menos un 2% de la energía total. Estas reacciones se denominan como reacciones de fusión termonucleares.

Una bomba de hidrógeno es una reacción termonuclear incontrolada. En esta bomba, las necesarias temperaturas para la fusión son suministradas por la explosión de una bomba atómica. La explosión termonuclear no está limitada por las consideraciones de la masa crítica tal como la bomba atómica. De consecuencia, no hay un límite para el tamaño ni el poder de la bomba termonuclear.

2. Reactores de Fusion. En teoría, un reactor de fusión ofrece una cantidad fabulosa de energía limpia aqui en la tierra. Un esfuerzo científico enorme se lleva a cabo para desarrollar una reactor de fusión controlado y sin paro. Energía de fusión controlada se llama a menudo la última fuente de energía porque se supone que se utilizará los océanos como las fuentes del ingrediente primario de fusión, el deuterio. La extracción de este elemento del agua es muy barato y además la energia es limpia, libre de materia radiactiva. Existe, sin embargo, un problema enorme, como generar las temperaturas tan altas, 1×10^8 grados K. No se conoce un material que puede sostener tales temperaturas.

La energía del sol se basa, en parte, en las reacciones que convierten el hidrógeno ordinario al helio. Desafortunadamente, no es posible usar el ciclo protón - protón en un reactor de fusión puesto que se necesita temperaturas y presiones sumamente altas. Las reacciones de fusión que demuestran una promesa son las que envuelven reacciones entre el deuterio y el tritio. Estas reacciones son:

$$_1H^2 + {}_1H^2 \rightarrow {}_2He^3 + {}_0n^1 + 3.27 \text{ MeV}$$

$$_1H^2 + {}_1H^2 \rightarrow {}_1H^3 + {}_1H^1 + 4.03 \text{ MeV}$$

$$_1H^2 + {}_1H^3 \rightarrow {}_2He^4 + {}_0n^1 + 17.59 \text{ MeV}$$

El deuterio necesario para estas reacciones se encuentra, como se dijo, en gran cantidades en los oceanos y rios de la tierra, pero el tritio es radioactivo y debe ser producido artificialmente.

Uno de los problemas existentes en este tipo de reacción es la repulsión que existe entre nucleos positivos. Esta fuerza se debe anular dando a los nucleos suficiente velocidad y energía. Esto se hace cuando se calienta el combustible a temperaturas cerca de 10^8 grados Kelvin, más alta que la temperatura del sol. A estas temperaturas, los átomos se ionizan y el sistema consiste de una colección de electrones y nucleos, llamado un plasma. Un plasma no es sólido, líquido ni gas, y se considera como una cuarta fase de la materia.

Hay otros factores críticos que determinan si la reacción ocurrirá: la densidad del plasma iónico y el tiempo para embotellar el plasma. La magnitud de la densidad y el tiempo para embotellar deben ser bastante grandes para asegurar que más energía de fusión se emite que es necesaria para la reacción.

Hay dos aparatos muy complicados que se usan para embotellar el plasma. One de ellos es el tokamak. Este aparato tiene una forma toroide, como se vé en la figura siguiente:

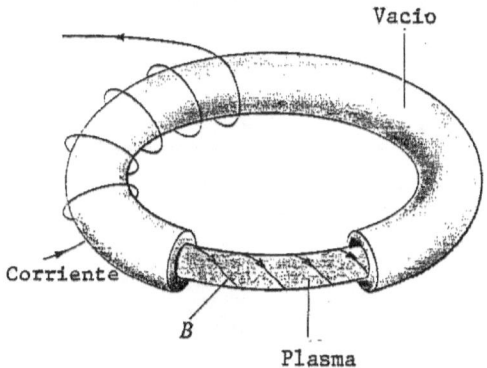

Este aparato usa dos campos magnéticos para embotellar al plasma dentro del anillo, un campo magnético muy fuerte se produce alrededor del anillo y otro más debil dentro del anillo. Al campo magnético resultante mantiene el plasma lejos de las paredes interiores del anillo. El plasma se calienta con la inyección de un rayo de partículas neutras de energía muy alta.

El otro aparato es el llamado espejo magnético embotellaldor. La idea detrás de este aparato es mantener al plasma dentro de un tubo cilíndrico por medio de un campo magnético, como se ve en la figura siguiente. Los iones cargados del plasma se mueven in círculos alrededor de las lineas de fuerza magnética, de esta manera no tocan las paredes del cilindro. El campo se agrandece al extremo del cilindro sirviendo como un espejo magnético. Este "espejo" refleja al plasma y lo pellisca para mantenerlo sin tocar las paredes del cilindro. La reflexión y el pellisco aumentan la energía del plasma y las partículas del plasma espiran en direcciones opuestas pero perpendiculares al campo magnético.

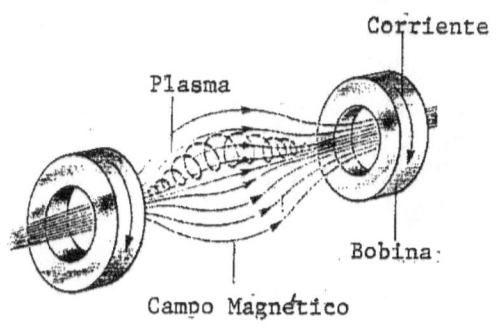

Hay muchas ventajas de la fusión sobre la fisión: 1) la abundancia y el costo del deuterio; 2) el material no se usa para producir armamentos; 3) no hay una posibilidad de accidentes en el reactor; 4) no hay peligro de radiación. Pero sobre todo estos beneficios se vé que es casi imposible mantener las altas temperaturas, el costo de construcción y la polución termal que ocurre cuando se produce cantidades enormes de calor.

PROBLEMAS

1. Escriba dos reacciones de fusión que ocurren dentro del sol y dentro de un reactor de fusión. Compare estos dos procesos.

2. ¿Qué temperaturas y presiones se necesitan para mantener una reacción de fusión nuclear?

3. Compare los productos de fisión y de fusión nuclear.

4. Dé la razón porque la masa crítica no es importante en reacciones de fusión.

5. Explique lo que es el agua pesada y como se la usa en el proceso de fusión nuclear.

6. ¿Qué partículas son necesarias para mantener una reacción de fisión en un reactor nuclear? Explique.

7. ¿Qué es la masa crítica? Explique que métodos se pueden usar para iniciar una explosión atómica.

8. Cuando el uranio fisiona, ¿es la masa de los productos mayor o menor que la masa de los reactantes? Explique.

9. Explique el uso de a) las barras de cadmio; b) las barras de grafito; c) las paredes de concreto.

10. Explique lo siguiente: a) aunque la fisión nuclear y la radiactividad natural se basan en cambios nucleares, son, sin embargo, muy diferentes; b) los productos materiales de la fisión nuclear son peligrosos y se deben disponer muy cuidadosamente.

11. Explique la razón porque los neutrones son preferibles a los protones como balas en un reactor nuclear.

12. Una explosión atómica resulta en la producción de ondas infrarojas, radiación gamma y sonido. De estas, cuales a) tienen la velocidad más baja; b) no se pueden polarizar; c) tienen la frecuencia más alta? d) no pasan por un vacio.

13. Dé la razón porque los protones se mueven a gran velocidades para chocar con el núcleo.

Selección Múltiple

Las preguntas 1 - 5 se basan en la siguiente reacción nuclear:

$$_1H^3 + {}_1H^1 \rightarrow {}_2He^4 + Q$$

Las masas nucleares son: $_1H^1$ = 1.00813 umas

$$_1H^3 = 3.01695 \text{ umas}$$

$$_2He^4 = 4.00388 \text{ umas}$$

1. En la ecuación, H - 1 y H - 3 son 1) nucleones; 2) partículas alfa; 3) isótopos; 4) cuanta.

2. El número total de nucleones en He - 4 es 1) 1; 2) 2; 3) 3; 4) 4.

3. La letra Q representa energía emitida. La masa equivalente de esta energía es 1) 1 uma; 2) 2 umas; 3) 0.01 umas; 4) 0.02 umas.

4. La ecuación representa 1) fusión; 2) fisión; 3) desintegración alfa; 4) desintegración beta.

5. El símbolo $_2He^4$ representa 1) un átomo de helio; 2) una partícula beta; 3) un positrón; 4) una partícula alfa.

6. Cuando dos o más nucleos livianos se juntan bajo temperaturas y presiones altas, la reacción que ocurre es 1) fusión; 2) fisión; 3) endotérmica; 4) redox.

7. La fusión nuclear más común ocurre en 1) los laboratorios; 2) en los océanos; 3) en el sol; 4) en medio de la tierra.

8. La combustibles en la fusión consisten de 1) deuterio y tritio; 2) hidrógeno y deuterio; 3) hidrógeno y tritio; 4) U - 238 y positrones.

9. Los nucleos livianos se repelan por que tienen una carga positiva. Para sobreponer esa repulsión, los núcleos reciben 1) alta temperatura y baja presión; 2) baja temperatura y alta presión; 3) alta temperatura y alta presión; 4) baja temperatura y baja presión.

10. En la reacción de fusión, la energía viene de 1) la conversión de masa a energía; 2) la conversión de energía a masa; 3) la quiebra de enlaces químicos en los isotopos; 4) la creación de campos electromagnéticos.

Capitulo 65

Relatividad

Teoria de la Relatividad. Cuando se menciona la palabra relatividad, inmediatamente pensamos del físico Albert Einstein, quien formuló esta famosa teoría. Este sabio era un científico muy realista, y su teoría descansa en hechos que se pueden verificar con repetidas observaciones de experimentos bien planeados.

La teoría de relatividad se divide en dos partes: la teoría especial y la teoría general. La teoría especial fue avanzada por Einstein en 1905, y es limitada a los observadores y sus puntos de referencia moviendose con velocidad constante. Las fórmulas matemáticas de esta teoría son relativamente fáciles y solo consideraremos algunas de las relaciones necesarias para una explicación satisfactoria de los fenómenos atómicos.

La teoría general, avanzada en 1915, considera la gravitación y el movimiento de cuerpos en puntos de referencia acelerados. Las fórmulas matemáticas de esta teoría son muy dificiles, y la evidencia experimental no está tan bien basada como la teoría especial.

2. Puntos de Referencia. Como ya lo vimos una medida de la velocidad depende del punto de vista del observador. Por ejemplo, un pasajero viajando en un bus; hay dos puntos de referencia en este caso. Desde el punto de referencia de los otros pasajeros, cualquier pasajero en un bus no se mueve, pero desde en punto de referencia de un observador en la calle, el pasajero se mueve tan rápido como el bus.

Cuando se dá la velocidad o la posicíon de un cuerpo, también se dá o se supone el punto de referencia. Por ejemplo, la velocidad de las ondas de agua se da con respecto al agua; la velocidad del sonido con respecto al aire. En un viento fuerte, el sonido se oye más claramente si el viento viaja de la fuente al observador. El vacio no transmite el sonido.

Entonces, las ondas de sonido se mueven relativamente al punto de referencia del medio que lleva el sonido.

3. Teoria especial. Se sabe que la velocidad de la luz es 3×10^8 m/ seg y se considera una constante absoluta.

Pero en 1881, los americanos, Albert Michelson y Edward Morley diseñaron un experimento para comprobar que la velocidad de la luz cambia cuando se aleja de un observador. Este experimento fue una falla completa y solo Einstein propuso una solución. El suguirió que esta falla significa que la velocidad de la luz no varía bajo ninguna circustancia. Esto quiere decir que no importa si la fuente de luz se mueve o si el observador se mueve, la velocidad de la luz en el espacio no cambia. Es decir, no importa que punto de referencia se considera.

Debido a que el experimento Michelson - Morley falló en establecer un punto de referencia fijo en el espacio, la teoría de Einstein asume que cualquier experimento de ese tipo fallará, y que a velocidades muy altas, las leyes de Newton no tienen valor. Además, la teoría de Einstein muestra que las leyes de la física se pueden escribir de tal manera que ellas se aplicaran a cualquier punto de referencia, y que a velocidades bajas, estas se reducen a las leyes de Newton.

La teoría especial tiene dos postulados. El primero dice qué las leyes de la fisica se aplican igualmente a todos los observadores si estos se mueven con velocidaes constantes. El segundo asume que la velocidad de la luz no varia; la velocidad de la luz en el espacio libre tiene el mismo valor independiente del movimiento de la fuente y del observador.

Para entender propiamente el segundo postulado, considere un punto de referencia y el observador O en reposo, en la figura siguiente.

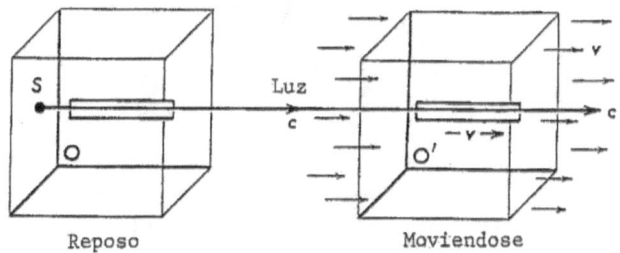

Reposo   Moviendose

Una fuente de luz, S, se arregla y se mide la velocidad de luz como 3×10^8 m/seg. Otro observador O', moviendose con la velocidad, v, con respecto a O, permite que la luz de la misma fuente pase por su aparato.

Cuando el segundo observador mide la velocidad de la luz, la encuentra tambien como 3 x 10⁸ m/seg.

Para que estos resultados sean consistentes, Einstein formuló nuevas ecuaciones de transformación. Él asume que la distancia y el tiempo son relativos y variantes. Esto es que la distancia y el tiempo dependen del punto de referencia en el cual se miden.

4. La Contraccion de Lorentz - Fitzgerald. Primeramente, se mostrará que la distancia varia. Para hacer esto se diseña un "experimento de pensamiento". Estudie la figura siguiente: la parte (a) muestra una nave de espacio con una velocidad v, volando sobre un espejo en la tierra a una altura h. Un observador en el suelo mide la longitud de la nave como L. Este observador ve que la nave prende una luz en su frente y la dirigue al espejo. La luz se refleja del espejo y alcanza a llegar al fin de la nave cuando esta pasa encima del espejo. El tiempo que la luz ha viajado es: $\Delta t = 2h/c$

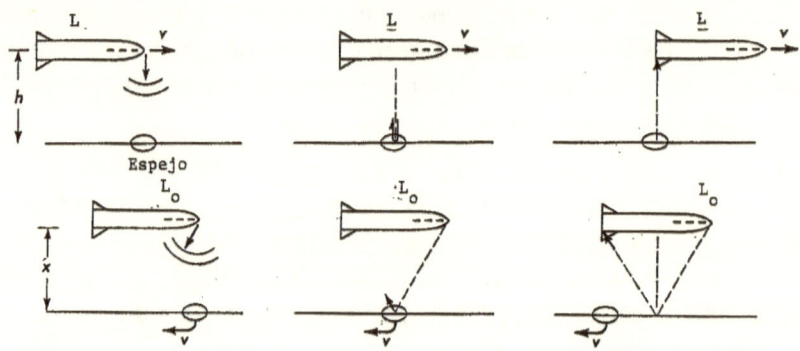

Pero durante este tiempo la nave viajo una distancia igual a su longitud:

$$L = v \, \Delta t$$

Juntando las dos ecuaciones se obtiene:

$$L = v \times \frac{2h}{c}$$

Un observador en la nave mide la longitud como L_o. Si se mira al espejo desde la nave se percibe que este se mueve hacia atras con una velocidad, v. La luz, entonces, debe seguir el camino ilustrado en la figura (b).

Esta trayectoria se ve en la figura siguiente (a) como la hipotenusa de un triángulo cuyos lados son $L_o/2$ y h. Si se quiere que la luz caiga propiamente en el espejo, debe tener una velocidad hacia atras, v. Un triángulo de velocidades se describe en el cuadro (b) con la hipotenusa c y el lado v.

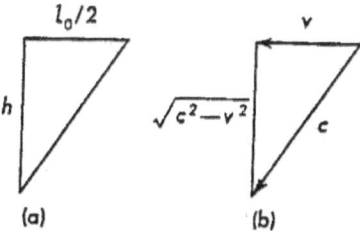

Usando el teorema de Pitagoras, el otro lado es:

$$\sqrt{c^2 - v^2}$$

Los dos triangulos son similares, y su proporcionalidad es:

$$\frac{h}{L_0/2} = \frac{\sqrt{c^2 - v^2}}{v}$$

Resolviendo por h:
$$h = \frac{L_0}{2v}\sqrt{c^2 - v^2}$$

Si substituímos este valor en la ecuación anterior:

$$L = vx\frac{2h}{c} \qquad L = \frac{2v}{c} \times \frac{L_0}{2v}\sqrt{c^2 - v^2}$$

Simplificando, se obtiene:

$$L = L_0\sqrt{1 - \frac{v^2}{c^2}}$$

Esto quiere decir que un objeto moviéndose muy rápidamente es más corto que su longitud cuando se la mide en un punto de referencia de descanso. Lo más rápido un objeto se mueve, la más corto será.

Supongamos que un objeto está en reposo, con una v = 0. Substituyendo esta velocidad en la ecuación anterior, encontramos que $L = L_0$, es decir que, su longitud L es igual a su longitud de reposo, L_0. Si una barra se mueve en la dirección de su longitud, a tres cuartos de la velocidad de la luz:

$$v = 3/4 \; cL = 0.66 \; L_0$$

La barra tiene una longitud igual a 3/4 de la longitud original. Vea el diagrama.

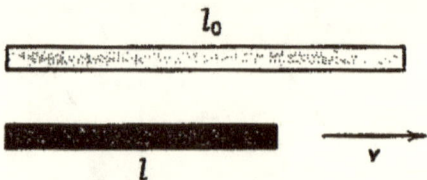

Es muy interesante recordar que si esta barra se mueve con la velocidad de la luz, v = c, el resultado es L = 0. La implicación es tremenda. Un objeto moviendose con la velocidad de la luz no tendrá ninguna longitud. La velocidad de la luz es, entonces, el limite para la velocidad de cualquier objeto.

Ejemplo. Calcule la nueva longitud de una barra de 1 metro moviendose en la dirección de su longitud con una velocidad de 2.8 x 10^8 m/seg.

<u>Datos</u>   <u>Pregunta</u>   <u>Ecuación</u>

Lo = 1   mL = $$m = \frac{m_0}{\sqrt{1 - v^2/c^2}}$$

v = 2.8 x 10^8 m/seg
c = 3 x 10^8 m/seg

Solución. Substituyendo directamente en la ecuación, tenemos:

$$m = \frac{2.5 \times 10^{-25 kg}}{1 - \dfrac{(2.7 \times 10^8 \text{ m/seg})^2}{(3 \times 10^8 \text{ m/seg})^2}}$$

5. Dilacion del Tiempo. Se atreverá ahora a demostrar que el tiempo no es invariante. El tiempo requerido para que la luz viaje dentro del punto de referencia de la nave es:

$$\Delta t_0 = 2h / \sqrt{c^2 - v^2}$$

pero h = c Δt / 2, entonces:

$$\Delta t_0 = \frac{2}{\sqrt{c^2 - v^2}} \times \frac{c\Delta t}{2} \qquad \Delta t = \Delta t_0 \sqrt{1 - \frac{v^2}{c^2}}$$

El tiempo no es invariante, pero depende del punto de referencia en el que lo medimos. El factor relativista:

$$\sqrt{1 - \frac{v^2}{c^2}} \qquad \frac{1}{\sqrt{1 - \frac{v^2}{c^2}}}$$

es la distinción más importante entre la ecuaciones relativistas y las no relativistas. La dependencia en la velocidad se muestra en la tabla siguiente, donde se vé que este factor es importante cuando las velocidades se acercan a la velocidad de la luz.

Radio de velocidad v/c	1%	10%	50%	90%	99%	99.9%
$\sqrt{1 - v^2/c^2}$	1.000	.995	.87	.43	.14	.045
$1/\sqrt{1 - v^2/c^2}$	1.000	1.005	1.15	2.3	7.1	22.3

Si en las ecuaciones con el factor relativista, la velocidad $v = 0$, entonces:

$$L = L_o$$
$$t = t_o$$

y todas la otras ecuaciones relativistas se reducen a las ecuaciones clásicas de Newton.

Excepto por las partículas atómicas y subatómicas, los objetos comunes se mueven con una velocidad muy pequeña comparada con la velocidad c. Es por esta razón que los efectos relativistos no se notan. Las ecuaciones relativistas deben usarse cuando consideramos velocidades en la vecindad de $1/10$ $\underline{c}$ o mayores.

Ejemplo. Un astronáuta viaja en el espacio por un año con una velocidad igual al 10% de la velocidad de la luz. Calcule el tiempo que transcurrió en la nave.

Datos   Pregunta   Ecuación

$t_o = 365$ diast = $t = t_0 \sqrt{1 - \frac{v^2}{c^2}}$

$v = 3 \times 10^7 \text{m/seg}$
$c = 3 \times 10^8 \text{m/seg}$

Solución: Una substitución directa nos dá:

$$t_0 = 365 \text{ dias} \sqrt{1 - \frac{(3 \times 10^7 \text{ m/seg})^2}{(3 \times 10^8 \text{ m/seg})^2}} = 362 \text{ dias}$$

6. Paradoja de los Gemelos. La paradoja de los gemelos es una experimento de pensamiento clásico diseñado para explicar la dilación del tiempo. Dos gemelos experimentan con la teoría de dilación del tiempo cuando uno de ellos viaja al espacio en un cohete muy velóz y el otro se queda en la Tierra.

Cada gemelo tiene un reloj, perfectamente sincronizado uno con el otro. Después del viaje, los relojes muestran tiempos diferentes. Debido a la dilación del tiempo, el reloj en la nave dice que menos tiempo ha pasado. El tiempo pasó lentamente en la nave y el gemelo que viajó es actualmente más joven que el gemelo que se quedó atrás.

Cuando un estudiante oye de estos efectos relativistas se pone muy incrédulo y con razón. Si algún acontecimiento parece no tener sentido depende principalmente de las experiencias personales. No tenemos ninguna experiencia con velocidades cerca a la velocidad de la luz. La idea de que el tiempo transcurra diferentemente en varios lugares o que un objeto se acorte cuando viaja no son ideas familiares y no tienen ningun sentido.

Sin embargo, los físicos que han estudiado la relatividad y han comprobado los efectos relativistos por medio de experimentos complicados, verifican que estos efectos son posibles y que si suceden.

7. Masa Relativista. La teoría especial de relatividad demuestra que si la masa de un objeto es medida por dos personas diferentes, uno moviendose con respecto al otro, los resultados son diferentes. La masa de un cuerpo, entonces, no es invariante. La matemática que comprueba este hecho es muy difícil para este estudio, asi que daremos simplemente la ecuación:

$$m = \frac{m_0}{\sqrt{1 - \frac{v^2}{c^2}}}$$

m_o es la masa del objeto en reposo en el punto de referencia del observador y $\underline{m}$ es la masa del objeto cuando se mueve con la velocidad $\underline{v}$. Estudie el diagrama siguiente.

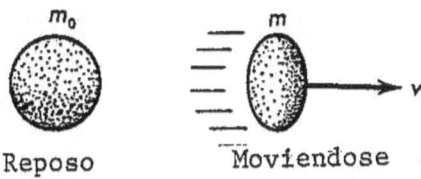

m_0 m

Reposo   Moviendose

En esta figura, la masa m_o está en reposo con respecto al observador, mientras que en la figura a la derecha, la misma masa se mueve con la velocidad $\underline{v}$. Por ejemplo, se sabe que los electrones disparados hacia la pantalla de un televisor viajan con una velocidad de 3×10^7 m/seg y que ellos tienen más inercia que cuando se mueven lentamente. Si la inercia es una medida de la masa, la masa del electrón ha incrementado.

De acuerdo con la teoría especial, a velocidades ordinarias la masa de un cuerpo permanece constante, pero cuando la velocidad del cuerpo se aproxima a la velocidad de la luz la masa crece grandemente. La tabla que sigue muestra porcentages incrementales de la masa relativista de un objeto por muchas velocidades.

Radio de velocidad v / c	1%	10%	50%	90%	99%	99.9%
$1 \big/ \sqrt{1 - v^2/c^2}$	1.000	1.005	1.15	2.3	7.1	22.3

Por ejemplo, a un 10% de la velocidad de la luz, 3×10^7m/seg, la masa de un cuerpo es solamente 1/2 1% de su masa original: Si el cuerpo tiene una masa original de 100 Kg. la masa aumenta a 100.50 kg a esta velocidad. A un 50% de $\underline{c}$, la masa ha crecido por un 15%, o sea 115 kg, mientras que a un 99.9% de $\underline{c}$, la masa de 100 kg ha crecido 22.3 veces a una magnitud asombrosa de 2230 kg. Se han hecho miles de comprobaciones de la teoría especial y concuerdan con las predicciones de Einstein hasta velocidades iguales al 80% de C. La teoría especial no anula la teoría de Newton, ya que a las velocidades comunes, el incremento en masa es alrededor de 7.5×10^{-8}kg y es tan pequeña que se puede igualarse a cero.

Ejemplo. Una partícula atómica tiene una masa de reposo de 2.5 x 10^{-25}kg. Calcule su masa relativista cuando se mueve con una velocidad igual a 0.90 la velocidad de la luz.

Datos   Pregunta   Ecuación

m_o = 2.5 x 10^{-25}kg m = $$m = \frac{m_0}{\sqrt{1 - v^2/c^2}}$$

v = 2.7 x 10^8m/seg
c = 3 x 10^8m/seg

Solución. Substituyendo directamente en la ecuación, tenemos:

$$m = \frac{2.5 \times 10^{-25kg}}{1 - \frac{(2.7 \times 10^8 \ m/seg)^2}{(3 \times 10^8 \ m/seg)^2}}$$

$$m = 5.73 \times 10^{-25}kg$$

Es necesario tener en cuenta que al principio, cuando la velocidad de la masa aumenta, la masa aumenta lentamente, pero tan pronto como la velocidad se acerca a la velocidad $\underline{c}$, este incremento ocurre muy rápidamente.

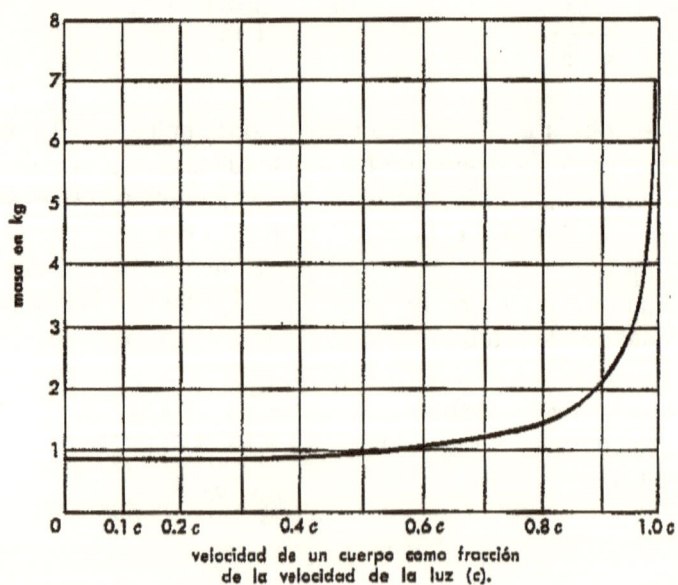

velocidad de un cuerpo como fracción
de la velocidad de la luz (c).

Observese lo que ocurre al denominador $\sqrt{1-(v^2/c^2)}$ del factor relativista cuando la velocidad pasa 0.98 c.:

velocidad	denominador	masa
0.99 c	0.02	$7.07m_o$
0.999 c	0.002	$22.3m_o$
0.9999	0.0002	$70.7m_o$
0.99999	0.00002	$224.0m_o$

El denominador de esta ecuación se aproxima más y más a cero y el valor de m se vuelve más grande. Entonces, si v se aproxima a la velocidad de la luz, el denominador relativista se aproxima a cero, llevando esto a un limite. Es cierto entonces, que un cuerpo no puede viajar con una velocidad igual a c puesto que su masa será infinita.

$$v \to c m \to \infty$$

A velocidades bajas es muy difícil calcular el incremento de la masa y se usa una aproximación:

$$\frac{1}{\sqrt{1-v^2/c^2}} \cong 1 + \frac{1v^2}{2c^2}$$

8. La relación de Masa - Energía. La relación de la masa - energía propuesta por Einstein es un resultado de la teoría especial. Tal como el calor, la electricidad, la luz etc. la masa es también una forma de energía. La ecuación que nos dá esta relación es muy conocida:

$$E = m c^2$$

m es la masa del cuerpo, c es la velocidad de la luz, y E es la energía equivalente a la masa. La validéz de esta ecuación ya se a demostrado en muchos experimentos en energía atómica y es estudiada en la energía nuclear.

Si un objeto tiene una masa de reposo, m_o, tiene dentro de si mismo una energía almacenada igual a $m_o c^2$. Si este cuerpo se mueve con una velocidad v, su masa ha aumentado a m y la energia total es mc^2. La relación entre estas dos masas se dá en la ecuación:

$$m = \frac{m_0}{\sqrt{1 - \frac{v^2}{c^2}}}$$

Cuando una fuerza, F, se usa para acelerar una masa, el trabajo realizado se calcula por:

$$W = F \times d$$

Este trabajo realizado en el cuerpo, cuya masa en reposo es m_o, dá al cuerpo una energía cinética, EC:

$$F \times d = EC$$

Aplicando ahora la ley de conservación de energía, se puede escribir:

$$m_o c^2 + EC = mc^2$$

La energía cinética de un objeto en movimiento es:

$$EC = mc^2 - m_o c^2$$

9. Teoría General de Relatividad. Debido a que la teoría especial no considera aceleración, en 1915 Einstein formulá la teoría general. La teoría general de la relatividad considera la naturaleza de la gravitación. Esta teoría modifica la teoría de gravitación de Newton y considera al universo en términos de una espacio curvado, la curva del espacio depende de el campo gravitativo en cada punto. Imagine que el espacio es una sábana muy bien templada, si colocamos una peso en su centro, la sábana se curva hacia abajo. Una bola que rueda en una dirección tangente al centro, se mueve en círculos concéntricos hasta que choca con el peso central. Se asume que la bola está atraída hacia el centro. Esta es la idea del espacio curvado.

Una de sus predicciones dice que la luz es sujeta a la fuerza de gravitación. La figura siguiente muestra la luz de una estrella desviada por el campo gravitacional del Sol.

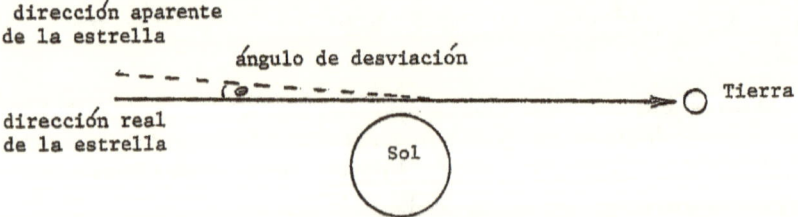

Esta demuestra que, de acuerdo con la teoría de DeBroglie, los fotones de luz tienen masa solo cuando se mueven con la velocidad $\underline{c}$. Este efecto se ha medido durante un eclipse, pero se necesita comprobación más cierta. Si un fotón de masa $\underline{m}$ sale del sol es atraído por la gravedad del sol y debe realizar un trabajo para salir completamente; por lo tanto pierde energia y de acuerdo con la teoría cuántica, la frecuencia disminuye. Asi, la luz del sol tendrá su frecuencia ligeramente disminuída cambiando de color. Este cambio de frecuencia se llama <u>corrimiento gravitacional hacia el rojo</u>.

Cerca de la tierra, la gravedad terrestre reemplaza la energía perdida y la frecuencia aumenta.

Otra idea de esta teoría es el <u>principio de equivalencia</u>:

$$m_I = m_g$$

masa de inercia = masa gravitatoria

El principio de equivalencia dice que el centro de masa de un cuerpo depende de la inercia y el centro de gravedad del mismo cuerpo depende de la gravitación y que estos dos puntos son iguales.

Los experimentos para comprobar esta teoría son muy difíciles y se han concluído satisfactoriamente. Sin embargo, los numerosos satélites que se han enviado al espacio se usan para comprobar la veracidad de esta teoría.

PROBLEMAS

1. a) ¿Cúantas teorías de Relatividad hay?; b) ¿Cúal es la diferencia entre ellas?

2. ¿Qué es un punto de referencia? Dé un ejemplo de un sistema que exhibe dos puntos de referencia.

3. Explique el significado de la frase "la velocidad de la luz es invariante".

4. ¿De donde viene el término relatividad?

5. ¿Cuando se nota que los efectos relativistas son diferentes de las leyes de Newton?

6. ¿Cúal es el significado del factor relativista?

7. Explique dilación del tiempo

8. Explique el principio de equivalencia.

9. Calcule la longitud de un nanosegundo

    $(1 \text{ nano} = 1 \times 10^{-9})$

10. Si una nave de espacio de 50 m de longitud pasa cerca de la Tierra a una velocidad de 2.4×10^8 m/seg, ¿cúal es su longitud aparente?

11. Una partícula atómica tiene una masa de 4.7×10^{-22} kg. Calcule la equivalencia de energía cuando la partícula está de reposo y su masa aparente cuando se mueve con una velocidad igual a un 82% de la velocidad de la luz.

12. Un astronáuta sale de la Tierra y regresa dos años más tarde. Durante este tiempo su nave viajaba con una velocidad de 15% de la velocidad de la luz. Si el astronáuta cumplió 27 años de edad cuando salió, calcule su edad relativa cuando regresa.

The University of the State of New York
THE STATE EDUCATION DEPARTMENT
Albany, New York 12234

TABLAS DE REFERENCIA
LISTA DE CONSTANTES FÍSICAS

Nombre	Símbolo	Valor
Constante de Gravitación	G	6.7×10^{-11} N·m^2/kg^2
Aceleración de la Gravedad	g	9.8 m/seg^2
Velocidad de la Luz en vacio	c	3.0×10^8 m/seg
Velocidad del sonido (TPN)		3.3×10^2 m/seg
Relación de masa - energía1		u (uma) = 9.3×10^2 MeV
Masa de la Tierra		6.0×10^{24} kg
Masa de la Luna		7.4×10^{22} kg
Radio de la Tierra		6.4×10^6 m
Radio de la Luna		1.7×10^6 m
Distancia de la Tierra a la Luna		3.8×10^8 m
Constante Electrostática	k	9.0×10^9 N·m^2/C^2
Carga del Electrón (Carga Elementaria)		1.6×10^{-19} C
Un Culombio	C	6.3×10^{18} el.
Un electronvoltio	eV	1.6×10^{-19} J
Constante de Planck	h	6.6×10^{-34} J·seg
Masa en reposo del electrón	m_e	9.1×10^{-31} kg
Masa en reposo del protón	m_p	1.7×10^{-27} kg
Masa en reposo del neutrón	m_n	1.7×10^{-27} kg

ÍNDICES DE REFRACCIÓNONDAS DE LUZ EN EL VACIO

($\lambda = 5.9 \times 10^{-7}$ M)	
Aire 1.00	Violeta ....$4.0 - 4.2 \times 10^{-7}$ m
Alcohol....................................1.36	Azul....................$4.2 - 4.9 \times 10^{-7}$ m
Aceite de maiz.........................1.47	Verde..................$4.9 - 5.7 \times 10^{-7}$ m
Diamante 2.42	Amarillo..............$5.7 - 5.9 \times 10^{-7}$ m
Vidrio 1.52	Anaranjado.........$5.9 - 6.5 \times 10^{-7}$ m
Glicerina..................................1.47	Rojo ....$6.5 - 7.0 \times 10^{-7}$ m
Lucita 1.50	
Cuarzo....................................1.46	
Agua.......................................1.33	

CONSTANTES DEL CALOR

	Calor Específico (kJ/kg·C°)	Punto de Fusión (°C)	Punto de Ebullición (°C)	Calor de Fusión (kJ/kg)	Calor de Vaporización (kJ/kg)
Alcohol	2.43 (liq.)	- 117	79	109	855
Aluminio	0.90 (sol.)	660	2467	396	10500
Amoniaco	4.71 (liq.)	- 78	- 33	332	1370
Cobre	0.39 (sol.)	1083	2567	205	4790
Hierro	0.45 (sol.)	1535	2750	267	6290
Plomo	0.13 (sol.)	328	1740	25	866
Mercurio	0.14 (liq.)	- 39	357	11	295
Platino	0.13 (sol.)	1772	3827	101	229
Plata	0.24 (sol.)	962	2212	105	2370
Tungsteno	0.13 (sol.)	3410	5660	192	4350
Hielo	2.05 (sol.)	0	—	334	—
Agua Agua	4.19 (liq.)	—	100	—	2260
Vapor	2.01 (gas)	—	—	—	—
Zinc	0.39 (sol.)	420	907	113	1770

NIVÉLES DE ENERGÍA DEL MERCURIO Y DEL HIDRÓGENO

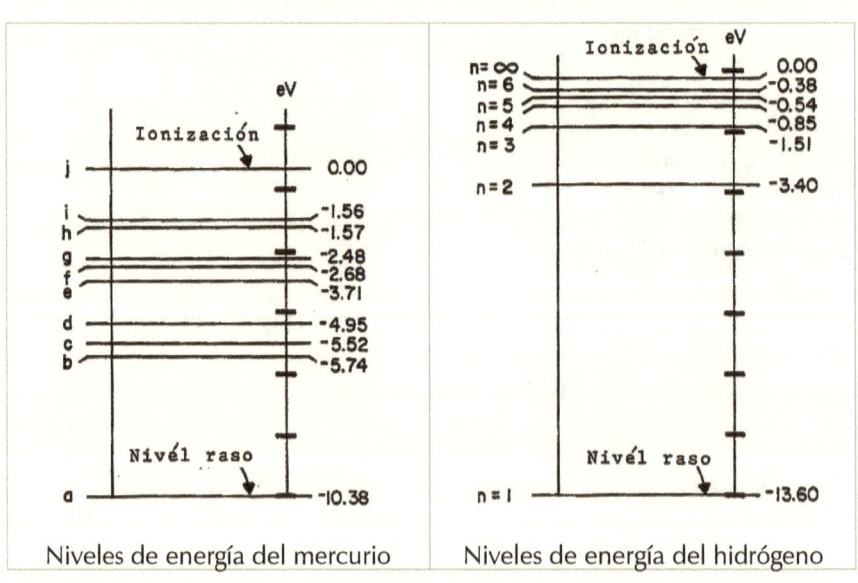

Niveles de energía del mercurio

Niveles de energía del hidrógeno

FUNCTIONES TRIGONOMÉTRICAS

Áng.	Seno	Coseno	Áng.	Seno	Coseno
1°	.0175	.9998	46°	.7193	.6947
2°	.0349	.9994	47°	.7314	.6820
3°	.0526	.9986	48°	.7431	.6691
4°	.0698	.9976	49°	.7547	.6561
5°	.0872	.9962	50°	.7660	.6428
6°	.1045	.9945	51°	.7771	.6293
7°	.1219	.9925	52°	.7880	.6157
8°	.1392	.9903	53°	.7986	.6018
9°	.1564	.9877	54°	.8090	.5878
10°	.1736	.9848	55°	.8192	.5736
11°	.1908	.9816	56°	.8290	.5592
12°	.2079	.9781	57°	.8387	.5446
13°	.2250	.9744	58°	.8480	.5299
14°	.2419	.9703	59°	.8572	.5150
15°	.2588	.9659	60°	.8660	.5000
16°	.2756	.9613	61°	.8746	.4848
17°	.2924	.9563	62°	.8829	.4695
18°	.3090	.9511	63°	.8910	.4540
19°	.3256	.9455	64°	.8988	.4384
20°	.3420	.9397	65°	.9063	.4226
21°	.3584	.9336	66°	.9135	.4067
22°	.3746	.9272	67°	.9205	.3907
23°	.3907	.9205	68°	.9272	.3746
24°	.4067	.9135	69°	.9336	.3584
25°	.4226	.9063	70°	.9397	.3420
26°	.4384	.8988	71°	.9455	.3256
27°	.4540	.8910	72°	.9511	.3090
28°	.4695	.8829	73°	.9563	.2924
29°	.4848	.8746	74°	.9613	.2756
30°	.5000	.8660	75°	.9659	.2588
31°	.5150	.8572	76°	.9703	.2419
32°	.5299	.8480	77°	.9744	.2250
33°	.5446	.8387	78°	.9781	.2079
34°	.5592	.8290	79°	.9816	.1908
35°	.5736	.8192	80°	.9848	.1736
36°	.5878	.8090	81°	.9877	.1564
37°	.6018	.7986	82°	.9903	.1392
38°	.6157	.7880	83°	.9925	.1219
39°	.6293	.7771	84°	.9945	.1045
40°	.6428	.7660	85°	.9962	.0872
41°	.6561	.7547	86°	.9976	.0698
42°	.6691	.7431	87°	.9986	.0523
43°	.6820	.7314	88°	.9994	.0349
44°	.6947	.7193	89°	.9998	.0175
45°	.7071	.7071	90°	1.0000	.0000

SERIES DE DESINTEGRACION DEL URANIO
Número Atómico y Símbolo Químico

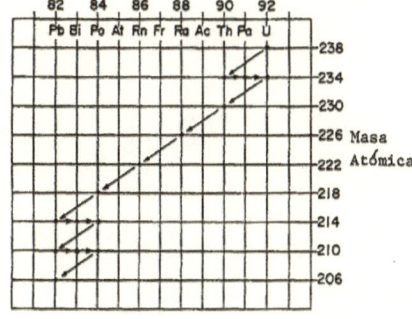

ECUACIONES PARA LA FÍSICA

MECÁNICA

$$\bar{v} = \frac{\Delta d}{\Delta t}$$

a = aceleración

$$\bar{v} = \frac{v_f + v_i}{2}$$

r = distancia entre los centros

$$\bar{a} = \frac{\Delta v}{\Delta t}$$

F = fuerza
g = aceleración de la gravedad

$$\Delta s = v_i \Delta t + \frac{1}{2a}(\Delta t)^2$$

G = constante de gravitación

$$v^2_f = v^2_i + 2a\Delta d$$

J = impulso

$$F = ma$$

m = masa
p = momento

$$w = mg$$

s = desplazamiento

$$F = \frac{Gm_1 m_2}{r^2}$$

t = tiempo
v = velocidad

$$p = mv$$

w = peso

$$J = F\Delta t$$

$$F\Delta t = m\Delta v$$

ENERGÍA

$$W = F\Delta d$$

F = fuerza

$$P = \frac{W}{\Delta t} = \frac{F\Delta d}{\Delta t} = F\bar{v}$$

g = aceleración de la gravedad

$$\Delta PE = mg\Delta d$$

d = altura

$$KE = \frac{1}{2}mv^2$$

k = constante de una resorte

ELECTRICIDAD Y MAGNETISMO

$$F = \frac{kq_1 q_2}{r^2}$$

$\bar{v}$ =distancia entre placas paralelas

$$E = \frac{F}{q}$$

r = distancia entre los centros

$$V = \frac{W}{q}$$

E = intensidad del campo eléctrico

$$E = \frac{V}{d}$$

F = fuerza
I = corriente

$$I = \frac{\Delta q}{\Delta t}$$

k = constante electrostática

$$R = \frac{V}{I}$$

p = potencia
q = carga

$$P = VI = I^2 R = \frac{V^2}{R}$$

R = resistencia

$$W = Pt = VIt = I^2 Rt$$

v = voltaje
W = energía

Circuítos en Serie

$$I_t = I_1 = I_2 = I_3 = \ldots$$
$$V_t = V_1 + V_2 + V_3 + \ldots$$
$$W = Pt = VIt = I^2 Rt$$

Circuítos en Paralelo

$$I_t = I_1 + I_2 + I_3 + \ldots$$

$$V_t = V_1 = V_2 = V_3 = \ldots$$

$$\frac{1}{R_t} = \frac{1}{R_1} = \frac{1}{R_2} = \frac{1}{R_3} + \ldots$$

$$F = kx$$

$$PE_s = \frac{1}{2}kx^2$$

EC = energía cinética

m = masa

P = potenciag

EP = energía potencial

d = desplazamiento

t = tiempo

ngth

v = velocidadm

w = trabajo

x = cambio de longitud

ENERGÍA INTERNA

$$Q = mc\Delta T_c$$

$$Q_f = mH_f$$

$$Q_v = mH_v$$

T = temperatura

c = calor específico

H_f = calor de fusión

m = masa

Q = cantidad de calor

H_v = calor de vaporización

ONDAS

$$T = \frac{1}{f}$$

$$v = f\lambda$$

$$n = \frac{c}{v}$$

$$\sin\theta_c = \frac{1}{n}$$

$$n_1 \sin\theta = n_2 \sin\theta_2$$

$$n_1 v_1 = n_2 v_2$$

$$\frac{\lambda}{d} = \frac{x}{L}$$

c = velocidad de la luz

d = distancia entre aberturas

f = frecuencia

L = distancia a la pantalla

n = índice de refracción

T = período

x = distancia entre las bandas

λ = longitud de onda

θ = ángulo

θ_c = ángulo crítico

APLICACIONES ELECTROMAGNÉTICAS

$$F = qvB$$

$$\frac{N_p}{N_s} = \frac{V_p}{V_s}$$

$$V_p I_p = V_s I_s$$

(ideal)

B = densidad del flux

F = fuerza

I_p = corriente primaria

I_s = corriente secundaria

N_p = vueltas primarias

N_s = vueltas secundaria

FÍSICA MODERNA

$$W_o = hf_o$$

$$E_{photon} = hf$$

$$KE_{max} = hf - W_o$$

$$p = \frac{h}{\lambda}$$

$$E_{photon} = E_i - E_f$$

E = energía

f = frecuencia

f_o = frecuencia mínima

h = constante de Planck

p = momento

W_o = función de trabajo

λ = longitud de onda

MOVIMIENTO EN UN PLANO

$$v_{iy} = v_i \sin\theta$$

$$v_{ix} = v_i \cos\theta$$

$$a_c = \frac{v^2}{r}$$

$$F_c = \frac{mv^2}{r}$$

a_c = aceleración centripetál

F_c = fuerza centripetál

r = radio

v = velocidad

θ = ángulo

OPTICA GEOMETRICA

$$\frac{1}{d_o} + \frac{1}{d_i} = \frac{1}{f}$$

S_o = tamaño del objeto

d_i = distancia de la imágen

% Efficiency =	V_p = voltaje primario	$\dfrac{S_o}{S_i} = \dfrac{d_o}{d_i}$	d_o = distancia focal
			S_i = tamaño de la imágen
$\dfrac{V_s I_s}{V_p I_p} x100$	V_s = voltaje secundario	ENERGIA NUCLEAR	
	1 = longitud del conductor		
		$E = mc^2$	E = energía
$V = Blv$		$m_f = \dfrac{m_i}{2^n}$	m = mesa
			n = número de media vidas

Indice Alfabético

M

magnetismo, 9, 245, 305, 310, 564
  teoría del, 308, 312
masa, 14-15, 64-69, 71-73, 98-99,
      104-7, 124-28, 131, 184-86,
      240, 453-54, 505-6, 508-11,
      514-20, 540-42, 554-59, 561
  del electrón, 246, 561
  del neutrón, 246, 561
  del protón, 246, 561
  relativista, 554
  y la segunda ley de Newton, 125
materia, 9-11, 15, 64, 72, 98, 114,
      149, 190-91, 225, 232, 245-46,
      365, 431, 455, 463-64, 472-73
  ley de conservación, 509
mesón, 514, 576
metales, 192, 200, 248, 269-70, 306,
      364, 444, 447, 481, 483, 493,
      495, 576
metro
  definición, 14
  unidad, 14
micro, 428
MKS, 14, 18, 68
  sistema de unidades, 68
moderador, 539, 541, 574, 576
moleculas, 197-98, 225, 351, 353
  energía cinética de, 191, 197, 226,
    234
monocromática, luz, 421, 478
motor, 214, 221-22, 298, 314, 325,
    576
movimiento, 11-13, 23, 32-33, 35-36,
      64-67, 114-17, 124-25, 127-30,
      137-38, 153, 165-66, 168-69,
      173-74, 185, 324-26, 338-40
  armónico simple, 339
  ondulatorio, 343
muerte térmica, 224, 576
muón, 507

N

neutrino, 507, 543
neutrón, 509, 514, 523, 536, 538-
    39, 542
  carga, 508
  masa, 246, 506
Newton, 64-66, 68, 74, 98, 104, 121,
      124-26, 138-39, 155, 176, 178,
      185, 393, 455, 549, 573-76
Newton, Sir Isaac, 64, 393
nivél, 227, 467-68, 470, 477, 479,
      483, 485, 517
  de energía de los electrones, 468,
    482
normal, fuerza, 116-18, 178-79
nuclear, energía, 9, 527, 557
  de fisión, 536
  de fusión, 542-43
núcleo atómico, 507, 513, 527, 576
nucleones, 505-6, 510-11, 576
número atómico, 506, 518, 522,
      563, 576
  de Avogadro, 194

O

Ohm, 272-74, 279-80, 286, 288,
      293, 295, 297, 299-300, 302,
      491, 499, 503
  medida de resistencia eléctrica,
    273, 277
ondas, 9, 344, 362, 365, 428
  de sonido, 351
  electromagnéticas, 9, 343, 425,
    428
  longitudinal, 345
  transversa, 345, 425
orbita, 72, 183, 185-87, 464, 472-
    74, 533, 576
oscilador, 425, 431, 530
  en radio-transmisores, 531

P

parábola, 26, 166, 576
paradoja, 463
  de los gemelos, 554
par de fuerzas, 74
partículas alfa, 460-62, 478-80, 515,
    518-19, 524, 526-28, 536, 576
partículas atómicas, 524, 530, 553, 576
partículas fundamentales, 505, 576
péndulo, 338, 577
penumbra, 366, 577
período de vibración, 342
Permeabilidad Magnética, 311, 320,
    577
peso, 14, 23, 48, 56, 71-72, 84, 95-
    96, 99-100, 115-16, 139-41,
    160, 179, 198, 240, 338, 358
  atómico, 462, 514
pila eléctrica, 296, 577
pila nuclear (reactor nuclear), 538
Planck, Max, 364, 432, 434-36, 443,
    445, 456, 482
  constante de, 443, 456, 466, 561,
    566
  y el átomo de Bohr, 482
  y la teoría cuántica, 451
plomo, 200, 203-5, 207, 216, 461,
    515, 521, 540, 562, 577
plutonio, 540-41, 577
polos magnéticos, 306-7, 312, 577
positiva, 23, 48, 58, 247, 249, 258,
    261, 269, 375-76, 425, 501,
    508, 529, 569, 572, 577
  carga, 245-51, 258, 262, 425, 459-
    60, 462, 487-88, 507, 514-16,
    527, 542
positrón, 507, 516, 523, 577
potencia, 298-300, 310-11, 318-20,
    327, 332, 334-35, 343, 355,
    492-93, 495, 500, 516-18, 525,
    564, 577

eléctrica, 298-300, 330
prefijos, 15, 577
presión, 194, 203-4, 210-11, 225-35,
    238-39, 241, 522, 530, 569,
    577
  atmosférica, 204, 227
Primera Ley Termodinámica, 212,
    577
Principio de Incertidumbre, 455-56
prisma, 388-90, 393-94, 396-97,
    401-3, 408, 413
  refracción por un, 389
protón, 246-47, 251, 261, 265, 473,
    505-10, 514, 516, 523, 525-27,
    543-44, 561, 570, 576-77
  carga eléctrica, 508
proyectíl, 165-69, 185
  trayectoria, 168-69
punto de congelación, 193, 203,
    206, 209
punto de fusión, 203, 205, 222, 304
  efecto de la presión, 210

R

radiactividad, 513
  natural, 513, 523
radiante, energía, 475
radio, 173, 175, 177, 179, 184-85,
    188, 273, 318, 320, 331-34,
    339, 428, 467, 499-500, 515-
    16, 561
  ondas de, 428
radioisótopo, 521, 577
rarefacción, 345, 577
rayo, 364-65, 367-69, 371-76, 381-
    82, 384-90, 395, 401-6, 408-9,
    413, 417, 427-28, 459-62, 478,
    513-17, 526-27, 543
  de luz, 364-65, 367, 372, 381,
    384, 386, 388-89, 413, 415,
    417, 478

www.ingramcontent.com/pod-product-compliance
Lightning Source LLC
Chambersburg PA
CBHW031810170526
45157CB00001B/20